TUCHANG
SHOUYAO ANQUAN SHIYONG
YU TUBING FANGZHI JISHU

兔场兽药安全使用与兔病防治技术

高佩 张龙飞 任希恩 主编

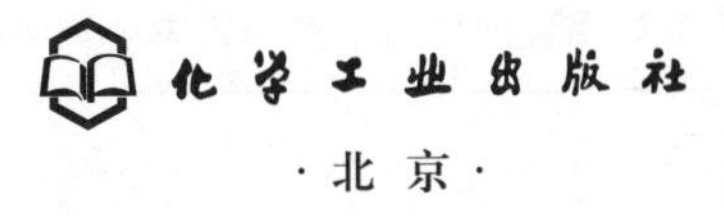

化学工业出版社
·北京·

图书在版编目（CIP）数据

兔场兽药安全使用与兔病防治技术/高佩，张龙飞，任希恩主编．—北京：化学工业出版社，2024.3

ISBN 978-7-122-45067-8

Ⅰ.①兔…　Ⅱ.①高…②张…③任…　Ⅲ.①兔病-兽用药-用药法②兔病-防治　Ⅳ.①S858.291

中国国家版本馆 CIP 数据核字（2024）第 033482 号

责任编辑：邵桂林　　　　　　　　文字编辑：朱丽秀　陈小滔
责任校对：杜杏然　　　　　　　　装帧设计：韩　飞

出版发行：化学工业出版社
（北京市东城区青年湖南街 13 号　邮政编码 100011）
印　　刷：三河市航远印刷有限公司
装　　订：三河市宇新装订厂
850mm×1168mm　1/32　印张 11½　字数 331 千字
2024 年 5 月北京第 1 版第 1 次印刷

购书咨询：010-64518888　　　　　售后服务：010-64518899
网　　址：http://www.cip.com.cn
凡购买本书，如有缺损质量问题，本社销售中心负责调换。

定　　价：59.80 元

前 言

PREFACE

近年来，我国养兔业稳定发展，兔的养殖数量和相关产品产量逐年增加，规模化、集约化程度不断提高，兔场疾病控制难度也越来越大，兔病现场的临床诊断显得尤为重要。另外，生产中为了防治疾病，药物的误用、滥用等不规范使用现象普遍存在，导致药不对症、药物残留和环境污染等。目前，市场上有关兔病防治的书籍不少，但都没有专门的章节介绍药物；兽药方面的著作虽多，但涉及兔病防治方面的内容又过于简单，形成脱节。市场迫切需要将临床常用的药物与常见兔病防治有机结合的读物。为此，我们组织有关人员编写了《兔场兽药安全使用与兔病防治技术》一书。

本书分上、下两篇，上篇是兔场兽药安全使用，包含兽药的基础知识、抗微生物药物的安全使用、抗寄生虫药物的安全使用、中毒解救药物的安全使用、中草药及制剂的安全使用、其他药物的安全使用、生物制品的安全使用、消毒防腐药物的安全使用；下篇是兔场疾病防治技术，包含兔场生物安全措施和兔场疾病诊治技术。

本书密切结合养兔业实际，体现系统性、准确性、安全性和实用性的要求，并配有大量图片以便读者理解和掌握。本书不仅适合兔场兽医工作者阅读，也适合饲养管理人员阅读，还可作为大专院校、农村函授及培训班的辅助教材和参考书。

本书图片主要是我们“畜禽生产”课题组多年教学、科研与畜禽生产服务的资料，为充实内容，也引用了其他一些彩图，在此表示感谢。

由于水平所限，书中可能会有疏漏和不当之处，敬请广大读者批评指正。

编者

上篇 兔场兽药安全使用

下篇 兔场疾病防治技术

上 篇
兔场兽药安全使用

第一章
兽药的基础知识

第一节　兽药的定义和种类

一、兽药的定义

兽药是用于预防、诊断和治疗动物疾病，或者有目的地调控动物生理机能、促进动物生长繁殖和提高生产性能的物质。

二、兽药的种类

兽药可分为以下六种，见图 1-1。

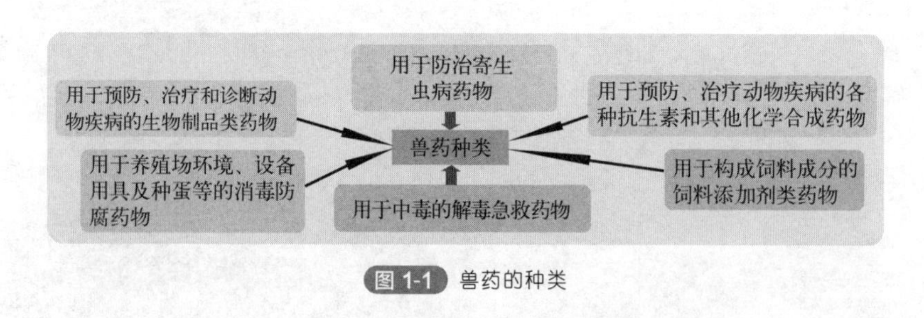

图 1-1　兽药的种类

第二节　兽药的剂型和剂量

一、兽药的剂型

剂型是指药物经过加工制成便于使用、保存和运输等的一种形

式。兽医药物的剂型，按形态可分为液体剂型、半固体剂型和固体剂型（表 1-1）。

表 1-1　兽药的剂型及特征

<table>
<tr><th colspan="2">剂型</th><th>特征</th></tr>
<tr><td rowspan="9">液体剂型</td><td>溶液剂</td><td>指不挥发性药物的澄明液体。药物在溶剂中完全溶解，不含任何沉淀物质。可供内服或外用，如氯化钠溶液等</td></tr>
<tr><td>注射剂(亦称针剂)</td><td>指灌封于特制容器中的、专供注射用的无菌溶液、混悬液、乳浊液或粉末(粉针)，如 5%葡萄糖注射液、青霉素 G 钠粉针等</td></tr>
<tr><td>合剂</td><td>指两种或两种以上药物的澄明溶液或均匀混悬液。多供内服，如胃蛋白酶合剂</td></tr>
<tr><td>煎剂</td><td>指生药(中草药)加水煮沸所得的水溶液，如槟榔煎剂</td></tr>
<tr><td>酊剂</td><td>指生药或化学药物用不同浓度的乙醇浸出或溶解而制成的液体剂型，如龙胆酊、碘酊</td></tr>
<tr><td>醑剂</td><td>指挥发性药物的乙醇溶液，如樟脑醑</td></tr>
<tr><td>搽剂</td><td>指刺激性药物的油性、皂性或醇性混悬液或乳状液，如松节油搽剂</td></tr>
<tr><td>流浸膏剂</td><td>指生药的醇或水浸出液经浓缩后的液体剂型。通常每毫升相当于原生药 1 克</td></tr>
<tr><td>乳剂</td><td>指两种以上不相混合的液体，加入乳化剂后制成的均匀乳状液体，如外用磺胺乳</td></tr>
<tr><td rowspan="4">半固体剂型</td><td>软膏剂</td><td>指药物和适宜的基质均匀混合制成的、具有适当稠度的膏状外用制剂，如鱼石脂软膏。供眼科用的灭菌软膏称眼膏剂，如四环素眼膏</td></tr>
<tr><td>糊剂</td><td>指大量粉末状药物与脂肪性或水溶性基质混合制成的一种外用制剂，如氧化锌糊剂</td></tr>
<tr><td>舔剂</td><td>指由药物和赋形剂(如水或面粉等)混合制成的一种黏稠状或面团状制剂</td></tr>
<tr><td>浸膏剂</td><td>指生药的浸出液经浓缩后的膏状或粉状的半固体或固体剂型。通常浸膏剂每克相当于原药材 2～5 克，如甘草浸膏等</td></tr>
</table>

续表

剂型		特征
固体剂型	散剂	指一种或一种以上的药物均匀混合而成的干燥粉末状剂型，如健胃散、消炎粉等
	片剂	指一种或一种以上药物与赋形剂混匀后，经压片机压制而成的含有一定药量的扁圆形制剂，如土霉素片
	丸剂	指药物与赋形剂制成的圆球状内服固体制剂。中药丸剂又分蜜丸、水丸等
	胶囊剂	指将药粉或药液装于空胶囊中制成的一种剂型。供内服或腔道塞用，如四氯化碳胶囊、消炎痛胶囊等
	预混剂	指由一种或多种药物加适宜的基质均匀混合制成的、添加于饲料用的粉末制剂，如氨丙啉预混剂等

二、兽药的剂量

兽药的剂量，是指药物产生防治疾病作用所需的用量。在一定范围内，剂量愈大，药物在体内的浓度愈高，作用也就愈强。剂量很小，达不到防治疾病的效果，称为无效量。药物开始出现治疗作用的剂量称为最小有效剂量或阈剂量。超过最小有效量，临床上常用于防治疾病，既可获得明显疗效而又比较安全的剂量称为治疗量或常用量。治疗量达到最大的治疗作用但尚未引起毒性反应的剂量称为极量。超过极量，引起机体毒性反应的剂量，称为中毒量。引起毒性反应的最小剂量称为最小中毒量。超过中毒量，引起死亡的剂量称为致死量。

在试验研究中，常测定半数有效量和半数致死量，以此评价药物的治疗作用与毒性反应。半数有效量是指在一群动物中引起50%的动物阳性反应或有效的剂量，用 ED_{50} 表示。半数致死量是指在一群动物中引起50%的动物死亡的剂量，用 LD_{50} 表示。LD_{50}/ED_{50} 的值称为药物治疗指数，从该指数的大小可以估算一个药物的安全程度。治疗指数越大，表示药物的安全程度越大。中西药物剂量和浓度的计量单位见表1-2。

表 1-2　药物剂量和浓度的计量单位

类别	单位及表示方法	说明
重量单位	公斤或千克、克、毫克、微克，固体、半固体剂型药物的常用剂量单位。其中以“克”作为基本单位或主单位	1 千克＝1000 克 1 克＝1000 毫克 1 毫克＝1000 微克
容量单位	升、毫升，液体剂型药物的常用剂量单位。其中以“毫升”作为基本单位或主单位	1 升＝1000 毫升
浓度单位	百分浓度(%)，指 100 份液体或固体物质中所含药物的份数	100 毫升溶液中含有药物若干克(克/100 毫升)
		100 克制剂中含有药物若干克(克/100 克)
		100 毫升溶液中含有药物若干毫升(毫升/100 毫升)
比例浓度	1∶x，指 1 克固体或 1 毫升液体药物加溶剂配成 x 毫升溶液。如 1∶2000 的洗必泰溶液	溶剂的种类未指明时，默认为蒸馏水
其他	效价单位、国际单位，有些抗生素、激素、维生素、抗毒素（抗毒血清）、疫苗等的常用剂量单位	这些药物需经生物检定判断其作用强弱，同时要与标准品比较，以确定一定量的检品药物中含有的效价单位。凡是按国际协议的标准检品测得的效价单位，均称为国际单位

第三节　药物的作用及影响因素

一、药物的作用

药物的作用是指药物与机体之间的相互影响，即药物对机体（包括病原体）的影响或机体对药物的反应。药物对机体的作用主要是引起生理机能的加强（兴奋）或减弱（抑制），此即药物作用的两种基本形式。由于药物剂量的增减，兴奋和抑制作用可以相互转化。药物对病原体的作用，主要是通过干扰其代谢而抑制其生长繁殖，如四环素、红霉素通过抑制细菌蛋白质的合成而产生抗菌作用。此外，补充机体维生素、氨基酸、微量元素等的不足，或增强机体的抗病力等都属于药物的作用；同时，“是药三分毒”，药物亦会产生与防治疾病无关，甚至对机体有毒性或对环境有危害的有害物质。

1. 药物的有益作用

（1）防治作用　用药的目的在于防治疾病，能达到预期疗效而产生的作用称为治疗作用。针对病因的治疗称为对因治疗，或称治本。如应用抗生素杀灭病原微生物以控制感染，应用解毒药促进体内毒物的消除等。此外，补充体内营养或代谢物质不足的疗法称为补充疗法或代替疗法，如应用微量元素等药物治疗畜禽的某些代谢病。应用药物以消除或改善症状的治疗称为对症治疗，或称治标。当病因不明，但机体已出现某些症状时，如体温上升、疼痛、呼吸困难、心力衰竭、休克等情况，必须立即采取有效的对症治疗，以防止症状进一步发展，并为进行对因治疗争取时间。如解热镇痛药解热镇痛、止咳药减轻咳嗽、利尿药促进排尿，以及有机磷农药中毒时，用硫酸阿托品解除流涎、腹泻症状等都属于对症治疗。

对健康或无临床症状的畜禽应用药物，以防止特定病原的感染而产生的作用称为预防作用。实际上，在集约化养殖业中的群体给药，往往既发挥治疗作用，又起到预防效果，统称防治作用。

（2）营养作用　新陈代谢是生命最基本的特征。兔通过采食饲料，摄取营养物质，满足生命活动和产品形成的需要。在集约化饲养条件下，兔不能自由觅食，所需营养全靠供应。同时，品种、生产目的、生产水平、发育阶段不同的兔群体，对营养的需要都有一定的差异。此外，饲料中的营养物质，虽然在种类上与动物体所需大致相似，但其化合物构成、存在形式和含量却有着明显的差别。因此，应当供给兔营养价值完全、能够满足其生理活动和产品形成需要的全价配合饲料。所以，营养性饲料添加剂（必需氨基酸、矿物质、维生素）的补充，对完善饲粮的全价性具有决定意义；而且对于病兔来说，饲料添加剂的营养作用，除有利于兔的康复、提高抗病能力外，还有治疗作用（如治疗维生素缺乏症）。

（3）调控作用　参与机体新陈代谢和生命活动过程调节的物质，属于生物活性物质，如激素、酶、维生素、微量元素、化学递质等。它们在动物体内的含量很少，有些在体内合成（如激素、酶、递质、

某些维生素），有些需由饲料补充（某些微量元素和维生素）。生命活动是极其复杂的新陈代谢过程，又受不断变化的内外环境的影响。因此，机体必须随时调节各种代谢过程的方向、速度和强度，以保证各种生理活动的正常进行。兔新陈代谢的调节可在细胞水平和整体水平上进行，但都是通过酶完成的。药物的调控作用，主要影响酶的活性或含量，以改变新陈代谢的方向、速度和强度。例如，肾上腺素激活腺苷酸环化酶，使细胞内激酶系统活化，促进糖原分解；许多维生素或金属离子，或参与酶的构成，或作为辅助因子，保证酶的活性，以调节新陈代谢。

（4）促生长作用　能提高兔生产力、繁殖力的药物作用称为促生长作用。许多化学结构极不相同的药物，如抗生素、合成抗菌药物、激素、酶、中草药等，都具有明显的促生长作用，常作为促生长添加剂应用。它们通过各不相同的作用机制，加速兔的生长、提高生产性能和产品形成能力。

2. 药物的毒副作用

（1）副作用　指药物在治疗剂量时所产生的与治疗目的无关的作用。一般表现轻微，多是可以恢复的功能性变化。产生副作用的原因是药物的选择性低、作用范围大。当某一效应可以达到治疗目的时，其他效应就成了副作用。因此，副作用是随治疗目的而改变的。例如：阿托品治疗肠痉挛时，则利用其松弛平滑肌的作用抑制腺体分泌，引起口干便成了副作用；当作为麻醉前给药时，则利用其抑制腺体分泌作用，而松弛平滑肌，引起肠臌胀、便秘等则成了副作用。

（2）毒性作用　指由于用药剂量过大或用药时间过长而引起的机体生理生化功能紊乱或结构的病理变化。有时两种相互增毒的药物同时应用，也会呈现毒性作用。因用药剂量过大而立即发生的毒性，称为急性毒性；因长时间应用而逐渐发生的毒性，称为慢性毒性。毒性作用的表现，因药而异，一般常见损害神经、消化、生殖、血液和循环系统及肝脏、肾脏功能，严重者可致死亡。药物的致癌、诱变、致畸、致敏等作用，也属毒性作用。此外，药物对畜禽免疫功能、维生素平衡和生长发育的影响，都可视为毒性作用。

（3）变态反应　变态反应是机体免疫反应的一种特殊表现。药物多为小分子，不具抗原性；少数药物是半抗原，在体内与蛋白质结合成为全抗原，才会引起免疫反应。变态反应仅见于少数个体。例如，青霉素G制剂中杂有的青霉烯酸等，与体内蛋白质结合后成为完全抗原，当再次用药时，少数个体可发生变态反应。

（4）影响机体的免疫力 许多抗生素能提高机体的非特异性免疫功能，增强吞噬细胞的活性和溶酶体的消化力。若在应用抗菌药物的同时，进行死菌苗或死毒苗（灭活苗）抗原接种，则能促进机体免疫力的产生；若利用弱毒抗原接种，则往往对抗体形成有明显的抑制作用，尤其是一些抑制蛋白质合成的抗菌药物（氟苯尼考、链霉素等），在抑制细菌蛋白质合成的同时，也影响机体蛋白质的合成，从而影响机体免疫力的产生。同时，抗菌药物也能抑制或杀灭活菌苗中的微生物，使其不能对机体免疫系统产生应有的刺激，影响免疫效果。因此，在各种弱毒抗原（活菌苗）接种前后5～7天内，应禁用或慎用抗菌药物。

3. 药物的其他不良作用

药物可以预防和治疗疾病，但也会产生毒副作用，更能产生危害公共卫生安全的不良作用。

（1）药物残留 食用动物应用兽药后，常常出现兽药及其代谢物或杂质在动物细胞、组织或器官中蓄积、储存的现象，称为药物残留，简称药残。食用动物产品中的兽药残留对人类健康的危害，主要表现为细菌产生耐药性、变态反应、一般毒性作用、特殊毒性作用和激素样作用。

① 细菌对抗菌药物产生耐药性。未经充分熟制的食品中存在的耐药菌株，被摄入消化道后，一些耐胃酸的菌株会定植于肠道，并将耐药因子通过水平遗传，转移给人体内的特异菌株，后者在体内繁殖，导致耐药因子的传播从而造成细菌对多种药物产生耐药性，给人类感染性疾病的治疗选药带来困难。

② 变态反应。青霉素、磺胺类药、四环素及某些氨基糖苷类药物，具有半抗原性或抗原性，它们在肉、蛋、奶中的残留，会引起少数人发生变态反应，主要临床表现为皮疹、瘙痒、光敏性皮炎、皮肤损伤、头痛等。

③ 一般毒性作用。有些药物残留在畜禽体内，人们食用后可能会出现毒性症状。

④ 特殊毒性作用。包括致畸作用、致突变作用、致癌作用和生殖毒性作用。

（2）机体微生态平衡失调　畜禽消化道的微生物菌群是一个微生态系统，存在多种有益微生物，菌群之间维持着平衡的共生状态。微生物菌群的平衡和完整是机体抗病力的一个重要指标。微生态平衡失调是指正常微生物群之间和正常微生物与其宿主（机体）之间的微生态平衡，在外界环境影响下，由生理性组合转变为病理性组合的状态。

微生物菌群的变化，尤其是抗生素诱导的变化，使机体抵抗肠道病原微生物的能力降低；同时，还可使其他药物的疗效受到影响。如在治疗畜禽腹泻时，大量使用土霉素后，不仅杀灭了致病菌，也对肠道内的其他细菌特别是厌氧菌有明显的抑制或杀灭作用，而厌氧菌如乳酸杆菌、双歧杆菌等对维持消化道菌群的抵抗力起着重要作用。因此，抗生素的使用有时会使机体抵抗力下降而增加机体对外源性感染的敏感性。由于不合理用药而引起的机体正常微生态屏障的破坏，使那些原来被菌群屏障所抑制的内源性病原菌或外源性病原菌得以大量繁殖，引起畜禽的感染发病和产生耐药菌株。一些病原体在产生耐药性以后，可通过多种方式，将耐药性垂直传递给子代或水平转移给其他非耐药的病原体，造成耐药性在环境中广为传播和扩散，使应用药物防治疾病变得非常困难，这也是近年来耐药病原体逐渐增加和化学药物的抗病效果越来越差的重要原因。更值得警惕的是，医用抗生素作为饲料添加剂，有可能增加细菌耐药菌株。因为在低浓度下，敏感菌受抗生素抑制，耐药菌则相应增殖，并可能经过二次诱变，产生多价耐药菌株。同时，动物的耐药性病原体及其耐药性还可通过动物源性食品向人体转移，可能引起人体过敏，甚至导致癌症、畸胎等严重后果，造成公共卫生问题，使人类的疾病失去药物控制。

（3）环境污染　从生态学角度看，环境中的化学物质达到或超过中毒量、环境中有敏感动物或人存在，以及具备该化学物质进入机体的有效途径时，就会导致区域性中毒事件。根据食物链逐级富集理论，食物链上的每一级都称为一个营养级。每经过一个营养级，90%的食物被消耗，仅有其余10%进入产物中。食物链越长，易于蓄积的化学残留物就越多。在集约化畜牧业中，广泛应用某些饲料药物添加剂，以及应用酚类消毒药、含氯杀虫药等，都可能导致水源、土壤污染。另外，畜禽又是工业废水、废气、废渣所致环境污染的首要受害者，有害污染物在畜禽食用产品中残留，又会损害人的健康。因此，应当增强环境和生态意识，科学安全地使用药物，保护环境，避免危害动物和人的健康。

二、影响药物作用的因素

药物作用是药物与机体相互作用的综合表现，因此总会受到来自药物、机体、给药方法以及环境等因素的影响。这些因素不仅能影响药物作用的强度，有时甚至还能改变药物作用的性质，也影响动物性产品的安全性。因此，在临床用药时，一方面应掌握各种常用药物固有的药理作用，另一方面还必须了解影响药物作用的各种因素，这样才能更合理地运用药物防治疾病，达到理想的防治效果。

1. 动物机体方面

(1) 种属差异　多数药物对各种动物一般都具有类似的作用，但由于各种动物的解剖构造、生理功能、生化特点以及进化水平等的不同，它们对同一药物的反应，可以表现出很大的差异。

大多数情况下表现为量的差异，即药物作用的强弱和持续时间的长短。如反刍兽对二甲苯胺噻唑比较敏感，小剂量即可出现肌肉松弛镇静作用；而猪对此药不敏感，较大剂量也达不到理想的肌肉松弛镇静效果。赛拉嗪，猪最不敏感，而牛最敏感，其达到化学保定作用的剂量仅为马、犬和猫的1/10；扑热息痛对羊、兔等动物是安全有效的解热药，但用于猫即使很小剂量也会引起明显的毒性反应；家禽对有机磷农药及呋喃类、磺胺类、氯化钠等药物很敏感，对阿托品、士的宁、氯胺酮等能耐受较大的剂量。

少数表现为质的差异。酒石酸能引起狗、猪呕吐，但反刍动物则呈现反刍促进作用；吗啡对人、犬、大鼠表现为抑制，对猫、马和虎表现为兴奋。

（2）生理差异　不同性别、年龄、体重、健康和功能状态的动物对同一药物的反应往往有一定差异，这与机体器官组织的功能状态，尤其与肝药物代谢酶系统有密切关系。老龄动物和幼畜的药酶活性较低，对药物的敏感性较高，故用量应适当减少。雌性动物比雄性动物对药物的敏感性高，在发情期、妊娠期和哺乳期，除了一些专用药外，使用其他药物必须考虑母畜的生理特性。如泻药、利尿药、子宫兴奋药及其他刺激性药物，使用不慎容易引起流产、早产和不孕等。有些药物，如四环素类、氨基糖苷类等可以通过胎盘或乳腺进入胎儿或新生动物体内而影响其生长发育，甚至致畸，故妊娠期和哺乳期要慎用。某些药物，如氯霉素、青霉素肌内注射后可渗入牛奶、羊奶中，人食用氯霉素后可引起灰婴综合征，食用青霉素后可引起过敏反应。肝脏、肾脏功能障碍，脱水、营养缺乏或过剩等病理状态，都能对药物的作用产生影响。

（3）个体差异　同种动物用药时，大多数个体对药物的反应相似；但也有少数个体，对药物的反应有明显的量的差异，甚至有质的不同，这种现象一般符合正态分布。个体差异主要表现为少数个体对药物的高敏性或耐受性。高敏性个体对药物特别敏感，应用很小剂量，即能产生毒性反应；耐受性个体对药物特别不敏感，必须给予大剂量，才能产生应有的疗效。药物代谢酶的多态性是影响药物作用个体差异的最重要因素之一。相同剂量的药物在不同的个体中，有效血药浓度、作用强度和作用持续时间有很大差异。另外，个体差异还表现在应用某些药物后产生的变态反应，如马、犬等动物应用青霉素后，个别可能出现过敏反应。

2. 药物方面

（1）药物的化学结构与理化性质　大多数药物的药理作用与其化学结构有着密切的关系。这些药物通过与机体（病原体）生物大分子的化学反应，产生药理效应。因此，药物的化学结构决定着药物作用的特异性。化学结构相似的药物，往往具有类似的（拟似药）或相反的（拮抗药）药理作用。例如，磺胺类药物的基本结构是对氨基苯磺酰胺（简称磺胺），其磺酰氨基上的氢原子，如果被杂环（嘧啶、噻唑等）取代，则可得到抗菌作用更强的磺胺类药物；而具有类似结构的对氨基苯甲酸，则为其拮抗物。有的药物结构式相同，但其各种光学异构体的药理作用差别很大。例如，四咪唑的驱虫效力仅为左旋咪唑的一半。

药物的化学结构决定了药物的物理性状（溶解度、挥发性和吸附力等）和化学性质（稳定性、酸碱度和解离度等），进而影响药物在体内的过程和作用。一般来说，水溶性药物及易解离药物容易被吸收；不易被吸收的药物，可通过对其化学结构的修饰和改造以增强吸收，如红霉素被制成丙酸酯或硫氰酸酯后，吸收增强。有些药物是通过其物理性状而发挥作用的，如药用炭吸附力的强弱取决于其表面积的大小，而表面积的大小与颗粒的大小成反比，即颗粒越细、表面积越大，其吸附力越强。灰黄霉素与二硝托胺（球痢灵）的口服吸收量与颗粒大小有关，细微颗粒（0.7 毫克）的吸收量比大颗粒（10 毫克）高 2 倍。

（2）剂量　同一药物在不同剂量或浓度时，其作用有质或量的差别。例如，乙醇在浓度 70%（按容积计算约为 75%）时杀菌作用最强，浓度增高或降低，杀菌效力降低。在安全范围内，药物效应随着剂量的增加而增强，药物剂量的大小关系到体内血药浓度的高低和药效的强弱。但也有些药物，随着剂量或浓度的不同，作用的性质会发生变化。如人工盐小剂量起到健胃作用，大剂量则表现为下泻作用；碘酊在低浓度表现灭菌作用，但在高浓度（10%）时则表现刺激作用。

临床用药治疗疾病时，为了安全用药，必须随时注意观察动物对药物的反应并及时调整剂量，尽可能做到剂量个体化。在集约化饲养条件下群体给药时，则应注意使药物与饲料混合均匀，尤其是防止有效剂量小的药物因混合不匀而导致个别动物超量中毒的问题。

（3）药剂质量和剂型　药剂质量直接影响药物的生物利用度，与药效的发挥关系重大。不同质量的药物制剂，乃至同一药厂不同批号的制剂，都会影响药物的吸收以及血液中药物浓度，进而影响药物作用的快慢和强弱。一般来说，气体剂型吸收最快，吸入后从肺泡吸收，比液体剂型起效快；液体剂型次之；固体剂型吸收最慢，因其必须经过崩解和再溶解的过程才能被吸收。

3. 给药方法方面

（1）给药时间　许多药物在适当的时间应用，可以提高药效。例如，健胃药在动物饲喂前 30 分钟内投予，效果较好；驱虫药应在空腹时给予，才能确保药效。一般口服药物在空腹时给予，吸收较快，也比较完全。目前认为，给药时间也是决定药物作用的重要因素。

（2）给药途径　给药途径主要影响药物的吸收速度、吸收量以及血液中的药物浓度，进而也影响药物作用快慢与强弱。个别药物会因给药途径不同，影响药物作用的性质。一般口服用药（包括混水、混料用药），药物在胃肠吸收比其他给药途径慢，起效也慢，而且易受许多条件如胃肠内食糜的充盈度、酸碱度（影响药物的解离度）、胃肠疾患等因素的影响，致使药物吸收缓慢而不完全。易被消化液破坏的药物不宜口服，如青霉素。口服一般适用于大多数在胃肠道能够被吸收的药物，也常用于在胃肠道难以被吸收从而发挥局部作用的药物，后者如磺胺脒等肠道抗菌药、驱虫药、泻药等。肌内注射的部位多选择在肌肉丰满，且离大神经、大血管较远的骨骼肌组织，吸收较皮下注射快，疼痛较轻。注射水溶液可在局部迅速散开，吸收较快；注射油溶液或混悬液等长效制剂，多形成贮库后再逐渐散开，吸收较慢，一次用药可以维持较长的作用时间，药效稳定，并可减少注射次数。皮下注射是将药液注入皮下疏松结缔组织中，经毛细血管或淋巴管缓缓吸收，其发生作用的速度比肌内注射稍慢，但药效较持久。混悬的油剂及有刺激性的药物不宜做皮下注射。气体、挥发性药物以及气雾剂可采用吸入法给药，此法给药方便易行，发生作用快而短暂。

（3）用药次数与反复用药　用药的次数完全取决于病情的需要，给药的间隔时间则须参考药物的血浆半衰期。一般在体内消除快的药物应增加给药次数，在体内消除慢的药物应延长给药的间隔时间。磺胺类药物、抗生素等抗菌药物，以能维持血液中有效的药物浓度为准，一般每日 2～4 次；长效制剂每日 1～2 次。为了达到治疗的目的，通常需要反复用药一段时间，这段时间称为疗程。反复用药的目的在于维持血液中药物的有效浓度，比较彻底地治疗疾病，坚持给药到症状好转或病原体被消灭后，才停止给药。必要时，可继续第二个疗程，否则在剂量不足或疗程不够的情况下，病原体很容易产生耐药性。

(4) 联合用药和药物的相互作用　两种或两种以上药物同时或先后使用，称为联合用药。联合用药时，各药之间相互发生作用，其结果可使药物作用增强或减弱，作用时间延长或缩短，具体作用见图1-2。

4. 饲养管理和环境方面

药物的作用是通过动物机体来表现的，因此机体的功能状态与药物的作用有密切的关系。例如，化学治疗药物的作用与机体的免疫力、网状内皮系统的吞噬能力有密切的关系，有些病原体的最后消除还要依靠机体的防御机制。所以，机体的健康状态对药物的效应可以产生直接或间接的影响。

饲养和管理水平直接影响到动物的健康和用药效果。饲养方面要注意饲料营养全面，根据动物不同生长时期的需要合理调配日粮的成分，以免出现营养不良或营养过剩。管理方面应考虑动物群体的大小，防止饲养密度过大；房舍的建设要注意通风、采光和动物活动的空间，要为动物的健康生长创造较好的条件。上述要求对患病动物更有必要，动物疾病的恢复，单纯依靠药物是不行的，一定要配合良好的饲养管理，加强护理，提高机体的抵抗力，使药物的作用得到更好的发挥。

药物的作用又与外界环境因素如温度、湿度、光照、通风等有着密切的关系。这些因素使动物对药物的敏感性可能增高或降低。

许多消毒防腐药物的抗菌作用都受环境的温度、湿度和作用时间以及环境中的有机物多少等条件的影响。例如，甲醛的气体消毒要求空间有较高的温度（20℃以上）和较高的空气相对湿度（60%～80%）。温度低、空气相对湿度不够，甲醛容易聚合，聚合物没有杀菌力，消毒效果差。升汞的抗菌作用可因周围蛋白质的存在而大大减弱。

另外，应用药物（尤其是使用化学治疗药物或环境消毒药物）时，应尽可能注意选用那些在环境中或畜禽粪便中易于降解或消除的药物，以减轻或避免对环境的污染。

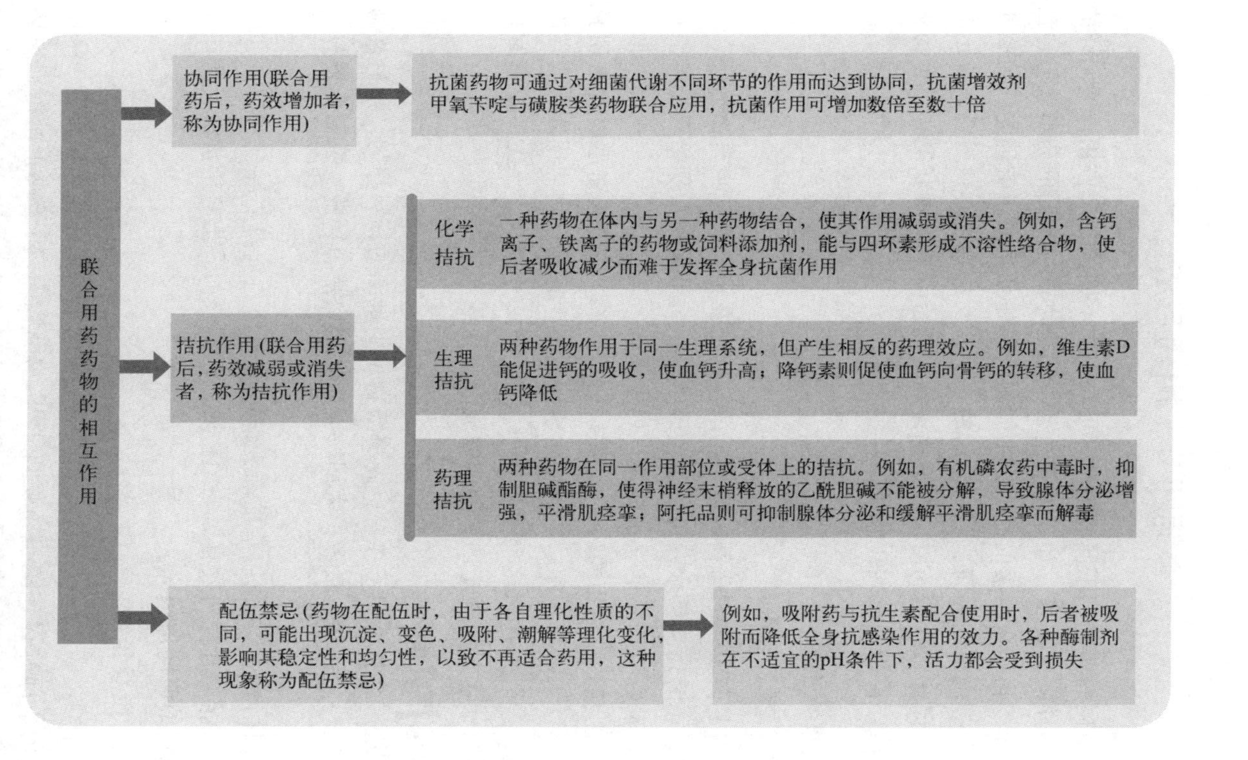

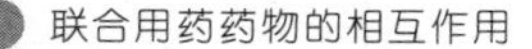
图 1-2 联合用药药物的相互作用

第四节　用药方法

不同的药物、不同的剂量，可以产生不同的药理作用；但同样的药物、同样的剂量，如果用药途径不同也可产生不同的药理效应，甚至引起药物作用性质的改变。不同的给药途径直接影响药物的吸收速度、药效出现的时间、药物作用的程度以及药物在体内维持及排出的时间。因此，在用药时应根据兔体的生理特点或病理状况，结合药物的性质，恰当地选择用药途径。

一、内服给药

1. 饮水给药

将易溶于水的药物，按一定的比例加在水中，让兔自由饮用。用药前几小时适当停水。可用于全群给药，也可用于个别给药。若个别给药，动物自己不能饮水的，也可灌服。

【注意】①使用的药物必须能溶解于水；②要有充足的饮水用具并保持饮水用具洁净；③饮用水要清洁卫生；④药物使用浓度要准确无误；⑤药物饮水之前要停水（夏天1～2小时，冬天3～4小时）；⑥药物饮水要在规定的时间内完成。

2. 拌料给药

粉剂药物可用于拌料。先将药物用少量细的饲料拌匀，然后逐渐加大饲料量拌和，最后扩大到所有应拌料中拌匀饲喂，或制成颗粒料饲喂。

【注意】①药物用量准确无误；②药物与饲料要混合均匀；③饲料中不能含有对药效有影响的物质；④饲喂前要把料槽清洗干净，并在规定的时间内喂完。

3. 投服给药

片剂、粉剂可投喂给药。投喂时由助手保定病兔，操作者一手固定兔的头部并捏住兔口角使口张开，用镊子、筷子或止血钳夹取药片，送入会厌部，使兔吞下。或把药片碾细加少量水调匀，用汤勺取适量药物插入口角，将药物放入口中，或用注射器、滴管等吸取药液，从口角徐徐灌入。但必须注意，不要误灌入气管内，造成异物性肺炎或引起死亡。

4. 灌服给药

水剂、油剂可用带有金属细管头的吸管吸取药液，从兔的口角插入，将药液挤入口中（图 1-3）。

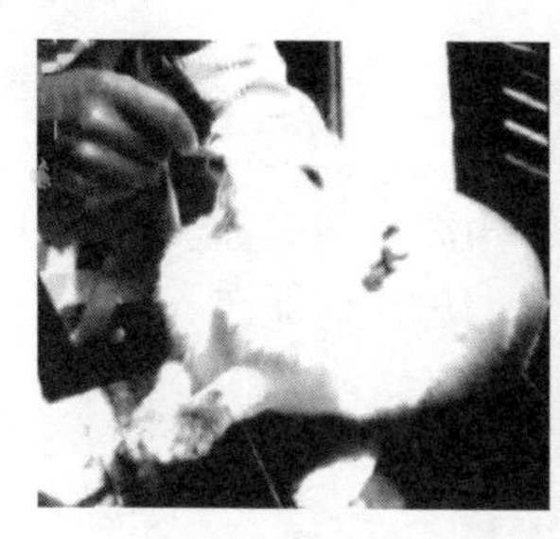
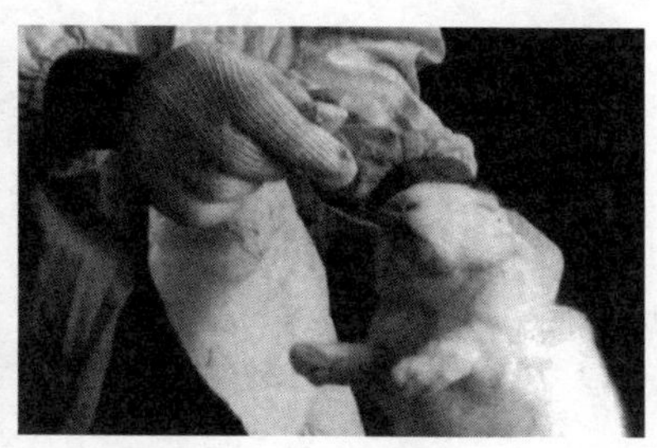

图 1-3　兔的灌服给药

5. 胃管投药

对一些有异味、毒性较大的药物或已废食的家兔可采用此法。助手保定家兔，固定好头部，投药者用开口器（木制或竹制，长 10 厘米、宽 1.8～2.2 厘米、厚 0.5 厘米），正中开一个比胃管稍大的小圆孔，将兔嘴撑开，用橡胶管、塑料管或人用导尿管作为胃管，涂上润滑油或肥皂，将胃管穿过开口器上的圆孔，沿上腭后壁徐徐送入食道，连接漏斗或注射器即可投药（图 1-4）。

成年兔从口到胃深约 20 厘米。切不可将药投入肺内，当胃管抵达会厌部时，兔有吞咽动作，趁其吞咽时送下胃管。误插入气管时，病兔咳嗽，胃管外端浸入盛水杯中出现气泡，需要重新插入。投药完毕，徐徐拔出胃管，取下开口器。

二、直肠给药

当发生便秘、毛球病等疾病时，内服给药效果不好，可采用直肠

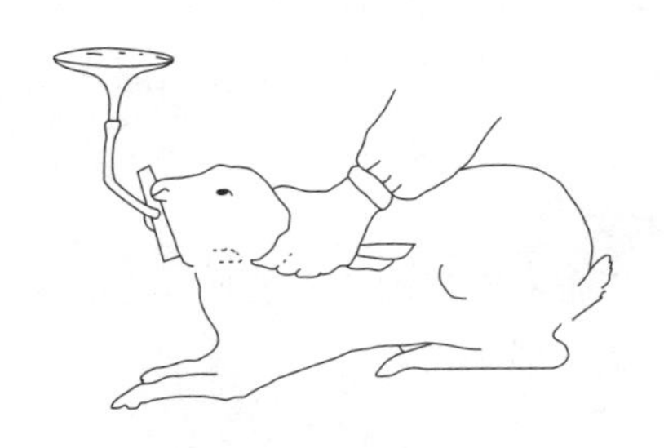

图 1-4　兔的胃管投药

内灌注法。将兔侧卧保定，后躯稍垫高，用涂有润滑油的橡胶管或塑料管，经肛门插入直肠 8～10 厘米深，然后用注射器注入药液（药液应加热至接近体温），捏住肛门，停留 5～10 分钟，然后放开，让其自然排便（图 1-5）。

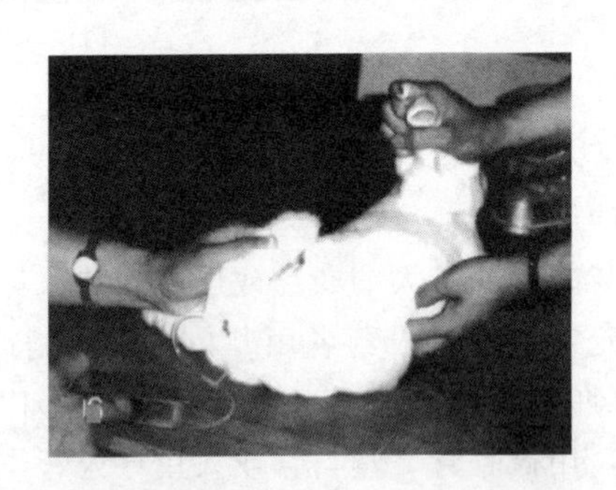

图 1-5　直肠给药

三、注射给药

1. 肌内注射

选在肌肉丰满处注射，通常在臀肌和大腿部。局部剪毛消毒后，针头垂直于皮肤迅速刺入一定深度，回抽活塞无回血后，缓缓注药（图 1-6）。注意针头不要损伤大的血管、神经和骨骼。肌内注射适用于多种药物和剂型，油剂、混悬液、水剂均可用此法，但强刺激剂，

如氯化钙等不能肌内注射。

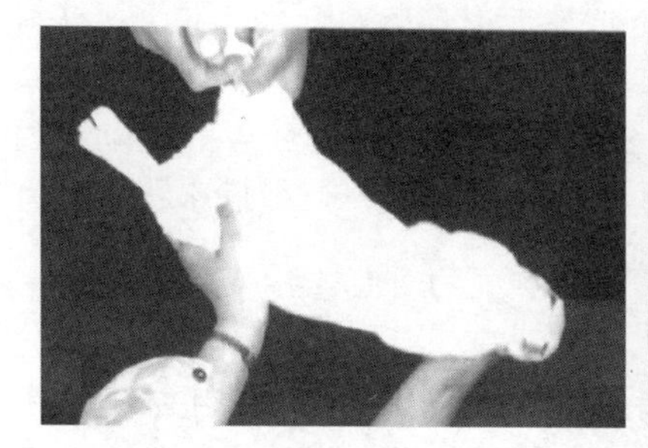
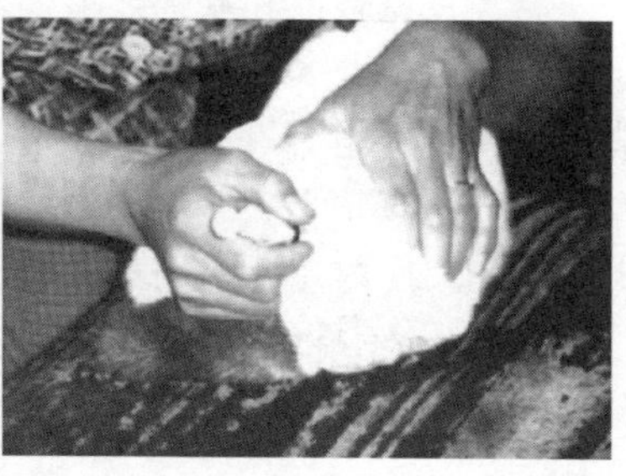

图 1-6 双人肌内注射（左图）和单人肌内注射（右图）

2. 皮下注射

选在兔颈部、肩前、腋下、股内侧或腹下皮肤薄、松弛、易移动的部位注射。局部剪毛，用 70%酒精棉球或 2%碘酊棉球消毒皮肤，左手拇指、食指和中指捏起皮肤呈三角形，右手如执笔状持注射器，于三角形基部与兔体基本保持水平迅速刺入针头，放开皮肤，回抽活塞，不见回血后注药（图 1-7）。注射完毕拔出针头，用酒精棉球压迫针孔片刻，防止药液流出。注射正确时可见局部鼓起。皮下注射主要用于防疫注射。

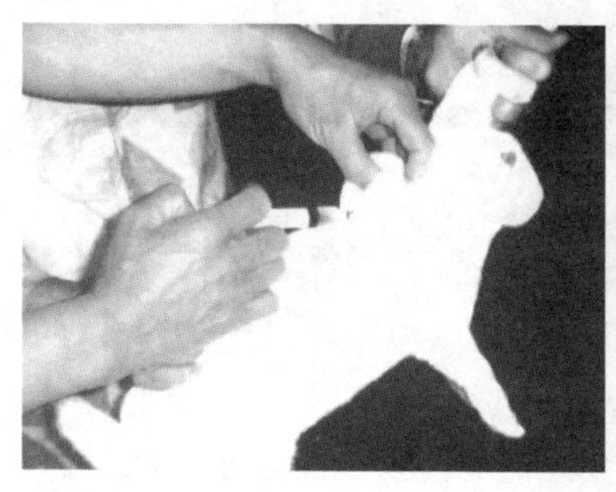

图 1-7 皮下注射

3. 皮内注射

通常在兔腰部和肷部注射。局部剪毛消毒后，将皮肤展平，针头与皮肤呈 30°刺入真皮，缓慢注射药液。注射完毕，拔出针头，用酒精棉球轻轻压迫针孔，以免药液外溢。注意每点注射药量不应超过 0.5 毫升。推药时感到阻力很大，在注药部出现一个小丘疹状隆起为刺针正确。皮内注射多用于过敏试验、诊断等。

4. 静脉注射

多取耳外缘静脉注射。由助手保定兔，固定头部。剪毛并消毒注射部（毛短者可不剪毛），注射者左手拇指与无名指及小指相对，捏住兔耳尖部，以食指和中指夹住并压迫静脉向心侧，使其充血怒张。静脉不明显时，可用手指弹击耳壳数下，或用酒精棉球反复涂擦，刺激静脉处皮肤。将针头呈 15°刺入血管，然后使针头与血管平行向血管内送入适当深度，回抽活塞见血、推药无阻力、皮肤不隆起，为刺针正确，可缓慢注药（图 1-8）。注射完毕，拔出针头，以酒精棉球压迫片刻，防止出血。

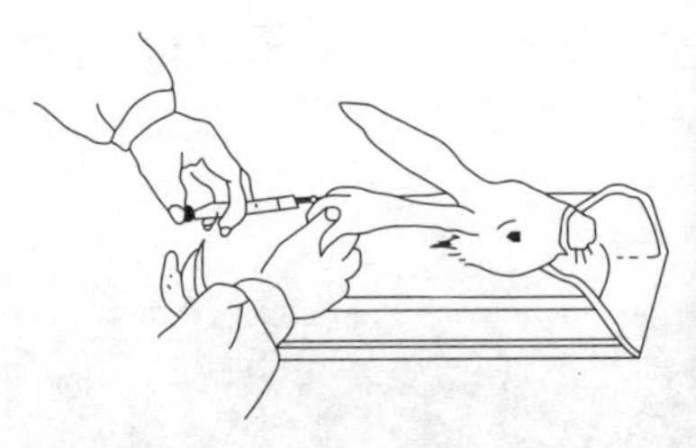

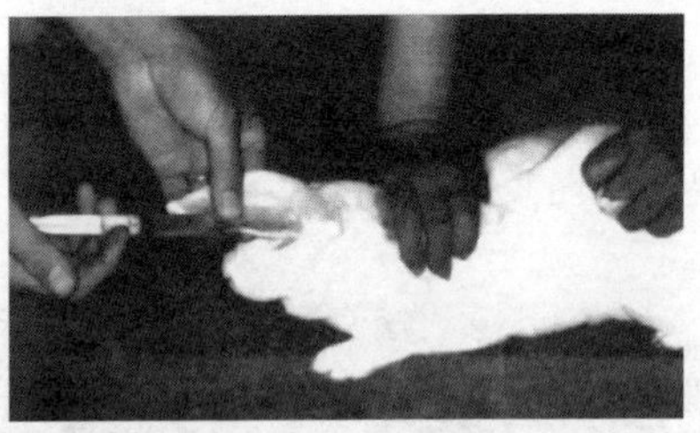

图 1-8　兔保定筒保定及耳静脉注射法（左图）和助手保定及耳静脉注射法（右图）

【提示】第一次刺针应先从耳尖部开始，以免影响以后刺针。要排净注射器内空气，以免引起血管栓塞，造成死亡。注射钙剂要缓慢。药量多时要加温。静脉注射多用于补液。油类药物不能静脉注射。

5. 腹腔注射

选在兔脐后部腹底壁，偏腹中线左侧 3 厘米处注射。剪毛、消毒

后，使兔后躯抬高，对着脊柱方向刺针，回抽活塞，如无气体、液体及血液后注药（图 1-9）。刺针不应过深，以免损伤内脏。如果怀疑有肝、肾或脾肿大时，要特别小心。当兔胃和膀胱空虚时，比较适宜进行腹腔注射。药液应加热至与体温相同。腹腔注射可用于补液（当静脉注射困难或心力衰竭时）。

图 1-9 腹腔注射

6. 气管注射

在颈上 1/3 下界正中线上，剪毛、消毒后，垂直刺针，刺入气管后阻力消失，回抽若有气体，可慢慢注药。气管注射用于治疗气管、肺部疾病及肺部驱虫等。药液应加温，每次用药的剂量不宜过多。药物应为可溶性并且容易吸收的。

7. 局部注射

局部注射多用于局部感染，如乳腺炎等。在局部感染的四周多点注射，将药物集中注射在局部，可快速地控制疾病的发展。

四、外用给药

1. 点眼

结膜炎时可将治疗药物滴入眼结膜囊内，进行眼部检查有时也需要点眼。操作时，用手指将兔下眼睑内角处捏起，滴药液于眼睑与眼球间的结膜囊内，每次2～3滴，每隔2～4小时滴一次。如果为膏剂，则将药物挤入结膜囊内。药物滴入（挤入）结膜囊内后稍活动一下眼睑，不要立即松开手指，以防药物被挤出。

2. 洗涤

将药物配成适当浓度的水溶液，清洗眼结膜、鼻腔及口腔等部的黏膜、污染物或感染的创面等。常用的有生理盐水、0.3%～1%过氧化氢溶液（双氧水）、0.1%新洁尔灭溶液、0.1%高锰酸钾溶液等。

3. 涂擦

将药物制成膏剂或液剂，涂擦于局部皮肤、黏膜或创面上。主要用于局部感染和疥癣等的治疗。

4. 药浴

将药物配制成适宜浓度的溶液或混悬液，对兔进行洗浴。要掌握好时间，时间短效果不佳，时间过长易引起中毒。主要用于杀灭体表寄生虫。

【注意事项】

① 给药的途径不同，不仅会影响药物作用的快慢和强弱，有时甚至还会改变药物的基本作用。如内服硫酸镁会产生下泻作用，而静脉注射则产生镇静、抗惊厥等作用。药物的性质不同，适宜的给药途径也不同，如油类制剂不能静脉注射，氯化钙等强刺激剂只能静脉注射，而不能肌内注射，否则会引起局部发炎坏死。所以，临床工作中应根据病情的需要、药物的性质、动物的大小等选择适当的给药途径。

② 内服给药适用于多种药物，尤其是治疗消化道疾病时多用。缺点是药物易受到胃、肠内环境的影响，不易掌握药量、显效慢、吸收不完全。

③ 注射给药吸收快、奏效快、药量准、安全、节省药物，但须注意药物质量及严格消毒。

④ 外用给药主要用于体表消毒和杀灭体表寄生虫。外用给药应防止经体表吸收而引起中毒。尤其大面积用药时，应特别注意药物的毒性、浓度、用量和作用时间，必要时可分片分次用药。

第五节　用药原则

一、预防为主原则

随着养兔业规模化和集约化程度的不断提高，兔场疾病控制也越来越困难，因此，预防用药，控制疾病发生就显得更加重要。

一年四季中，随着温度、湿度以及外界环境的变化，兔的一些疫病的发生和流行也具有较明显的季节性，因此，根据发病规律，进行免疫接种，可以减少传染病的发生和危害。不同季节，兔的多发病、常发病的种类，以及发病率也不同，如1～3月份气温明显下降，各种传染媒介（苍蝇、蚊子等）及病原体的繁殖均受到一定限制，此期传染病暴发也较少见。但由于天气寒冷，容易引起感冒和肺炎（散发较多），可在饲料或饮水中添加药物进行预防保健，如可添加泰乐菌素、氟苯尼考、泰妙菌素、大观霉素等药物。采用药物进行预防保健时要注意交替、穿插用药，避免耐药性产生。4～6月份为兔的产仔季节，发病率相对增高；7～9月份是酷暑盛夏季节，各种病原微生物活动猖獗，而且饲料容易腐败变质，易引起中暑、中毒及各类胃肠炎等疾病，是容易发生传染病的季节，可以使用庆大霉素、恩诺沙星、卡那霉素、硫酸新霉素等药物预防，同时要加强饲养管理和卫生防疫工作。10～12月份，发病率明显下降，是繁殖仔兔的好季节，但气温较低，需要做好饲养管理和加强防寒保温工作。

年龄的差异主要表现在多发和常发疾病的不同，幼兔特别是刚离乳的幼兔，由于消化系统发育不完全、防御屏障机能尚不健全，易患胃肠道疾病，应适量使用土霉素、复方敌菌净等抗生素进行预防。老龄兔由于代谢机能与免疫功能的减退，体质下降、抗病力弱、发病率也较高。母兔疾病相对比公兔多，因为母兔要繁殖仔兔，产科疾病占一定比例，如流产、乳腺炎等，需要采取适当措施和使用药物防治。

为了杀灭病原，环境消毒也很重要。环境消毒指在兔生产过程中和兔引入之前，将消毒防腐药通过喷洒、浇泼等方式施于兔舍的地面、用具、环境，以及兔的体表和排泄物中，以杀灭病原微生物、寄生虫及其虫卵，消除环境中的生物病因。环境消毒是预防疾病的最重要措施之一。

二、特殊性原则

在单胃家畜中，兔盲肠的容积最大。在庞大的盲肠内，微生物对食物残渣进行消化，同时，盲肠为微生物的活动提供适宜的条件。初生仔兔在吃奶前，胃肠道无菌；吃奶而没有睁眼的兔胃肠道内的细菌很少。仔兔睁眼后，盲肠和结肠开始出现大量的微生物。兔盲肠内环境与反刍家畜瘤胃十分相似，有利于微生物的活动。兔肠道中的微生物区系对大部分抗生素都很敏感，如果饲喂抗生素，微生物区系将被改变，有利于大肠杆菌和产气荚膜梭菌等产生对肠道内壁有害的毒素，最终导致肠炎和肠源性毒血症。导致副作用的抗生素包括林可霉素、氨苄西林、普鲁卡因、青霉素、头孢菌素Ⅳ、红霉素、氯林可霉素、泰乐菌素和甲硝唑。但土霉素、维吉霉素是例外，它们被当作促生长剂使用；磺胺类药物被用来控制球虫病。任何情况下都不能用莫能菌素饲喂兔子，就算莫能菌素浓度再低，对兔子的毒性也很大。

为维持兔的胃肠道微生物区系正常，可以使用一些有益菌来预防和控制胃肠道疾病。李新民等（2004）使用由蜡样芽孢杆菌、枯草芽孢杆菌、乳酸杆菌和乳酸球菌等有益菌组成的复合物在成年兔、青年兔和幼兔上进行试验，结果发现，对重症肠炎、轻症肠炎、黏液性肠炎和普通腹泻的治愈率分别为58.33%、87.50%、93.55%和100%，优于氟哌酸、环丙沙星和喹乙醇药物的治疗效果。

三、综合性原则

疾病是病因、传播媒介和宿主三者相互作用的结果。病因有物理因素（如温度、湿度、光线、声音、机械力等）、化学因素（如有害气体、药物等）和生物因素（如细菌、病毒、霉菌、寄生虫等）；传播媒介有蚊、虫、鼠类，以及恶劣的环境和不良的饲养管理条件等；宿主即兔体。在传播媒介存在的条件下，病因较强而机体的抵抗力较弱，兔就易发生疾病；反之，兔抵抗力强，病因就不易诱发疾病。

在疾病防治过程中，使用药物的作用：一是消除病因，如抗生素

抑制或杀灭病原微生物，维生素或微量元素治疗相应的缺乏症；二是减轻或消除症状，如抗生素退高热、止腹泻，硒和维生素 E 消除白肌病等；三是增强机体的抵抗力，如维生素、微量元素构建和强壮机体、维持正常结构和功能、提高免疫力等。但药物不能抵消理化病因，也不能完全消除传播媒介。要消除理化病因和传播媒介，主要依靠饲养管理。

综合性原则，是指添加用药与饲养管理相结合、治疗用药和预防用药相结合、对因用药和对症用药相结合。如抗菌药物只对病原生物起作用，即抑制或杀灭病原微生物或寄生虫，但对病原生物的毒素无拮抗作用，也不能清除病原的尸体，更不能恢复宿主的功能。有的抗菌药物本身还有一定的毒副作用。因此，在应用抗菌药物时，还要注意采取加强营养（可以提高机体的抵抗力或免疫力，使机体能够清除病原、毒素乃至药物所致的病理作用）和饲养管理（可以减少或消除各种诱因及媒介，切断发病环节）以及对症或辅助用药（纠正病原及其毒素所致的机体功能紊乱以及药物所致的毒副作用）等措施。

四、规程化用药原则

兔病的发生和发展都有规律可循。大多数疾病都是在兔生长发育的某个阶段发生，如仔兔阶段容易发生传染性口腔炎，断奶前的仔兔容易发生大肠杆菌病。有些疾病只在某个特定的季节发生，另一些疾病只在某个区域内流行。即使是营养缺乏症，也与兔的年龄、生产性能和饲料等因素有关，也有规律可循。因此，应用药物防治动物疾病时，应熟知疾病发生的规律和药物的性能，有计划地切断疾病发生、发展的关键环节。

药物应用的规程化，是指针对兔病在本地的发生、发展和流行规律，有计划地在兔生长发育的某一阶段、某个季节，使用特定的药物和具体的给药方案，以控制疾病、保障生产、避免损失。它包括针对何种疾病、使用何种（或几种）药物、何时使用、剂量多少、使用多久、休药期多长、何时重复使用（或更换为其他药物）等。规程化用药原则是针对目前一些养殖场“盲目添加、被动用药”的状况而提出的。

规程化用药不仅可以避免盲目添加和被动用药的现象，而且还是控制或消灭某些特定疾病的有效措施，是一种科学合理的用药方式。规程化用药也能减少药物残留和环境污染的发生，避免耐药生物的产生和传播，是提高养殖场经济效益、社会效益和生产效益的有效措施。要做到规程化用药，养殖场和饲料加工厂必须密切联系。饲料加工厂要熟知养殖场实际用药的需要，有目的、有计划地添加符合养殖场需要的药物；而养殖场要了解饲料中药物的添加情况，将加药饲料的效果等信息及时反馈给饲料加工厂。

五、无公害原则

药物具有二重性。一方面，它能提高兔群生产性能、防治兔病、改善饲料转化率、保障和促进养殖生产。另一方面，药物的不合理使用和滥用，也有一些负面作用，如残留、耐药性、环境污染等公害，影响养殖业的持续发展乃至人类社会的安全。

要选择符合兽药生产标准的药物，不使用禁用药物、过期药物、变质药物、劣质药物和淘汰药物，因为这些药物会使病原菌产生耐药性和造成药物残留，危害消费者的健康。2005年，农业部曾公布首批《兽药地方标准废止目录》，明确规定危害动物以及人类健康的沙丁胺醇、呋喃西林等6类药禁止生产、经营和销售：一是沙丁胺醇、呋喃西林、呋喃妥因、替硝唑、卡巴氧和万古霉素；二是金刚烷胺类等人用抗病毒药移植兽用的；三是头孢哌酮等人医临床控制使用的抗菌药物用于食品动物的；四是代森铵等农用杀虫剂、抗菌药用作兽药的；五是人用抗疟药和解热镇痛、胃肠道药品用于食品动物的；六是组方不合理、疗效不确切的复方制剂。

选药时从药品的生产批号、出厂日期、有效期、检验合格证等方面着手详细检查，确认无质量问题后才可选用。

第二章

抗微生物药物的安全使用

第一节　抗微生物药物的概述及安全使用要求

一、抗微生物药物的概述

1. 概念及作用机理

抗微生物药是指能在体内外选择性地杀灭或抑制病原微生物（细菌、支原体、真菌等）的药物。由于常用于防治感染性疾病，又称抗感染药。包括抗生素（是从某些放线菌、细菌和真菌等微生物培养液中提取得到、能选择性地抑制或杀灭其他病原微生物的一类化学物质，包括天然抗生素及半合成抗生素）、合成抗菌药、抗病毒药、抗真菌药、抗菌中草药等，它们在控制畜禽感染性疾病、促进动物生长、提高养殖经济效益方面具有极为重要的作用。抗微生物药物的作用机理主要是阻碍细菌的细胞壁合成，导致菌体变形、溶解而死亡；干扰微生物蛋白质的合成，从而产生抑制作用和杀灭微生物（图 2-1）。

2. 种类

抗微生物药物的种类见表 2-1。

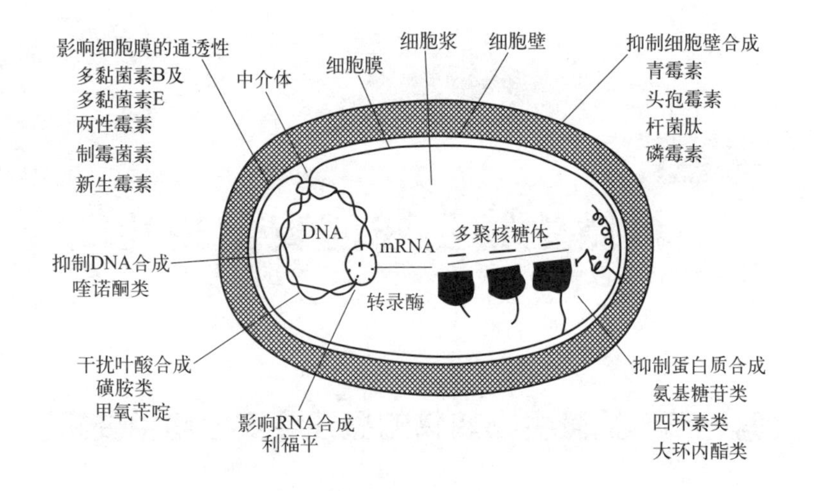

图 2-1　抗微生物药物的作用机理图

表 2-1　抗微生物药物的种类

抗生素	根据作用特点分	抗革兰氏阳性菌的抗生素，如青霉素类、红霉素、林可霉素等
		抗革兰氏阴性菌的抗生素，如链霉素、卡那霉素、庆大霉素、新霉素和多黏菌素等
		广谱抗生素，如四环素类和酰胺醇类
		抗真菌的抗生素，如制霉菌素、灰黄霉素、两性霉素等
		抗寄生虫的抗生素，如依维菌素、潮霉素 B、越霉素 A、莫能菌素、马度米星等
		抗肿瘤的抗生素，如丝裂霉素、放线菌素 D、柔红霉素等
		用作饲料药物添加剂的饲用抗生素，有促进动物生长、提高生长性能的作用，如杆菌肽锌、维吉尼霉素等
	根据化学结构分	β-内酰胺类，包括青霉素类、头孢菌素类等
		氨基糖苷类，包括链霉素、庆大霉素、卡那霉素、新霉素、大观霉素、小诺霉素、安普霉素等
		四环素类，包括土霉素、四环素、多西环素等
		酰胺醇类，包括甲砜霉素、氟苯尼考等

续表

抗生素	根据化学结构分	大环内酯类,包括红霉素、吉他霉素、泰乐菌素等
		林可胺类,包括林可霉素、克林霉素
		多烯类,包括两性霉素B、制霉菌素等
		聚醚类,包括莫能菌素、盐霉素、马度米星、拉沙洛西等
		含磷多糖类,主要用作饲料添加剂,如黄霉素、大碳霉素等
		多肽类,包括杆菌肽、多黏菌素等
抗真菌药		多烯类,如两性霉素B和制霉菌素等
		非多烯类,如灰黄霉素和克霉唑等
合成抗菌药		氟喹诺酮类,如环丙沙星等
		磺胺类,如磺胺嘧啶、磺胺二甲嘧啶、磺胺-6-甲氧嘧啶、磺胺邻二甲嘧啶等
		二氨基嘧啶类,如三甲氧苄氨嘧啶、二甲氧苄氨嘧啶
		喹噁啉类,如乙酰甲喹等

二、抗微生物药物安全使用的要求

在自然界中，引起畜禽细菌性疾病的病原非常多，由其引起的疾病危害严重，如禽的沙门菌病、大肠杆菌病和葡萄球菌病等，给养禽业造成了巨大的损失。药物预防和治疗是预防和控制细菌病的有效措施之一，尤其是对尚无有效可用的疫苗或免疫效果不理想的细菌病，如沙门菌病、大肠杆菌病、巴氏杆菌病等，在一定条件下采用药物预防和治疗，可收到显著的效果。在应用抗菌药物治疗禽病时，要综合考虑到病原微生物、抗菌药物以及机体三者相互间对药物疗效的影响(图 2-2)，科学合理地使用抗菌药物。

1. 根据抗菌谱和适应证选择抗菌药物

正确诊断是临床选择药物的前提，有了正确的诊断，才能了解其致病菌，从而选择对致病菌高度敏感的药物。根据临床诊断，弄清致病微生物的种类及其对药物的敏感性，最好进行药敏试验，选择对病原微生物高度敏感、临床效果好、不良反应较少的抗生素。

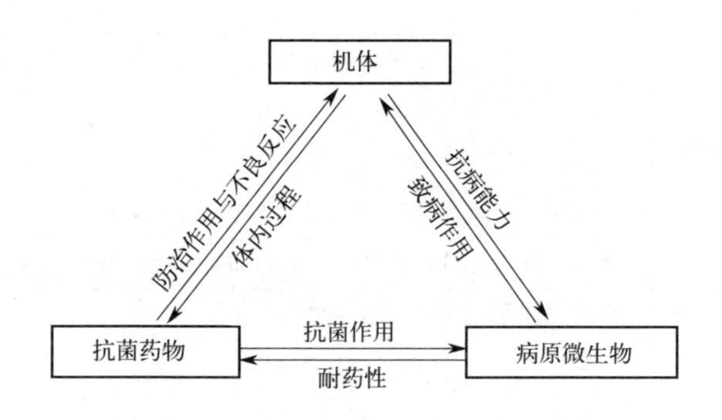

图 2-2　机体、抗菌药物及病原微生物的相互作用

对革兰氏阳性菌引起的感染，可选用青霉素、红霉素、四环素类和头孢氨苄等药物；对革兰氏阴性菌引起的感染，可选用链霉素、头孢他啶、头孢呋辛等药物。被耐青霉素及四环素的葡萄球菌感染，可选用半合成青霉素类、红霉素、卡那霉素、庆大霉素等药物；被铜绿假单胞菌感染，可选用庆大霉素和多黏菌素等药物。

2. 根据药动学特性选择用药

对于肠道感染的疾病，应选择不被胃肠道破坏、吸收的药物，以使其在肠道内药物浓度最高，如氨基糖苷类、氨苄西林、磺胺脒等。泌尿道感染应选择以原型从泌尿道排出的抗菌药物，如青霉素类、链霉素、土霉素、氟苯尼考等。呼吸道感染应选择易吸收且在呼吸道和肺组织有选择性分布的抗菌药物，如达氟沙星、阿莫西林、氟苯尼考、替米考星等。

3. 剂量和疗程要准确

为了抑制或杀灭病原菌，抗菌药物必须在动物体内达到有效血药浓度并维持一段时间。一般要求血药浓度应高于最低抑菌浓度(MIC)，有剂量依赖性的氟喹诺酮类则应高出 8～10 倍疗效较好，杀菌药疗程 2～3 天为佳，抑菌药尤其是磺胺类，疗程则应达到 3～5 天。每天用药剂量、次数、间隔时间等应按《兽药使用指南》规定，以期达到较好的疗效并避免耐药性的产生。切忌病情稍有好转即停用

抗菌药，以免导致病情复发和耐药性的产生。

4. 正确联合使用抗微生物药物

在一些严重的混合感染或病原未明的病例中，当使用一种抗菌药物无法控制病情时，可以适当联合用药，以扩大抗菌谱、增强疗效、减少用量、降低或避免毒副作用、减少或延缓耐药菌株的产生。目前一般将抗菌药分为四大类：第一类为繁殖期或速效杀菌剂，如青霉素类、头孢菌素类药物等；第二类为静止期杀菌剂，即慢效杀菌剂，如氨基糖苷类、多黏菌素类药物等；第三类为速效抑菌剂，如四环素类、大环内酯类、酰胺醇类药物等；第四类为慢效抑菌剂，如磺胺类药物等。第一类和第二类合用一般可获得增强作用，如青霉素和链霉素合用，前者破坏细菌细胞壁的完整性，使后者更易进入菌体内发挥作用。第一类与第三类合用则可出现拮抗作用，如青霉素与四环素合用，由于后者使细菌蛋白质合成受到抑制，细菌进入静止状态，因此青霉素便不能发挥抑制细胞壁合成的作用。第一类与第四类合用，可能无明显影响，第二类与第三类合用常表现为相加作用或协同作用。在联合用药时要注意可能出现毒性的相加作用，而且也要注意药物之间理化性质、药物动力学和药效学之间的相互作用与配伍禁忌。具体联合应用见表 2-2。

表 2-2 抗微生物药物的联合应用

病原菌	抗菌药物的联合应用
一般革兰氏阳性菌和革兰氏阴性菌	青霉素 G＋链霉素，红霉素＋氟苯尼考，磺胺甲噁唑（或磺胺对甲氧嘧啶、磺胺二甲嘧啶、磺胺嘧啶）＋甲氧苄啶或二甲氧苄啶，卡那霉素或庆大霉素＋氨苄青霉素
金黄色葡萄球菌	红霉素＋氟苯尼考，苯唑青霉素＋卡那霉素或庆大霉素，红霉素或氟苯尼考＋庆大霉素或卡那霉素，红霉素＋利福平或杆菌肽，头孢霉素＋庆大霉素或卡那霉素，杆菌肽＋头孢霉素或苯唑青霉素
大肠杆菌	链霉素、卡那霉素或庆大霉素＋四环素类、氟苯尼考、氨苄青霉素、头孢霉素，多黏菌素＋四环素类、氟苯尼考、庆大霉素、卡那霉素、氨苄青霉素或头孢霉素类，磺胺二甲嘧啶＋甲氧苄啶或二甲氧苄啶
变形杆菌	链霉素、卡那霉素或庆大霉素＋四环素类、氟苯尼考、氨苄青霉素，磺胺甲噁唑＋甲氧苄啶

续表

病原菌	抗菌药物的联合应用
铜绿假单胞菌	多黏菌素B或多黏菌素E+四环素类、庆大霉素、氨苄青霉素，庆大霉素+四环素类
肠球菌属	青霉素G+庆大霉素
结核分枝杆菌	异烟肼+利福平或链霉素、利福平+乙胺丁醇
其他革兰氏阴性杆菌（主要是肠杆菌科）	氨基糖苷类+哌拉西林或头孢类+酶抑制剂或美西林+β-内酰胺类
厌氧菌	甲硝唑+青霉素G、林可霉素
深部真菌	两性霉素B+氟康唑

5. 避免耐药性的产生

随着抗菌药物的广泛使用，细菌耐药性的问题也日益严重，为防止耐药菌株的产生，临床防治疾病用药时应做到：一是严格掌握用药指征，不滥用抗菌药物，所用药物用量充足，疗程适当；二是单一抗菌药物有效时，不采用联合用药；三是尽可能避免局部用药和滥作预防用药；四是病因不明者，切勿轻易使用抗菌药物；五是尽量减少长期用药；六是确定为耐药菌株感染时，应改用对病原菌敏感的药物或采取联合用药。对于抗菌药物添加剂也须强调合理使用，要改善饲养管理条件、控制药物品种和浓度、禁止使用治疗用抗生素作动物药物添加剂；按照使用条件，用于合适的靶动物；严格遵照休药期和应用限制，减少药物毒性作用和残留量。

第二节　抗生素类药物的安全使用

一、青霉素类

1. 青霉素G

【性状】属弱有机酸，性质稳定，难溶于水，其钠、钾盐则易溶于水。其水溶液不稳定、不耐热，室温中24小时大部分即被分解，

并可产生青霉噻唑酸和青霉烯酸等致敏物质，故常制成粉针剂，临用时用注射用水溶解。酸、碱、醇、氧化剂、重金属离子及青霉素酶等均可使青霉素的β-内酰胺环破坏而失效。

【作用与用途】青霉素G对“三菌一体”，即革兰氏阳性和阴性球菌、革兰氏阳性杆菌、放线菌和螺旋体等高度敏感，常作为首选药。临床上主要用于对青霉素G敏感的病原菌所引起的各种感染，如坏死杆菌病、炭疽、破伤风、恶性水肿、气肿疽、各种呼吸道感染、乳腺炎、子宫炎、放线菌病、钩端螺旋体病等。

【用法与用量】青霉素G粉针，每支80万、100万、160万国际单位。肌内注射，兔5万国际单位/(千克体重·次)，每天2～3次，连用2～3天。

【药物相互作用（不良反应）】与氨基糖苷类合用可提高后者在菌体内的浓度，表现为协同作用；青霉素不宜与红霉素、四环素、土霉素、卡那霉素、庆大霉素、大环内酯类、磺胺类药物、碳酸氢钠、维生素C、去甲肾上腺素、阿托品、氯丙嗪以及重金属、酸、碱、醇类、碘、氧化剂、还原剂等混合和配伍应用；青霉素G的毒性极小，其不良反应除局部刺激性外，主要是过敏反应。

【注意事项】多数细菌对青霉素G不易产生耐药性，但金黄色葡萄球菌在与青霉素长期反复接触后，能产生并释放大量的青霉素酶(β-内酰胺酶)，使青霉素的β-内酰胺环裂解而失效。对耐药性金黄色葡萄球菌感染的治疗，可采用半合成青霉素类、头孢菌素类、红霉素等进行治疗；青霉素G钾（钠）遇湿易分解失效，其铝盖胶塞瓶装制剂不宜放置冰箱中。

2. 普鲁卡因青霉素

【性状】白色或淡黄色结晶性粉末。微溶于水。遇酸、碱、氧化剂等迅速失效。每克含青霉素95万单位以上，普鲁卡因0.38～0.4克。

【作用与用途】常与青霉素合用，治疗由青霉素敏感菌引起的慢性感染，如羊、猪、兔子宫蓄脓、乳腺炎、复杂骨折等。

【用法与用量】粉针每支为40万国际单位（含普鲁卡因青霉素30万国际单位和青霉素G钾或青霉素G钠10万国际单位）或80万国际

单位（含普鲁卡因青霉素60万国际单位和青霉素G钾或青霉素G钠20万国际单位）。肌内注射，兔3万～4万国际单位/(千克体重·次)，每天1次，连用2～3天。

【药物相互作用（不良反应）】见青霉素G。

【注意事项】遇湿易分解失效，其铝盖胶塞瓶装制剂不宜放置冰箱中。

3. 氯唑西林（邻氯青霉素）

【性状】白色粉末或结晶性粉末。有引湿性，极易溶于水。应密封在干燥处保存。

【作用与用途】属耐酸、耐酶青霉素，可供内服。对金黄色葡萄球菌、链球菌、肺炎球菌（特别是耐药菌株）等，具有杀菌作用。适用于耐药性金黄色葡萄球菌等大多数革兰氏阳性菌引起的感染。

【用法与用量】注射用氯唑西林，0.5克/支。肌注，兔15～20毫克/千克体重，每天2～3次，连用2～3天。

【药物相互作用（不良反应）】氯唑西林不宜与四环素、土霉素、卡那霉素、庆大霉素、大环内酯类、磺胺类抗微生物药及碳酸氢钠、维生素C、去甲肾上腺素、阿托品、氯丙嗪等混合应用。

【注意事项】遇湿易分解失效，其铝盖胶塞瓶装制剂不宜放置冰箱中。

4. 氨苄西林（氨苄青霉素、安比西林）

【性状】白色结晶性粉末。微溶于水，其钠盐易溶于水。应密封保存于冷暗处。

【作用与用途】广谱青霉素，对革兰氏阳性菌和革兰氏阴性菌，如链球菌、葡萄球菌、炭疽杆菌、布鲁氏菌、大肠杆菌、巴氏杆菌、沙门菌等均有抑杀作用，但对革兰氏阳性菌的作用不及青霉素，对铜绿假单胞菌和耐药性金黄色葡萄球菌无效。主要治疗敏感菌引起的呼吸道感染、消化道感染、尿路感染和败血症。在临床上常用于巴氏杆菌病、肺炎、乳腺炎，亦可用于李氏杆菌病。

【用法与用量】氨苄西林粉针剂。内服，家畜11～22毫克/千克体重，每天1～2次，连用2～3天。注射用氨苄西林，0.5克/支、1

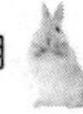

克/支、2 克/支。肌内、静脉注射，家畜 10～20 毫克/千克体重，每天 2～3 次，连用 2～3 天。

【药物相互作用（不良反应）】同青霉素 G。本品与其他半合成青霉素、卡那霉素、庆大霉素等合用易发挥协同作用。对胃肠道正常菌群有较强的干扰作用，成年反刍动物禁止内服。

【注意事项】遇湿易分解失效，其铝盖胶塞瓶装制剂不宜放置冰箱中。

5. 阿莫西林（羟氨苄青霉素）

【性状】类白色结晶性粉末，易溶于水。

【作用与用途】本品的作用、用途、抗菌谱与氨苄西林基本相同，但杀菌作用快而强，内服吸收比较好，对呼吸道、泌尿道及肝、胆系统感染疗效显著。其与氨苄西林有完全的交叉耐药性。

【用法与用量】阿莫西林片，0.125 克/片、0.25 克/片；阿莫西林胶囊，0.125 克/粒、0.25 克/粒、0.5 克/粒。内服，兔 15～20 毫克/千克体重，2 次/天，连用 3～5 天。注射用阿莫西林钠，0.5 克/支，肌内注射，兔 5～10 毫克/千克体重，2 次/天，连用 5 天。

【药物相互作用（不良反应）】同青霉素 G。

【注意事项】遇湿易分解失效，其铝盖胶塞瓶装制剂不宜放置冰箱中；尽量不要口服。

二、头孢菌素类

1. 头孢噻吩（先锋霉素Ⅰ）

【性状】白色结晶性粉末，易溶于水。粉末久置后颜色变黄，但不影响效力，溶液变黄后即不可使用。应遮光、密封置阴凉干燥处保存。

【作用与用途】对革兰氏阳性菌和革兰氏阴性菌及钩端螺旋体均有较强作用，但对铜绿假单胞菌、真菌、支原体、结核分枝杆菌无效。主要用于葡萄球菌、链球菌、肺炎球菌、巴氏杆菌、大肠杆菌、沙门菌等引起的呼吸道、泌尿道感染等。

【用法与用量】注射用头孢噻吩钠，0.5 克/支、1 克/支。肌内注射，兔 10～30 毫克/千克体重，每天 2～3 次。

【药物相互作用（不良反应）】不宜与庆大霉素合用。

【注意事项】内服吸收不良，只供注射。对肝、肾功能有影响。

2. 盐酸头孢噻呋

【性状】本品为类白色至淡黄色粉末，难溶于水，在丙酮中微溶，在乙醇中几乎不溶。

【作用与用途】主要用于治疗敏感菌多杀性巴氏杆菌、大肠杆菌引起的消化道疾病；巴氏杆菌、昏睡嗜血杆菌、化脓棒状杆菌、链球菌、变形杆菌、莫拉菌等引起的呼吸道感染以及运输热、肺炎等；坏死梭杆菌、产黑拟杆菌引起的腐蹄病。用于大肠杆菌与变形杆菌等引起的泌尿道感染。

【用法与用量】注射用头孢噻呋钠，0.5克/瓶、4克/瓶（以头孢噻呋计）。肌内注射，一次量，兔5～10毫克/千克体重，每日1次，连用2～3天。

【药物相互作用（不良反应）】与氨基糖苷类药物合用有协同作用；与丙磺舒合用可提高血中药物浓度和延长半衰期；可能引起胃肠道菌群紊乱或二重感染，有一定的肾毒性。牛使用时可引起特征性的脱毛或瘙痒。

【注意事项】本品主要通过肾排泄，对肾功能不全者要注意调整剂量。

3. 头孢噻啶（头孢菌素Ⅱ、先锋霉素Ⅱ）

【性状】本品为白色或无色粉末；在水中溶解。

【作用与用途】具有广谱抗菌作用。用于敏感菌所致的呼吸道、泌尿道、皮肤和软组织感染。对革兰氏阳性菌抗菌活性较强。

【用法与用量】注射用头孢噻啶，0.1克/瓶、0.5克/瓶。肌内或皮下注射，一次量，兔20毫克/千克体重，每日1～2次，连用5天。

【药物相互作用（不良反应）】与氨基糖苷类药物合用有协同作用。

【注意事项】本品罕见肾毒性，但病畜肾功能严重损害或合用其他对肾有害的药物时则易于发生。

4. 头孢喹肟

【性状】本品为类白色结晶性粉末，易溶于水。

【作用与用途】抗生素类药。主要用于治疗大肠杆菌引起的乳腺炎，多杀性巴氏杆菌或胸膜肺炎放线杆菌引起的呼吸道疾病。

【用法与用量】注射用头孢喹肟钠，0.5 克/支、1 克/支。肌内注射，一次量，兔 30～50 毫克/千克体重，每日 3 次，连用 3～5 天。

【注意事项】遮光，25℃以下保存。

三、大环内酯类

1. 红霉素

【性状】白色或类白色结晶或粉末，难溶于水，与酸结合成盐则易溶于水；在酸性溶液中易被破坏，pH 低于 4 时，则全部失效。

【作用与用途】抗菌谱同青霉素，对各种革兰氏阳性菌，如金黄色葡萄球菌、链球菌、肺炎球菌、炭疽杆菌、猪丹毒杆菌、梭状芽孢杆菌、淋球菌，少数革兰氏阴性菌，如布鲁氏菌、脑膜炎球菌、流感杆菌、多杀性巴氏杆菌有高度抑菌作用。对其他多数革兰氏阴性杆菌不敏感，但对耐青霉素的金黄色葡萄球菌仍然有效。此外，对肺炎支原体、立克次体、钩端螺旋体有效。主要用于治疗耐药金黄色葡萄球菌感染和青霉素过敏的病例，也可用于敏感菌引起的各种感染，如肺炎、子宫炎、乳腺炎、败血症等。

【用法与用量】红霉素片，每片 0.1 克（10 万单位）、0.125 克（12.5 万单位）、0.2 克（20 万单位）、0.25 克（25 万单位）；硫氰酸红霉素可溶性粉，每袋 100 克含 5 克（500 万单位），内服，兔 10～20 毫克/千克体重，每天 2 次，连用 3～5 天。

【药物相互作用（不良反应）】红霉素液体剂型遇到酸性物质以及丁胺卡那霉素、硫酸链霉素、盐酸四环素、复合维生素 B、维生素 C 等会出现混浊，沉淀易失效。本品对新生仔畜毒性大，内服可引起胃肠功能紊乱。

【注意事项】细菌对红霉素易产生耐药性，但不持久，停药数月后可恢复敏感性。

2. 泰乐菌素

【性状】 白色结晶性粉末，微溶于水，呈弱碱性，其盐类易溶于水且稳定。

【作用与用途】 本品是一种畜禽专用抗生素，对革兰氏阳性菌和部分革兰氏阴性菌、螺旋体、立克次体以及衣原体等有抑制作用，对支原体有特效。本品主治兔传染性鼻炎、巴氏杆菌病、化脓性肺炎等引起的流鼻涕、打喷嚏、摇头、流泪等，对反复发作的鼻炎有特效。

【用法与用量】 酒石酸泰乐菌素可溶性粉剂（内含酒石酸泰乐菌素、林可霉素、增效剂、药物释放缓释因子等），100 克/袋（含酒石酸泰乐菌素 20 克、林可霉素 10 克等）。兔饮水，每 100 克本品兑水 400 千克，集中饮水，连用 2～3 天；或每 100 克本品拌料 200 千克，连用 3～5 天，预防量酌减或遵医嘱。适用于规模化兔场呼吸道疾病的全群治疗与预防。

【药物相互作用（不良反应）】 注意本品不能与聚醚类抗生素合用，否则导致后者的毒性增强；对革兰氏阳性菌的作用较红霉素稍弱，与其他大环内酯类抗生素之间有交叉耐药现象；本品的水溶液遇铁、铝、锡等离子多形成络合物而减效。

【注意事项】 本品有较强的局部刺激性。

3. 北里霉素（柱晶白霉素）

【性状】 酒石酸北里霉素为白色或淡黄色粉末，能溶于水，无异味，在饲料和饮水中均稳定。

【作用与用途】 与红霉素相似，对革兰氏阳性菌和支原体有较强抗菌作用，对部分革兰氏阴性菌、钩端螺旋体、立克次体及衣原体也有效。

【用法与用量】 酒石酸北里霉素粉针，0.2 克/瓶。肌内注射或皮下注射，5～25 毫克/千克体重，每天 1 次，连用 2～3 天。北里霉素片，25 毫克/片。内服，一次量，每千克体重 20～50 毫克，每日 2 次，连用 3～5 天。

【药物相互作用（不良反应）】 红霉素液体剂型遇到酸性物质以及丁胺卡那霉素、硫酸链霉素、盐酸四环素、复合维生素 B、维生素 C

等会出现混浊，沉淀易失效。本品对新生仔畜毒性大，内服可引起胃肠功能紊乱。

四、林可胺类

1. 林可霉素（洁霉素）

【性状】 盐酸林可霉素为白色结晶粉末，有微臭或特殊臭，味苦，易溶于水和乙醇。

【作用与用途】 主要对革兰氏阳性菌，如金黄色葡萄球菌、链球菌、肺炎球菌、破伤风梭菌、炭疽杆菌、大多数产气荚膜梭菌等有较强抗菌作用，特别适用于耐青霉素、红霉素菌株的感染及对青霉素过敏的病畜。对革兰氏阴性菌、肠球菌作用较差。也用作促生长饲料添加剂。

【用法与用量】 盐酸林可霉素注射液，2 毫升（含 0.6 克)/支、10 毫升（含 3 克)/支；盐酸林可霉素可溶性粉，100 克（含 40 克)/瓶。内服，兔 15～25 毫克/(千克体重・次)，每天 1～2 次，连用 3～5 天。肌内注射或静脉注射，兔 7.5～10 毫克/(千克体重・次)，每天 2 次，连用 3 天。

【药物相互作用（不良反应)】 与大观霉素和庆大霉素合用有协同作用；与氨基糖苷类和多肽类抗生素合用，可能加剧对神经肌肉接头的阻滞作用；与红霉素合用，有拮抗作用；与卡那霉素、新霉素混合静注，发生配伍禁忌。

【注意事项】 长期大量使用可出现胃肠机能紊乱。

2. 克林霉素（氯林可霉素）

【性状】 克林霉素盐酸盐（或磷酸盐）为白色结晶性粉末，味苦，易溶于水。

【作用与用途】 同林可霉素，但抗菌活性是林可霉素的 4～8 倍。

【用法与用量】 盐酸克林霉素片剂或胶囊，每片（粒）0.075 克、0.15 克；磷酸克林霉素注射液，150 毫克/2 毫升。内服或肌内注射，用量同林可霉素。

【药物相互作用（不良反应)】 与林可霉素、红霉素有交叉耐药性。与大环内酯类相拮抗，故不能与红霉素等合用。

五、氨基糖苷类

1. 硫酸链霉素

【性状】白色或类白色粉末，无臭或几乎无臭，味微苦。有引湿性，易溶于水，不溶于乙醇或三氯甲烷。

【作用与用途】抗菌谱较青霉素广，主要是对结核杆菌和多种革兰氏阴性菌有强大的杀菌作用。对沙门菌、大肠杆菌、布鲁氏菌、巴氏杆菌、志贺菌属、嗜血杆菌均敏感。对革兰氏阳性球菌的作用不如青霉素；对钩端螺旋体、放线菌等也有效。主要用于对本品敏感的细菌所引起的急性感染，如大肠杆菌引起的肠炎、乳腺炎、子宫炎、败血症等；巴氏杆菌引起的出血性败血症、肺炎等以及钩端螺旋体病、放线菌病、伤寒等。

【用法与用量】注射用硫酸链霉素粉针，每支 0.5 克（50 万单位）、1 克（100 万单位）；片剂，每片 0.1 克（10 万单位）。肌内注射，兔 10 毫克/千克体重，每天 2 次，连用 2～3 天。

【药物相互作用（不良反应）】在弱碱性环境中抗菌作用增强；与两性霉素、红霉素、新生霉素钠、磺胺嘧啶钠在水中相遇会产生混浊沉淀，故在注射或饮水给药时不能合用；遇酸、碱或氯化剂、还原剂均易被破坏而失活。

【注意事项】链霉素对其他氨基糖苷类有交叉过敏现象。对氨基糖苷类过敏的病畜应禁用本品；病畜出现失水或肾功能损害时慎用；用本品治疗泌尿道感染时，宜同时内服碳酸氢钠使尿液呈碱性；资料显示，反刍动物内服对消化道菌群的影响较小。

2. 硫酸庆大霉素

【性状】白色或类白色粉末，无臭，有引湿性。易溶于水，在乙醇中不溶，性质稳定。

【作用与用途】抗菌谱广，对大多数革兰氏阴性菌及阳性菌都具有较强的抑菌或杀菌作用，特别是对耐药性金黄色葡萄球菌引起的感染有显著疗效。对结核杆菌和支原体等也有效。主要用于耐药性金黄色葡萄球菌、铜绿假单胞菌、变形杆菌、大肠杆菌等所引起的各种严重感染，如呼吸道、泌尿道感染，败血症、乳腺炎等。对犊牛败血症

型、毒血症型和肠炎型大肠杆菌病有高效，对大肠杆菌、金黄色葡萄球菌或链球菌的急性、亚急性和慢性乳腺炎也有效。

【用法与用量】 硫酸庆大霉素注射液，每毫升含2万单位（20毫克）、4万单位（40毫克）、8万单位（80毫克）。内服量，兔5～10毫克/千克体重，分2～3次服。连用3～5天。肌内注射，兔2～3毫克/千克体重，每天2次，连用3～5天。

【药物相互作用（不良反应）】 与β-内酰胺类抗生素合用，通常对多种革兰氏阳性菌和阴性菌均有协同作用；与甲氧苄啶-磺胺合用，对大肠杆菌及肺炎克雷伯菌也有协同作用；与四环素、红霉素合用可能出现拮抗作用；与头孢菌素类合用可能使肾毒性增强。

【注意事项】 本品有呼吸抑制作用，不可静脉推注。

3. 卡那霉素

【性状】 白色或类白色粉末。有吸湿性，易溶于水。应密封保存于阴凉干燥处。

【作用与用途】 抗菌谱广，对多种革兰氏阳性菌（包括结核杆菌在内）及阴性菌都具有较好的抗菌作用。革兰氏阳性菌中，以金黄色葡萄球菌（包括耐药性金黄色葡萄球菌）、炭疽杆菌较敏感，链球菌、肺炎链球菌敏感性较差；对金黄色葡萄球菌的作用约与庆大霉素相等。革兰氏阴性菌中，以大肠杆菌最敏感，肺炎球菌、沙门菌、巴氏杆菌、变形杆菌等近似，对其他革兰氏阴性菌的作用低于庆大霉素。主要用于敏感菌引起的呼吸道、泌尿道感染和败血症、皮肤以及软组织感染的治疗。

【用法与用量】 硫酸卡那霉素注射液，0.5克/毫升。肌内注射，兔5毫克/千克体重，每天2次，连用3～5天。粉针剂，1克/支。片剂，0.25克/片。内服日量，兔5～10毫克/千克体重，分2次内服，连用3～5日。

【药物相互作用（不良反应）】 不宜与钙剂合用。其他参见硫酸链霉素。

【注意事项】 对肾脏和听神经有毒害作用。其他参见硫酸链霉素。

4. 阿米卡星（丁胺卡那霉素）

【性状】 其硫酸盐为白色或类白色结晶性粉末。几乎无臭、无味。

在水中极易溶解，在甲醇中几乎不溶。

【作用与用途】半合成的氨基糖苷类抗生素。抗菌谱与庆大霉素相似，对大肠杆菌、变形杆菌、克雷伯杆菌、枸橼酸杆菌、肠杆菌的部分菌株有良好的抗菌作用，对于结核分枝杆菌、金黄色葡萄球菌（包括耐药性金黄色葡萄球菌）也有良好抗菌作用。本品的耐酶性能较强，当微生物对其他氨基糖苷类耐药后，对本品还常敏感。主要用于对卡那霉素或庆大霉素耐药的革兰氏阴性杆菌所致的消化道、泌尿道、呼吸道、腹腔、软组织、骨和关节、生殖系统等部位的感染以及败血症等。

【用法与用量】硫酸阿米卡星注射液，每支1毫升0.1克（10万单位）、2毫升0.2克（20万单位）。肌内注射，兔5～7.5毫克/千克体重，每天2次，连用3天。硫酸丁胺卡那霉素粉剂，100克（含硫酸丁胺卡那霉素≥98%）/袋。混饮，每1克本品加水10～20千克；混饲，每1克本品加饲料10～15千克，连用3～5天，预防量减半。

【药物相互作用（不良反应）】同链霉素。

【注意事项】主要以原型经肾排泄。病畜应足量饮水，以减少肾小管损害；不可静脉注射，以免发生神经肌肉阻滞和呼吸抑制。

5. 硫酸新霉素

【性状】白色或类白色粉末。有吸湿性，极易溶于水。

【作用与用途】抗菌谱广，抗菌作用与卡那霉素相似，对大多数革兰氏阴性菌及部分革兰氏阳性菌、放线菌、钩端螺旋体、阿米巴原虫等都有抑制作用。内服后难以吸收，在肠道发挥抗菌作用；肌内注射后吸收良好，但因本品毒性大，一般不作注射给药。可内服用于治疗各种幼畜的大肠杆菌病和沙门菌病；子宫内注入，治疗子宫炎；外用0.5%水溶液或软膏，治疗皮肤、创伤、眼、耳等各种感染。此外，也可气雾吸入，用于防治呼吸道感染。

【用法与用量】硫酸新霉素片和硫酸新霉素可溶性粉，内服，兔15～20毫克/（千克体重·次），每天2次，连用3～5天。

【药物相互作用（不良反应）】对肾、耳毒性较强。

【注意事项】供人食用的家畜，不能用此药。

六、四环素类

1. 土霉素

【性状】 淡黄色的结晶性或无定形粉末；在日光下颜色变暗，在碱性溶液中易被破坏而失效。在水中易溶。

【作用与用途】 土霉素主要是抑制细菌的生长繁殖。抗菌谱广，不仅对革兰氏阳性菌如肺炎球菌、溶血性链球菌、部分葡萄球菌、破伤风梭菌和炭疽杆菌等有效，而且还对革兰氏阴性菌如沙门菌、大肠杆菌、巴氏杆菌属、布鲁氏菌等有抗菌作用；此外对立克次体、衣原体、支原体、螺旋体、放线菌和某些原虫等也有效；但对铜绿假单胞菌、病毒和真菌无效。对革兰氏阳性菌的作用不如青霉素和头孢菌素；对革兰氏阴性菌的作用不如链霉素。

【用法与用量】 片剂（0.05 克/片、0.125 克/片、0.25 克/片），内服，兔 25～50 毫克/(千克体重·次)，每天 2 次，连用 3～5 天；注射剂（0.05 克/瓶、0.125 克/瓶、0.25 克/瓶），肌内注射或静脉注射，兔 20～40 毫克/(千克体重·次)，每天 2 次，连用 2～3 天。

【药物相互作用（不良反应）】 忌与碱溶液和含氯量高的水溶液混合；锌、铁、铝、镁、锰、钙等多价金属离子与其形成难溶的络合物而影响吸收，避免与乳类制品以及含上述金属离子的药物和饲料共服。

【注意事项】 应用土霉素可引起肠道菌群失调、二重感染等不良反应，故成年反刍兽不宜内服此药。

2. 金霉素

【性状】 金黄色或黄色结晶。溶于水，应密封保存于干燥冷暗处。

【作用与用途】 与土霉素相似。对革兰氏阳性菌如金黄色葡萄球菌感染的疗效较土霉素好。治疗犊牛肺炎、出血性败血症、乳腺炎和急性细菌性肠炎。低剂量可用作饲料添加剂，促进生长、改善饲料转化率。

【用法与用量】 胶囊剂和片剂，0.125 克/粒（片）、0.25 克/粒（片）。内服，兔 25～50 毫克/(千克体重·次)，每天 2 次，连用 3～5 天；注射剂，0.25 克/2 毫升，肌内注射，兔 20～40 毫克/千克体重，每天 2 次，连用 2～3 天。

【药物相互作用（不良反应）】同土霉素。

【注意事项】同土霉素。

3. 四环素

【性状】四环素为黄色结晶性粉末。有吸湿性，可溶于水。应遮光、密封于阴凉干燥处。

【作用与用途】同土霉素，但对革兰氏阴性菌的作用较强。内服吸收良好。

【用法与用量】片剂，0.05 克/片、0.125 克/片、0.25 克/片。兔内服 100～200 毫克/(只·次)，连用 3～5 天。注射用盐酸四环素，0.125 克/支、0.25 克/支、0.5 克/支。肌内注射或静脉注射，兔 3～5 毫克/(千克体重·次)，每天 2 次，连用 2～3 天。

【药物相互作用（不良反应）】、**【注意事项】**同土霉素。

4. 多西环素

【性状】淡黄色或黄色结晶性粉末。易溶于水，微溶于乙醇。1%水溶液的 pH 为 2～3。

【作用与用途】抗菌谱与其他四环素类相似，体内、外抗菌活性较土霉素、四环素强。主要用于治疗畜禽的支原体病、大肠杆菌病、沙门菌病、巴氏杆菌病。

【用法与用量】盐酸多西环素片（每片 0.05 克、0.25 克、0.125 克），内服，兔 5～10 毫克/(千克体重·次)，一天一次，连用 3～5 天；注射用盐酸多西环素（0.1 克/支、0.2 克/支），静脉注射，兔 2～4 毫克/(千克体重·次)，一天一次，连用 3～5 天。

【药物相互作用（不良反应）】本品与利福平或链霉素合用，对治疗布鲁氏菌病有协同作用。

【注意事项】同土霉素。

七、酰胺醇类

酰胺醇类包括氯霉素、甲砜霉素和氟苯尼考，后两者为氯霉素的衍生物。氯霉素因骨髓抑制毒性及药物残留问题已被禁用于所有食品

动物。

1. 甲砜霉素

【性状】 白色结晶性粉末，无臭，微溶与水，溶于甲醇，几乎不溶于乙醚或氯仿。

【作用与用途】 广谱抗生素，对多数革兰氏阴性菌和革兰氏阳性菌均有抑菌（低浓度）和杀菌（高浓度）作用，对部分衣原体、钩端螺旋体、立克次体和某些原虫也有一定的抑制作用，对氯霉素耐药的菌株仍然对甲砜霉素敏感。主要用于畜禽的细菌性疾病，尤其是大肠杆菌、沙门菌及巴氏杆菌感染。

【用法与用量】 甲砜霉素片（每片25毫克、100毫克）；粉剂，0.5克/10克、2.5克/50克、50克/100克。内服，家畜10～20毫克/千克体重，每天2次，连用2～4天。

【药物相互作用（不良反应）】 β-内酰胺类、大环内酯类和林可霉素与本品合用有拮抗作用。不产生再生障碍性贫血，但可抑制红细胞、白细胞和血小板生成，程度比氯霉素轻。

【注意事项】 禁用于免疫接种期的动物和免疫功能严重缺损的动物；肾功能不全的病畜要减量或延长给药间隔。

2. 氟苯尼考（氟甲砜霉素）

【性状】 白色或类白色结晶性粉末。无臭。在二甲基甲酰胺中极易溶解，在甲醇中溶解，在冰醋酸中略溶，在水或氯仿中极微溶解。

【作用与用途】 畜禽专用抗生素。其抗菌活性是氯霉素的5～10倍；对氯霉素、甲砜霉素、阿莫西林、金霉素、土霉素等耐药的菌株，使用氟苯尼考仍有效。主要用于预防和治疗畜、禽和水产动物的各类细菌性疾病，尤其对呼吸道和肠道感染疗效显著，如用于牛的呼吸道感染、乳腺炎等。

【用法与用量】 粉剂（10%），内服量，兔20～30毫克/千克体重，每天2次，连用3～5天；30%氟苯尼考注射液（2毫升/支、10毫升/支），肌内注射，兔20毫克/千克体重，每隔48小时1次，连用2～3次。

【药物相互作用（不良反应）】 有胚胎毒性，故妊娠动物禁用。

【注意事项】本品不良反应少，不引起骨髓造血功能的抑制或再生障碍性贫血。

八、多肽类

多黏菌素 B

【性状】白色结晶粉末。易溶于水，有引湿性。在酸性溶液中稳定，其中性溶液在室温下放置一周不影响效价，碱性溶液中不稳定。

【作用与用途】本品为窄谱杀菌剂，对革兰氏阴性杆菌的抗菌活性强。用于治疗铜绿假单胞菌和其他革兰氏阴性杆菌所致败血症及肺、尿路、肠道、烧伤创面等感染和乳腺炎。本类药物与其他抗菌药物间没有交叉耐药性。

【用法与用量】片剂，12.5 毫克/片、25 毫克/片，内服，兔 1.5～5 毫克/(千克体重・次)，每天 1～2 次，连用 3～5 天。注射剂，50 毫克/瓶，肌内注射，0.5 毫克/(千克体重・次)，每天 2 次，连用 3～5 天。

【药物相互作用（不良反应)】本品易引起对肾脏和神经系统的毒性反应，现多作局部应用；本品与增效磺胺药、四环素类合用时，亦可产生协同作用。

【注意事项】一般不采用静脉注射，因可能引起呼吸抑制。

第三节　合成抗菌药物的安全使用

一、磺胺类

1. 磺胺脒（SG）

【性状】白色针状结晶性粉末。无臭或几乎无臭，无味，遇光易变色。微溶于水。

【作用与用途】内服吸收少，在肠内可保持较高浓度。用于防治肠炎、腹泻等细菌性感染。

【用法与用量】磺胺脒片（0.5 克/片），内服，兔首次量 0.3 克/(千克体重・次)，维持量 0.15 克/(千克体重・次)，每天 2 次，连用

4～6天。

【药物相互作用（不良反应）】用量过大或肠阻塞、严重脱水等病畜应用易损害肾脏。

【注意事项】成年反刍动物少用。

2. 琥珀酰磺胺噻唑（SST）

【性状】白色或微黄色结晶粉。不溶于水。

【作用与用途】内服不易吸收，在肠内经细菌作用后，释出磺胺噻唑而发挥抗菌作用。抗菌作用比磺胺脒强，副作用也较小。用途同磺胺脒。

【用法与用量】琥珀酰磺胺噻唑片（0.5克/片），内服，兔首次量0.3克/(千克体重·次)，维持量0.15克/(千克体重·次)，每天2次，连用3～5天。

【药物相互作用（不良反应）】用量过大或肠阻塞、严重脱水等病畜应用易损害肾脏。

【注意事项】成年反刍动物少用。

3. 酞酰磺胺噻唑（酞磺噻唑，PST）

【性状】白色或类白色的结晶性粉末，无臭。在乙醇中微溶，在水或三氯甲烷中几乎不溶，在氢氧化钠溶液中易溶。

【作用与用途】内服不易吸收，并在肠道内逐级释放出磺胺噻唑而呈现出抑菌作用。抗菌作用比磺胺脒强，副作用也较小。主要用于幼畜和中小动物肠道细菌感染。

【用法与用量】酞磺噻唑片（0.5克/片），内服，兔0.1～0.3克/(千克体重·天)，分3次服用，连用3～5天。

【药物相互作用（不良反应）】、【注意事项】同磺胺脒。

4. 磺胺嘧啶（SD）

【性状】白色或类白色结晶粉。几乎不溶于水，其钠盐溶于水。

【作用与用途】抗菌力较强，对各种感染均有较好疗效，主要用于巴氏杆菌病、子宫内膜炎、乳腺炎、败血症、弓形虫病等，亦是治疗各种脑部细菌感染的良好药物。

【用法与用量】磺胺嘧啶片（0.5克/片），内服，兔首次量0.14～

0.2 克/(千克体重·次)，维持量 0.07～0.1 克/(千克体重·次)，每天 2 次，连用 3～5 天；复方磺胺嘧啶注射液（1 克/5 毫升、1 克/10 毫升、5 克/50 毫升）或磺胺嘧啶注射液（1 克/10 毫升，0.4 克/2 毫升），肌内注射，兔首次量 0.1 克/(千克体重·次)，维持量 0.05 克/(千克体重·次)，每天 2 次，连用 3 天。

【药物相互作用（不良反应）】磺胺类药物与抗菌增效剂合用，可产生协同作用；磺胺嘧啶与许多药物之间有配伍禁忌。液体遇到庆大霉素、卡那霉素、林可霉素、土霉素、链霉素、四环素、复方维生素等，会出现沉淀；同服噻嗪类或速尿等利尿剂，可增加肾毒性和减少血小板数量；本类药物的注射液不宜与酸性药物配伍使用。

【注意事项】应用磺胺类药物时，必须要有足够的剂量和疗程，通常首次用量加倍，使血液中药物浓度迅速达到有效抑菌浓度；用药期间应充分饮水，增加尿量，以促进排出；肉食兽和杂食兽应同服碳酸氢钠，并增加饮水，以减少或避免其对泌尿道的损害。

5. 磺胺二甲嘧啶（SM_2）

【性状】白色或微黄色结晶或粉末。几乎不溶于水，其钠盐溶于水。

【作用与用途】抗菌力较强，但比磺胺嘧啶稍弱，有抗球虫作用。用于防治巴氏杆菌病、乳腺炎、子宫炎、呼吸道和消化道感染等。

【用法与用量】磺胺二甲嘧啶片（0.5 克/片），内服，兔 0.1 克/千克体重，首次量加倍，每天 1～2 次，连用 5～7 天；混饮浓度 0.2%，连用 7 天；磺胺二甲嘧啶注射液（0.4 克/2 毫升、1 克/5 毫升），肌内注射，用量同内服，连用 3 天。

【药物相互作用（不良反应）】、【注意事项】同磺胺嘧啶。

6. 磺胺噻唑（ST）

【性状】白色或淡黄色结晶、颗粒或粉末。极微溶于水。

【作用与用途】抗菌作用比磺胺嘧啶强，用于敏感菌所致的肺炎、出血性败血症、子宫内膜炎等。对感染创可外用其软膏剂。

【用法与用量】磺胺噻唑片（0.5 克/片），内服，兔 0.1 克/千克体重，每 8 小时 1 次，首次量加倍，连用 3～5 天；磺胺噻唑钠注射液

(1克/5毫升、2克/10毫升、2克/20毫升)，肌内注射，兔0.07～0.1克/千克体重，每8～12小时1次，连用3天。

【药物相互作用（不良反应）】、【注意事项】同磺胺嘧啶。

7. 磺胺甲噁唑（新诺明，SMZ）

【性状】白色结晶性粉末。几乎不溶于水。

【作用与用途】抗菌作用较其他磺胺药强。与抗菌增效剂甲氧苄啶合用，抗菌作用可增强数倍至数十倍。主要用于治疗呼吸道、泌尿道感染。

【用法与用量】片剂，0.5克/片，内服，兔首次量0.05～0.1克/千克体重，维持量0.025～0.05克/千克体重，每天2次，连用3～5天。磺胺甲噁唑注射液（2克/5毫升），肌内注射，0.05克/千克体重，每天2次，连用3天。

【药物相互作用（不良反应）】同磺胺嘧啶。

【注意事项】同磺胺嘧啶。

8. 磺胺对甲氧嘧啶（磺胺-5-甲氧嘧啶，消炎磺，SMD）

【性状】白色或微黄色结晶粉。几乎不溶于水，其钠盐溶于水。

【作用与用途】对革兰氏阳性菌和革兰氏阴性菌如化脓性链球菌、沙门菌和肺炎球菌均有良好的抗菌作用，但较制菌磺弱。对尿路感染疗效显著。对生殖、呼吸系统及皮肤感染也有效。与甲氧苄啶合用可增强疗效。

【用法与用量】磺胺对甲氧嘧啶片或复方磺胺对甲氧嘧啶片，0.5克/片，内服，兔首次用量0.05～1克/千克体重，维持量0.025～0.05克/千克体重，每天2次，连用5～7天；复方磺胺对甲氧嘧啶钠注射液，1克/10毫升、2克/10毫升，肌内注射，0.05克/千克体重，每天2次，连用3天。

【药物相互作用（不良反应）】同磺胺嘧啶。

【注意事项】本品不能用葡萄糖溶液稀释。其他同磺胺嘧啶。

【最高残留量】残留标示物：磺胺对甲氧嘧啶。所有食用动物：肌肉、脂肪、肝、肾100微克/千克，羊奶100微克/升。

9. 磺胺间甲氧嘧啶（磺胺-6-甲氧嘧啶，制菌磺，SMM）

【性状】白色或微黄色结晶粉。几乎不溶于水，其钠盐溶于水。

【作用与用途】体内外抗菌作用最强的磺胺药，对球虫和弓形虫也有显著作用。用于防治各种敏感菌所致畜禽呼吸道、消化道、泌尿道感染等。局部灌注可用于治疗乳腺炎、子宫炎等。与甲氧苄啶合用可增强疗效。

【用法与用量】片剂，0.5克/片，内服，0.025克/千克体重，1次/天，首次量加倍，连用4～6天。

【药物相互作用（不良反应）】、【注意事项】同磺胺嘧啶。

10. 磺胺甲氧嗪

【性状】白色或微黄色结晶粉，几乎不溶于水。

【作用与用途】对链球菌、葡萄球菌、肺炎球菌、大肠杆菌、李氏杆菌等有较强的抗菌作用。

【用法与用量】片剂，0.5克/片，内服，首次量，50毫克/千克体重，每天2次，连用3～5天。

【药物相互作用（不良反应）】、【注意事项】同磺胺嘧啶。

11. 磺胺多辛（磺胺-5,6-二甲氧嘧啶，周效磺胺，SDM）

【性状】白色或近白色结晶粉，几乎不溶于水。

【作用与用途】抗菌作用同磺胺嘧啶，但稍弱。内服吸收迅速。主要用于轻度或中度呼吸道、消化道和泌尿道感染。

【用法与用量】片剂（0.5克/片），内服，兔首次量0.1克/千克体重，维持量0.7克/千克体重，每天1次，连用3～5天。

【药物相互作用（不良反应）】、【注意事项】同磺胺嘧啶。

二、抗菌增效剂

1. 甲氧苄啶（三甲氧苄氨嘧啶，TMP）

【性状】白色或淡黄色结晶粉末。味微苦。在乙醇中微溶，水中几乎不溶，在冰醋酸中易溶。

【作用与用途】抗菌谱广，甲氧苄啶的抗菌作用与磺胺类药物相似但效力较强。对多种革兰氏阳性菌和革兰氏阴性菌均有抗菌作用。

本品与磺胺药配伍，对畜禽呼吸道、消化道、泌尿道等多种感染和皮肤、创伤感染、急性乳腺炎等，均有良好的防治效果。

【用法与用量】本品与各种磺胺药的复方制剂配比为1∶5。

【药物相互作用（不良反应）】与磺胺药及抗生素合用，抗菌作用可增加数倍甚至数十倍，并可出现强大的杀菌作用，还可减少药物用量及不良反应。

【注意事项】单用易产生耐药性，一般不单独作抗菌药使用。

2. 二甲氧苄啶（二甲氧苄氨嘧啶，DVD）

【性状】白色粉末或微金黄结晶，味微苦，在水、乙醇中不溶，在盐酸中溶解，在稀盐酸中微溶。

【作用与用途】与甲氧苄啶相同但作用较弱。内服吸收不良，在消化道内可保持较高浓度，因此，用于防治肠道感染的抗菌增效作用比甲氧苄啶强。常与磺胺类药物联合，用于防治球虫病及肠道感染等。

【用法与用量】本品与各种磺胺药的复方制剂配比为1∶5。

【药物相互作用（不良反应）】、【注意事项】同甲氧苄啶。

三、喹诺酮类

1. 恩诺沙星

【性状】本品为白色结晶性粉末。无臭、味苦。在水中或乙醇中极微溶解，在醋酸、盐酸或氢氧化钠溶液中易溶。其盐酸盐及乳酸盐均易溶于水。

【作用与用途】本品为广谱杀菌药，对支原体有特效。对大肠杆菌、克雷伯杆菌、沙门菌、变形杆菌、铜绿假单胞菌、嗜血杆菌、多杀性巴氏杆菌、副溶血性弧菌、金黄色葡萄球菌、链球菌、化脓棒状球菌、丹毒杆菌等均有强大的作用。其抗支原体的效力比泰乐菌素和泰妙菌素强，对耐泰乐菌素、泰妙灵的支原体，本品亦有效。

【用法与用量】盐酸恩诺沙星可溶性粉或片剂，内服，一次量，兔2.5～5毫克/千克体重，2次/天，连用3～5天。针剂，肌内注射，一次量，兔2.5～5毫克/千克体重，1～2次/天，连用3～5天。

【药物相互作用（不良反应）】与氨基糖苷类、广谱青霉素合用有协同作用；钙离子、镁离子、三价铁离子等金属离子与本品可发生螯合，影响吸收；可抑制茶碱类、咖啡因和口服抗凝血药在肝中代谢，使上述药物浓度升高引起不良反应。

【注意事项】 慎用于供繁殖用幼畜；孕畜及泌乳母畜禁用；肉食动物及肾功能不全动物慎用。

2. 环丙沙星

【性状】 其盐酸盐和乳酸盐为淡黄色结晶性粉末，易溶于水。

【作用与用途】 广谱杀菌药。对革兰氏阴性菌的抗菌活性是目前兽医临床应用的氟喹诺酮类最强的一种；对革兰氏阳性菌的作用也较强。此外，对支原体、厌氧菌、铜绿假单胞菌亦有较强的抗菌作用。用于全身各系统的感染，对消化道、呼吸道、泌尿生殖道、皮肤软组织感染及支原体感染等均有良效。

【用法与用量】 盐酸环丙沙星可溶性粉，内服，兔5～10毫克/千克体重，每日2次，连用5～7天；乳酸环丙沙星注射液，肌内注射，家畜2.5～5毫克/千克体重，2次/天，连用3～5天。

【药物相互作用（不良反应）】 忌与含铝、镁等金属离子的药物同用。可使幼龄动物软骨发生变性，引起跛行及疼痛；消化系统反应有呕吐、腹痛、腹胀；皮肤反应有红斑、瘙痒、荨麻疹及光敏反应等。

【注意事项】 应避光保存，其他同恩诺沙星。

3. 沙拉沙星

【性状】 类白色或微黄色结晶性粉末。无臭、味苦。在水中易溶，在甲醇中微溶。

【作用与用途】 本品属于广谱杀菌药。对肠道感染疗效显著。常用于畜禽的大肠杆菌、沙门菌等敏感菌引起的消化道感染，如肠炎、腹泻等。

【用法与用量】 粉剂或片剂，内服，兔10～15毫克/千克体重，每天2次，连用3天；注射液，肌内注射，家畜3～5毫克/(千克体重·次)，2次/天，连用3～5天。

【药物相互作用（不良反应）】、【注意事项】 同恩诺沙星。

第四节　抗真菌药物的安全使用

1. 制霉菌素

【性状】淡黄色粉末，有吸湿性，不溶于水。

【作用与用途】广谱抗真菌药。对念珠菌、曲霉菌、毛癣菌、表皮癣菌、小孢子菌、组织胞浆菌、皮炎芽生菌、球孢子菌等均有抑菌或杀菌作用。主要用于防治胃肠道和皮肤黏膜真菌感染及长期服用广谱抗生素所致的真菌性二重感染。气雾吸入对肺部霉菌感染效果好。

【用法与用量】片剂，10毫克/片、25毫克/片、50毫克/片，内服，兔5毫克/次，每天2～3次，连用2～4天。软膏剂、混悬剂（现用现配）适量，供外用。

【药物相互作用（不良反应）】口服及局部用药不良反应较少，但剂量过大时可引起动物呕吐，食欲下降。

【注意事项】本品口服不易吸收，多数随粪便排出，因其毒性大，不宜用于全身治疗。

2. 灰黄霉素

【性状】白色或近白色细粉末。难溶于水。

【作用与用途】对小孢子菌、表皮癣菌和毛癣菌等皮肤真菌均有抑制作用，但对深部真菌无效。主要用于治疗家畜浅部真菌感染。治疗以内服为主，外用几乎无效。

【用法与用量】灰黄霉素片，100毫克/片、250毫克/片，内服，兔20～25毫克/千克体重，分2次服用，连用15天。皮肤毛癣连用3～4周，甲癣、爪癣连用数月，直至痊愈。

【药物相互作用（不良反应）】常见有恶心、腹泻、皮疹、头痛、白细胞减少等症状。另外，本品可能有致癌和致畸胎作用，目前不少国家已将其淘汰。

【注意事项】患有肝脏疾患的病畜和妊娠家畜不宜应用。

3. 两性霉素B

【性状】黄色至橙色结晶性粉末。不溶于水。

【作用与用途】 抗深部真菌感染药。组织胞浆菌、念珠菌、皮炎芽生菌、球孢子菌等对本品敏感。主要用于治疗上述敏感菌所致深部真菌感染，对曲霉病和毛霉病亦有一定疗效。对胃肠道、肺部真菌感染宜用内服或气雾吸入，以提高疗效。

【用法与用量】 注射用两性霉素 B，静脉注射，兔按 0.25 毫克/千克体重，每天 1 次，连用 4～10 天。临用时先用注射用水溶解，再用 5%葡萄糖注射液（切勿用生理盐水）稀释成 0.1%注射液，缓慢静脉注入；0.5%外用擦剂涂擦。

【药物相互作用（不良反应）】 本品与氨基糖苷类抗生素、氯化钠等合用药效降低，与利福平合用疗效增强。

【注意事项】 本品对光热不稳定，应于 15℃以下保存；肾功能不全者慎用。粉针不宜用生理盐水稀释，应先用灭菌注射用水溶解，再用 5%葡萄糖溶液稀释成 0.1%浓度后缓缓注射。

4. 克霉唑

【性状】 白色结晶性粉末。难溶于水。

【作用与用途】 广谱抗真菌药。对皮肤癣菌类的作用与灰黄霉素相似，对深部真菌的作用类似两性霉素 B。内服适用于各种深部真菌感染，外用治疗各种浅表真菌病也有良效。

【用法与用量】 片剂，内服，兔 0.25～0.5 克/(只・次)，2 次/天。软膏剂和水剂供外用，前者每天 1 次，后者每天 2～3 次。

【药物相互作用（不良反应）】 长时间使用可见有肝功能不良反应，停药后即可恢复。

【注意事项】 本品为抑菌剂，毒性小，各种真菌不易产生耐药性。

第三章

抗寄生虫药物的安全使用

第一节　抗寄生虫药物的概述与安全使用要求

一、抗寄生虫药物的概念和种类

抗寄生虫药物概念和种类见图 3-1。

抗寄生虫药物是指用来驱除或杀灭动物体内外寄生虫的物质

抗蠕虫药			抗原虫药				杀虫药			
驱线虫药	驱绦虫药	驱吸虫药	抗球虫药	抗锥虫药	抗梨形虫药	抗滴虫药	有机磷类杀虫剂	拟除虫菊酯类杀虫药	甲脒类杀虫药	其它杀虫药

图 3-1　抗寄生虫药物概念和种类

二、抗寄生虫药物的安全使用要求

1. 准确选药物

理想的抗寄生虫药应具备安全、高效、价廉、适口性好、使用方便等特点。目前，虽然尚无完全符合以上条件的抗寄生虫药，但仍可根据药品的供应情况、经济条件及发病情况等，选用比较理想的药物来防治寄生虫病。首选对成虫、幼虫、虫卵有抑杀作用且对动物机体毒性小及不良反应轻微的药物。由于动物寄生虫感染多为混合感染，可考虑选择广谱抗寄生虫药物。在用药过程中，不仅要了解寄生虫的寄生方式、流行病学、季节动态、感染强度和范围等信息，还要充分考虑宿主的机能状态、对药物的反应等。只有正确认识药物、寄生虫和宿主三者之间的关系，熟悉药物的理化性状，采用合理的剂型、剂量和治疗方法，才能达到最好的防治效果

2. 选择适宜的剂型和给药途径

由于抗虫药的毒性较大，为提高驱虫效果、减轻毒性和便于使用，应根据动物的年龄、身体状况确定适宜的给药剂量，兼顾既能有效驱杀虫体，又不引起宿主动物中毒这两方面。如消化道寄生虫可选用内服剂型，消化道外寄生虫可选择注射剂，体表寄生虫可选外用剂型。

3. 做好相应准备工作

驱虫前做好药物、投药器械（注射器、喷雾器等）及栏舍的清理等准备工作；在对大批畜禽进行驱虫治疗或使用数种药物混合治疗之前，应先少数畜禽预试，注意观察反应和药效，确保安全有效后再全面使用。此外，无论是大批投药，还是预试驱虫，均应了解驱虫药物特性，备好相应解毒药品。在使用驱虫药的前后，应加强对畜禽的护理观察，一旦发现体弱、患病的畜禽，应立即隔离、暂停驱虫；投药后发现有异常或中毒的畜禽应及时抢救；要加强对畜禽粪便的无害化处理，以防病原扩散；搞好畜禽圈舍清洁、消毒工作，对用具、饲槽、饮水器等设施定期进行清洁和消毒。

4. 适时投药

目前多采用春秋两次或每年三次驱虫（多数地区效果不佳），也可依据化验结果确定驱虫次数。对外地引进的兔必须驱虫后再合群。

5. 避免抗寄生虫药物产生耐药性

反复或长期使用某些抗寄生虫药物，容易使寄生虫产生不同程度的耐药性。目前，世界各地均有耐药寄生虫株出现，这种耐药株不但使原有抗寄生虫药的合理使用治疗无效，而且还可产生交叉耐药性，降低驱（杀）虫效果。因此，应经常更换使用不同类型的抗寄生虫药物，以减少或避免耐药株的产生。

6. 保证人体健康

有些抗寄生虫药物在动物体内的分布和在组织内的残留量及维持时间的长短，对人体健康关系十分重要。有些抗寄生虫药物残留在供人食用的肉产品中能危害人体健康，造成严重的公害现象。因此，许多国家为了保证人体健康，制定了允许残留量的标准（高于此标准即不能上市出售）和休药期（即上市前停药时间），以免对人体造成不利影响，因此应注意在规定的休药期禁止用药。

第二节　抗蠕虫药物的安全使用

一、驱线虫药

1. 依维菌素

【性状】白色结晶性粉末。无臭、无味。几乎不溶于水，溶于甲醇、乙醇、丙酮等溶剂。

【作用与用途】具有广谱、高效、低毒、用量小等优点。对家畜蛔虫、蛲虫、旋毛虫、钩虫、肾虫、心脏丝虫、肺线虫等均有良好驱虫效果；对马胃蝇、牛皮蝇、疥螨、痒螨、蝇蚴等外寄生虫也有良好效果。

【用法与用量】皮下注射，1%依维菌素注射液，兔 0.2 毫克/千克体重；片剂（5 毫克/片），内服、混饲，用量同注射用量。必要时间隔 7～10 天，再用药 1 次。外用适量。

【药物相互作用（不良反应）】依维菌素注射液，仅供皮下注射，不宜肌内或静脉注射。皮下注射时偶有局部反应，肌内注射后会产生严重的局部反应，以马为重，用时慎重。

【注意事项】依维菌素的安全范围大，应用过程很少见不良反应，但超剂量可以引起中毒，无特效解毒药。一般采用皮下注射或内服。泌乳动物及 1 月内临产母牛禁用。宰前 28 天停用本药。

2. 阿维菌素

【性状】白色或淡黄色结晶性粉末，无味。在醋酸乙酯、丙酮、氯仿中易溶。在甲醇、乙醇中略溶，在正己烷、石油醚中微溶，在水中几乎不溶。熔点157～162℃。

【作用与用途】具有广谱、高效、低毒、用量小等优点。对家畜蛔虫、蛲虫、旋毛虫、钩虫、肾虫、心脏丝虫、肺线虫等均有良好驱虫效果；对牛皮蝇、疥螨、痒螨、蝇蚴等外寄生虫也有良好效果。

【用法与用量】同依维菌素。

【药物相互作用（不良反应）】同依维菌素。

【注意事项】阿维菌素的毒性较依维菌素稍强，敏感动物慎用；其他同依维菌素。

3. 左旋咪唑

【性状】白色结晶性粉末。易溶于水。在酸性水溶液中稳定，在碱性水溶液中易水解失效，应密封保存。

【作用与用途】广谱、高效、低毒驱线虫药，临床上广泛用于驱除各种畜禽消化道和呼吸道的多种线虫成虫和幼虫及肾虫、心丝虫、脑脊髓丝虫、眼虫等，效果良好，并具有明显的免疫增强作用。

【用法与用量】片剂（25毫克/片、50毫克/片），混饲，兔10～12毫克/千克体重，首次用药后，2～4周再给药一次。

【药物相互作用（不良反应）】不良反应少，主要有恶心、呕吐及腹痛等，但症状轻微而短暂，多不需处理。偶有轻度肝功能异常，停药后可恢复。

【注意事项】中毒时可用阿托品解毒。

4. 甲苯达唑（甲苯咪唑）

【性状】白色或微黄色粉末。无臭。不溶于水，易溶于甲酸和乙酸。

【作用与用途】广谱驱蠕虫药，对各种消化道线虫、旋毛虫和绦虫均有良好的驱除效果，较大剂量对肝片吸虫亦有效。

【用法与用量】甲苯达唑片（50毫克/片）或复方甲苯达唑片（每片含甲苯达唑100毫克、左旋咪唑25毫克），一次内服，兔25～35毫克/千克体重。

【药物相互作用（不良反应）】常用量不良反应较轻，少数有头

昏、恶心、腹痛、腹泻；大剂量偶致变态反应、中性粒细胞减少、脱发等。具胚胎毒性，孕畜禁用。个别病例服药后因蛔虫游走而造成吐虫，同时服用噻嘧啶或改用复方甲苯达唑可避免。

5. 丙硫咪唑（阿苯达唑、抗蠕敏）

【性状】白色或浅黄色粉末。无臭、无味。不溶于水，易溶于冰醋酸。

【作用与用途】广谱、高效、低毒驱蠕虫药，对多种动物的各种线虫和绦虫均有良好效果，对绦虫卵和吸虫亦有较好效果，对棘头虫亦有效。

【用法与用量】片剂（25 毫克/片、50 毫克/片、100 毫克/片）或丙硫咪唑预混剂（100 克：10 克）。内服，兔 15～20 毫克/千克体重。

【药物相互作用（不良反应）】副作用轻微而短暂，少数有口干、乏力、腹泻等，可自行缓解。长期用药可升高血浆转氨酶水平，偶致黄疸。有胚胎毒性和致畸作用，孕畜禁用。肝、肾功能不全，溃疡病畜慎用。

【注意事项】该药对马裸头绦虫、姜片吸虫和细颈囊尾蚴无效，对猪棘头虫效果不稳定。羊宰前 14 天应停药。

6. 芬苯达唑（苯硫苯咪唑）

【性状】白色或类白色粉末；无臭、无味。在二甲基亚砜中溶解，在甲醇中微溶，在水中不溶，在冰醋酸中溶解，在稀酸中微溶。

【作用与用途】广谱、高效、低毒驱蠕虫药，对各种动物的各种胃肠道线虫、网尾线虫、冠尾线虫的成虫和幼虫均具有很好的驱除效果，并具有杀灭虫卵作用。驱除莫尼茨绦虫、片形吸虫、矛形双腔吸虫和前后盘吸虫等亦有较好效果。

【用法与用量】芬苯达唑片（0.1 克/片），内服，5 毫克/千克体重，连用 3 天。

【药物相互作用（不良反应）】毒性小，临床使用安全。

7. 氟苯咪唑

【性状】白色结晶性粉末。略溶于水，能溶于酒精。

【适应证】 广谱驱虫药。对各种动物的消化道、呼吸道线虫均具有良好的驱除效果，对呼吸道线虫效果尤佳，并具有较强的杀灭虫卵作用。对驱除莫尼茨绦虫、无卵黄腺绦虫和矛形双腔吸虫亦有良效。

【用法与用量】 氟苯咪唑片（0.1克/片），内服，兔20～30毫克/千克体重。

【注意事项】 妊娠母畜禁用。

8. 噻嘧啶

【性状】 淡黄色或白色结晶性粉末。无臭、无味。易溶于水。该药有酒石酸噻嘧啶和双羟萘酸噻嘧啶两种，前者易溶于水，后者不溶于水。

【作用与用途】 高效、低毒驱线虫药，对各种动物的多种消化道线虫均有良好的驱除效果，但对尖尾线虫和异刺线虫效果较差，对毛首线虫、类圆线虫和呼吸道线虫无效。

【用法与用量】 酒石酸噻嘧啶供多种动物内服、混饲或饮水给药，兔25～30毫克/千克体重。

【药物相互作用（不良反应）】 本品安全范围较小，不宜用于极度虚弱的动物。

【注意事项】 本药对光敏感，应避免日光久晒。忌与安定药、肌松药及抗胆碱酯酶药、杀虫药并用。

9. 敌百虫

【性状】 纯品为白色结晶性粉末，有潮解性、挥发性与腐蚀性，易溶于醚、酒精等有机溶剂，水溶液呈酸性反应。性质不稳定，久置可分解，宜新鲜配制。碱性水溶液不稳定，可经分子重排而产生敌敌畏，在碱性作用下，再继续分解而失效。粗制品呈糊状，供外用。

【作用与用途】 具有接触毒、胃毒和吸入毒作用。广谱驱虫杀虫药，不仅广泛用于驱除家畜消化道线虫，对姜片吸虫、血吸虫等亦有一定效果。外用为杀虫药，可用于杀灭蝇蛆、螨、蜱、虱、蚤等。

【用法与用量】 敌百虫片（0.3克/片、0.5克/片），驱虫常配成2%～3%水溶液灌服。1%～2%水溶液局部涂擦或喷洒，可防治蜱、螨、虱等外寄生虫；用0.1%～0.5%溶液喷洒环境，可杀灭蚊、蝇、

蠓等昆虫。治疗兔疥癣病、兔体虱病时，以1%水溶液涂擦患部，或0.1%水溶液喷洒体表。

【药物相互作用（不良反应）】忌与碱性药物、禁与胆碱酯酶抑制药配伍应用，否则毒性大为增强。家禽对敌百虫敏感，易中毒，应慎用。若发生中毒，可用阿托品解毒。

【注意事项】用本药大规模驱虫前应先做安全试验。在水溶液中易水解失效，应现用现配。

10. 哈罗松（哈洛克酮）

【性状】白色结晶性粉末。无臭、无味。不溶于水，易溶于丙酮和氯仿。

【作用与用途】本品为毒性很小的有机磷驱虫药。对驱除牛胃内、小肠内和肝内线虫均有良好效果，对大肠内线虫作用较弱，对钩虫和毛首线虫效果不稳定。

【用法与用量】哈罗松片，内服，兔30～35毫克/(千克体重·次)。

【注意事项】宰前7天应停药。其他参考敌百虫。

二、驱绦虫药

1. 吡喹酮

【性状】白色或类白色结晶性粉末，味苦。微溶于水，可溶于乙醇、氯仿等有机溶剂。密封保存。

【作用与用途】广谱、高效、低毒驱蠕虫药。对各种动物的大多数绦虫成虫和未成熟虫体均具有良好的驱杀效果；对各种血吸虫病、矛形双腔吸虫病等也有较好的疗效。

【用法与用量】粉剂或片剂（0.5克/片），内服，兔30毫克/(千克体重·次)，1次/天，连用3天。

【药物相互作用（不良反应）】本品毒性虽极低，但高剂量偶可使动物血清谷丙转氨酶水平轻度升高；治疗血吸虫病时，个别会出现体温升高、肌震颤和瘤胃膨胀等现象；大剂量皮下注射时，有时会出现局部刺激反应。

【注意事项】毒性很小。治疗羊血吸虫病时，可采用瓣胃注射。在治疗囊虫病时，应注意因囊体破裂所引起的中毒反应。

2. 氯硝柳胺（灭绦灵）

【性状】淡黄色结晶粉末。无臭、无味。不溶于水。

【作用与用途】广谱高效驱虫药，对多种动物的多种绦虫均有良好的驱除效果。对吸虫亦有效，但对犬细粒棘球绦虫和多头绦虫作用较差。

【用法与用量】氯硝柳胺片（0.5 克/片），内服或混饲，亦可配成混悬剂使用。内服，兔 75～100 毫克/(千克体重・次)，1 次/天，连用 7 天。

【注意事项】动物在给药前要禁食一夜。

3. 硫双二氯酚（别丁）

【性状】白色或灰白色结晶粉末。略有酚味。难溶于水，可溶于乙醇等有机溶剂。

【作用与用途】对畜禽的多种绦虫和吸虫（包括胆道吸虫）均有很好的驱除效果，是一种广泛应用的驱虫药。

【用法与用量】粉剂或片剂（0.25 克/片），内服，兔 300 毫克/(千克体重・次)。

【注意事项】本药有拟胆碱样作用，治疗量可致部分动物暂时性腹泻等，但多在 2 日内自愈。马属动物较敏感，应慎用。

4. 丁萘脒

【性状】有 2 种制剂：盐酸丁萘脒为白色结晶粉末，无臭，可溶于水，易溶于乙醚和氯仿；羟萘酸丁萘脒为淡黄色结晶粉末，不溶于水，可溶于乙醇。

【作用与用途】羟萘酸丁萘脒可以用于驱除羊莫尼茨绦虫。

【用法与用量】羟萘酸丁萘脒片，内服，兔 50～100 毫克/(千克体重・次)。

【药物相互作用（不良反应)】本药对人、畜眼有强烈的刺激性，应注意防护。

三、驱吸虫药

1. 硝氯酚（拜耳 9015）

【性状】黄色结晶粉末。不溶于水，易溶于氢氧化钠碱液、丙酮

和冰醋酸中。

【作用与用途】高效、低毒驱肝片吸虫药，对肝片吸虫成虫有良好的驱除效果，但对未成熟虫体效果较差。对前后盘吸虫移行期幼虫有较好效果。

【用法与用量】硝氯酚片（0.1 克/片），内服，兔 3～4 毫克/千克体重。4%硝氯酚注射液，皮下注射，兔 1～2 毫克/千克体重。

【药物相互作用（不良反应）】忌用钙制剂。

【注意事项】超量用药可引起中毒，可用安钠咖、毒毛旋花苷、维生素 C 等治疗。

2. 硝碘酚腈

【性状】淡黄色粉末。无臭或几乎无臭。水中不溶。

【作用与用途】主要用于肝片吸虫病、胃肠道线虫病。对阿维菌素类和苯并咪唑类药物有抗性的羊捻转血矛线虫株对其仍敏感。

【用法与用量】硝碘酚腈注射液（25 克/100 毫升），皮下注射，兔 10 毫克/(千克体重·次)。

【药物相互作用（不良反应）】不能与其他药物混合。

【注意事项】药物能使羊毛染成黄色。泌乳动物禁用。重复用药应间隔 4 周以上。

第三节　抗原虫药物的安全使用

一、抗球虫药

1. 莫能菌素

【性状】结晶粉末。性质稳定。难溶于水，易溶于醇、氯仿等有机溶剂。在酸性介质中易失活，在碱性介质中稳定。

【作用与用途】广谱抗球虫药，对鸡、火鸡、羔羊、犊牛和兔的各种球虫均有抑制作用。主要作用于球虫第一代裂殖体，作用峰期在感染后第二天。本品对牛有促生长作用。

【用法与用量】混饲给药（以莫能菌素计），10～20 毫克/千克，连用 1～2 个月。

【药物相互作用（不良反应）】禁与泰乐菌素、二甲硝唑、红霉素、磺胺类药物合用。

【注意事项】兔敏感，应慎用。马较敏感，应严格避免马属动物食入。成年火鸡、珍珠鸡及鸟类亦敏感而不宜使用。

2. 地克珠利

【性状】淡黄色粉末，无味，几乎不溶于水，在乙醇、乙醚中的溶解度极差，可溶于二甲基酰胺、二甲基亚砜和四氢呋喃。对光不稳定。

【作用与用途】广谱、高效、低毒的抗球虫药。对鸡柔嫩艾美耳球虫病、鸡堆型艾美耳球虫病和鸭球虫病的防治效果明显优于其他抗球虫药。本品药效期较短，停药一天，抗球虫作用明显减弱，两天后作用基本消失，因此必须连续用药以防球虫病再度暴发。其作用峰期可能在子孢子和第一代裂殖体早期阶段，兼具促生长和提高饲料转化率的作用。

【用法与用量】0.5%预混剂，混饲连用（以地克珠利计），兔1毫克/千克。

【药物相互作用（不良反应）】本品对兔、鸡、火鸡、鸭、珍珠鸡、鹌鹑都很安全，治疗浓度均未发生不良反应。

【注意事项】由于用药浓度极低，因此，药料必须充分拌匀。由于本品较易引起球虫的耐药性，甚至交叉耐药性（妥曲珠利），因此，连续应用不得超过6个月。轮换用药时亦不宜应用同类药物，如妥曲珠利。

3. 二硝托胺（球痢灵）

【性状】无色结晶粉末，无味，性质稳定，不溶于水，能溶于乙醇和丙酮。密封保存。

【作用与用途】对鸡和火鸡的多种艾美耳球虫，如毒害艾美耳球虫、柔嫩艾美耳球虫、布氏艾美耳球虫、堆型艾美耳球虫、巨型艾美耳球虫均有良好效果，特别是对小肠最有致病性的毒害艾美耳球虫效果最好。其作用峰期在感染后第3天，主要是抑制球虫第二个无性周期裂殖芽孢的增殖。

【用法与用量】 25%二硝托胺预混剂，兔 30～50 毫克/千克体重（以二硝托胺计），内服，一日两次，连用五日，可有效防止球虫病暴发。

【药物相互作用（不良反应）】 不宜与痢特灵、呋喃西林在轮换用药、穿梭用药或联合用药中使用。

【注意事项】 与洛克沙生联合使用，其抗球虫的作用增强。

4. 氯苯胍

【性状】 白色或淡黄色粉末。无臭、味苦，遇光后颜色逐渐变深。本品在乙醇中略溶，在氯仿中极微溶，在水和乙醚中几乎不溶。盐酸氯苯胍为白色或微黄色结晶粉末，具有不愉快的特异氯臭味。

【作用与用途】 具有疗效高、毒性小、适口性好等特点，对急性或慢性球虫病均有良好效果。作用峰期在感染后第 2～3 天，即主要对第一期裂殖体有抑制作用，对第二期裂殖体、子孢子亦有作用，并可抑制卵囊发育。但个别球虫在氯苯胍存在情况下仍能继续生长达 14 天之久，因而过早停药易致球虫病复发。

【用法与用量】 10%盐酸氯苯胍预混剂或盐酸氯苯胍片（0.01 克/片），混饲连用（以盐酸氯苯胍计）。预防，0.01%；治疗，0.015%，饲喂 3～7 天后改为预防量。

【药物相互作用（不良反应）】 与磺胺二甲嘧啶和乙胺嘧啶合用，可以降低异臭、提高疗效。

【注意事项】 本品毒性较小，安全范围大。长期使用本品，可使部分鸡肉和蛋有异味，故蛋鸡产蛋期禁用，宰前应停药 5～7 天。

5. 磺胺氯吡嗪

【性状】 白色或淡黄色粉末。无味。难溶于水，其钠盐易溶于水。

【作用与用途】 作用特点与磺胺喹噁啉相同，但具有更强的抗菌作用，且其毒性较磺胺喹噁啉小。主要用于防治球虫病，多在暴发时应用。

【用法与用量】 30%磺胺氯吡嗪可溶性粉，兔 0.03%混饮，或 0.06%拌料混饲（以磺胺氯吡嗪计），连用 3～5 天。

【药物相互作用（不良反应）】 磺胺嘧啶与许多药物之间有配伍禁

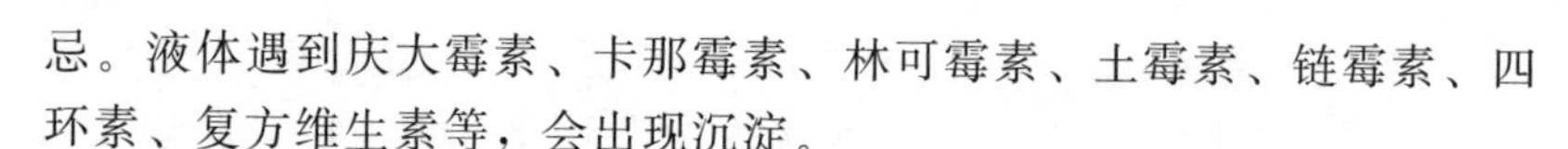
忌。液体遇到庆大霉素、卡那霉素、林可霉素、土霉素、链霉素、四环素、复方维生素等，会出现沉淀。

二、抗梨形虫药

三氮脒（贝尼尔）

【性状】黄色或橙色结晶性粉末。无臭、微苦。易溶于水，遇光、热变成橙红色。

【适应证】对家畜的梨形虫和锥虫均有治疗作用，还有一定的预防作用。对马梨形虫、牛巴贝斯梨形虫、双芽梨形虫、柯契卡巴贝斯梨形虫、羊梨形虫等效果好。对马媾疫锥虫病、牛环形泰勒锥虫病和边缘边虫病也有一定的治疗作用。但若剂量不足，梨形虫和锥虫都可产生耐药性。

【用法与用量】注射用三氮脒（1 克/支），按 3～5 毫克/千克体重，配成 5%水溶液分点深部肌内注射，根据病情，间隔 1 天，连用 2～3 次。

【药物相互作用（不良反应）】肌内注射局部有刺激性，可引起肿胀或疙瘩。

第四节　杀虫药的安全使用

一、有机磷类

1. 皮蝇磷

【性状】白色结晶。微溶于水，易溶于多数有机溶剂。在中性、酸性环境中稳定，碱性环境中迅速分解失效。

【作用与用途】对双翅目昆虫有特效，主要用于防治牛皮蝇、纹皮蝇等，能有效地杀灭各期幼虫；对虱、螨、蜱、臭虫、蟑螂、蝇等外寄生虫有良好的杀灭效果，对胃肠道某些线虫亦有驱除作用。

【用法与用量】50%皮蝇磷乳油，外用以 0.25%～0.5%浓度喷淋，或以 1%～2%浓度撒粉。

【药物相互作用（不良反应）】用药过程中可能出现肠音增强、排

稀便、腹痛、流涎、肌肉震颤、呼吸加快等不良反应，经 4～6 小时可逐渐恢复正常。

【注意事项】 屠宰前 10 天应停药。

2. 倍硫磷

【性状】 无色或淡黄色油状液体。略有大蒜味。微溶于水，可溶于多数有机溶剂。对光、热、碱均较稳定。

【作用与用途】 速效、高效、低毒、广谱、性质稳定的杀虫药。为防治牛皮蝇蛆的首选药，对其他外寄生虫如虱、螨、蜱、蝇等也有杀灭作用。

【用法与用量】 50%倍硫磷乳剂，外用喷淋，可用 0.025%～0.1%溶液。

【药物相互作用（不良反应）】 用药过程中可能出现肠音增强、排稀便、腹痛、流涎、肌颤、呼吸加快等不良反应，经 4～6 小时可逐渐恢复正常。

【注意事项】 犊牛和泌乳牛禁用。屠宰前 35 天应停药。

3. 二嗪农（地亚农）

【性状】 无色油状液体。难溶于水，易溶于乙醇、丙酮、二甲苯。性质不稳定，在酸、碱溶液中均迅速分解。

【作用与用途】 新型、广谱有机磷类杀螨、杀虫剂，对螨有特效。外用对螨、虱、蜱、蝇、蚊等有极佳的杀灭效果，对蚊、蝇的药效可保持 6～8 周。

【用法与用量】 25%二嗪农乳油溶液。将本品 10 倍稀释后，每平方米地面喷洒 50 毫升，可杀灭养殖场和畜、禽舍内的螨、虱、蜱、蝇、蚊等，杀灭效果极佳。

【药物相互作用（不良反应）】 不能与其他胆碱酯类驱虫剂同时使用。

【注意事项】 本品对家畜毒性较小，但猫和禽类较敏感，对蜜蜂有剧毒。动物屠宰前 2 周应停止使用。

二、拟除虫菊酯类

1. 氰戊菊酯（速灭杀丁）

【性状】 浅黄色结晶。难溶于水，易溶于二甲苯等多数有机溶剂。

对光稳定。酸性溶液中稳定，碱性溶液中易分解。

【作用与用途】接触毒杀虫剂，兼有胃毒和杀卵作用。对蜱、螨、虱、蚤、蚊、蝇等畜禽体外寄生虫均有良好杀灭作用，属高效、广谱拟除虫菊酯类杀虫剂。

【用法与用量】20%氰戊菊酯乳油剂。治疗兔痒螨病，用水或植物油做1000倍稀释，每个耳道内滴药2～3毫升，必要时隔10天再用1次；兔体虱病，40～100毫升/升喷淋体表。

【药物相互作用（不良反应）】忌与碱性药物配合使用或同用。对黏膜有轻微刺激作用，接触时表现鼻塞、流涕、流泪、口干等不适，但短时间内可自行恢复。

【注意事项】对人畜禽安全，但对鱼和蜜蜂有剧毒。用水稀释本药时，水温超过25℃降低药效，超过50℃则失效。配制的药液可保持2个月效力不降。

2. 溴氰菊酯（敌杀死）

【性状】白色结晶粉末。无味。难溶于水，易溶于有机溶剂。在酸性和中性溶液中稳定，但遇碱则分解。

【作用与用途】与氰戊菊酯相似。对杀灭畜禽体外各种寄生虫均有良好效果，而且对蟑螂、蚂蚁等害虫也有很强的杀灭作用。

【用法与用量】2.5%溴氰菊酯乳油剂。防治硬蜱、疥螨、痒螨，可用250～500倍稀释液；灭软蜱、虱、蚤用500倍液，喷洒、药浴、直接涂擦均可，隔8～10天再用药1次，效果更好。2.5%可湿性粉剂，多用于滞留喷洒灭蚊、蝇等多翅目昆虫，按10～15毫克/米^{2}喷洒畜禽笼舍及用具、墙壁等，灭蝇效力可维持数月，灭蚊等效果可维持1个月左右。

【药物相互作用（不良反应）】忌与碱性药物配合使用或同用。对黏膜有轻微刺激作用，接触时表现鼻塞、流涕、流泪、口干等不适，但短时间内可自行恢复。

【注意事项】同氰戊菊酯。

3. 氯氰菊酯（灭百可）

【性状】无色结晶。稍具芳香味。难溶于水，易溶于有机溶剂，

在碱性溶液中易分解失效。

【作用与用途】与氰戊菊酯相同。对畜禽各种体外寄生虫均有杀灭作用，具有广谱、高效、击倒快、残效长等特点。

【用法与用量】10%乳油剂。杀灭畜禽体虱、蚤，用水稀释1000～2000倍喷洒，或用2万～4万倍液洗浴；防治疥螨、痒螨用500～1000倍液喷洒、药浴或局部涂擦，一般用药后10～15天再用1次。环境喷洒灭蚊、蝇等用2000～3000倍液。

【药物相互作用（不良反应）】忌与碱性药物合用。

三、甲脒类

双甲脒

【性状】乳白色针状结晶。几乎不溶于水，易溶于有机溶剂。在酸性介质中不稳定。

【作用与用途】广谱、高效、低毒新型甲脒类杀虫剂，对寄生于牛、羊、猪、兔等家畜体表的各种螨、蜱、虱、蝇等，均有良好杀灭效果。

【用法与用量】12.5%双甲脒乳剂。配成0.025%～0.05%的溶液（以双甲脒计），喷淋、药浴或涂抹。

【药物相互作用（不良反应）】本品对人、畜、蜜蜂毒性极小，但对鱼有剧毒。

【注意事项】马较敏感，家禽用高浓度时会出现中毒反应。

第四章 中毒解救药物的安全使用

第一节　中毒解救药物的概述及安全使用要求

一、中毒解救药物的概述

中毒解救药是指临床上用于解救中毒的药物。根据作用特点及疗效可分为特异性解毒药和非特异性解毒药；根据毒物或药物的性质可分为金属络合剂、胆碱酯酶复活剂、高铁血红蛋白还原剂、氰化物解毒剂和其他解毒剂等。

二、中毒解救药物的安全使用要求

中毒家畜的治疗，特别是大群中毒，必须及早发现、尽快处理。

1. 排出毒物

根据毒物吸收的途径进行排出。从胃肠道排出毒物的方式有洗胃催吐、泻下、灌肠。如阻止毒物进一步吸收可使用吸附药（如炭末）、黏浆药（如淀粉）及蛋白质等物质；也可使用化学解毒剂如氧化剂、中和剂配合洗胃、灌肠或灌服（在煤油、腐蚀性物质、巴比妥类中毒或动物在抽搐时禁止催吐）。可造成环境污染（如含氨化肥）或施用于体表的杀虫剂往往从皮肤、黏膜渗透毒物，此时应以清水充分冲洗、抹净。对上述毒物或经其他途径进入家畜体内并已被吸收的毒物可使用利尿药或放血加速毒物排泄。

2. 合理用药治疗

发生中毒后，可以使用药物对症治疗来维持中毒家畜生命机能的正常运转，直至通过上述排毒措施或机体本身的解毒机制消除毒物。常用于对症治疗的药物包括调节中枢神经系统的兴奋药、镇静药，强心药，利尿药，抗休克药，解痉药，制酵药和补液等。

根据发病原因、症状和毒物的检出等推出的诊断，进行对因治疗。这种对因治疗往往借助药理性的拮抗作用解毒，也就是使用特效解毒剂（对相应类别毒物具有解毒性能的药物）。如有机磷酸酯类中毒可以选用阿托品（轻度中毒时）和碘解磷定、氯解磷定、双复磷（中度和重度中毒时）等；重金属及类金属中毒可选用金属络合剂；亚硝酸盐中毒可选用亚甲蓝和维生素 C 等；氰化物中毒可选用高铁血红蛋白形成剂（亚硝酸钠、大剂量亚甲蓝）和供硫剂（硫代硫酸钠）；有机氟中毒可用乙酰胺等。

第二节 特效解毒药物的安全使用

一、有机磷酸酯类中毒解毒药

1. 阿托品

【性状】无色结晶或白色结晶性粉末，无臭，极易溶于水，易溶于乙醇。

【作用与用途】具有解除平滑肌痉挛、抑制腺体分泌等作用，可用于胃肠平滑肌痉挛和有机磷中毒的解救等。

【用法与用量】阿托品注射液，肌内注射或皮下注射，兔 0.1～0.15 毫克/千克体重，4 小时后可再次应用 1 次。

【药物相互作用（不良反应）】急性有机磷农药中毒时用量达阿托品化（使用阿托品达到一种治疗程度，或者治疗达标的标准：瞳孔散大、口干和皮肤干燥、面部潮红、心率加快、肺部啰音消失）即可，防止过量引起阿托品中毒。在与胆碱酯酶复活剂联合使用时，阿托品剂量应酌减；较大剂量可引起胃肠道平滑肌强力收缩，有引起马和牛肠梗阻、急性胃扩张、肠臌胀及瘤胃臌气的危险。轻度中毒，表现体温升高、心动过速、呼吸时有喘鸣、瞳孔放大而且对光反应不灵敏等；严重中毒，表现为烦躁不安、肌肉抽搐、运动亢进、兴奋，随之转为抑制，常死于呼吸麻痹。解救时，可注射拟胆碱药对抗其周围作用，注射水合氯醛、安定、短效巴比妥类药物，以对抗中枢神经症状。

【注意事项】愈早用药效果愈好。

2. 碘磷定（碘解磷定）

【性状】黄色颗粒状结晶或晶粉。无臭，味苦，遇光易变质。在水或热乙醇中溶解，水溶液稳定性不如氯解磷定。

【作用与用途】本品为胆碱酯酶复活剂。当有机磷中毒时，有机磷与胆碱酯酶结合形成稳定的磷酰化胆碱酯酶，失去水解胆碱酯酶的能力。碘磷定具有强大的亲磷酸酯作用，能将结合在胆碱酯酶上的磷酰基夺过来，恢复酶的活性。碘磷定亦能直接与体内游离的有机磷结合，使之成为无毒物质随尿排出，从而阻止游离的有机磷继续抑制胆碱酯酶。

【用法与用量】碘磷定注射液，静脉注射，各种家畜15～30毫克/(千克体重·次)，兔25～30毫克/(千克体重·次)，鸡10～20毫克/(千克体重·次)。

【药物相互作用（不良反应）】在碱性溶液中易水解成氰化物，有剧毒，忌与碱性药物配合注射。大剂量静脉注射时，可直接抑制呼吸中枢，注射速度过快能引起呕吐、运动失调等反应；严重时可发生阵挛性抽搐，甚至引起呼吸衰竭。

【注意事项】

① 本品用于解救有机磷中毒时，中毒早期疗效较好，若延误用药时间，磷酰化胆碱酯酶老化后则难于复活。治疗慢性中毒无效。

② 本品在体内迅速分解，作用维持时间短，必要时2小时后重复给药。

③ 抢救中毒或重度中毒时，必须同时使用阿托品。

二、重金属及类金属中毒解毒药

1. 二巯基丙醇（巴尔）

【性状】无色易流动的澄明液体，极易溶于乙醇，在水中溶解，

不溶于脂肪。

【作用与用途】能与金属或类金属离子结合，形成无毒、难以解离的络合物由尿排出。主要用于解救砷、汞、锑的中毒，也用于解救铋、锌、铜等中毒。

【用法与用量】二巯基丙醇注射液，肌内注射，一次量，兔3.0毫克/千克体重。用于砷中毒时，第1～2日每4小时1次，第3日每8小时1次，以后10天内，每日2次直止痊愈。

【药物相互作用（不良反应）】与硒、铁金属形成的络合物，对肾脏的毒性比这些金属本身的毒性更大，故禁用于硒、铁金属中毒的解救。

【注意事项】本品虽能使抑制的巯基酶恢复活性，但也能抑制机体其他酶系统（如过氧化氢酶、碳酸酐酶等）的活性和细胞色素C的氧化率，而且其氧化产物又能抑制巯基酶，对肝脏也有一定的毒害。局部用药具有刺激性，可引起疼痛、肿胀。这些缺点都限制了二巯基丙醇的应用。

2. 依地酸钙钠（乙二胺四乙酸钙二钠）

【性状】白色或乳白色结晶或颗粒粉末，无臭无味，空气中易潮解。易溶于水，不溶于醇、醚等溶剂中。

【作用与用途】依地酸钙钠在体内能与多种重金属离子络合，形成稳定而可溶的金属络合物，由尿排出而产生解毒作用。依地酸钙钠与金属离子的结合强度，随络合物稳定常数的不同而改变。与无机铅、锌等金属离子结合的稳定常数大而结合力强，与钙、镁、钾、钠等金属结合的稳定常数小而结合力弱。主要用于治疗铅中毒，对无机铅中毒有特效。也用于镉、锰、钴、铬和铜中毒。

【用法与用量】依地酸钙钠注射液，静脉注射，兔0.2～0.4克/次，临用时以生理盐水稀释成0.25%～0.5%溶液。

【药物相互作用（不良反应）】过大剂量可引起肾小管上皮细胞损害，导致急性肾功能衰竭。肾脏病变主要在近曲小管，亦可累及远曲小管和肾小球；本品可增加小鼠胚胎畸变率，但可通过增加饮食中的锌含量而预防。部分病畜可能于注入4～8小时后出现全身反应，症状为疲软、过度口渴、突然发热及寒战，继以严重肌痛、食欲不振等；大剂量时会有肾小管水肿等损害，用药期间应注意查尿，若出现管型、蛋白质、红细胞、白细胞甚至少尿或肾功能衰竭等，应立即停药，停药后可逐渐恢复正常；如果静注过快、血药浓度超过 0.5%，可引起血栓性静脉炎。

【注意事项】对铅脑病的疗效不高，与二巯基丙醇合用可提高疗效和减轻神经症状。

3. 青霉胺

【性状】白色或类白色结晶性粉末。有臭味，性质稳定，极易溶于水（1∶1），在乙醇中微溶，在氯仿或乙醚中不溶。1%水溶液的 pH 为 4.0～6.0。

【作用与用途】青霉素的代谢产物，又名二甲基半胱氨酸，系含有巯基的氨基酸。对铜、汞、铅等重金属离子有较强的络合作用，因络合铜离子使单胺氧化酶失活，阻断胶原的交叉联结，可促进金属毒物的排泄，也可用于结缔组织增生疾病。此外，能减少类风湿因子、稳定细胞溶酶体膜、抑制免疫反应，故具抗炎作用。临床上应用 D-盐酸青霉胺，因毒性比二巯基丙醇低且可内服，故受到医学重视，常用于慢性铜、铅、汞中毒的治疗。

【用法与用量】青霉胺片（0.1 克/片），内服，一次量，各种家畜及兔 5～10 毫克/(千克体重·次)，1 日 4 次，5～7 日为 1 个疗程；停药后 2 日可继续用下 1 个疗程，一般用 3 个疗程。

【药物相互作用（不良反应)】右旋青霉胺相对无毒，而左旋、混旋青霉胺有某些毒性。青霉胺有对抗吡哆醛的作用，L-青霉胺和 D，L-青霉胺的作用较强，能抑制依赖吡哆醛的一些酶，如转氨酶、去巯基酶等。D-青霉胺的作用不详，正乙酰消旋青霉胺则无此作用。

【注意事项】本品可影响胚胎发育。

三、亚硝酸盐中毒解毒药

亚甲蓝（美蓝）

【性状】深绿色、有铜样光泽的柱状结晶或结晶性粉末，无臭，在水或乙醇中易溶，可在氯仿中溶解。水溶液是呈深绿色透明的液体。与苛性碱、重铬酸盐碘化物、升汞、还原剂等起化学变化，故不

宜与之配伍。

【作用与用途】本品既有氧化作用，又有还原作用，其作用与剂量关系密切。当亚硝酸盐中毒时，静脉注射小剂量亚甲蓝，在体内脱氢辅酶作用下，还原为无色的亚甲蓝，后者能使高铁血红蛋白还原为亚铁血红蛋白，恢复携氧功能。用于解除亚硝酸盐中毒引起的高铁血红蛋白症。大剂量亚甲蓝则能直接升高血中药物浓度，产生氧化作用，将正常血红蛋白形成高铁血红蛋白，可用于氰化物中毒。

【用法与用量】亚甲蓝注射液。解救亚硝酸盐中毒（高铁血红蛋白症）时，各种家畜及兔静脉注射，1～2毫克/(千克体重·次)；解救氰化物中毒时，各种家畜及兔静脉注射，5～10毫克/(千克体重·次)［最大剂量20毫克/(千克体重·次)］。应与硫代硫酸钠交替使用。

【药物相互作用（不良反应）】该药不可皮下、肌内、鞘内注射，否则会引起坏死和瘫痪。

【注意事项】不同浓度的亚甲蓝，解毒作用不同，使用时要注意剂量。

四、氰化物中毒解救药

1. 亚硝酸钠

【性状】无色或白色、微黄色晶粉，无臭、味微咸。易溶于水，水溶液不稳定，呈碱性。

【作用与用途】亚硝酸钠具氧化性，能使亚铁血红蛋白氧化为高铁血红蛋白，后者与氰化物具有高度的亲和力，故可用于解救氰化物中毒。作用较慢，但维持时间较长。

【用法与用量】亚硝酸钠注射液（0.3克/10毫升），兔15～25毫克/(千克体重·次)，5%葡萄糖注射液稀释后，缓慢静脉注射。

【药物相互作用（不良反应）】治疗氰化物中毒时，本品与硫代硫酸钠均可引起血压下降，应注意血压变化。

【注意事项】家畜机体内有30%以下的血红蛋白变为变性（高铁）血红蛋白时，不至于引起明显的中毒症状，但如果用量过大，可因高铁血红蛋白生成过多而导致亚硝酸盐中毒，因此，必须严格控制用量。若家畜严重缺氧而致黏膜发绀，可用亚甲蓝解救。

2. 硫代硫酸钠（大苏打）

【性状】无色透明的结晶或晶粉，无臭、味咸。极易溶于水且呈微碱性，不溶于乙醇。

【作用与用途】本品在体内可分解出硫离子，与体内氰离子结合形成无毒且较稳定的硫氰化物由尿排出。但作用较慢，常与亚硝酸钠或亚甲蓝配合，解救氰化物中毒。

【用法与用量】硫代硫酸钠注射液或硫代硫酸钠注射用粉剂，静脉或肌内注射，兔 0.5～2 克/次。

【注意事项】本品解毒作用产生缓慢，应先静脉注射作用产生迅速的亚硝酸钠（或亚甲蓝），再立即缓慢注射本品，不能将两种药物混合后同时静脉注射。对内服中毒动物，还应使用本品的 5%溶液洗胃，并于洗胃后保留适量溶液于胃中。

五、有机氟中毒解救药

解氟灵（乙酰胺）

【性状】白色结晶性粉末，无臭，可溶于水。

【作用与用途】氟乙酰胺（一种有机氟杀虫农药）、氟乙酸钠中毒的解毒剂，具有延长中毒潜伏期、减轻发病症状或制止发病的作用。解毒机制可能是由于本品的化学结构和氟乙酰胺相似，故能竞争某些酶（如酰胺酶）而使其不产生氟乙酸，从而消除氟乙酸对机体三羧酸循环的毒性作用。

【用法与用量】解氟灵注射液，静脉或肌内注射，各种家畜 50～100 毫克/(千克体重·次)，2～4 次/天，连续注射 5～7 天。

【药物相互作用（不良反应）】本品酸性强，肌注时有局部疼痛。剂量过大可引起血尿。

【注意事项】该药用药宜早、用量要足；与解痉药、半胱氨酸合用效果较好；可配合应用普鲁卡因或利多卡因，以减轻疼痛。

第三节　非特效解毒药物的安全使用

非特效解毒药作用广泛，可用于多种毒物中毒，但无特效解毒作用，疗效低，多作为辅助治疗。常用的药物如表 4-1。

表 4-1　常用非特效解毒药物

药物	用法用量
泻剂	泻剂可以促进毒物排泄。在中毒发生时间较长时，毒物已进入肠道，可以灌服泻剂，如硫酸钠，内服量，每千克体重 1 克(加入活性炭，吸附毒物效果更佳)
吸附剂	在毒物性质未确定前，可以使用吸附剂。活性炭或木炭末 2 份，鞣酸 1 份，混合均匀，内服 5～10 克
维生素 C	因其具有还原性，可配合特效解毒药或单独用于多种中毒症状，尤其是服用某些药物过量时引起的药物中毒、重金属中毒等。维生素 C 片剂或粉剂，每只兔 0.05～0.1 克
氯化钠注射液	0.68%的氯化钠注射液，经口灌服 50～80 毫升，可稀释毒物浓度、刺激肠道蠕动、促进肠道内毒物排出

第五章

中草药及制剂的安全使用

第一节　概述

使用中药防治畜禽疾病具有双向调节作用，即扶正祛邪作用。其低毒无害，不易产生耐药性、药源性疾病和毒副作用，在畜禽产品中很少有残留，具有广阔的前景。中药有单味中药和成方制剂。单味中药即单方；成方制剂是根据临床常见的病症定下的治疗法则，将两味以上的中药配伍起来，经过加工制成的不同制剂，可以提高疗效、方便使用。单味中药在养兔生产中使用较少，有些成方制剂可以在疾病防治中发挥一定作用。

中兽医讲“有成方，没成病”，意思是说配方是固定的，而疾病是在不断发展变化的。因此应用中兽药制剂在集约化饲养场进行传染病的群体治疗时要认真进行辨证。在一个患病群体中具体到每头（只）来讲发病总是有先有后，出现的证候也不尽相同，应通过辨证分清主要证候，做好对证选药（在不同配方的同类产品中进行选择），这样才能取得满意的疗效。

第二节　常用中兽药及方剂的安全使用

一、解表剂

1. 荆防败毒散

【成分】荆芥 45 克，防风 30 克，羌活 25 克，独活 25 克，柴胡

30 克，前胡 25 克，枳壳 30 克，茯苓 45 克，桔梗 30 克，川芎 25 克，甘草 15 克，薄荷 15 克。

【性状】本品为淡灰黄色至淡灰棕色的粗粉。气微辛，味甘苦。

【作用与用途】具有辛温解表、疏风祛湿功能。用于畜禽风寒感冒、流感。

【用法与用量】内服，兔 1～3 克。

2. 银翘散

【成分】金银花 60 克，连翘 45 克，薄荷 30 克，荆芥 30 克，淡豆豉 30 克，牛蒡子 45 克，桔梗 25 克，淡竹叶 20 克，甘草 20 克，芦根 30 克。

【性状】本品为棕褐色的粗粉。气芳香，味微甘、苦、辛。

【作用与用途】具有辛凉解表、清热解毒功能。主要用于感冒、流行性感冒、急性咽炎、急性支气管炎、肺炎以及多种感染性疾病初期。

【用法与用量】内服，兔 1～3 克。

3. 普济消毒散

【成分】大黄 30 克，黄连 20 克，黄芩 25 克，甘草 15 克，薄荷 25 克，牛蒡子 45 克，马勃 20 克，升麻 25 克，柴胡 25 克，桔梗 25 克，陈皮 20 克，连翘 30 克，荆芥 25 克，板蓝根 30 克，青黛 25 克，滑石 80 克。

【性状】本品为淡黄色的粗粉。气芳香，味微甘、苦、辛。

【作用与用途】具有清热解毒、疏风消肿功能。主治热毒上冲，头面、腮颊肿痛，疮黄疔毒。

【用法与用量】内服，兔 1～3 克。

4. 白矾散

【成分】白矾 60 克，浙贝母 30 克，黄连 20 克，白芷 20 克，郁金 25 克，黄芩 45 克，大黄 25 克，葶苈子 30 克，甘草 20 克。

【性状】本品为黄褐色的粉末，气微香、味微苦。

【适应证】具有清热化痰、下气平喘功能。主治肺热咳喘。

【用法与用量】内服，兔 1～3 克。

二、清热剂

1. 清瘟败毒散

【成分】石膏 120 克，地黄 30 克，水牛角 60 克，黄连 20 克，栀子 30 克，牡丹皮 20 克，黄芩 25 克，赤芍 25 克，玄参 25 克，知母 30 克，连翘 30 克，桔梗 25 克，甘草 15 克，淡竹叶 25 克。

【性状】本品为灰黄色的粗粉。气微香，味苦、微甜。

【作用与用途】具有泻火解毒、凉血养阴功能。主治热毒发斑、高热神昏。用于治疗流行性出血热、败血症、毒血症、尿毒症。

【用法与用量】内服，兔 1～3 克。

2. 黄连解毒散

【成分】黄连 30 克，黄柏 60 克，黄芩 60 克，栀子 45 克。

【性状】本品为黄褐色粗粉，味苦。

【适应证】具有泻火解毒功能，主治三焦热盛。

【用法与用量】内服，兔 1～2 克。

3. 白头翁散

【成分】白头翁 60 克，黄连 30 克，黄柏 45 克，秦皮 60 克。

【性状】本品为浅灰黄色的粗粉。气香，味苦。

【作用与用途】具有清热解毒、凉血治痢功能。主治痢疾。

【用法与用量】内服，兔 2～3 克。

4. 特效霍乱灵散（片）

【成分】黄芩 15 克，马齿苋 15 克，地榆 20 克，鱼腥草 20 克，山楂 10 克，蒲公英 10 克，穿心莲 10 克，甘草 5 克。

【性状】本品为黄棕色粗粉。气清香，味苦。

【作用与用途】具有清热解毒、利湿止痢功能。用于兔的细菌性痢疾、消化不良等。

【用法与用量】内服，兔，每只每天 3～5 克，连续给药 3～5 天。预防量减半。

5. 胆膏（胆汁浸膏）

【成分】新鲜胆汁 1000 毫升，乙醇 500 毫升。

【性状】本品为黑色的稠膏状物，气腥，味极苦。

【作用与用途】具有清热解毒、镇痉止咳、利胆消炎功能。用于风热目赤、久咳不止、幼畜惊风、各种热性病。

【用法与用量】内服，兔 0.1～0.3 克。

6. 香薷散

【成分】香薷 30 克，黄芩 45 克，黄连 30 克，甘草 15 克，柴胡 25 克，当归 30 克，连翘 30 克，栀子 30 克，天花粉 30 克。

【性状】本品为黄褐色粗粉，气微香，味甘、苦。

【作用与用途】具有祛暑解表、化湿和中功能。主治暑月外感于寒、内伤于湿。

【用法与用量】内服，兔 1～3 克。

7. 清暑散

【成分】香薷 30 克，白扁豆 30 克，麦冬 25 克，薄荷 30 克，木通 25 克，猪牙皂 20 克，藿香 30 克，茵陈 25 克，菊花 30 克，石菖蒲 25 克，金银花 60 克，茯苓 25 克，甘草 15 克。

【性状】本品为浅灰黄色粗粉。气香窜，味辛、甘，微苦。

【作用与用途】具有清热祛暑功能。主治伤热、中暑。

【用法与用量】内服，兔 1～3 克。

8. 肝病消

【成分】大青叶 250 克，茵陈 100 克，柴胡 50 克，大黄 50 克，益母草 100 克等。

【性状】本品为黄棕色粗粉，气微香，味苦。

【适应证】具有抗菌抗病毒、保肝利胆、抗炎消肿、止血制渗、杀虫抑虫、清热解毒、抗应激、增强机体免疫力功能。对细菌、病毒、组织滴虫及饲料营养等引起的肝脏肿大、肝炎、肝脏质地变硬或易碎、肝脏出血、肝变性坏死等疾病，具有显著的预防治疗功效。

【用法与用量】治疗：按 0.4%混料（每包拌料 25 千克）1～2 天，后按 0.2%混料（每包拌料 50 千克）连用 3 天。预防（继往发病日龄前后）：0.1%拌料（每包拌料 100 千克），连用 4～5 天。

【注意事项】遮光干燥处密封存放。

三、消导剂

1. 大黄末

【成分】大黄。

【性状】本品为黄棕色的粉末，气清香，味苦、微涩。

【作用与用途】具有健胃消食、泻热通肠、凉血解毒、破积行淤功能。用于食欲不振、实热便秘、结症、疮黄疔毒、目赤肿痛、烧伤烫伤、跌打损伤。

【用法与用量】内服，兔1～3克。外用适量，调敷患处。

【注意事项】孕畜慎用。

2. 复方大黄酊

【成分】大黄100克，陈皮20克，草豆蔻20克，60％乙醇。

【性状】本品为黄棕色的液体，气香，味苦、微涩。

【适应证】具有健脾消食、理气开胃功能。用于慢草不食、消化不良、食滞不化。

【用法与用量】内服，兔2～4毫升。

3. 龙胆末

【成分】龙胆。

【性状】本品为淡黄棕色的粉末，气微，味甚苦。

【作用与用途】具有健胃功能。用于食欲不振。

【用法与用量】内服，兔1.5～3克。

4. 龙胆酊

【成分】100克龙胆末，1000毫升40％乙醇。

【性状】本品为黄棕色的液体，气微，味甚苦。

【作用与用途】苦味健胃药。因其苦味，口服可促进唾液与胃液分泌增加、加强消化、提高食欲。用于食欲不振及某些热性病引起的消化不良等。

【用法与用量】内服，兔1～2毫升。

【注意事项】密闭保存。

5. 复方龙胆酊（苦味酊）

【成分】龙胆 100 克，陈皮 40 克，草豆蔻 10 克，60％乙醇。

【性状】本品为黄棕色的液体，气香，味苦。

【作用与用途】具有健脾开胃功能。用于脾不健运、食欲不振、消化不良。

【用法与用量】内服，兔 2～4 毫升。

6. 马钱子酊

【成分】马钱子流浸膏，45％乙醇。

【性状】马钱子酊为棕色液体。

【适应证】苦味健胃药。本品吸收后，主要对脊髓起到选择性兴奋作用；还可作为健胃药，用于治疗消化不良、食欲不振、前胃弛缓、瘤胃积食等疾病。

【用法与用量】内服，一次量，兔 0.1～0.3 毫升，1 次/天。

【注意事项】安全范围小，应严格控制剂量，连续用药不能超过 1 周，避免蓄积性中毒。中毒时，可用巴比妥类药物或水合氯醛解救，并保持环境安静，避免各种刺激。

7. 陈皮酊

【成分】陈皮粉，60％乙醇。

【性状】本品为橙黄色的液体，气香。

【作用与用途】芳香性健胃药。刺激消化道黏膜，增加消化液分泌及增强胃肠蠕动，显现健胃驱风的功效。用于消化不良、积食气胀等。

【用法与用量】内服，一次量，兔 1～2 毫升。

【注意事项】避光保存，密闭封存

8. 复方豆蔻酊

【成分】草豆蔻 20 克、小茴香 10 克、桂皮 25 克、甘油 50 毫升、60％乙醇。

【性状】本品为黄棕色或红棕色液体，气香，味微辛。

【作用与用途】芳香性健胃药。具有健胃、驱风、制酵等作用。

用于消化不良、胃肠气胀等。

【用法与用量】复方豆蔻酊内服，一次量，兔1～2毫升。

【注意事项】置避光容器内，密封。

9. 肉桂酊

【成分】肉桂粗粉、70%乙醇。

【性状】本品为红棕色的液体，有肉桂的特殊香气。

【作用与用途】芳香性健胃药。对胃肠黏膜有温和刺激作用，可增强消化机能、排出积气、缓解胃肠痉挛性阵痛，因此有扩张末梢血管作用，能改善血液循环。主要用于消化不良、风寒感冒、产后虚弱等。

【用法与用量】内服，一次量，兔2～3毫升。

【注意事项】孕畜慎用。置避光容器内，密封。

四、祛痰止咳平喘剂

1. 麻杏石甘散

【成分】麻黄30克，苦杏仁30克，石膏150克，甘草30克。

【性状】本品为棕褐色粗粉，气清香，味甘、微苦。

【作用与用途】具有清肺化痰、止咳平喘功能。主治表邪化热、肺热咳嗽。

【用法与用量】内服，兔1～3克。

2. 清肺止咳散

【成分】桑白皮30克，知母25克，苦杏仁25克，前胡30克，金银花60克，连翘30克，桔梗25克，甘草15克，橘红30克，黄芩45克。

【性状】本品为棕褐色粗粉，气清香，味甘、微苦。

【作用与用途】具有清肺化痰、止咳平喘功能。主治肺热咳嗽、咽喉肿痛。

【用法与用量】内服，兔1～3克。

3. 清肺散

【成分】板蓝根90克，葶苈子50克，浙贝母50克，桔梗30克，

甘草 25 克。

【性状】本品为浅灰黄色粗粉，气清香，味微甘。

【作用与用途】具有清肺平喘、化痰止咳功能。主治肺热咳喘、咽喉肿痛。

【用法与用量】内服，兔 2～3 克。

五、驱虫剂

复方球虫散（片）

【成分】地榆 20 克，木香 20 克，甘草 5 克，山楂 15 克，大黄 5 克，黄芩 15 克，青蒿 10 克，黄连 10 克。

【性状】本品为黄棕色粉末，气清香，味苦。

【作用与用途】具有清热凉血、燥湿杀虫功能。用于鸡、兔、牛、羊的球虫病。

【用法与用量】散剂 250 克/袋，片剂 0.3 克/片。内服，兔每日 1.2～1.8 克，分早晚两次用药。

六、外用剂

1. 青黛散

【成分】青黛、黄连、黄柏、薄荷、桔梗、儿茶各 200 克。

【性状】本品为灰绿色粗粉，气微香，味苦、微涩。

【作用与用途】具有清热解毒、消肿止痛功能。用于口舌生疮、咽喉肿痛。

【用法与用量】将药装入纱布袋内，水中浸湿，噙于口中。

2. 桃花散

【成分】陈石灰 480 克，大黄 90 克。

【性状】本品为灰黄色粉末。

【适应证】具有收敛、止血功能。用于外伤出血。

【用法与用量】外用适量，撒布创面。

3. 擦疥散

【成分】狼毒 120 克，猪牙皂（炮）120 克，巴豆 30 克，雄黄 9

克，轻粉5克。

【性状】本品为棕黄色粉末，气香窜，味苦、辛。

【作用与用途】具有杀疥螨功能。用于疥癣。

【用法与用量】外用适量。将植物油烧热，调成流膏状，涂擦患处。不可内服。如果疥癣面积过大应分区分期涂药，并防止患病的动物舔食。

第六章 其他药物的安全使用

第一节 肾上腺皮质激素类药物的安全使用

一、分类及特性

肾上腺皮质激素为肾上腺皮质分泌的一类激素的总称，它们结构与胆固醇相似，故又称类固醇皮质激素。肾上腺皮质激素按其生理作用，主要分两类：一类是调节体内水和盐代谢的激素，即调节体内水和电解质平衡，称为盐皮质激素（该类激素意义不大）；另一类是与糖、脂肪及蛋白质代谢有关的激素，常称为糖皮质激素。糖皮质激素在超生理剂量时有抗炎、抗过敏、抗中毒及抗休克等药理作用，因而在临床中广泛应用。

二、常用的糖皮质激素类药物

1. 氢化可的松

【性状】白色或无色的结晶性粉末。无臭，初无味，随后有持续的苦味。遇光渐变质。

【作用与用途】用于治疗严重的中毒性感染或其他危险性病症。局部应用有较好疗效，故常用于乳腺炎、眼科炎症、皮肤过敏性炎症、关节炎。作用时间不足 12 小时。

【用法与用量】静脉注射，兔 1～5 毫克/次，1 次/日。

【药物相互作用（不良反应）】大剂量或长期（约 1 个月）用药

后可引起代谢紊乱，导致严重低血钾、糖尿、骨质疏松、肌纤维萎缩、幼龄动物生长停滞，马较其他动物敏感。大剂量长时间用药后，一旦突然停止肾上腺皮质激素的使用，可产生停药综合征，动物软弱无力、精神沉郁、食欲减退、血糖下降、血压降低。还可见有疾病复发或加剧。严重时可见有休克。这是对糖皮质激素形成依赖性所致，或是病情尚未被控制的结果。糖皮质激素虽有抗炎作用，但其本身无抗菌作用，使用后还可使机体防御机能和抗感染能力下降，致使原有病灶或加剧或扩散，甚至继发感染。因而一般性感染疾病不宜使用，在有危急性感染疾病时才考虑使用。使用时应配合足量的有效抗菌药物，在激素停用后仍需继续用抗菌药物治疗。糖皮质激素能抑制变态反应，抑制白细胞对刺激原的反应，因而在用药期间可影响鼻疽菌素点眼和其他诊断试验或活菌苗免疫试验。糖皮质激素对少数马、牛有时可见有过敏反应，用药后可见有麻疹、呼吸困难、阴门及眼睑水肿、心动过速，甚至死亡，这些常发生于多次反复应用的病例。

【注意事项】急性危重病例应选用注射剂静脉注射，一般慢性病例可以口服或用混悬液肌内注射或局部关节腔内注射等。用混悬液肌内注射或局部关节腔内注射时，应注意防止引起感染和机械的损伤；泌乳动物、幼年生长期的动物应用皮质激素，应适当补给钙制剂、维生素 D 以及高蛋白饲料，以减轻或消除因骨质疏松、蛋白质异化等副作用引起的疾病；缺乏有效抗菌药物治疗的感染、骨软化症和骨质疏松症、骨折治疗期、妊娠期（因可引起早产或畸胎）、结核菌素或鼻疽菌素诊断和疫苗接种期不可以使用。

2. 地塞米松

【性状】磷酸钠盐为白色或微黄色粉末。无臭，味微苦。有引湿性。在水或甲醇中溶解，在丙酮或乙醚中几乎不溶。

【作用与用途】抗炎作用和糖原异生作用比氢化可的松强 25 倍，而钠潴留的副作用较弱。给药后，作用在数分钟后出现，维持 48～72 小时。可促进钙从粪中排出，故可引起负钙平衡。应用同其他糖皮质激素。本品还对同步分娩有较好的效果。

【用法与用量】地塞米松磷酸钠注射液，肌内或静脉注射，一次量，兔 0.25～0.5 毫克。

【药物相互作用（不良反应）】、【注意事项】同氢化可的松。

3. 泼尼松（强的松）

【性状】白色或几乎白色的结晶性粉末。无臭、味苦。不溶于水，微溶于乙醇，易溶于氯仿。

【作用与用途】进入体内后代谢转化为氢化泼尼松而起作用。其抗炎作用和糖原异生作用比天然的氢化可的松强 4～5 倍。由于用量小，其水、钠潴留的副作用显著减轻。常被用于某些皮肤炎症和眼科炎症，但实践证明，此种局部应用并不比天然激素优越。肌注可治疗牛酮血症。用药后作用时间为 12～36 小时。

【用法与用量】醋酸泼尼松片，内服，一日量，兔 0.5～2 毫克/千克体重，1 次/天。

【药物相互作用（不良反应）】、【注意事项】同氢化可的松。

4. 泼尼松龙

【性状】人工合成品。几乎不溶于水，微溶于乙醇或氯仿。

【作用与用途】作用与泼尼松基本相似，特点是可静注、肌注、乳管内注入和关节腔内注入等。给药后作用时间为 12～36 小时。内服的功效不如泼尼松确切。

【用法与用量】醋酸氢化泼尼松龙注射液，静脉注射或静脉滴注、肌内注射，一次量，兔 20～30 毫克/千克体重。严重病例可酌情增加剂量。

【药物相互作用（不良反应）】、【注意事项】同氢化可的松。

第二节　解热镇痛抗炎药的安全使用

一、特性

解热镇痛抗炎药是一类具有镇痛、解热和抗炎作用的药物。这类药物能抑制体内环加氧酶，从而抑制花生四烯酸转变成前列腺素，减少其生物合成，因而有广泛的药理作用。本类药物能选择性地降低发热动物的体温，而对正常体温无明显影响；对轻度、中度钝痛，如头痛、关节痛、肌肉痛、神经痛及局部炎症所致的疼痛有效，常用于慢性疼痛（对创伤性剧痛与平滑肌绞痛无效），通常不产生依赖性和耐受性。其可抑制前列腺素的生物合成，控制炎症的继续发展，减轻局部炎症的症状。

二、常用的解热镇痛药物

1. 阿司匹林

【性状】白色结晶或结晶性粉末，难溶于水，易溶于醇。无臭或微带醋酸臭，微酸，遇湿气缓缓水解。水溶液呈酸性反应。

【作用与用途】具有较强的解热、镇痛、抗炎、抗风湿作用。可作中小动物的解热镇痛药。此外，还可用于治疗感冒、神经痛和风湿病。较大剂量时，本品能促进尿酸排泄，可用于治疗痛风病。

【用法与用量】阿司匹林片或复方阿司匹林片，内服，一次量，兔0.2～0.5克。

【药物相互作用（不良反应）】可抑制抗体产生及抗原抗体反应，疫苗使用、畜禽检疫时禁止使用；对消化道有刺激性，较大量可致食欲不振、恶心、呕吐乃至消化道出血；长期使用易引发胃肠道溃疡、出血、肾炎等。

【注意事项】不宜用于猫。可与碳酸氢钠同用，以减轻对胃肠道的刺激。有出血倾向时忌用。

2. 氨基比林

【性状】白色晶状粉末，无臭，味微苦，易溶于水，水溶液显碱性反应。遇氧化剂易被氧化，见光易变质，应避光保存。

【作用与用途】本品有明显的解热镇痛与抗炎作用。广泛用于发热性疾病、关节痛、肌肉痛、神经痛和风湿症等。其消炎抗风湿作用不亚于水杨酸钠，可用于治疗急性风湿性关节炎。

【用法与用量】片剂，内服，一次量，兔0.3～0.5克。复方氨基比林注射液，肌内或皮下注射，一次量，兔1～2毫升。

【药物相互作用（不良反应）】与巴比妥配成复方制剂能增强其镇痛效果，有利于缓和疼痛症状。

【注意事项】长期连续用药，可引起颗粒白细胞减少症。

3. 布洛芬

【性状】白色晶粉，几乎无味。不溶于水，溶于乙醇、氯仿。溶于碱液，但随即分解。

【作用与用途】有显著的抗炎和镇痛作用，其消炎作用强于氢化可的松；其解热作用与阿司匹林相近或略高，临床上主要用于各种动物急性风湿性关节炎、痛风等。

【用法与用量】片剂，内服，一次量，兔 20～25 毫克/千克体重。

【药物相互作用（不良反应）】长期使用有消化道症状，如恶心、呕吐、腹痛、下痢甚至消化道溃疡；有时可造成肝功能损害。

【注意事项】胃病及胃溃疡者禁用。

4. 对乙酰氨基酚（扑热息痛）

【性状】白色有闪光的鳞片状结晶或白色晶粉。无臭，味微苦。不溶于水，难溶于热水。

【作用与用途】扑热息痛具有良好的解热作用，镇痛作用次之，无消炎抗风湿作用。其作用出现快，且缓和、持久，副作用小。常用作中、小动物的解热镇痛药。

【用法与用量】对乙酰氨基酚片，内服，一次量，兔 0.1～0.2 克。对乙酰氨基酚注射液，肌注，一次量，兔 0.2～0.4 克。

【药物相互作用（不良反应）】剂量过大或长期使用，可致高铁血红蛋白症，引起组织缺氧、发绀。

【注意事项】肝肾功能不全的幼畜慎用。

5. 安乃近

【性状】白色（注射用）或略带微微黄色（口服用）结晶或结晶性粉末，无臭、味微苦，易溶于水。

【作用与用途】具有显著的解热作用、较强镇痛作用和一定的消炎、抗风湿作用，作用迅速。用于肌肉痛、风湿痛、发热性疾患及疝痛。

【用法与用量】安乃近片，内服，一次量，兔 0.3～0.5 克；安乃近注射液，肌内注射，一次量，兔 0.3～0.5 克。

【药物相互作用（不良反应）】长期应用可引起粒细胞减少；本品可抑制凝血酶原的合成，加重出血倾向。

【注意事项】不宜穴位注射和关节腔内注射，否则易引起肌肉萎缩和关节机能障碍。

6. 吲哚美辛（消炎痛）

【性状】白色结晶粉末，无臭，难溶于水，溶于乙醇。

【作用与用途】治疗风湿性关节炎、神经痛、腱鞘炎、肌肉损伤以及外伤、术后等炎性疼痛。

【用法与用量】吲哚美辛片，内服，一次量，2 毫克/千克体重。

【药物相互作用（不良反应）】与皮质激素合用呈现相加作用，疗效增强。

【注意事项】对炎性疼痛有明显作用。肾病及胃肠道溃疡者禁用。

7. 氯灭酸

【性状】白色结晶粉末，无臭，难溶于水。

【作用与用途】具有消肿、解热、镇痛作用，对关节肿胀有明显的消炎、消肿作用，可恢复关节活动。用于治疗风湿症。

【用法与用量】氯灭酸片，内服，一次量，兔 0.05～0.1 克。

第三节　作用于机体各系统药物的安全使用

一、概述

机体的主要系统由消化系统、呼吸系统、泌尿系统、生殖系统、血液循环系统、神经系统等构成，不同系统其发病率和发病种类各有差异；同一系统，动物种类不同，发病率和发病种类也各有差异。另外，机体又是一个整体，机体发病各个系统也会有表现。因此，需要根据各系统发病特点，结合整个机体情况来选择药物进行预防和治疗，维持机体健康，提高生产力。

二、作用于消化系统的药物

消化系统的疾病较为常见。由于动物的种类不同，发病率和发病种类也各有差异。一般草食动物的发病率高于杂食动物。如果不及时

治疗，将会导致严重的后果。因此，应进行综合分析，选择作用于消化系统的药物来清除胃肠机能障碍、恢复胃肠功能。常用作用于消化系统的药物见表6-1。

表6-1　常用作用于消化系统的药物

类型	名称	性状	作用与用途	用法与用量	药物相互作用及注意事项
健胃药	人工盐	白色粉末，易溶于水	盐类健胃药，由干燥硫酸钠44%、氯化钠18%、碳酸氢钠36%及硫酸钠2%混合制成。内服少量，可增加胃肠液分泌，增强蠕动，促进物质消化吸收；有微弱中和胃酸作用。内服大量，并大量饮水，有缓泻作用。常配合制酵药用于便秘初期	人工盐（44%干燥硫酸钠、36%碳酸氢钠、19%的氯化钠和2%硫酸钾混合而成）。健胃：内服，一次量，兔1～2克。缓泻：内服，一次量，兔4～6克	禁与酸性物质或酸类健胃药、胃蛋白酶等药物配合应用
助消化药	稀盐酸	无色澄明液体。无臭，呈强酸性反应	10%的盐酸溶液。服后使胃内酸度增加，胃蛋白酶活性增强。可消除胃部不适、腹胀、嗳气等症状。主要用于因胃酸减少造成的消化不良	稀盐酸液（含盐酸0.5%～10%），内服，一次量，兔0.3～0.5毫升。用前须加水稀释成0.2%溶液。用量不宜过大	忌与碱类、有机酸、盐类等配伍。应置玻璃塞瓶内，密封保存
	胃蛋白酶	白色或淡黄色粉末	内服可使蛋白质初步水解成蛋白胨；用胃蛋白酶时，必须与稀盐酸同用，以确保充分发挥作用。本品在0.2%～0.4%（pH 1.6～1.8）的盐酸环境中作用最强	胃蛋白酶（每1克含胃蛋白酶活力不少于3800单位），内服，一次量，兔800～1600单位。宜饲前服用	禁与碱性药物、鞣酸、金属盐等配伍；常与稀盐酸同服，用于胃蛋白酶缺乏症
	乳酶生（表飞鸣）	白色粉末，无味无臭，难溶于水（为乳杆菌的干燥制剂）	活性乳杆菌制剂，能分解糖类生成的乳酸，使肠内酸度提高，抑制肠内病原菌繁殖。主要用于胃肠异常发酵、腹泻、肠臌气等	乳酶生片（每克含乳杆菌不少于1000万个），内服，一次量，兔0.5～1克	应用时不宜与抗菌药物、吸附药、收敛药、酊剂配伍，以免失效。应闭光密封在凉暗处保存，有效期为2年，受热效力降低

续表

类型	名称	性状	作用与用途	用法与用量	药物相互作用及注意事项
助消化药	干酵母	淡黄白色或淡黄棕色的颗粒或粉末。有酵母的特臭，味微苦	干酵母中的多种生物活性物质是机体内某些酶系统的重要组成部分，能参与糖、蛋白质、脂肪的生物转化和转运。用于食欲不振、消化不良和维生素B族缺乏的辅助治疗	酵母粉或酵母片，内服，一次量，兔0.2～0.3克	用量过大，可导致腹泻
	碳酸氢钠	白色结晶粉末，无臭，味微咸，易溶于水	一种弱碱性盐。可与其他健胃药配伍治疗慢性胃肠炎，与祛痰药配伍治疗呼吸道炎症。对败血症、化脓创伤、酸血症等，应用碳酸氢钠可缓解中毒症状	碳酸氢钠片内服，一次量，兔5～10克；碳酸氢钠注射液，静脉注射，一次量，兔2～6克	与磺胺配伍使尿液呈弱碱性，可减轻磺胺类药物的副作用；不宜与酸性药物配合使用。密闭保存
瘤胃兴奋药	氨甲酰甲胆碱	白色结晶或结晶性粉末，稍有氨味	主要兴奋M胆碱受体，呈现M样作用。对胃肠道平滑肌呈明显的收缩作用，而对心血管系统的抑制作用较弱(为其特点)。用于胃肠弛缓等	氨甲酰甲胆碱注射液，皮下注射，一次量，兔0.02～0.1毫克/(千克体重·次)	发生中毒时可用阿托品解救；内服极少吸收；禁止用于老龄、瘦弱、妊娠、心肺疾患的动物，以及顽固性便秘、肠梗阻患畜及孕畜。不可肌注或静注
泻药	硫酸钠(芒硝)	无色透明的柱形结晶，味咸苦，易溶于水	导泻作用剧烈，临床上主要用于排出肠内毒物及某些驱肠虫药服后连虫带药一起排出。可用于阻塞性黄疸、慢性肿囊炎	硫酸钠粉。健胃：内服，一次量，兔1.5～2.5克。导泻：内服，一次量，兔15～25克。	禁与钙剂同用；浓度一般4%～6%，不可过高；超过8%刺激肠黏膜过度，注意补液；硫酸钠不适用于小肠便秘、继发性胃扩张

续表

类型	名称	性状	作用与用途	用法与用量	药物相互作用及注意事项
泻药	液体石蜡	无色透明油状液体,无臭、无味,不溶于水或醇	用于小肠阻塞、便秘、瘤胃积食等。患胃肠炎病畜、孕畜亦可应用。成本高,一般只用于小肠便秘、孕畜和肠炎患畜的便秘	液体石蜡油,内服,一次量,兔5～15毫升	不宜长期反复应用,有碍维生素A、维生素D、维生素E、维生素K和钙、磷吸收,影响物质消化及减弱胃肠蠕动。中毒排出毒物时,要用盐类泻药,不用油类泻药
	大黄	味苦、性寒。大黄末为黄色,不溶于水	内服小剂量,有健胃作用。中等剂量,发挥鞣质效能,产生收敛作用,致使肠蠕动减弱、分泌减少,出现止泻效果。大剂量时蒽醌苷类衍生物大黄素等起主要作用,产生止泻作用,其下泻作用点在大肠	大黄粉或大黄酊,一次内服。健胃:兔20～40克(粉)或兔40～100毫升(酊);止泻:兔50～100克;下泻:兔100～150克	大黄与硫酸钠配合应用,可产生较好的下泻效果。孕畜慎用。密闭,防潮
	蓖麻油	淡黄色黏稠液体,微臭味,不溶于水	蓖麻油下泻作用点是小肠,临床上主要用于幼畜小肠便秘	蓖麻油,内服,一次量,兔5～10毫升	长期反复应用可妨碍消化功能;不宜用来排出毒物及作驱虫药;本品不得作为泻剂用于孕畜、肠炎病畜
止泻药	鞣酸	淡黄色结晶粉末,味涩,溶于水	收敛止泻药	鞣酸片,内服,一次量,兔1～3克	鞣酸对肝有损害作用,不宜久用
	鞣酸蛋白	淡黄色粉末,无味无臭,不溶于水及酸	内服无刺激性,其蛋白成分在肠内消化后可释放出鞣酸,起收敛止泻作用。用于急性肠炎与非细菌性腹泻	鞣酸蛋白片,内服,一次量,兔1～3克	遮光、密闭保存

续表

类型	名称	性状	作用与用途	用法与用量	药物相互作用及注意事项
止泻药	碱式硝酸铋	白色结晶性粉末，无臭无味	发挥止泻作用，用于肠炎和腹泻	碱式硝酸铋片，内服，一次量，兔0.4～0.8克	次硝酸铋在肠内溶解后，可产生亚硝酸盐，量大时能引起吸收中毒
	药用炭	黑褐色粉末，无臭无味	用于腹泻、肠炎和阿片及马钱子等生物碱类药物中毒的解救	药用炭，内服，一次量，兔0.15～2.5克	不宜与抗生素、磺胺类、激素、维生素、生物碱等同时服用。遮光、密闭保存；大量使用容易引起便秘
	白陶土	白色细粉或呈易碎的块状，加水湿润	吸附剂或赋形剂。内服后能吸附肠内气体和细菌毒素，减少毒物在肠道内吸收，保护发炎的肠黏膜。主要用于腹泻	白陶土粉，内服，一次量，兔1～5克	密闭保存，应保持干燥，吸湿后效力减弱

三、作用于呼吸系统的药物

咳、痰、喘为呼吸系统疾病或其他疾病在呼吸系统上的常见症状。镇咳药、祛痰药和平喘药是呼吸系统对症治疗的常用药物。呼吸系统等疾病的病因包括物理化学因素刺激，过敏反应，病毒、细菌、支原体、真菌和蠕虫感染等。对动物来说，更多的是微生物引起的炎症性疾病，所以一般首先应该进行对因治疗。在对因治疗的同时，也应及时使用镇咳药、祛痰药和平喘药，以缓解症状、防止病情发展、促进病畜康复。

1. 祛痰药

(1) 氯化铵

【性状】酸性盐，无色或白色结晶性粉末，味咸而凉，易溶于水，难溶于乙醇，露置空气中微有吸湿性，应置于密封干燥处保存。

【作用与用途】能局部刺激胃黏膜，反射性地使气管、支气管腺

体分泌增加，使痰液变稀，易于排出。适用于急性、慢性支气管炎及痰多不易咳出的患畜。

【用法与用量】 氯化铵片，内服，一次量。祛痰，兔0.2～0.5克；酸化剂，兔1～2克。

【药物相互作用（不良反应）】 忌与碱性药物（如碳酸氢钠）、重金属、磺胺类药物并用。

【注意事项】 氯化铵能增加尿的酸性，使磺胺析出结晶，引起泌尿道损害，如尿闭、血尿等。服后有酸化体液和尿液作用，可用于纠正碱中毒。对肝肾功能异常的患畜，内服容易引起高氯性酸中毒和血氨增高（肝功能不好而至肝昏迷），应慎用或禁用。

（2）乙酰半胱氨酸（痰易净、易咳净）

【性状】 白色晶粉，性质不稳定，易溶于水及醇。

【作用与用途】 可降低痰的黏滞性，使痰易于咳出。能使脓性痰中的DNA纤维断裂，对脓性或非脓性痰都有效。雾化吸入可用于治疗黏稠痰阻塞气道、咳嗽困难的患畜。紧急时气管内滴入，可迅速使痰变稀，便于吸引排痰。可作为呼吸系统和眼的黏液溶解药。

【用法与用量】 乙酰半胱氨酸片。喷雾：10%～20%溶液，一次量，兔0.1～0.2毫升，每天2～3次，连用2～3天。

【药物相互作用（不良反应）】 不宜与青霉素、头孢菌素、四环素混合，以免降低抗生素活性；雾化吸入不宜与铁、铜、橡胶和氧化剂接触，应以玻璃或塑料制品作喷雾器。

【注意事项】 有特殊臭味，可引起恶心、呕吐。对呼吸道有刺激性，可致支气管痉挛，加用异丙肾上腺素可以避免。滴入气管可产生大量分泌液，故应及时吸引排痰。

2. 镇咳药

（1）喷托维林

【性状】 白色结晶性粉末，无臭、味苦，有吸湿性，易溶于水，水溶液呈弱酸性。

【作用与用途】 中枢性镇咳药。有局部麻醉作用和阿托品样作用，能抑制呼吸道感受和扩张支气管，兼有外周性镇咳作用。适用于上呼吸道感染所致无痰干咳或痰少咳嗽。

【用法与用量】 喷托维林片，内服，一次量，兔 0.01～0.02 克。复方咳必清糖浆，内服，一次量，兔 0.5～2 毫升。

【药物相互作用（不良反应）】 常与祛痰药配伍；心功能不全并伴有肺淤血的患畜忌用，大剂量时易产生腹胀和便秘。

【注意事项】 遮光、密封，在干燥处保存。

（2）可待因

【性状】 无色细微针状结晶性粉末，无臭、味苦，有风化性，易溶于水，微溶于醇。

【作用与用途】 直接抑制咳嗽中枢而产生较强的镇咳作用。除有镇咳作用外，还有镇痛作用，多用于无痰、剧痛性咳嗽及胸膜炎等疾病引起的干咳。

【用法与用量】 片剂，内服，一次量，兔 2～3 毫克，每日 3 次；注射液，皮下注射，一次量，兔 2～3 毫克，每日 4 次。

【注意事项】 久用也能成瘾，应控制使用；不宜用于多痰的咳嗽；大剂量可致中枢兴奋、烦躁不安。

（3）复方樟脑酊

【性状】 黄棕色液体，有樟脑和茴香油气味，味甜而辛。

【作用与用途】 主要用于剧烈的干咳及痉挛性腹痛及腹泻。

【用法与用量】 复方樟脑酊（樟脑 0.3%、阿片酊 0.5%、八角茴香油 0.3%、乙醇适量组成），内服，一次量，兔 0.5～1 毫升。

【注意事项】 遮光、密封容器，在冷暗处保存。

（4）甘草

【性状】 豆科植物甘草的干燥根和根茎，主要成分是甘草酸。

【作用与用途】 甘草酸分解为次甘草酸。具有镇咳作用、祛痰作用。甘草还有解毒、抗炎作用。

【用法与用量】 内服，一次量。浸膏 5～15 毫升；合剂 10～30 毫升；片剂，2～4 片，每天 3 次。

【注意事项】 遮光、密闭保存。

3. 平喘药

（1）麻黄碱

【性状】 白色微细结晶性粉末，无臭、味苦，遇光易变质，易溶

于水，可溶于乙醇。

【作用与用途】麻黄碱的作用类似肾上腺素，具有α、β效应，松弛支气管平滑肌比肾上腺素弱，但持久。用于减轻支气管哮喘，应配合祛痰药；治疗急性、慢性支气管炎，以减弱支气管的痉挛及咳嗽。

【用法与用量】麻黄碱注射液，皮下注射，一次量，兔2～5毫克。

【注意事项】麻黄碱短期内连续应用，易较快产生耐药性；本品可通过乳腺随乳汁排泄，哺乳期禁用；应置遮光容器内保存。

（2）氨茶碱

【性状】白色或淡黄色粉末，味苦，有氨臭，在空气中能吸收二氧化碳，析出茶碱。易溶于水，水溶液呈碱性反应。

【作用与用途】氨茶碱对支气管平滑肌的松弛作用较强。当支气管平滑肌处于痉挛状态时，氨茶碱的作用更为明显，因而可用于治疗痉挛性支气管炎。临床上主要用于痉挛性支气管炎、支气管哮喘等。

【用法与用量】氨茶碱注射液，肌内、静脉注射，一次量，兔0.25～0.5克。

【注意事项】注射液为碱性溶液，禁与维生素C以及盐酸肾上腺素、盐酸四环素等酸性药物配伍，以免发生沉淀；氨茶碱的局部刺激性较强，应深部肌内注射；静注时应用的葡萄糖注射液应稀释成2.5％以下浓度，缓慢注入。避光、密闭保存。

四、作用于泌尿系统的药物

作用于泌尿系统的药物主要是利尿药和脱水药。利尿药是主要作用于肾脏，能促进电解质及水的排泄，增加尿量，从而减轻或消除水肿的药物。脱水药是一类在体内不易代谢而以原形经肾排泄的低分子药物，药物经过静脉注射后通过渗透压作用引起组织脱水（主要用于降低颅内压、眼内压、脑内压等局部组织水肿）。

1. 利尿药

（1）呋塞米（呋喃苯胺酸、速尿）

【性状】白色或微黄色结晶性粉末，无臭、无味。不溶于水，可溶于乙醇、甲醇、丙酮及碱性溶液，略溶于乙醚、氯仿。本品具有酸性，其 pH 为 3.9。

【作用与用途】强效利尿剂，利尿作用强大、迅速而短暂。主要用于治疗各种原因引起的水肿，如肺水肿、全身水肿、乳房水肿、喉水肿等，尤其对肺水肿疗效好。肾功能衰竭早期，尿量少，可用于增加尿量。

【用法与用量】呋塞米片，内服，一次量，兔 2.5～5 毫克/千克体重；呋塞米注射液，肌内、静脉注射，一次量，兔 1～5 毫克/千克体重。

【药物相互作用（不良反应）】本品可提高茶碱的药效；本品可增大氨基糖苷类抗生素的耳毒性、肾毒性；本品与肾上腺皮质激素类、促肾上腺皮质激素或两性霉素 B 合用，可提高低钾血症发生率；长期重复使用可导致低氯血症、低钾血症、低钠血症、低血容量等水和电解质紊乱；长期应用，应注意补钾；无尿患畜禁用。

【注意事项】电解质紊乱和肝损害的患畜慎用。

（2）氢氯噻嗪

【性状】白色结晶性粉末；无臭，味微苦。微溶于水，在氢氧化钠溶液中溶解；可溶于乙醇，而在氯仿或乙醚中不溶。

【作用与用途】中效利尿药。可用于心、肺及肾小管性各种水肿，对心性水肿效果较好，对肾性水肿的效果与肾功能有关；轻者效果好，严重肾功能不全者效果差。

【用法与用量】氢氯噻嗪片，内服，一次量，兔 3～4 毫克/千克体重。

【药物相互作用（不良反应）】忌与洋地黄配合使用；若长期应用，应配用氯化钾，以防低钾血症和低氯血症出现。

【注意事项】宜在室温密闭保存。

（3）螺内酯（安体舒通）

【性状】白色或类白色或奶油色至棕褐色细微结晶性粉末；有轻微硫醇臭。极易溶解于氯仿，在苯或醋酸乙酯中易溶，在乙醇中溶解，水中不溶。

【作用与用途】其利尿作用较弱、显效缓慢，所以在治疗时安体舒通一般不单独使用。常与噻嗪类或强效利尿药合用，治疗肝性或其

他各种水肿。

【用法与用量】 螺内酯片，内服，一次量，各种家畜 0.5～1.5 毫克/千克体重。

【药物相互作用（不良反应）】 使用安体舒通治疗时很容易出现电解质（高钾血症、低钠血症）以及水（脱水）平衡异常。肾损害动物常发生短暂的血尿素氮升高和轻度酸中毒。可能引起胃肠窘迫（如呕吐、腹泻等）、中枢神经系统反应（嗜睡、共济失调、头痛等）和内分泌改变；不良影响轻微，停药后可恢复。久用易引起高钾血症，尤当肾功能不良时易发生；肾功能不良者禁用。

【注意事项】 宜在密闭容器内避光、室温保存。

（4）氨苯蝶啶

【性状】 黄色结晶性粉末；无臭或几乎无臭，无味。在水、乙醇、氯仿或乙醚中不溶，在冰醋酸中极微溶解，在稀无机酸中几乎不溶。

【作用与用途】 利尿作用较弱，很少单独应用，常与失钾利尿药合用或交替使用，既可加强利尿作用，又可纠正失钾的不良反应。主要配合其他利尿药治疗肝性水肿或其他水肿。

【用法与用量】 氨苯蝶啶片，内服，一次量，兔 0.3～3 毫克/千克体重。

【药物相互作用（不良反应）】、【注意事项】 同螺内酯。

（5）丁苯氧酸

【性状】 白色结晶性粉末，无臭，略酸。

【作用与用途】 高效、速效、短效和低浓度的新型利尿药。

【制剂与规格】 片剂，1 毫克/片、5 毫克/片、5 毫克/片。

【用法与用量】 内服，一次量，兔 0.1 毫克/千克体重。

【注意事项】 避光、密闭保存。

（6）苄氟噻嗪

【性状】 白色结晶性粉末，无臭、无味。几乎不溶于水。

【作用与用途】 治疗充血性心力衰竭、肝性水肿等。利尿作用强。

【用法与用量】 片剂，内服，一次量，兔 2～3 毫克，每天 2 次。

【药物相互作用（不良反应）】 肾上腺皮质激素、促肾上腺皮质激素、雌激素、两性霉素 B（静脉用药），均能降低本药的利尿作用、增加发生电解质紊乱的机会，尤其易引起低钾血症；非甾体类消炎镇痛药尤其是吲哚美辛，能降低本药的利尿作用，与其抑制前列腺素合成有关；与拟交感胺类药物合用，利尿作用减弱；与多巴胺合用，利尿作用加强；与降压药合用，利尿降压作用加强。与钙拮抗剂合用，疗效减弱；乌洛托品与本药合用，其转化为甲醛而受抑制，疗效下降；与磺胺类药物、呋塞米、布美他尼、碳酸酐酶抑制剂有交叉过敏。

【注意事项】肾功能严重损伤者禁用。

2. 脱水药

（1）甘露醇

【性状】白色结晶性粉末，无臭，味甜。能溶于水，微溶于乙醇。5.07%水溶液为等渗溶液。

【作用与用途】用于预防急性肾功能衰竭、降低眼内压和颅内压、加速某些毒素排泄，治疗脑炎、脑外伤、脑组织缺氧、食盐中毒等所致的脑水肿以及肺水肿。

【用法与用量】注射液，静脉注射，一次量，兔5～10毫升/千克体重，6～12小时用药一次。

【注意事项】大剂量长期使用可以引起水和电解质平衡紊乱；药液外漏可能引起注射部位水肿、皮肤坏死；不能与高渗盐水混合使用；注速不宜过快；心功能不全者禁用。

（2）山梨醇

【性状】白色结晶性粉末，无臭，味甜。能溶于水。5.07%水溶液为等渗溶液。

【作用与用途】与甘露醇基本相同。还用于脑炎、脑水肿的辅助治疗。

【用法与用量】注射液，静脉注射，一次量，兔15～20毫升，每天3～4次。

【注意事项】作用弱，有效时间短，溶解度大，价格便宜，可以代替甘露醇。

五、作用于生殖系统的药物

哺乳动物的生殖受神经和体液双重调节。机体内外的刺激，通过感受器产生的神经冲动传到下丘脑，引起促性腺激素释放激素分泌；促性腺激素释放激素经下丘脑的门静脉系统运至垂体前叶，导致促性腺激素释放；促性腺激素经血液循环到达性腺，调节性腺的机能。性腺分泌的激素称为性激素。体液调节存在着相互制约的反馈调节机制。当生殖激素分泌不足或者过多时，机体的激素系统就会发生紊乱，引发产科疾病或者繁殖障碍，这时就需要使用药物进行治疗或者调节。生殖系统用药，主要是提高或者抑制繁殖力、调节繁殖进程、增强抗病能力。

1. 苯甲酸雌二醇

【性状】白色结晶性粉末，难溶于水，易溶于油。

【作用与用途】促进子宫、输卵管、阴道和乳腺的生长和发育。小剂量可促进垂体分泌促黄体素；大剂量则可抑制垂体分泌促卵泡素，亦能抑制泌乳、促进蛋白质合成。临床上主要用于母畜催情、子宫内膜炎、胎衣不下、子宫蓄脓、死胎滞留等。促进母畜分娩时，预先注射雌激素，能提高催产素的效果。

【用法与用量】苯甲酸雌二醇注射液，肌内注射，一次量，兔0.2～0.5毫克/次。

【注意事项】大剂量使用、长期或不适当使用，可导致母牛发生卵巢囊肿或慕雄狂、流产、卵巢萎缩、性周期停止等不良反应；可作治疗用，但不得在动物性食品中检出。遮光、密闭保存。

2. 孕酮（黄体酮）

【性状】白色微黄色结晶性粉末。不溶于水，在酒精及植物油中溶解。

【作用与用途】在雌激素作用的基础上，可使子宫内膜充血、增厚，使腺体生长，由增生期转化为分泌期，为受精卵着床做好准备。抑制子宫收缩，降低子宫对催产素的敏感性而保胎。促进乳腺腺泡发育。临床上主要用于习惯性流产、先兆性流产，母畜同期发情，卵巢囊肿引起的慕雄狂、发情抑制。

【用法与用量】黄体酮注射液，肌内注射，一次量，兔 2～5 毫克/次。间隔 48 小时注射一次。

【注意事项】与雌激素共同作用，可促进乳腺发育，为产后泌乳做准备。泌乳期奶牛禁用；应置遮光容器密封保存。一般用其油注射液。

3. 卵泡刺激素（促卵泡素）

【性状】猪、羊脑下垂体前叶提取的一种促性腺激素，属于一种糖蛋白，白色粉末，易溶于水。

【作用与用途】促进母畜卵巢卵泡迅速生长和发育，大剂量时可引起多数卵泡生长和排卵。能促进雄性动物精子的形成和提高精子密度。用于促进母畜发情，提高同期发情的效果，或治疗卵泡停止发育或持久黄体等卵巢机能失调症。与黄体激素并用，大剂量黄体激素可协同促进卵泡成熟和排卵，小剂量黄体激素可协同促进母畜体内雌激素的分泌和发情。

【用法与用量】卵泡刺激素注射液，静脉、肌内和皮下注射，一次量，兔 2～5 毫克。临用时以灭菌生理盐水溶解。

【注意事项】用药前必须检查卵巢变化，并依此修正剂量和用药次数。密封在冷暗处保存。

4. 黄体生成素（促黄体素）

【性状】糖蛋白，由猪、羊的垂体前叶提取。白色或类白色的冻干块状物或粉末。易溶于水。

【作用与用途】与垂体分泌的促卵泡素作用不同，其可在促卵泡素的作用基础上，促进卵泡进一步成熟、诱发排卵和黄体的形成、延缓黄体的存在以利早期安胎。本品还能促进睾丸间质细胞发育（故又称间质细胞刺激素），增加睾酮的分泌，增进精子形成，提高雄性动物性欲。临床上用于促进排卵、治疗卵巢囊肿和黄体发育不全引起的早期流产和死胎，也可用于改善雄性动物性欲和精子密度。

【用法与用量】黄体生成素注射液，静脉或者皮下注射，一次量，兔 0.5～1 毫克。可在 1～4 周内重复使用。

【注意事项】治疗卵巢囊肿时，剂量应加倍。密封在冷暗处保存。

5. 缩宫素（催产素）

【性状】白色粉末或者结晶。能溶于水，水溶液呈酸性，为无色澄明或几乎澄明的液体。

【作用与用途】小剂量时，能增加妊娠末期子宫的节律性收缩，适用于催产、胎衣不下、排出死胎。大剂量时可引起子宫平滑肌的强直性收缩，压迫肌纤维间血管而止血，可用于产后出血。此外，还能促进排乳和有利于乳汁蓄积。临床上用于产前子宫收缩无力母畜的引产。治疗产后出血、胎盘滞留和子宫复旧不全，在分娩后 24 小时内使用。

【用法与用量】缩宫素注射液，静脉、肌内或皮下注射，一次量，兔 2～5 单位。如果需要，可间隔 15 分钟重复使用（用于子宫收缩）。

【注意事项】催产时，若胎位不正、产道狭窄、宫颈口未开放则禁用；无分娩预兆时，使用无效。使用时严格掌握剂量，以免引起子宫强直性收缩，造成胎儿窒息或子宫破裂。

6. 垂体后叶激素

【性状】白色粉末，能溶于水。性质不稳定，避光阴凉处保存。内含催产素和升压素。

【作用与用途】对子宫平滑肌有选择性作用，对子宫体的收缩作用强，对子宫颈的收缩作用较弱。还能增强乳腺平滑肌收缩、促进排乳。升压素可使动物尿量减少，还有收缩毛细血管、引起血压升高的作用。临床上主要用于催产、产后子宫出血及促进子宫复旧。

【用法与用量】垂体后叶激素注射液，静脉、肌内和皮下注射，一次量，兔 2～5 单位。静脉注射时用 5%葡萄糖稀释。

【注意事项】同缩宫素。

7. 血促性素（孕马血清）

【性状】白色或类白色无定型粉末。

【作用与用途】促进卵泡发育和成熟，引起母畜发情。也有较弱的促黄体素作用，促使成熟卵泡排卵，提高公畜性欲。

【用法与用量】注射用血促性素，皮下、肌内注射，一次量，兔

50～100 单位。

【注意事项】 不宜长久使用；现用现配，一次用完。

六、作用于血液循环系统的药物

作用于血液循环系统的药物主要有止血药（能促进血液凝固，或影响血小管功能，降低毛细血管通透性而使出血停止的药物）、抗贫血药（能增加造血功能、补充营养物质，以治疗贫血的药物）和抗凝血药等。

1. 止血药

（1）维生素 K

【性状】 维生素 K 有维生素 K_1、维生素 K_2、维生素 K_3 及维生素 K_4 等，它们生理功能相似。维生素 K_1 存在于苜蓿等植物中，维生素 K_2 为动物肠道微生物合成物。维生素 K_3、维生素 K_4 是根据天然维生素 K 的化学结构用人工方法合成的药物。

【作用与用途】 维生素 K 参与肝脏合成凝血因子Ⅱ、Ⅶ、Ⅸ、Ⅹ和凝血酶原，促进凝血。临床上主要用于维生素 K 缺乏症引起的各种动物实质性器官及毛细血管性出血症，如长期内服抗菌性药物、肠炎、肝炎、长期腹泻；也可用于动物采食腐败草木樨以及其他化学物质如水杨酸类药物引起的低凝血酶原症。

【用法与用量】 维生素 K_1 注射液或维生素 K_3 注射液，肌内、静脉注射，一次量，兔 0.2～0.5 毫克。

【药物相互作用（不良反应）】 较大剂量可使幼畜发生溶血性贫血、高胆红素血症及黄疸；不宜长期大量使用。

【注意事项】 静注时宜缓慢，用生理盐水稀释，成年家畜每分钟不超过 10 毫克，幼畜不超过 5 毫克。

（2）安特诺新（安络血）

【性状】 肾上腺色素缩胺脲与水杨酸钠的复合物，橙红色粉末，易溶于水。

【作用与用途】 主要作用于毛细血管，促进毛细血管收缩、降低毛细血管的通透性、增强断裂毛细血管断端的回缩作用。临床上主要用于因毛细血管损伤或通透性增加引起的出血，如鼻出血、紫癜、产

后出血、术后出血、血尿等。

【用法与用量】安特诺新注射液，肌注，一次量，兔0.5～1毫升，2～3次/天。

【药物相互作用（不良反应）】禁与垂体后叶激素、青霉素G、盐酸氯丙嗪混合注射；本品含水杨酸，长期反复应用可产生水杨酸反应；抗组胺药物能与本品作用，联合使用时应间隔48小时。

【注意事项】不影响凝血过程，对大出血、动脉出血疗效差。

(3) 酚磺乙胺（止血敏）

【性状】白色结晶性粉末，易溶于水，遇光易分解。

【作用与用途】能促进血小板的生成、增加血小板的聚集和黏附力，并促进凝血活性物质的释放，从而产生止血作用、缩短凝血时间。还具有增强毛细血管抵抗力，降低其渗透性，防止血液外渗的作用。主要用于各种出血，如手术前后预防出血及止血，鼻、肾、肺、胃、肠、子宫等出血，紫癜等，也可与其他止血药合用。

【用法与用量】止血敏注射液，肌内或静脉注射，兔50～100毫克。

【药物相互作用（不良反应）】本品可与维生素K注射液混合使用。

【注意事项】本品毒性低，用药后可有恶心、呕吐、皮疹和暂时性低血压等症状，有的静脉注射后发生过敏性休克。预防外科手术出血时，应在术前15～30分钟用药。

(4) 6-氨基已酸

【性状】能抑制纤维蛋白溶酶原的激活因子，从而减少纤维蛋白的溶解，达到止血的目的；高浓度时对纤维蛋白溶原酶有直接抑制作用。

【作用与用途】能促进血小板的生成、增加血小板的聚集和黏附力，并促进凝血活性物质的释放，从而产生止血作用、缩短凝血时间。还具有增强毛细血管抵抗力，降低其渗透性，防止血液外渗的作用。主要用于各种出血，如手术前后预防出血及止血，鼻、肾、肺、胃、肠、子宫等出血，紫癜等，也可与其他止血药合用。

【用法与用量】6-氨基已酸注射液，静脉滴注，首次量，兔1～

1.5 克，加于 100～200 毫升生理盐水或葡萄糖溶液中。维持量，兔 0.3～0.5 克/次，每小时 1 次。

【注意事项】用后可能发生腹泻、结膜溢血、皮疹及多尿等不良反应。对泌尿系统手术后的血尿，因易发生血凝块阻塞尿道，故禁止使用。本品作用弱而短，需给予维持量。

（5）氨甲苯酸

【性状】白色或黄色结晶性粉末，无臭、味微苦。可溶于水。

【作用与用途】同 6-氨基己酸。对一般渗血疗效好，对严重出血则无止血作用。

【用法与用量】注射液，静脉注射，一次量，兔 50～100 毫克。

【注意事项】肾功能不全者慎用。使用时要用 5%葡萄糖溶液或生理盐水稀释 1～2 倍后再缓缓注入。

（6）氨甲环酸

【性状】白色或黄色结晶性粉末。可溶于水。

【作用与用途】同氨甲苯酸，对创伤性止血效果显著。手术前预防用药可减少手术渗血。

【用法与用量】注射液，静脉注射，一次量，兔 50～100 毫克。

【注意事项】使用时要用 5%葡萄糖溶液或生理盐水稀释 1～2 倍后再缓缓注入。

2. 抗贫血药

（1）硫酸亚铁

【性状】透明淡绿色柱状结晶或颗粒，无臭、味咸，易溶于水。

【作用与用途】临床上主要用于缺铁性贫血的治疗和预防。

【用法与用量】硫酸亚铁粉剂，内服，兔 0.02～0.1 克，分 2～3 次服用。用时常制成 0.5%～1%水溶液，于饲后饮用。

【药物相互作用（不良反应）】铁盐可与许多化学物质或药物发生反应，故不应与其他药物同时或混合内服给药，如硫酸亚铁与四环素同服可发生螯合作用，使两者吸收均减少；使用过量铁剂，尤其注射给药，可引起动物中毒。

【注意事项】应用铁制剂时，必须避免体内铁过多，因为动物没有铁排泄或降解的有效机制。密封保存。

（2）维生素 B_{12}

【性状】深红色结晶或结晶性粉末，无臭、无味，略溶于水。

【作用与用途】临床上主要用于治疗维生素 B_{12} 缺乏所致病症。如神经炎、再生障碍性贫血、巨幼红细胞贫血等。

【用法与用量】注射液，肌内注射，一次量，兔 0.05～0.1 毫克，每天或隔天 1 次。

【注意事项】避光密闭保存。

3. 抗凝血药

肝素钠

【性状】白色或淡黄色粉末，易溶于水。作为制剂标准，应置遮光容器内密封，在阴凉处保存。

【作用与用途】临床上主要作为输血、体外循环、动物交叉循环等的抗凝剂；化验室血样的抗凝剂；防治血栓栓塞性疾病。

【用法与用量】肝素钠注射液，高剂量方案（治疗血栓栓塞症），静脉或者皮下注射，一次量，兔 250 单位/千克体重；低剂量方案（治疗弥散性血管内凝血），25～100 单位/千克体重。

【药物相互作用（不良反应）】与碳酸氢钠、乳酸钠并用，可促进肝素钠抗凝血作用。肝素过量，可引起出血。

【注意事项】禁用于出血性素质和伴有血液凝固延缓的各种疾病；慎用于肾功能不全动物，孕畜，产后、流产、外伤及手术后动物；严重出血时，需注射鱼精蛋白止血，通常 1 毫升鱼精蛋白在体内可中和 100 单位肝素钠；刺激性强，肌内注射可致局部血肿，应酌量加 2% 盐酸普鲁卡因溶液。

七、作用于神经系统的药物

1. 作用于外周神经系统的药物

（1）毛果芸香碱

【性状】毛果芸香碱的游离碱是稠厚无色的油质，同无机酸一起很快形成盐类。硝酸毛果芸香碱是有光泽的无色晶体，极易溶于水，味微苦，遇光易变质。

【作用与用途】能加强所有受胆碱能神经支配的腺体的功能，对唾液腺、胃肠道消化液的分泌作用强而快，对子宫、肠管、支气管、胆囊和膀胱等平滑肌有明显的兴奋作用。无论点眼或注射，均能使虹膜括约肌收缩而使瞳孔缩小、降低眼内压。临床上主要用于大动物的不全阻塞性肠便秘、前胃弛缓、瘤胃不全麻痹等。用1%～3%溶液点眼，与扩瞳药交替应用可治疗虹膜炎。

【用法与用量】硝酸毛果芸香碱注射液，皮下注射，一次量，兔1～2毫克。

【药物相互作用（不良反应）】用后可出现流涎、呕吐、出汗等症状。

【注意事项】禁用于老年、瘦弱、妊娠、心肺疾患患畜；当便秘后期机体脱水时，用药前应大量给水，以补充体液；忌用于完全阻塞的便秘，以防因肠管剧烈收缩，导致肠破裂；用于肠便秘后期，为安全起见，最好酌情补液及在用药前先注射强心药，以缓解循环障碍；应用本品后，若出现呼吸困难或肺水肿，应积极采取对症治疗，可注射氨茶碱以扩张支气管，注射氯化钙以制止渗出。

（2）新斯的明

【性状】常用其溴化物和甲基硫酸盐，为白色结晶性粉末，无臭、味苦，水中易溶，不溶于酒精，应密封避光保存。

【作用与用途】人工合成的抗胆碱酯酶药，可产生完全拟胆碱效应。兴奋腺体、虹膜和支气管平滑肌以及抑制心血管作用较弱，兴奋胃肠道、膀胱和子宫平滑肌作用较强。兴奋骨骼肌作用最强，因除抑制胆碱酯酶外，尚能直接激动骨骼肌N_2-胆碱受体和促进运动神经末梢释放乙酰胆碱。临床上用于子宫复旧不全、胎盘滞留、尿潴留、竞争型骨骼肌松弛药或阿托品过量中毒等。

【用法与用量】甲基硫酸新斯的明注射液，肌内、皮下注射，一次量，兔0.2～0.3毫克。

【药物相互作用（不良反应）】治疗剂量副作用较小，过量可引起出汗、心动过速、肌肉震颤或肌麻痹等。

【注意事项】禁用于机械性肠梗阻或泌尿道梗阻病畜。中毒后可用阿托品解救。

（3）阿托品

【性状】临床用其硫酸盐，系无色结晶或白色结晶性粉末。无臭，在乙醇中易溶，极易溶于水，水溶液久置会变质，应遮光密闭保存。

【作用与用途】本品有松弛平滑肌、抑制腺体分泌和扩大瞳孔等作用，主要用于解除胃肠平滑肌痉挛、抑制唾液腺和汗腺等的分泌、扩大瞳孔、抢救感染性休克或中毒性休克。配合胆碱酯酶复活剂碘解磷定等使用可解除有机磷中毒、毛果芸香碱中毒等。

【用法与用量】硫酸阿托品注射液，肌内、皮下或静脉注射。一次量，麻醉前给药，兔 0.02～0.05 毫克/千克体重。解有机磷中毒，一次量，兔 0.3～0.5 毫克/只，每 2～4 小时一次，直至症状消除。

【药物相互作用（不良反应）】用于治疗消化道疾病时，胃肠蠕动一般都显著减弱，消化液分泌也剧减或停止，而全部括约肌却收缩，故易发生肠臌胀、便秘等；尤其是当胃肠过度充盈或饲料强烈发酵时，可能造成全胃肠过度扩张甚至胃肠破裂。典型的中毒症状是：口腔干燥、脉搏及呼吸数增加、瞳孔散大、兴奋不安、肌肉震颤，进而体温下降、昏迷、感觉与运动麻痹、呼吸浅表、排尿困难，最后因窒息而死。

【注意事项】各种家畜对阿托品的感受性不同，一般是草食兽比肉食兽敏感性低。中毒的解救主要是对症处置，如随时导尿、防止肠臌胀、维护心脏机能等。中枢神经兴奋时可用小剂量苯巴比妥钠、水合氯醛等。新斯的明、毒扁豆碱或毛果芸香碱可解救阿托品中毒。

（4）肾上腺素

【性状】药用盐酸盐是白色或类白色结晶性粉末，无臭、味苦，遇空气及光易氧化变质。盐酸盐溶于水，在中性或碱性水溶液中不稳定。注射液变色后不能使用。

【作用与用途】拟肾上腺素药。本品可兴奋心脏，收缩血管，松弛支气管、胃、膀胱平滑肌等。主要用于心跳骤停、过敏性休克抢救；缓解严重过敏性疾患症状；与麻醉药配伍，可延长麻醉时间及局部止血等。

【用法与用量】盐酸肾上腺素注射液，皮下注射，一次量，兔 0.03～0.06 毫克。静脉注射，一次量，兔 0.02～0.06 毫克。

【药物相互作用（不良反应）】 本品禁与洋地黄、氯化钙配伍。因为肾上腺能增加心肌兴奋性，两药配伍可使心肌极度兴奋而转为抑制，甚至发生心跳停止。

【注意事项】 甲状腺机能亢进、外伤性及出血性休克、器质性心脏疾患慎用。

（5）普鲁卡因

【性状】 其盐酸盐为白色晶体或结晶性粉末。无臭，味微苦，继而有麻痹感。易溶于水，溶液呈中性，略微溶于乙醇。水溶液不稳定，遇光、热及久贮后，颜色逐渐变黄，深黄色的药液局麻作用下降。避光密封保存。

【作用与用途】 具有局部麻醉作用。临床上主要用于动物的浸润麻醉、传导麻醉、椎管内麻醉。在损伤、炎症及溃疡组织周围注入低浓度溶液，做封闭疗法。

【用法与用量】 浸润麻醉，以0.25%～0.5%盐酸普鲁卡因注射液注射于皮下、黏膜下或深部组织中。传导麻醉，2%～5%盐酸普鲁卡因注射液，大动物每点5～20毫升，小动物2～5毫升。封闭疗法，用0.5%盐酸普鲁卡因溶液，注射在患部（炎症、创伤、溃疡）组织的周围。

【药物相互作用（不良反应）】 本品不可与磺胺类药物配伍使用，因普鲁卡因在体内分解出对氨基苯甲酸可对抗磺胺的抑菌作用。碱类、氧化剂易使本品分解，故不宜配合使用。

【注意事项】 为了延长局麻时间，可在药液中加入少量肾上腺素；本品对皮肤黏膜穿透力弱，不适用于表面麻醉。

2. 作用于中枢神经系统的药物

（1）赛拉嗪（隆朋）

【性状】 药用盐酸盐为白色晶体。易溶于水，溶于有机溶剂。

【作用与用途】 本品具有镇静、镇痛和中枢性肌肉松弛作用，主要用作马、牛、羊、犬、猫及鹿等野生动物的镇痛药与镇静药；也用于复合麻醉及化学保定，以便于长途运输、去角、锯茸、去势、剖腹术、穿鼻术、子宫复位等。

【用法与用量】 盐酸赛拉嗪注射液，肌内注射，一次量，兔1～2

毫克/千克体重。

【药物相互作用（不良反应）】反刍动物对本品敏感，用药后表现唾液分泌增加，瘤胃弛缓、膨胀，腹泻、心搏缓慢、运动失调等。

【注意事项】种属和个体差异大，在家畜中以牛最为敏感。用本品前应停食数小时，用药前应注射小剂量阿托品，手术时应采取伏卧姿势，并将头放低，以防异物性肺炎及减轻瘤胃气胀压迫心肺。

（2）赛拉唑（静松灵）

【性状】白色结晶性粉末。味略苦。不溶于水，可溶于氯仿、乙醚和丙酮中，可与稀盐酸制成溶于水的盐酸二甲苯胺噻唑注射液。

【作用与用途】作用基本同赛拉嗪，具有镇静、镇痛与中枢性肌肉松弛作用。用于家畜及野生动物的镇痛、镇静、化学保定和复合麻醉等。

【用法与用量】盐酸二甲苯胺噻唑注射液，肌内注射，一次量，兔1.5～2毫克/千克体重。

【药物相互作用（不良反应）】、**【注意事项】**同赛拉嗪。

（3）氯丙嗪（冬眠灵）

【性状】药用盐酸盐为白色或乳白色结晶性粉末。微臭，味极苦，有麻感。有引湿性。遮光、密封保存。易溶于水、乙醇、氯仿，不溶于乙醚。

【适应证】可抑制中枢神经系统，产生镇静、安定、镇吐、降温、增强其他中枢抑制药作用等。临床上主要用于狂躁动物和野生动物的保定；破伤风、脑炎、中枢兴奋药中毒；止吐等。

【用法与用量】盐酸氯丙嗪注射液，肌内注射，一次量，兔2～3毫克/千克体重。

【药物相互作用（不良反应）】忌与碳酸氢钠、巴比妥类钠盐等碱性药物配伍。

【注意事项】粉末或水溶液遇空气、阳光和氧化剂逐渐变成黄色、粉红色至棕紫色，毒性增强。用量过大引起血压下降时，禁用肾上腺素解救，而应用去甲肾上腺素；静脉注射应稀释，缓慢注入；有黄疸、肝炎及肾炎的患畜应慎用；马对本品敏感，不宜使用。

（4）咖啡因

【性状】本品为白色、有丝光的针状结晶或结晶性粉末，易集结成团。无臭、味苦，有风化性，熔点235～238℃。微溶于水，易溶于沸水和氯仿，略溶于乙醇和丙酮。水溶液呈中性至弱碱性。本品与等量苯甲酸钠、水杨酸钠或枸橼酸混合能增加在水中溶解度。

【作用与用途】对中枢神经系统有广泛兴奋作用，并有强心利尿作用。临床上主要用于精神抑制；心脏衰弱和呼吸困难的疾病；急性心内膜炎、肺炎，以及重剧劳役所引起的体力衰弱和虚脱等，并可作为全身麻醉中毒的解毒剂。与溴化物合用可治疗马属动物的各种疝痛症。

【用法与用量】苯甲酸钠咖啡因粉，内服，一次量，兔0.1～0.2克；苯甲酸钠咖啡因注射液，皮下、肌内、静脉注射，一次量，兔0.25～0.5克。

【药物相互作用（不良反应）】本品与鞣酸、苛性碱、碘、银盐接触可产生沉淀，禁配伍。

【注意事项】剂量过大时，会出现呼吸加快、心跳急速、体温升高、惊厥等中毒症状，此时可用溴化物、水含氯醛、巴比妥类药物等进行抢救，但不宜使用麻黄碱或肾上腺素等强心药物，以免增加毒性。

（5）尼可刹米

【性状】本品为无色澄明或淡黄色油状液，置冷处，即成结晶性团状块。略带特臭，味苦，有引湿性。能与水、乙醚、氯仿、丙酮和乙醇混合。25%水溶液的pH为6.0～7.8。

【作用与用途】它能直接兴奋延髓呼吸中枢，使呼吸加深加快，尤其是中枢处于抑制状态时更为明显。大剂量可兴奋大脑和脊髓，也可引起阵发性痉挛。临床上主要用于各种原因引起的呼吸抑制。如中枢抑制药中毒、因疾病引起的中枢性呼吸抑制、一氧化碳中毒、溺水、新生仔畜窒息等。

【用法与用量】尼可刹米注射液，静脉、肌内或皮下注射，一次量，兔10～20毫克/千克体重。

【药物相互作用（不良反应）】兴奋作用之后，常出现中枢神经抑制现象。

【注意事项】尼可刹米注射液静脉注射速度不宜过快；因剂量过

大，会出现血压升高、出汗、心律失常、震颤及肌肉僵直，也可引起呼吸加快、心跳急速、体温升高、惊厥等中毒症状，此时可用溴化物、水合氯醛、巴比妥类药物等进行抢救，但不宜使用麻黄碱或肾上腺素等强心药物，以免增加毒性。

（6）士的宁

【性状】常用其硝酸盐。无色棱状结晶或白色结晶性粉末。无臭，味极苦。溶于水，微溶于乙醇，不溶于乙醚。遮光密封保存。

【作用与用途】硝酸士的宁能选择性地提高脊髓兴奋性。士的宁可增强脊髓反射应激性、缩短脊髓反射时间，使神经冲动易传导、骨骼肌张力增加。临床上主要用于治疗脊髓性不全麻痹，如后躯麻痹、膀胱麻痹、阴茎下垂。

【用法与用量】硝酸士的宁注射液，皮下注射，一次量，兔0.1～0.3毫克。

【药物相互作用（不良反应）】士的宁毒性大，安全范围小，过量易出现肌肉震颤、脊髓兴奋性惊厥、角弓反张等。

【注意事项】本品有蓄积性，不宜长期使用，反复给药应酌情减量；中毒时，可用水合氯醛或巴比妥类药物解救，并应保持环境安静，避免光、声音等各种刺激。

八、作用于水盐代谢调节的药物

作用于代谢调节的药物主要是维持机体正常代谢和生理机能所必需的一些物质，主要有维生素、矿物质、体液补充剂与电解质、酸碱平衡调节药和糖皮质激素类药物。

1. 维生素类

（1）维生素A

【性状】浅黄色油状物或结晶与油的混合物，不溶于水，易溶于脂肪与油。

【作用与用途】维持上皮组织的完整性、参与视紫红质的合成、促进畜禽生长。主要用于防治角膜软化症、干眼症、夜盲症及皮肤粗糙等维生素A缺乏症。

【用法与用量】维生素A胶囊，内服，一次量，兔100～200单位/千克体重；鱼肝油，内服，一次量，兔10～15毫升；维生素AD油，内服，一次量，兔10～15毫升；维生素ADE乳剂，每吨饲料添加本品200毫升混饲，每升水添加本品0.2毫升饮水。

【药物相互作用（不良反应）】配伍维生素C可以减轻维生素A中毒症状。配伍维生素E可以促进维生素A的吸收。与聚醚类药物如莫能霉素、海南霉素等联用，可降低其毒性；与可的松类、氟尿嘧啶联用，存在药物相互作用。与新霉素、抗酸药物、矿物质、棉籽饼、氢氧化铝等合用，可以明显减少维生素A在肠道的吸收。与液体石蜡同用，可影响维生素A在肠道的吸收。

长期大量服用可产生毒性，中毒时可出现食欲不振、体重减轻、皮肤增厚、骨折等症状。

【注意事项】在空气中易氧化，遇光易变质。

（2）维生素D

【性状】常用维生素D_2、维生素D_3，均为无色结晶。不溶于水，能溶于油及有机溶剂，性质稳定。

【作用与用途】能调节血钙浓度、促进钙磷吸收、促进骨骼正常钙化。维生素D_3的效能比维生素D_2高50～100倍。临床上用于防治维生素D缺乏症，如佝偻病、骨软化病等。

【用法与用量】维生素D_2胶性钙注射液，皮下、肌内注射，一次量，兔0.25万单位。维生素D_3注射液，肌内注射，一次量，各种家畜1500～3000单位/千克体重，注射前后需补充钙剂；维生素AD注射液，肌内注射，一次量，兔0.2～0.3毫升。

【药物相互作用（不良反应）】配伍植酸钠，可促进钙在肠道中的吸收；配伍强心苷，可促进钙吸收，增强心肌对强心苷的敏感性；与苯妥英钠、苯巴比妥等抗惊厥药联用，可加速维生素D和钙的代谢，导致药酶诱导，产生骨软化症，长期应用抗惊厥药要适当补充维生素D。与矿物油、新霉素等合用，可影响维生素D在肠道的吸收。长期大量应用易引起高血钙、骨骼变脆、肾结石。

【注意事项】维生素AD油和注射液，仅供肌注，不宜超量使用。

（3）维生素E

【性状】微黄色或黄色透明的黏稠液体，遇光渐变深，不溶于水，

溶于有机溶剂。

【作用与用途】具有较强的抗氧化生物活性、抑制组织生理氧化作用，维持生殖器官、肝脏、神经系统和横纹肌的正常机能。临床上主要用于犊牛、羔羊的白肌病（常与亚硒酸钠合用）。

【用法与用量】维生素 E 片，内服，兔 5～10 毫克/次。维生素 E 注射液，皮下、肌内注射，一次量，兔 5～20 毫克/千克体重。维生素 E 饲料添加剂内服量同片剂。

【药物相互作用（不良反应）】常与维生素 A、维生素 D 和 B 族维生素配合，用于生长不良、营养不足等综合性缺乏症和幼小动物溶血性贫血。维生素 E 可增强洋地黄的强心作用，可拮抗扑热息痛的副作用；可降低盐霉素和海南霉素的毒性；可促进灰黄霉素的吸收，使药效提高 2 倍；可拮抗庆大霉素的肾毒性；可影响维生素 K 的利用程度。新霉素可干扰维生素 E 的吸收，铁制剂与维生素 E 结合可使之失效。

【注意事项】不能随意加大剂量；长期内服可引起恶心、呕吐、口角炎和胃肠功能紊乱。

（4）维生素 B_1

【性状】白色结晶或结晶性粉末，味苦。弱酸性，具有水溶性。

【作用与用途】用于维生素 B_1 缺乏所引起的多发性神经炎、胃肠机能下降、食欲不振。还可用于高热、酮血症、心肌炎等的辅助治疗。

【用法与用量】维生素 B_1 注射液（盐酸硫胺注射液），皮下、肌内注射，一次量，兔 5～10 毫克。维生素 B_1 片，内服，一次量，兔 10～20 毫克。

【药物相互作用（不良反应）】与抗酸药物碳酸氢钠等配伍，可产生酸碱中和反应，破坏维生素 B_1。维生素 B_1 常与其他 B 族维生素制剂联合使用，以对机体产生综合效应。维生素 B_1 与抗球虫药盐酸氨丙啉合用有拮抗作用。

【注意事项】大剂量可致头痛、疲倦、烦躁、食欲下降、水肿。

（5）维生素 B_2

【性状】橙黄色结晶性粉末；微溶于水，不溶于有机溶剂。

【作用与用途】 主要用于维生素 B_2 缺乏症，常与其他 B 族维生素复合应用，以发挥综合效应。

【用法与用量】 维生素 B_2 注射液，皮下、肌内注射，一次量，兔 5 毫克；维生素 B_2 片，内服，一次量，兔 10 毫克。

【药物相互作用（不良反应）】 不宜与氨苄青霉素、头孢霉素、四环素、土霉素、红霉素、新霉素、卡那霉素等混合注射，因维生素 B_2 对上述抗生素有不同程度的灭活作用。

【注意事项】 避免空腹服用。

（6）复合维生素 B

【性状】 维生素 B_1、维生素 B_2、维生素 B_6、烟酰胺等制成。

【作用与用途】 用于防治 B 族维生素缺乏所致多发性神经炎、消化障碍、癞皮病、口腔炎等。

【用法与用量】 复合维生素 B 注射液，肌内注射，一次量，小动物 0.5～2 毫升；复合维生素 B 溶液，内服，一次量，兔 30～70 毫升。

2. 矿物质类

（1）氯化钙

【性状】 白色半透明坚硬碎块或颗粒。易溶于水及醇，易潮解。

【适应证】 治疗产后瘫痪、骨软化症和佝偻病及荨麻疹、血清病、血管神经性水肿等过敏性疾病；解除镁中毒；用于血斑病等出血性素质的止血；为机体提供能量、提高肝脏解毒功能。

【用法与用量】 氯化钙注射液，静注，一次量，兔 0.1～0.5 克；氯化钙葡萄糖注射液，静注，一次量，兔 0.2～0.5 毫升。

【药物相互作用（不良反应）】 静脉注射宜缓慢，因钙盐兴奋心脏，注射过快会使血钙突然升高，引起心律失常，甚至心跳暂停；在应用强心苷期间或停药后 7 天内，忌用本品。

【注意事项】 本品有强烈刺激性，不宜皮下或皮内注射，其 5% 溶液不能直接静脉注射，应在注射前以等量葡萄糖注射液稀释。注射液不可漏出血管外，若漏出，受影响局部可注射 25% 的硫酸钠注射液 8～15 毫升，以形成无刺激的硫酸钙。

（2）葡萄糖酸钙

【性状】 白色结晶或颗粒性粉末，易溶于沸水，水中缓慢溶解。

【作用与用途】 作用同氯化钙。本品由于含钙量较低，对组织刺激性较小，用药较安全，应用较广泛。

【用法与用量】 葡萄糖酸钙注射液，静注，一次量，兔 0.5～1.5 克。

【药物相互作用（不良反应）】、【注意事项】 同氯化钙。

（3）碳酸钙

【性状】 白色极细微结晶性粉末；几乎不溶于水，在含有铵盐或二氧化碳的水中微溶。

【作用与用途】 同氯化钙。本品内服，也可作为吸附性止泻药或制酸药。

【用法与用量】 碳酸钙粉，内服，一次量，兔 0.5～1 克。

【药物相互作用（不良反应）】 与大量的维生素同用，可以促进钙的吸收；与氧化镁等有轻泻作用的药物配伍或交叉应用可以减少嗳气、便秘等副作用。

（4）硫酸铜

【性状】 蓝色透明结块或蓝色结晶性颗粒或粉末，溶于水。

【作用与用途】 为机体多种氧化酶的组分。能促进机体红细胞和血红蛋白的合成。

【用法与用量】 硫酸铜添加剂，口服，一天量，兔 20 毫克/千克体重（治疗铜缺乏症）。

【药物相互作用（不良反应）】 可与硫酸锌、硫酸锰、硫酸铁等同时配伍。

【注意事项】 高铜可以促进生长，但要注意与铁、锌和钙的比例；混合不均易中毒。

（5）硫酸锌

【性状】 白色透明结晶或颗粒状结晶性粉末，易溶于水。

【作用与用途】 主要适用于锌缺乏症。还可作为皮肤黏膜消炎药、收敛药。用于奶牛乳房和四肢皲裂。

【用法与用量】 硫酸锌添加剂，内服，一天量，兔 20～30 毫克。

【药物相互作用（不良反应）】 高钙会阻碍锌的吸收，而锌过多也会影响钙的吸收；配伍维生素A可以显著提高血液中维生素A的浓度，提高机体免疫力。

【注意事项】锌过量易引起铜缺乏症和影响蛋白质代谢。

（6）氯化钴

【性状】紫红色结晶。稍有风化性，极易溶于水。

【作用与用途】主要用于反刍家畜钴缺乏症。

【用法与用量】氯化钴添加剂，内服，治疗量：一次量，兔5～8毫克；预防量：一次量，兔2～3毫克。

【药物相互作用（不良反应）】和硫酸亚铁、葡萄糖酸铁等配伍可用于动物贫血症。

【注意事项】本品只能内服，注射无效。密闭保存。

（7）亚硒酸钠

【性状】白色结晶性粉末；空气中稳定；水中易溶解，不溶于乙醇。

【作用与用途】硒具有促进生长、提高种畜繁殖性能和提高机体抵抗力的作用。临床上用于预防、治疗硒的缺乏症，防治幼畜白肌病和雏鸡渗出性素质等。补硒时同时添加维生素E，防治效果更佳。

【用法与用量】亚硒酸钠注射液，肌内注射，一次量，兔0.02～0.05毫克；亚硒酸钠维生素E注射液，肌内注射，一次量，兔0.05～0.1毫升。

【药物相互作用（不良反应）】皮下或肌内注射时有局部刺激性；本品有较强毒性，急性中毒不易解毒。

【注意事项】硒毒性极强，使用时必须严格掌握剂量，并搅拌均匀，防止中毒；使用时要考虑本地饲料的硒含量。

（8）复方布他磷注射液

【性状】粉红色澄明液体，布他磷与维生素B_{12}的无菌水溶液。

【作用与用途】矿物质补充药。用于动物急性、慢性代谢紊乱性疾病。

【用法与用量】静脉、肌内或皮下注射：一次量，兔0.25～0.5毫升。

【药物相互作用（不良反应）】皮下或肌内注射时有局部刺激性；

本品有较强毒性，急性中毒不易解毒。

【注意事项】严格控制用量，避免中毒；请勿冷冻。

（9）氯化钠

【性状】无色、透明立方形结晶或结晶性粉末；无臭、味咸。易溶于水、甘油中，难溶于醇。水溶液呈中性，且性质稳定。

【作用与用途】用于调节体内水和电解质平衡。主要用于防治各种原因所致低钠血综合征。

【用法与用量】0.9%氯化钠注射液，静脉注射，一次量，兔40～50毫升。

【药物相互作用（不良反应）】脑、肾、心脏功能不全时及血浆蛋白过低时慎用，肺气肿病畜禁用。

【注意事项】密封保存。

（10）氯化钾

【性状】无色的长棱形或立方形结晶或白色结晶性粉末；无臭，味咸涩，水中易溶。

【作用与用途】用于钾摄入不足或排钾过量所致的低钾血症，亦可用于强心苷中毒引起的阵发性心动过速等。

【用法与用量】内服，一次量，兔1～2克。静脉注射，一次量，兔0.5～2毫升。静脉注射时，必须用0.5%葡萄糖注射液稀释成0.3%以下浓度，且注射速度要慢。复方氯化钾注射液，兔30～50毫升/次。

【药物相互作用（不良反应）】静滴过量时可出现中毒症状，疲乏、肌张力减低、反射消失、周围循环衰竭、心率减慢甚至停搏。

【注意事项】肾功能严重减退或尿少时慎用，无尿或血钾过高时忌用。脱水和循环衰竭等患畜，禁用或慎用。

3. 体液补充剂

（1）右旋糖酐70

【性状】白色粉末；无臭、无味。在热水中易溶，在乙醇中不溶。

【作用与用途】用于防治低血容量性休克，如出血性休克、手术中休克、烧伤性休克。也可用于预防手术后血栓形成和血栓性静脉炎。

【用法与用量】右旋糖酐70葡萄糖或氯化钠注射液，静脉注射，兔10～20毫升/(千克体重·次)。

【药物相互作用（不良反应）】与卡那霉素、庆大霉素合用可增加其毒性。

【注意事项】该药可以影响血小板的正常功能，不适用于有严重凝血症的患畜，同时患有血小板减少症的动物须谨慎使用。

（2）右旋糖酐40

【性状】白色粉末；无臭、无味。在热水中易溶，在乙醇中不溶。

【作用与用途】用于扩充和维持血容量，治疗因失血、创伤、烧伤等引起的休克及中毒性休克。

【用法与用量】同右旋糖酐70或氯化钠注射液。

【药物相互作用（不良反应）】用量过大可致出血，如鼻衄、齿龈出血，皮肤黏膜出血、创面渗血、血尿等。与卡那霉素、庆大霉素合用可增加其毒性。

【注意事项】静脉注射宜缓慢，肝肾疾病患畜慎用。充血性心力衰竭和有出血性疾病的患畜禁用。

第七章 生物制品的安全使用

第一节　生物制品概述及安全使用要求

一、生物制品概述

1. 概念

生物制品是利用免疫学原理，用微生物（细菌、病毒、立克次体等）及其代谢产物、动物血液、动物组织制成的，用以预防、治疗及诊断畜禽传染病的一类物质。

2. 种类

生物制品的种类见表 7-1。

表 7-1　生物制品的种类

类别	种类	特性
预防类	菌苗	按抗原菌株的处理，分为死菌苗和活菌苗。活菌苗具有接种剂量小、接种次数少、免疫期长的特点；死菌苗性质稳定、安全性高，但免疫力不及活菌苗
	疫苗	病毒和立克次体，接种于动物、鸡胚或经组织培养液培养后，加以处理而制成的。疫苗分为弱毒疫苗和死毒疫苗（灭活苗）
	类毒素	细菌产生的外毒素加入甲醛处理后，变为无毒性但仍有免疫原性的制剂

续表

类别	种类	特性
治疗类	免疫血清	经过多次免疫的动物血清。包括抗菌血清、抗病毒血清和抗毒素。抗菌血清使用较少
	免疫增效剂	通过影响机体免疫应答反应、病理反应而增强机体免疫功能的药物。家禽免疫增效剂一般有维生素类(维生素 C、维生素 A、维生素 E)、硒、左旋咪唑、黄芪多糖、微生物制剂(乳酸菌、双歧杆菌)、中草药等
诊断类	诊断抗原	用已知微生物和寄生虫及其组分或浸出物、代谢产物、感染动物组织制成,用以检测血清中的相应抗体
	诊断血清	含有经标定的已知抗体,用以检查可疑畜禽组织内有无该病特异性抗原(病原微生物及其代谢产物)的存在。如沙门菌阳性血清

二、生物制品的安全使用要求

使用疫苗免疫接种是增加兔体特异性抵抗力、减少疫病发生的重要手段。疫苗的安全使用要求如下。

1. 选购疫苗

在选购疫苗时，根据疫苗的实际效果和抗体监测结果，以及场际间的沟通和了解，选择通过《药品生产管理规范》（GMP）验收的生物制品企业和具有农业农村部颁发生产许可证和批准文号的企业产品。应到国家指定或准许经销的兽用疫苗销售网点，最好是畜牧专业部门购买。防疫人员根据各类疫苗的库存量、使用量和疫苗的有效期等确定阶段购买量；一般提前 2 周，以 2～3 个月的用量为准；并注明生产厂家、出售单位、疫苗种类（活苗或灭活苗）。在选购时应对瓶签、瓶子外观、瓶内疫苗的色泽性状等进行仔细检查，例如包装是否规范，瓶口和铝盖封闭是否完好、是否松动，瓶签上的说明是否清楚，疫苗是否过期、失效和变质。凡包装破损、瓶有裂纹、瓶口破裂、瓶盖松动、无标签或标签字迹模糊、真空度丧失、有沉淀或变色变质、瓶中含有异物或霉团块、灭活苗破乳层分离均不得使用。特别需要注意疫苗的批准文号、生产日期、有效期和使用说明书（图 7-1、图 7-2），防止因高温、日晒、冻结等保存方法不当，造成疫苗失效。

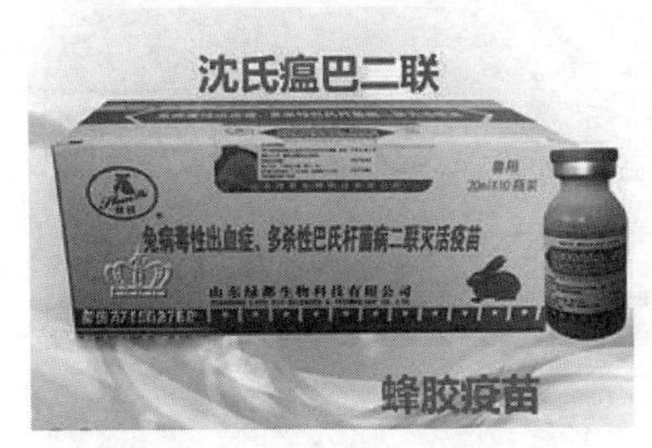

图 7-1 兔病毒性出血症、多杀性巴氏杆菌病二联灭活疫苗

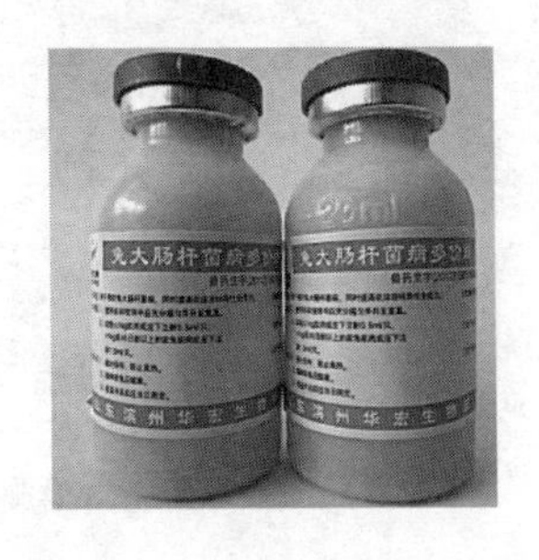

图 7-2 附有说明且封闭良好的疫苗

对疫苗的具体要求：一是疫苗毒株应有良好的免疫原性和抗原性。免疫原性是抗原体刺激机体产生抗体及致敏淋巴细胞的能力；抗原性（反应原性）是抗原能与该致敏淋巴细胞或相应抗体发生特异性结合的能力。二是疫苗应绝对安全并有较高的毒价（含毒量）。抗原必须达到一定的剂量，才能刺激机体产生抗体。一般活病毒及细菌的抗原性（毒价）较灭活病毒及细菌的强。三是疫苗毒性应纯粹，不含外源性病原微生物。疫苗内不应含其他病原微生物，否则会产生各自相应的抗体而相互抑制，降低疫苗的使用效果。

2. 运输、保存疫苗

生物制品有严格的贮存条件及有效期。如果不按规定进行运输与保存，就会直接影响疫苗的质量和免疫效果、降低疫苗效价，从而不能产生足够的免疫保护，甚至导致免疫失败。

（1）运输　运输疫苗使用放有冰袋的保温箱，做到“苗冰行，苗到未溶”（图 7-3）。途中避免阳光照射和高温；疫苗如需长途运输，一定要将运输的要求交代清楚，约好接货时间和地点，接货人应提前到达，及时接货；疫苗运输过程中时间越短越好，中途不得停留存放，应及时运往兔场放入恒温冰箱，防止疫苗失效。油乳剂苗运输切勿冻结。如果油乳剂苗冻结保存、运输，使用前解冻，会出现破乳和分层现象。

图 7-3　疫苗运输用的冷藏箱和冷藏车厢

（2）保存　所有的冻干活疫苗均应在低温条件下保存，其目的是保证疫苗毒的活性。给兔接种适量的活毒疫苗，其能在体内一过性繁殖，可诱导产生部分或坚强的免疫力，有些毒株还可诱导干扰素的产生。冻干活疫苗保存运输温度愈低，疫苗毒的活性（保存期）就愈长，但如果疫苗长时间放置于常温环境，疫苗毒的活性就会受到很大影响，冻干活疫苗就可能变成普通死苗了，其免疫效果可想而知。通常情况下，冻干活疫苗保存在－15℃以下，保存期可达 1～2 年；0～4℃，保存期为 8 个月；25℃，保存期不超过 15 天。油乳剂苗应保存在 4～8℃的环境下，此温度既能较好地保证疫苗毒株的抗原性，也可使油乳剂苗保持相对的稳定（不破乳、不分层）。虽然油乳剂苗属灭活苗，但也不宜保存在常温或较高温度的环境中，否则对疫苗毒的抗原性会产生很大影响。

保存疫苗时，一要注意检查苗瓶有无破损、瓶盖有无松动、标签是否完整，并记录生产厂家、批准文号、检验号、生产日期、失效日期、药品的物理性状与说明书是否相符等，避免购入伪劣产品；二要仔细查看说明书，严格按说明书的要求贮存；三要定时清理冰箱的冰块和过期的疫苗，冰箱要保持清洁，疫苗要存放有序（图 7-4）；四要注意如遇停电，应在停电前 1 天准备好冰袋，以备停电用，停电时尽量少开箱门。

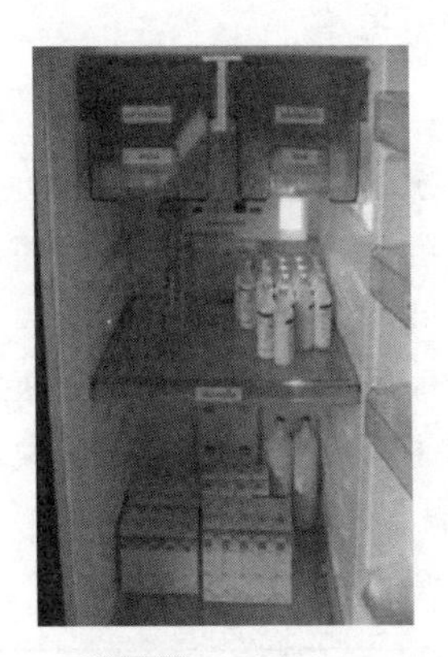

图7-4 疫苗的保存

3. 疫苗使用前准备

疫苗使用前要逐瓶检查苗瓶有无破损、封口是否严密、头份是否记载清楚、物理性状是否与说明书相符，以及有效期、生产厂家。疫苗接种前应向兽医和饲养员了解兔群的健康状况，有病、体弱、食欲和体温异常的兔，暂时不能接种；不能接种的兔，要记录清楚，选适当时机补免。免疫接种前对注射器、针头、镊子等进行清洗和煮沸消毒，备足酒精棉球或碘酊棉球，准备好稀释液、记录本和肾上腺素等抗过敏药物；疫苗接种前后，尽可能避免一些剧烈运动，如转群、采血等，防止兔群应激影响免疫效果。

4. 疫苗稀释

对于冷冻贮藏的疫苗，稀释用的生理盐水，必须提前1～2天放置在冰箱冷藏，或稀释时将疫苗同稀释液一起放置在室温中停置10～20分钟，避免两者的温差太大；稀释前先将苗瓶口的胶蜡除去，并用酒精棉消毒晾干；用注射器取适量的稀释液插入疫苗瓶中，无需推压，检查瓶内是否真空（真空疫苗瓶能自动吸取稀释液），失真空的疫苗必须废弃；根据免疫剂量、计划免疫头数和免疫人员的工作能力来决定疫苗的稀释量和稀释次数，做到现配现用，稀释后的疫苗在3小时内用完；不能用凉开水稀释，必须用生理盐水或专用稀释液稀释；稀释后的疫苗，应放在有冰袋的保温瓶中，并在规定的时间内用完，防止长时间暴露于室温中。

5. 免疫程序

根据本场的实际情况，考虑本地区兔的疫病流行特点，结合本场的饲养管理、母源抗体的干扰以及疫苗的性质、类型和相互之间的影响（如两次疫苗注射的间隔时间原则上不能少于半个月，否则不但不能产生坚强的免疫力，而且会影响兔群的健康状况和生产性能）等各方面因素和免疫监测结果，制订适合本场的免疫程序。规模化兔场免疫推荐程序见表 7-2、表 7-3。

表 7-2　规模化兔场免疫推荐程序（一）

类型	日龄	病名	疫苗名称及用法
哺乳期	20 日龄	大肠杆菌病	大肠杆菌多价灭活苗，每只皮下注射 1.5～2 毫升
幼兔期	35 日龄	兔瘟	兔病毒性出血症（兔瘟）灭活菌苗，每只皮下注射 2 毫升
	45 日龄	巴氏杆菌病和波氏杆菌病	巴波二联疫苗，每兔颈部皮下注射 2 毫升
	60 日龄	兔瘟	兔病毒性出血症（兔瘟）灭活疫苗，每兔皮下注射 2 毫升
	70 日龄	产气荚膜梭菌病	产气荚膜梭菌灭活疫苗，每兔皮下注射 2 毫升
育肥期、成年兔		兔瘟	每 3 个月注射 1 次兔瘟疫苗，每次每兔皮下注射 2 毫升
		巴氏杆菌病和波氏杆菌病	每 4 个月注射 1 次巴波二联疫苗，每次每兔皮下注射 2 毫升

表 7-3　规模化兔场免疫推荐程序（二）

疫苗或菌苗名称	用途	用法	用量
兔瘟灭活苗	防兔瘟	皮下注射	首免 25～30 日龄，2 毫升；留种兔 60 日龄加强注射 1 毫升；以后每 4 个月 1 次，2 毫升
兔巴氏杆菌灭活苗	防巴氏杆菌病	皮下注射	首免 30～35 日龄，2 毫升；以后每 4 个月 1 次，1 毫升

续表

疫苗或菌苗名称	用途	用法	用量
产气荚膜梭菌灭活疫苗	防产气荚膜梭菌病	皮下注射	首免35～40日龄，2毫升；以后每4个月1次，1毫升
波氏杆菌灭活苗	防波氏杆菌病	皮下注射	首免45日龄，2毫升；以后每4个月1次，2毫升
大肠杆菌多价灭活苗	防大肠杆菌病	皮下注射	首免18～25日龄，2毫升；以后每4个月1次，1毫升
葡萄球菌灭活苗	防葡萄球菌病	皮下注射	每4个月注射1次，2毫升
沙门菌灭活苗	防沙门菌病	皮下注射	每4个月注射1次，2毫升
兔瘟、巴氏杆菌灭活苗	防兔瘟、巴氏杆菌病	皮下注射	每4个月注射1次，1毫升
兔瘟、巴氏杆菌、产气荚膜梭菌灭活苗	防兔瘟、巴氏杆菌病、产气荚膜梭菌病	皮下注射	每4个月注射1次，2毫升

6. 接种操作

兔的免疫接种方法多是皮下注射，正确操作是保证免疫效果的基础。

（1）注射部位选择　皮下注射是将疫苗注射到皮下疏松结缔组织中，应选择皮肤疏松处。兔的皮下注射一般在颈部皮下或腹部皮下。

（2）注射部位消毒　先用碘酊消毒，再用酒精脱碘，待挥发后再注射疫苗，注射完毕应按少许时间以减少疫苗溢出。大批注射时，应选择专职消毒员，用0.5%碘酊先涂擦临时固定的右侧或左侧耳根后部皮肤，然后用70%酒精脱碘，待3～5分钟后注射疫苗。禁用5%碘酊在注苗时局部消毒。

（3）注射操作　皮下注射，左手拇指与中指提起皮肤，形成皱褶，食指压住底部，使之成凹形。右手持注射器斜向刺入底部皮肤与肌肉之间后缓缓推注药物。注射完后，拔出针头，立即以药棉揉擦皮肤，以使疫苗散开。肌内注射，垂直刺入，迅速推注。

（4）一兔一个针头　在疫苗注射过程中，多数人不注意换针头，这样可能会通过针头传播病原体，造成兔瘟等疫病的发生，这种情况在实践中经常遇到。原则上应做到打一只兔换一只针头，可以减少交叉感染。用过的针头冲洗过后放在沉淀过的开水中煮沸 15 分钟即可重复使用。

（5）注射的剂量要准确，不漏注、不白注　疫（菌）苗的使用剂量应严格按产品说明书进行。剂量过大，往往引起疫苗反应，甚至可能引起免疫麻痹或毒性反应。过少则抗原不足，达不到预防效果，不能刺激机体产生足够的免疫效应。大群接种时，为弥补使用过程中疫（菌）苗的浪费，可适当增加 10％～20％的用量。注射操作要细致、进针要稳、拔针要快，以确保疫苗液真正足量地注射于肌内或皮下。

7. 注意事项

（1）免疫的兔群要健康　对有疫情、疾病或有临床病症的兔，无论症状严重与否均应推迟免疫时间，待恢复健康后再进行补免，避免免疫抑制。

（2）把握好免疫的机会　兔瘟疫苗的接种应在 40 日龄左右，首次免疫最好用兔瘟单苗。2 月龄以下兔首次接种兔瘟单苗要加一倍量，并且在间隔一月左右加强免疫一次。原因是 40 日龄左右的小兔体内可能存在兔瘟的母源抗体，而且自身免疫系统不够完善，不能产生良好的免疫效果。但如果兔瘟疫苗接种过晚，会存在兔瘟感染的风险。

（3）避免药物干扰免疫效果　在使用弱毒疫苗前后 5～7 天内，禁在饮水或饲料中使用抗病毒药物或消毒药物；在使用弱毒菌苗的前后 7 天内，饲料或饮水中禁用抗菌药物和消毒药；在注射病毒性疫苗的前后 3 天内，严禁使用抗病毒药物。免疫注射含有活菌的疫苗时，如大肠杆菌菌苗、巴氏杆菌疫苗和波氏杆菌疫苗等，免疫前后 1 周都不能在饲料、饮水中添加抗生素，也不能肌注抗生素。抗生素对细菌性灭活疫苗没有影响。

（4）免疫管理　一定要从正规渠道选购疫苗商品，使用前要规范保存。开瓶后的疫苗当天要用完，当天未用完的要废弃。废弃的疫苗和用过的疫苗瓶要消毒和深埋。

第二节　兔的生物制剂安全使用要求

一、常用疫苗

1. 兔病毒性出血症灭活疫苗（兔瘟灭活疫苗）

【性状】本品为灰褐色均匀混悬液，静置后瓶底有部分沉淀。含灭活的兔病毒性出血症病毒组织等悬液，灭活前含病毒组织量≥5%。

【作用与用途】用于预防兔病毒性出血症疾病，仅用于接种健康兔，不能接种怀孕后期的母兔。免疫期为6个月。

【用法与用量】皮下注射，45日龄以上家兔，每只1.0毫升；未断奶家兔也可使用，每只1.0毫升，断奶后应再接种1次。

【药物相互作用（不良反应）】可能因个体差异出现暂时的食欲减退现象。

【注意事项】应先使疫苗温度恢复至室温，使用时充分摇匀；注射器械及接种部位严格消毒，以免造成感染；疫苗不得冻结，冻结的疫苗严禁使用；用过的疫苗瓶、器具和未用完的疫苗等应进行消毒处理；2～8℃避光保存，有效期为18个月。

2. 兔多杀性巴氏杆菌病灭活疫苗

【性状】本品静置后，上层为淡黄色澄明液体，下层为白色沉淀，振摇后呈均匀混悬液。含灭活的A型多杀性巴氏杆菌。

【适应证】用于预防兔多杀性巴氏杆菌病。

【用法与用量】皮下注射，90日龄以上兔，每只1毫升。

【药物相互作用（不良反应）】可能出现一过性食欲减退的症状。

【注意事项】本疫苗仅用于预防，无治疗作用；仅用于接种健康兔，不能接种怀孕后期的母兔；注射器械及接种部位必须严格消毒，以免造成感染；疫苗不得冻结。在2～8℃保存，有效期为1年。

3. 产气荚膜梭菌病灭活疫苗（A型）

【性状】均匀混悬液。静置后，上层为黄褐色澄明液体，下层为灰白色沉淀。含灭活的产气荚膜梭菌（A型）。

【作用与用途】用于预防家兔A型产气荚膜梭菌病。免疫期为6

个月。

【用法与用量】皮下注射。不论大小，每只2.0毫升。

【药物相互作用（不良反应）】一般无可见的不良反应。

【注意事项】切忌冻结，冻结后的疫苗严禁使用；使用前，应将疫苗温度恢复至室温，并充分摇匀；接种时，应局部消毒处理；用过的疫苗瓶、器具和未用完的疫苗等应进行消毒处理；2～8℃保存，有效期为12个月。

4. 兔大肠杆菌多价蜂胶灭活苗

【性状】乳黄色或褐色悬浮液。

【作用与用途】用于预防兔大肠杆菌病。仅用于接种健康兔群，疾病潜伏期与感染期慎用。免疫期为4个月。

【用法与用量】在断奶前体重小于1千克的幼兔，皮下注射0.5毫升/只；大于1千克或45日龄的家兔，皮下注射1.0毫升/只。

【药物相互作用（不良反应）】一般无可见的不良反应。

【注意事项】切忌冻结，冻结后的疫苗严禁使用；使用前，应将疫苗温度恢复至室温，并充分摇匀；接种时，应局部消毒处理；用过的疫苗瓶、器具和未用完的疫苗等应进行消毒处理；2～8℃保存，有效期为12个月。

5. 兔病毒性出血症、多杀性巴氏杆菌病二联干粉灭活疫苗

【性状】黄褐色粉末。加入稀释液，振摇后迅速溶解，呈均匀褐色混悬液。含灭活的兔病毒性出血症病毒和A型多杀性巴氏杆菌。

【作用与用途】用于预防兔病毒性出血症和多杀性巴氏杆菌病。适用于健康兔。免疫期为6个月。

【用法与用量】肌内或皮下注射。按瓶签注明的头份，用20%铝胶生理盐水稀释，成年兔每只1毫升，45日龄左右仔兔每只0.5毫升。

【药物相互作用（不良反应）】在注射部位有一过性炎症反应。

【注意事项】注射部位应严格消毒；加入稀释液后摇匀；疫苗开启后，限当日用完；应对用过的疫苗瓶、器具等物品进行消毒处理；2～8℃保存，有效期为24个月。

6. 兔瘟、产气荚膜梭菌、巴氏杆菌病三联苗

【性状】 本苗为褐色混悬液，久置底部有沉淀为正常现象。本品由兔瘟病毒、产气荚膜梭菌、巴氏杆菌经培养、灭活、吸附等制成。

【作用与用途】 适用于预防兔瘟、兔产气荚膜梭菌病、兔巴氏杆菌病。怀孕母兔慎用。

【用法与用量】 幼兔在断奶前进行免疫。体重1千克以下的兔肌内或颈部皮下注射0.5毫升；体重在1千克以上的兔肌内或颈部皮下注射1毫升。

【药物相互作用（不良反应）】 一般无不良反应。

【注意事项】 病弱兔禁用，用前振摇，保存于阴暗处；4～8℃，保存期为1年，严禁冻结。

7. 兔波氏杆菌-巴氏杆菌二联蜂胶灭活疫苗

【性状】 本苗为褐色混悬液，久置底部有沉淀为正常现象。含灭活的巴氏杆菌和支气管败血波氏杆菌培养物及蜂胶提取液，灭活前每毫升疫苗巴氏杆菌活菌数＞1×10^{10}个、支气管败血波氏杆菌数1×10^{10}个/毫升，蜂胶干物质含量至少为10毫克/毫升。

【作用与用途】 预防兔波氏杆菌与巴氏杆菌病。免疫后14日即可获得保护，持续期可达6～9个月。

【用法与用量】 体重1千克以下的兔，肌内或颈部皮下注射0.5毫升；体重在1千克以上的兔，肌内或颈部皮下注射1毫升。

【药物相互作用（不良反应）】 一般无不良反应。

【注意事项】 疫苗在使用前和使用中均应充分摇匀，并将疫苗温度升至室温。幼兔应在断奶前进行免疫。－10℃，保存期为18个月；4～8℃，保存期为12个月；20～30℃，保存期为6个月。

8. 兔波氏杆菌-大肠杆菌二联蜂胶灭活疫苗

【性状】 本品为乳黄色或褐色混悬液。久置后，底部有沉淀物。振摇后呈均匀混悬液。含有灭活的波氏杆菌、大肠杆菌和蜂胶佐剂。

【作用与用途】 用于兔波氏杆菌病和兔大肠杆菌病。仅用于接种健康家兔。

【用法与用量】 断奶前一周首免，皮下注射或肌内注射1毫升；

一周后加强免疫，皮下注射 2 毫升。

【药物相互作用（不良反应）】可能出现一过性食欲减退的症状。

【注意事项】本苗在运输、贮存和使用过程中应避免日光、紫外线照射，严防冻结；在疫苗注射前和使用中均应充分摇匀，并将疫苗温度升至室温；注射器械及接种部位必须严格消毒，以免造成感染；本疫苗仅用于预防，无治疗作用；疫苗瓶开启后，应在当天内用完；本苗在疾病潜伏期和发病期慎用，如果使用必须在当地兽医正确指导下进行；在 2～8℃条件下保存，有效期为 1 年。

9. 兔瘟、巴氏杆菌病二联灭活苗

【性状】由兔瘟病毒、巴氏杆菌经培养、灭活，加佐剂制成。

【作用与用途】适用于兔瘟、兔巴氏杆菌病的预防。

【用法与用量】皮下或肌内注射，1 毫升/只。

【药物相互作用（不良反应）】一般无不良反应。

【注意事项】病弱兔禁用；用前振摇，保存于阴暗处。4～8℃条件下保存，有效期为 1 年，严禁冻结。

10. 兔葡萄球菌病蜂胶灭活疫苗

【性状】本品为乳黄色混悬液，久置后，底部有沉淀，振摇后呈均匀混悬液。选用多株金黄色葡萄球菌，经适宜培养基培养、灭活等制成。

【作用与用途】适用于对仔兔脓毒败血症、仔兔急性肠炎、乳腺炎、“黄尿病”的预防。仅用于接种健康家兔。免疫期为 6 个月。

【用法与用量】母兔配种前皮下注射 2 毫升；为预防外源性葡萄球菌引起的脓肿症，1.5 千克以上家兔可皮下注射 2 毫升。

【药物相互作用（不良反应）】一般无不良反应，个别兔群可能有一过性反应。

【注意事项】本苗在运输、贮存和使用过程中应避免日光、紫外线照射，严防冻结；在疫苗注射前和使用中均应充分摇匀，并将疫苗温度升至室温；注射器械及接种部位必须严格消毒，以免造成感染；疫苗瓶开启后，应在当天内用完；本苗在疾病潜伏期和发病期慎用，如果使用必须在当地兽医正确指导下进行。

二、其他生物制品

1. 兔瘟高免卵黄抗体

【性状】略带黄色澄清透明液体。

【作用与用途】预防和治疗兔瘟。

【用法与用量】预防，皮下注射1毫升；发病后治疗，皮下注射2毫升，连用1～2次。

【药物相互作用（不良反应）】一般无不良反应。

【注意事项】冷冻保存；避免高温和阳光照射。

2. 猪源兔瘟高免血清

【性状】略带棕红色的透明液体。

【作用与用途】治疗兔瘟。

【用法与用量】颈部皮下注射，大兔每只4毫升，小兔每只2毫升。

【药物相互作用（不良反应）】一般无不良反应。

【注意事项】用注射器吸取血清时，不可把瓶底沉淀摇起；冻结过的血清不可使用；最好先少量注射，观察20～30分钟后，如无反应，再大量注射。发生严重过敏反应（过敏性休克）时，可皮下或静脉注射0.1％肾上腺素0.2～0.3毫升；本品在2～8℃保存。

第八章 消毒防腐药物的安全使用

第一节　消毒防腐药物的概述和安全使用要求

一、消毒防腐药物的概述

1. 概念

消毒药物是指杀灭病原微生物的化学药物，主要用于环境、圈舍、动物及排泄物、设备用具等消毒；防腐药物是指抑制病原微生物生长繁殖的化学药物，主要用于抑制生物体表（皮肤、黏膜和创面等）的微生物感染。消毒药物和防腐药物统称为消毒防腐药物。

2. 种类

消毒药物的种类见表8-1。

表8-1　消毒药物的种类

分类方法	种类及特点
按作用水平分类	高效消毒剂：可杀灭一切细菌繁殖体（包括分枝杆菌）、病毒、真菌及其孢子等，对细菌芽孢也有一定杀灭作用，能达到高水平消毒要求。包括含氯消毒剂、臭氧、醛类、过氧乙酸、双链季铵盐等
	中效消毒剂：可杀灭除细菌芽孢以外的分枝杆菌、真菌、病毒及细菌繁殖体等微生物，能达到消毒要求。包括含碘消毒剂、醇类消毒剂、酚类消毒剂等

续表

分类方法	种类及特点
按作用水平分类	低效消毒剂:不能杀灭细菌芽孢、真菌和结核分枝杆菌,也不能杀灭如肝炎病毒等抵抗力强的病毒和抵抗力强的细菌繁殖体,仅可杀灭抵抗力比较弱的细菌繁殖体和亲脂病毒,能达到消毒要求。包括苯扎溴铵等季铵盐类消毒剂、洗必泰等二胍类消毒剂,汞、银、铜等金属离子类消毒剂和中草药消毒剂
按照化学性质分类	可分十类:酚类、醇类、酸类、碱类、卤素类、过氧化物类、染料类、重金属类、季铵盐类和醛类

二、消毒防腐药物的安全使用要求

消毒工作是畜禽传染病防控的主要手段之一。消毒的方法多种多样，如物理方法、化学方法、生物学方法等，其中化学方法在生产中比较常用，需要化学药物（消毒药物）才能进行。为保证良好的消毒效果，必须注意如下方面。

1. 选择消毒药物要准确和注重效果

根据消毒对象和消毒目的准确地选择消毒药物。如要杀灭病毒，则选择杀灭病毒的消毒药；如要杀灭某些病原菌，则选择杀灭细菌的消毒药。许多情况下，还要将杀灭病毒和杀灭细菌甚至真菌、虫卵等兼顾考虑，选择抗毒抗菌谱广的消毒药，这样才能做到有的放矢。如果对禽舍周围环境和道路消毒，可以选择价廉和消毒效果好的碱类和醛类消毒剂；如果带禽消毒，应选择高效、无毒和无刺激性的消毒剂，如氯制剂、表面活性剂等。同时，还应考虑是平时预防性的消毒，还是扑灭正在发生的疫情的消毒，亦或是周围正处于某种疫病流行高峰期而导致本养殖场受威胁时的消毒，以此来选择药物及稀释浓度，以保证消毒的效果。

2. 药物的配制和使用的方法要合理

目前，许多消毒药是不宜用井水稀释配制的，因为井水大多为含钙离子、镁离子较多的硬水，会与消毒药中释放出来的阳离子、阴离子或酸性离子、碱性离子发生化学反应，从而使药效降低。因此，在稀释消毒药时一般应使用自来水或白开水。

3. 药物应现用现配

配好的消毒药应一次用完。许多消毒药具有氧化性或还原性，还有的药物见光、遇热后分解加快，须在一定时间内用完，否则，很容易失效而造成人力物力的浪费。因此，在配制消毒药时，应认真根据药物说明书和要消毒的面积来测算用量，尽可能将配制的药液在完成消毒面积后用完。

4. 消毒前先清洁

先将环境清洁后再进行消毒，这是保证消毒效果的前提和基础，因为畜禽的排泄物、分泌物、灰尘、粪便和污物等有机物，不仅可阻隔消毒药，使之不能接触病原体，还能与许多种消毒药发生化学反应，明显降低消毒药物的药效。

5. 必须注意消毒药的理化性质

一要注意消毒药的酸碱性。酚类、酸类两大类消毒药一般不宜与碱性环境、脂类和皂类物质接触，否则明显降低其消毒效果。反过来，碱类消毒药、碱性氧化物类消毒药不宜与酸类、酚类物质接触，以免其降低杀菌效果。酚类消毒药一般不宜与碘、溴、高锰酸钾、过氧化物等配伍，以免发生化学反应而影响消毒效果。二要注意消毒药的氧化性和还原性。氧化物类、碱类、酸类消毒药不宜与重金属、盐类及卤素类消毒药接触，以免发生氧化还原反应和置换反应，不仅使消毒效果降低，还容易对畜禽机体产生毒害作用。三要注意消毒药的可燃性和可爆性。氧化剂中的高锰酸钾不宜与还原剂接触，如高锰酸钾晶体在遇到甘油时可发生燃烧，在与活性炭研磨时可发生爆炸。四要注意消毒药的配伍禁忌。重金属类消毒药忌与酸、碱、碘和银盐等配伍，以免发生沉淀或置换反应。表面活性剂类消毒药中，阳离子和阴离子表面活性剂的作用可互相抵消，因此不可同时使用。表面活性剂忌与碘、碘化钾和过氧化物等配伍使用，不可与肥皂配伍。凡能潮解释放出初生态氧或活性氯、溴等的消毒药，如氧化剂类、卤素类等，不可与易燃易爆物品放在一起，以免发生意外事故。五要注意消毒药的特殊气味。酚类、醛类消毒药由于具有特殊气味或臭味，因而不能用于畜禽肉品、屠宰场及其加工用具的消毒。

6. 消毒药应定期更换

任何消毒药，在一个地区、一个畜禽场都不宜长期使用，因为动物机体对几乎所有的药物（当然包括消毒药）都会产生抗药性。长期使用单一的消毒药，容易使动物体内及饲养场内外环境中的病原体，由于多次频繁地接触这种消毒药而形成耐药菌株（对药物的敏感性下降甚至消失），使药物对这些病原体的杀灭能力下降甚至完全无效，致使疫病发生和流行。

7. 保证人畜安全

（1）注意药物的腐蚀性　强酸类、强碱类及强氧化剂类，对人畜均有很强的腐蚀性，因此，使用这几类消毒药消毒过的地面、墙壁等最好用清水冲刷之后，再将动物放进来，防止灼伤动物（尤其是幼畜）。

（2）熏蒸时避免伤害人畜　熏蒸消毒产生的消毒气体和烟雾（就是熏蒸后遗留的废气），对人畜有毒害作用，会对人畜的眼结膜、呼吸道黏膜造成伤害，故必须将废气彻底排净后，方可放进畜禽；带畜禽消毒时不宜选择熏蒸消毒。

（3）有毒的消毒药均不能进行饮水消毒　酚类、酸类、醛类和碱类消毒药，均具有不同程度的毒性。因此，这几类消毒药不宜用于饮水消毒，也不宜使用这几类消毒药来消毒肉品（过氧乙酸除外）。

（4）用作饮水消毒的消毒药，其配制浓度要准确　用作饮水消毒的消毒药主要是卤素类、表面活性剂类和氧化剂类等消毒药中的大部分品种。其配制浓度很重要，浓度高则会对动物机体造成损害或引起中毒，浓度低则起不到消毒杀菌的作用。

第二节　常用消毒药物的安全使用

一、酚类

酚类是以羟基取代苯环上的氢原子而形成的化合物。其可损害菌体细胞膜，较高浓度时也是蛋白变性剂，故有杀菌作用。此外，酚类还通过抑制细菌脱氢酶和氧化酶等的活性，产生抑菌作用。根据苯环上含羟基的多少可以分为一元酚、二元酚、三元酚等。酚类药理作用的强弱与化学结构有密切的关系，一般随着羟基的增加，其作用逐渐变弱，所以多用一元酚。如果在酚分子苯环上引入烃基（如甲基）或卤素原子（如氯原子），其消毒作用明显增强。酚类亦可和其他类型的消毒药混合制成复合型消毒剂，从而明显提高消毒效果。

适当浓度下，酚类对大多数不产生芽孢的繁殖型细菌和真菌均有杀灭作用，但对芽孢和病毒作用不强。酚类的抗菌活性不易受环境中有机物和细菌数目的影响，故可用于消毒排泄物等。酚类的化学性质稳定，因而贮存或遇热等不会改变药效。目前销售的酚类消毒药大多含两种或两种以上具有协同作用的化合物，以扩大其抗菌作用范围。一般酚类化合物仅用于环境及用具消毒。由于酚类污染环境，故低毒高效酚类消毒药的研究开发受到重视。

1. 苯酚（石炭酸）

【性状】无色或微红色针状结晶或结晶性块；有特臭、引湿性；水溶液显弱酸性反应；遇光或在空气中颜色逐渐变深。本品在乙醇、氯仿、乙醚、甘油、脂肪油或挥发油中易溶，在水中溶解，在液体石蜡中略溶。

【适用范围】苯酚可使蛋白质变性，故有杀菌作用。用于器具、厩舍、排泄物和污物等消毒。本品在0.1%～1%的浓度范围内可抑制一般细菌的生长；1%浓度时可杀死细菌，但要杀灭葡萄球菌、链球菌则需3%浓度，杀死霉菌需1.3%以上浓度。由于其对组织有腐蚀性和刺激性，故已被更有效且毒性低的酚类衍生物所代替，但仍可用石炭酸系数来表示杀菌强度。

【制剂与用法】喷洒或浸泡。用具、器械浸泡消毒（浓度3%～5%），作用时间30～40分钟，食槽、水槽浸泡消毒后，应用水冲洗再使用。常用1%～5%浓度进行房屋、禽（畜）舍、场地等环境消毒。

【药物相互作用（不良反应）】

① 苯酚呈酸性（pH为2左右），遇碱性物质时影响其效力。本品忌与碘、溴、高锰酸钾、过氧化氢等配伍应用。

② 1%的苯酚即可麻痹皮肤、黏膜的神经末梢，高浓度时会产生腐蚀作用，并且易透过皮肤、黏膜被吸收而引起中毒，其中毒症状是中枢神经系统先兴奋后抑制，最后可引起呼吸中枢麻痹而死亡。

【注意事项】因芽孢和病毒对本品的耐受性很强，故使用本品一般无效；苯酚的杀菌效果与温度呈正相关。碱性环境、脂类、皂类等能减弱其杀菌作用；对吞服苯酚动物可用植物油（忌用液体石蜡）洗胃、内服硫酸镁导泻及给予中枢兴奋剂和强心剂等。皮肤、黏膜等苯酚接触部位可用50%乙醇或者水、甘油或植物油清洗；眼可先用温水冲洗，再用3%硼酸溶液冲洗。

2. 煤酚皂溶液（甲酚、来苏儿）

【性状】黄棕色至红棕色的黏稠澄清液体，有甲酚的臭味，能溶于水和醇，含甲酚50%。

【适用范围】本品用于手、器械、环境消毒及处理排泄物。杀菌力比苯酚强2倍，对大多数病原菌有强大的杀灭作用，也能杀死某些病毒及寄生虫，但对细菌的芽孢无效。对机体毒性比苯酚小。

【制剂与用法】50%甲酚肥皂乳化液即煤酚皂溶液。用其水溶液浸泡、喷洒或擦抹污染物体表面，使用浓度为1%～5%，作用时间为30～60分钟。对结核分枝杆菌使用5%浓度，作用时间为1～2小时。为加强杀菌作用，可加热药液至40～50℃。对皮肤消毒，使用浓度为1%～2%。消毒敷料、器械及处理排泄物用5%～10%水溶液。

【药物相互作用（不良反应）】本品对皮肤有一定刺激作用和腐蚀作用，因此正逐渐被其他消毒剂取代。

【注意事项】

① 与苯酚相比，甲酚杀菌作用较强、毒性较低，价格便宜，应用广泛。

② 甲酚有特异臭味，不宜用于肉品或肉品库的消毒；有颜色，故不宜用于棉毛织品的消毒。

3. 克辽林（臭药水、煤焦油皂溶液）

【性状】本品系在粗制煤酚中加入肥皂、树脂和氢氧化钠少许，温热制成的。暗褐色液体，用水稀释时呈乳白色或咖啡乳白色乳状。

【适应范围】本品用于手、器械、环境消毒及处理排泄物。杀菌力比苯酚强 2 倍，对大多数病原菌有强大的杀灭作用，也能杀死某些病毒及寄生虫，但对细菌的芽孢无效。对机体毒性比苯酚小。

【制剂与用法】本品为乳剂，含酚 9%～11%，常用 3%～5%浓度的水溶液，进行畜舍、用具和排泄物的消毒。

【药物相互作用（不良反应）】本品毒性低。

【注意事项】由于其有臭味，故不用于肉品和肉品库的消毒。

4. 复合酚（菌毒敌、畜禽灵）

【性状】深红褐色黏稠液体，有特异臭味。酚及酸类复合型消毒剂，为广谱、高效、新型消毒剂。

【适用范围】主要用于畜（禽）舍、笼具、饲养场地、运输工具及排泄物的消毒。可杀灭细菌、霉菌和病毒，对多种寄生虫卵也有杀灭作用。还能抑制蚊、蝇等昆虫和鼠害的滋生。通常用药后药效可维持 1 周。

【制剂与用法】由苯酚（41%～49%）和醋酸（22%～26%）加十二烷基苯磺酸等配制而成的水溶性混合物。2000 毫升：45%酚、24%醋酸。喷洒消毒时用 0.35%～1%的水溶液，浸洗消毒时用 1.6%～2%的水溶液。稀释用水的温度应不低于 8℃。在环境较脏、污染较严重时，可适当增加药物浓度和用药次数。

【药物相互作用（不良反应）】不与其他消毒药或碱性药物混合应用，以免降低消毒效果。

【注意事项】

① 严禁使用喷洒过农药的喷雾器械喷洒本品，以免引起畜（禽）意外中毒。

② 对皮肤、黏膜有刺激性和腐蚀性，接触部位可用 50%酒精或水、甘油或植物油清洗。动物意外吞服中毒时，可用植物油洗胃，并内服硫酸镁导泻。

5. 复方煤焦油酸溶液（农福、农富）

【性状】淡色或淡黑色黏性液体。其中含高沸点煤焦油酸 39%～43%、醋酸 18.5%～20.5%、十二烷基苯磺酸 23.5%～25.5%，具

有煤焦油和醋酸的特异酸臭味。

【适用范围】 消毒防腐药。主要用于畜（禽）舍、笼具、饲养场地、运输工具及排泄物的消毒。可杀灭细菌、霉菌和病毒，对多种寄生虫卵也有杀灭作用。还能抑制蚊、蝇等昆虫和鼠害的滋生。通常用药后药效可维持1周。

【制剂与用法】 溶液，500克（高沸点煤焦油酸205克＋醋酸97克＋十二烷基苯磺酸123克）/瓶。多以喷雾法和浸洗法应用。1%～1.5%的水溶液用于喷洒畜（禽）舍的墙壁、地面，1.5%～2%的水溶液用于器具的浸泡及车辆的浸洗或用于种蛋的消毒。使用方法见表8-2。

表8-2　农福的适用范围和用法

适用范围	稀释倍数	使用方法
常规消毒	1∶1000	采用喷雾器或其他设备，每平方米均匀喷洒稀释液300毫升
有重大疫情时消毒	(1∶200)～(1∶400)	采用喷雾器或其他设备，每平方米均匀喷洒稀释液300毫升
足底或车轮浸泡消毒	1∶200	浸泡消毒；消毒液至少每周更换一次，或泥多时更换
运输工具消毒	(1∶200)～(1∶400)	所有进入养殖场的车辆，均需通过车轮浸泡池浸泡消毒；消毒液至少每周更换一次，或泥多时更换
装卸场消毒	(1∶200)～(1∶400)	用后洗净，再用农福消毒
设备消毒	(1∶200)～(1∶400)	尽量不要移动设备。定期高压冲洗并消毒

【药物相互作用（不良反应）】 与碱类物质混存或合并使用药效降低，对皮肤有刺激作用。

【注意事项】

① 本品不得靠近热源，应远离易燃易爆物品；避光阴凉处保存，避免太阳直射。

② 使用本品时，应戴上适当的口（面）罩，在处理浓缩液过程中，避免与眼睛和皮肤接触。如将本品或其稀释液不慎溅入眼中，应

立即用大量清水冲洗，并尽快请医生检查。

6. 氯甲酚溶液（宝乐酚）

【性状】无色或淡黄色透明液体，有特殊臭味，水溶液呈乳白色。主要成分是10%的4-氯-3-甲基苯酚和表面活性剂。

【适用范围】主要用于畜禽栏舍、门口消毒池、通道、车轮、带畜体表的喷洒消毒。氯甲酚能损害菌体细胞膜，使菌体内含物逸出并使蛋白质变性，从而呈现杀菌作用；还可通过抑制细菌脱氢酶和氧化酶等酶的活性，呈现抑菌作用。其杀菌作用比非卤化酚类强20倍。

【制剂与用法】日常喷洒，稀释200～400倍；暴发疾病时紧急喷洒，稀释66～100倍。

【药物相互作用（不良反应）】本品安全、高效、低毒，但对皮肤及黏膜有腐蚀性。

【注意事项】现用现配，稀释后不宜久置。

二、酸类

酸类消毒药包括无机酸和有机酸两类。无机酸的杀菌作用取决于离解的氢离子，包括硝酸、盐酸和硼酸等。2%的硝酸溶液具有很强的抑菌和杀菌作用，但浓度大时有很强的腐蚀性，使用时应特别注意。硼酸的杀菌作用较弱，常用其1%～2%浓度进行黏膜如眼结膜等部位的消毒。有机酸主要通过不电离的分子透过细胞的细胞膜而对细菌起杀灭作用，如甲酸、醋酸、乳酸和过氧乙酸等均有抑菌或杀菌作用。

1. 过醋酸（过氧乙酸）

【性状】无色透明液体，具有很强的醋酸臭味，易溶于水、酒精和硫酸。易挥发，有腐蚀性。当过热、遇有机物或杂质时，本品容易分解。急剧分解时可发生爆炸，但浓度在40%以下时，于室温贮存不易爆炸。

【适用范围】具有高效、速效、广谱抑菌和灭菌作用。对细菌的繁殖体、芽孢、真菌和病毒均有杀死作用。作为消毒防腐剂，其作用范围广、毒性低、使用方便，对畜禽刺激性小，除金属制品外，可用

于大多数器具和物品的消毒，常用于带畜（禽）消毒，也可用于饲养人员手臂消毒。

【制剂与用法】溶液，500毫升/瓶。市售消毒用过氧乙酸有20%浓度的制剂和AB二元包装消毒液。

① 20%浓度的制剂用法见表8-3。

表8-3　过醋酸（20%浓度）的用法

用途	用法
浸泡消毒	稀释成0.04%～0.2%溶液，用于饲养用具和饲养人员手臂消毒
冲洗、滴眼	稀释成0.02%溶液，用于黏膜消毒
空气消毒	可直接用20%成品，每立方米空间1～3毫升。最好将20%成品稀释成4%～5%溶液后，加热熏蒸
喷雾消毒	稀释成5%浓度，用于实验室、无菌室或仓库的喷雾消毒，每立方米2～5毫升
喷洒消毒	稀释成0.5%浓度，对室内空气和墙壁、地面、门窗、笼具等表面进行喷洒消毒
带畜消毒	稀释成0.3%浓度，用于带畜消毒，每立方米30毫升
饮水消毒	每升饮水加20%过氧乙酸溶液1毫升，让畜饮服，30分钟用完

② 过氧乙酸AB二元包装消毒液用法。使用前按A∶B＝10∶8（体积比）混合后放48小时即可配制使用（A液可能呈红褐色，但与B液混合后即呈无色或微黄，不影响混合后过氧乙酸的质量）。混合后溶液中过氧乙酸含量为16%～17.5%，可杀灭肠道致病菌和化脓性球菌。配制时应先加入水随后倒入药液。

【药物相互作用（不良反应）】金属离子和还原性物质可加速药物的分解，对金属有腐蚀性；有漂白作用。稀溶液对呼吸道和眼结膜有刺激性；浓度较高的溶液对皮肤有强烈刺激性，若高浓度药液不慎溅入眼内或皮肤、衣服上，应立即用水冲洗。

【注意事项】

① 因本品性质不稳定，容易自然分解，因此水溶液应新鲜配制，一般配制后可使用3天。

② 因增加湿度可增强本品杀菌效果，因此进行空气消毒时应增

加畜舍内的相对湿度。当温度为15℃时，以60%～80%的相对湿度为宜；当温度为0～5℃，相对湿度应为90%～100%。熏蒸消毒时要密闭畜舍1～2小时。

③ 有机物可降低其杀菌效力，需用洁净水配制新鲜药液。

④ 手和皮肤可用浓度为0.2%的过氧乙酸溶液浸泡、擦拭。

⑤ 置于阴凉、干燥、通风处保存。

2. 硼酸

【性状】由天然的硼砂（硼酸钠）与酸作用而得。无色微带珍珠状光泽的鳞片状固体或白色疏松固体粉末，无臭，易溶于水、醇、甘油等，水溶液呈弱酸性。

【适用范围】抑制细菌生长，无杀菌作用。因刺激性较小，又不损伤组织，临床上常用于冲洗消毒较敏感的组织如眼结膜、口腔黏膜等。

【制剂与用法】溶液或软膏。用2%～4%的溶液冲洗眼、口腔黏膜等。3%～5%溶液冲洗新鲜未化脓的创口。3%硼酸甘油（31∶100）治疗口、鼻黏膜炎症；硼酸磺胺粉（1∶1）治疗鸭鹅翅、胸、爪趾等部位创伤；5%硼酸软膏治疗禽冠等处溃疡、褥疮等。

【药物相互作用（不良反应）】忌与碱类药物配伍；外用毒性不大，但用于大面积损害时，吸收后可发生急性中毒，早期症状为呕吐、腹泻，中枢神经系统先兴奋后抑制，严重时发生循环衰竭或休克。由于本品排泄慢，反复应用可产生蓄积，导致慢性中毒。

3. 醋酸

【性状】无色透明的液体，味极酸，有刺鼻臭味，能与水、醇或甘油任意混合。

【适用范围】对细菌、芽孢、真菌和病毒均有较强的杀灭作用。杀菌、抑菌作用与乳酸相同，但消毒效果不如乳酸。刺激性小，消毒时畜禽不需移出室外。用于空气消毒，可预防感冒和流感。

【制剂与用法】市售醋酸含纯醋酸36%～37%。常用稀醋酸含纯醋酸5.7%～6.3%，食用醋酸含纯醋酸2%～10%。稀醋酸加热蒸发用于空气消毒，每100立方米用20～40毫升，如果用食用醋加热熏

蒸，每100立方米用300～1000毫升。

【药物相互作用（不良反应）】与金属器械接触可产生腐蚀作用；与碱性药物配伍可发生中和反应而失效；有刺激性，高浓度时对皮肤、黏膜有腐蚀性。

【注意事项】避免与眼睛接触，如果与高浓度醋酸接触，应立即用清水冲洗。

4. 水杨酸

【性状】白色针状结晶或微细结晶性粉末，无臭，味微甜。微溶于水，水溶液显酸性，易溶于酒精。

【适用范围】杀菌作用较弱，但有良好的杀灭和抑制霉菌作用，还有溶解角质的作用。

【制剂与用法】5%～10%水杨酸酒精溶液，用于治疗霉菌性皮肤病；5%水杨酸酒精溶液或纯品用于治疗蹄叉腐烂等；5%～20%溶液，用于溶解角质、促进坏死组织脱落。水杨酸能促进表皮生长和角质增生，常制成1%软膏用于肉芽创的治疗。

【药物相互作用（不良反应）】水杨酸遇铁呈紫色，遇铜呈绿色。多种金属离子能促使水杨酸氧化为醌式结构的有色物质，故本品在配制及贮存时，禁与金属器皿接触。本品可经皮肤吸收，出现毒性反应。

【注意事项】避免在生殖器部位、黏膜、眼睛和非病区（如疣周围）皮肤处应用。炎症和感染的皮肤损伤处勿使用；勿与其他外用痤疮制剂或含有剥脱作用的药物合用；不宜长期使用，不宜大面积应用。

5. 苯甲酸

【性状】白色或黄色细鳞片或针状结晶，无臭或微有香气，易挥发。在冷水中溶解度小，易溶于沸水和酒精。

【适用范围】有抑制霉菌作用，可用于治疗霉菌性皮肤病或黏膜病。在酸性环境中，1%即有抑菌作用，但在碱性环境中因成盐而效力大减。在pH小于5时杀菌效力最大。

【制剂与用法】常与水杨酸等配成复方苯甲酸软膏或复方苯甲酸

涂剂等，治疗霉菌性皮肤病。

【药物相互作用（不良反应）】本品禁与铁盐和重金属盐配伍。

【注意事项】对环境有危害，对水体和大气可造成污染；具刺激性，遇明火、高热可燃。

6. 乳酸

【性状】无色或淡黄色澄明油状液体，无臭、味酸，能与水或醇任意混合。露置空气中有吸湿性，应密闭保存。

【适用范围】对伤寒沙门菌、大肠杆菌等革兰氏阴性菌和葡萄球菌、链球菌等革兰氏阳性菌均有杀灭和抑制作用，它的蒸气或喷雾用于空气消毒，能杀死流感病毒及某些细菌。乳酸蒸气消毒有廉价、毒性低的优点，但杀菌力不够强。

【制剂与用法】溶液。以本品的蒸气或喷雾作空气消毒，用法为每100立方米空间用6～12毫升乳酸，加水24～48毫升，使其稀释为20%浓度，消毒30～60分钟。用乳酸蒸气消毒仓库或孵化器(室)，用法为每100立方米空间用10毫升乳酸，加水10～12毫升，使其稀释为33%～50%浓度，加热蒸发。室舍门窗应封闭，作用30～60分钟。

【药物相互作用（不良反应）】本品对皮肤、黏膜有刺激性和腐蚀性，避免接触眼睛。

7. 十一烯酸

【性状】黄色油状液体，难溶于水，易溶于酒精，容易和油类混合。

【适用范围】主要具有抗霉菌作用。

【制剂与用法】常用其5%～10%酒精溶液或20%软膏，治疗鸡皮肤霉菌感染。

【药物相互作用（不良反应）】局部外用可引起接触性皮炎。

【注意事项】本品为外用药不可内服，当外用浓度过大时对组织有刺激性。

三、碱类

碱类的杀菌作用取决于离解的氢氧根离子浓度，浓度越大，杀灭

作用越强。由于氢氧根离子可以水解蛋白质和核酸，使微生物的结构和酶系统受到损害，同时还可以分解菌体中的糖类，因此碱类对微生物有较强的杀灭作用，尤其是对病毒和革兰氏阴性杆菌的杀灭作用更强，较常用于预防病毒性传染病。

1. 氢氧化钠（苛性钠）

【性状】白色块状、棒状或片状结晶，吸湿性强，容易吸收空气中的二氧化碳气体形成碳酸钠或碳酸氢钠。极易溶于水，易溶于酒精，应密封保存。

【适用范围】对细菌的繁殖体、芽孢和病毒都有很强的杀灭作用，对寄生虫卵也有杀灭作用。浓度增加和温度升高可明显增强杀菌作用，但低浓度时对组织有刺激性，高浓度有腐蚀性。常用于预防病毒性或细菌性传染病的环境消毒或污染畜（禽）场的消毒。

【制剂与用法】粗制烧碱或固体碱含氢氧化钠94%左右，25千克/袋。2%热溶液用于被病毒和细菌污染的畜舍、饲槽和运输车船等的消毒。3%～5%溶液用于炭疽杆菌的消毒。5%溶液亦可用于腐蚀皮肤赘生物、新生角质等。

【药物相互作用（不良反应）】高浓度氢氧化钠溶液可灼伤组织，对铝制品、棉毛织物、漆面等具有损坏作用。

【注意事项】一般用工业碱代替精制氢氧化钠作消毒剂应用，价格低廉，效果良好。

2. 氢氧化钾（苛性钾）

本品的理化性质、作用、用途与用量均与氢氧化钠大致相同。因新鲜草木灰中含有氢氧化钾及碳酸钾，故可代替本品使用。通常用30千克新鲜草木灰加水100升，煮沸1小时后去渣，再加水至100升，得到的制剂来代替氢氧化钾进行消毒，可用于畜舍地面、出入口处等地方的消毒，宜在70℃以上喷洒，隔18小时后再喷洒1次。

3. 生石灰（氧化钙）

【性状】白色或灰白色块状或粉末，无臭，主要成分为氧化钙，易吸水，加水后即成为氢氧化钙，俗称熟石灰或消石灰。消石灰属强碱，吸湿性强，吸收空气中二氧化碳后变成坚硬的碳酸钙失去消毒作用。

【适用范围】本品对大多数细菌的繁殖体有效，但对细菌的芽孢和抵抗力较强的细菌如结核分枝杆菌无效。因此常用于地面、墙壁、粪池和粪堆以及人通道或污水沟的消毒。氧化钙加水后，生成氢氧化钙，其消毒作用与解离的氢氧根离子和钙离子浓度有关。氢氧根离子对微生物蛋白质有破坏作用，钙离子也能使细菌蛋白质变性从而起到抑制或杀灭病原微生物的作用。

【制剂与用法】固体。一般加水配成10%～20%石灰乳，涂刷畜舍墙壁、畜栏和地面进行消毒。氧化钙1千克加水350毫升，得到消石灰的粉末，可撒布在阴湿地面、粪池周围及污水沟等处进行消毒。

【注意事项】生石灰应干燥保存，以免潮解失效；石灰乳宜现用现配，配好后最好当天用完，否则会吸收空气中二氧化碳变成碳酸钙而失效。

四、醇类

醇类具有杀菌作用，随分子量增加，杀菌作用增强。如乙醇的杀菌作用比甲醇强2倍，丙醇比乙醇强2.5倍，但醇分子量再继续增加，水溶性降低，难以使用。实际生活中应用最广泛的是乙醇即酒精。

乙醇（酒精）

【性状】无色透明的液体，易挥发、易燃烧，应在冷暗处避火保存。含乙醇量，无水乙醇为99%以上，医用或工业用乙醇为95%以上，能与水、醚、甘油、氯仿、挥发油等任意混合。

【适用范围】乙醇主要通过使细菌菌体蛋白凝固并脱水而挥发杀菌或抑菌作用。以70%～75%乙醇杀菌能力最强，可杀死一般病原菌的繁殖体，但对细菌芽孢无效。浓度超过75%时，由于菌体表层蛋白质迅速凝固而妨碍乙醇进一步向内渗透，杀菌作用反而降低。

【制剂与用法】液体，医用酒精乙醇含量95%；常用70%～75%乙醇进行皮肤、手臂、注射部位、注射针头及小件医疗器械消毒，不仅能迅速杀灭细菌，还具有清洁局部皮肤、溶解皮脂的作用。

【药物相互作用（不良反应）】偶有皮肤刺激性。

【注意事项】 乙醇可使蛋白质沉淀。将乙醇涂于皮肤，短时间内不会造成损伤。但如果时间太长，则会刺激皮肤。将乙醇涂于伤口或破损的皮面，不仅会加剧损伤而且会形成凝块，最终凝块下面的细菌繁殖起来，因此不能用于无感染的暴露伤口。

五、醛类

醛类作用与醇类相似，主要通过使蛋白质变性而发挥杀菌作用，但其杀菌作用较醇类强，其中以甲醛的杀菌作用最强。

1. 甲醛

【性状】 纯甲醛为无色气体，易溶于水，水溶液为无色或几乎无色的透明液体。40%的甲醛溶液即福尔马林。有刺激性臭味，与水或乙醇能任意混合。长期存放在冷处（9℃以下）会因聚合作用而浑浊，常加入10%～12%甲醇或乙醇，可防止聚合变性。

【适用范围】 甲醛在气态或溶液状态下，均能凝固细菌菌体蛋白和溶解类脂，还能与蛋白质的氨基酸结合而使蛋白质变性，是一种广泛使用的防腐消毒剂。本品杀菌谱广泛且作用强，对细菌繁殖体及芽孢、病毒和真菌均有杀灭作用。主要用于畜（禽）舍、孵化器、种蛋、鱼（蚕、蜂）具、仓库及器械的消毒，还有硬化组织的作用，可用于固定生物标本、保存尸体。

【制剂与用法】 甲醛溶液。5%甲醛酒精溶液，用于术部消毒；10%～20%甲醛溶液，治疗蹄叉腐烂；10%甲醛溶液，固定标本和尸体；2%～5%甲醛溶液，用于器具喷洒消毒；40%甲醛溶液，用于浸泡消毒或熏蒸消毒。福尔马林的熏蒸消毒方法是密闭畜舍，每立方米空间福尔马林14毫升、高锰酸钾7克（或每立方米空间福尔马林28毫升、高锰酸钾14克，或每立方米空间福尔马林42毫升、高锰酸钾21克。根据畜舍污浊程度确定比例），室温不低于12～15℃，相对湿度为60%～80%，熏蒸消毒时间为24～48小时，消毒完毕打开畜舍逸出甲醛气体。

【药物相互作用（不良反应）】 皮肤接触福尔马林将引起刺激、灼伤、腐蚀及过敏反应。此外对黏膜有刺激性。

【注意事项】

① 药液污染皮肤时，应立即用肥皂和水清洗；动物误服大量甲醛溶液时，应迅速灌服稀氨水解毒。

② 熏蒸时舍内不能有家畜；用福尔马林熏蒸消毒时，其与高锰酸钾混合后立即发生反应，沸腾并产生大量气泡，所以，使用的容器容积要比应加甲醛的容积大 10 倍以上；使用时应先加高锰酸钾，再加甲醛溶液，而不要把高锰酸钾加到甲醛溶液中；熏蒸时消毒人员应离开消毒场所，并将消毒场所密封。此外，甲醛的消毒作用与甲醛的浓度、温度、作用时间、相对湿度和有机物的存在量有直接关系。在熏蒸消毒时，应先把欲消毒的室（器）内清洗干净，排净室内其他污浊气体，再关闭门窗和排气孔，并保持 25℃左右温度、60%～80%相对湿度。

2. 聚甲醛（多聚甲醛）

【性状】 甲醛的聚合物，带甲醛臭味，系白色疏松粉末，熔点 120～170℃，不溶或难溶于水，但可溶于稀酸和稀碱溶液。

【适用范围】 聚甲醛本身无消毒作用，但在常温下可缓慢放出甲醛分子而呈杀菌作用。如加热至 80～100℃时即释放大量甲醛分子（气体），呈强大杀菌作用。由于本品使用方便，故近年来较多应用。常用于杀灭细菌、真菌和病毒。

【制剂与用法】 多用于熏蒸消毒，常用量为每立方米 3～5 克，消毒时间为 10 小时。

【药物相互作用（不良反应）】 见甲醛溶液。

【注意事项】 消毒时室内温度最好在 18℃以上，湿度最好在 80%～90%，不应低于 50%。

3. 戊二醛

【性状】 油状液体，沸点 187～189℃，易溶于水和酒精，水溶液呈酸性反应。

【适用范围】 对繁殖型革兰氏阳性菌和革兰氏阴性菌作用迅速，对耐酸菌、芽孢、某些霉菌和病毒也有抑制作用。在酸性溶液中较为稳定，在碱性环境尤其是当 pH 为 5～8.5 时，杀菌作用最强。用于浸泡橡胶或塑料等不宜加热的器械或制品，也用于动物厩舍及器具的

消毒。

【制剂与用法】 20%或25%戊二醛水溶液，2%戊二醛水溶液。常用2%碱性溶液（加0.3%碳酸氢钠），浸泡橡胶或塑料等不宜加热消毒的器械或制品，作用10～20分钟即可达到消毒目的。也可加入双长链季铵盐阳离子表面活性剂作为增效剂配成复方戊二醛溶液，主要用于动物厩舍及器具的消毒。

【药物相互作用（不良反应）】 本品在碱性溶液中杀菌作用强，但稳定性差，2周后即失效；与金属器具可以发生反应。

【注意事项】 避免接触皮肤和黏膜，接触后应立即用清水冲洗干净。

六、氧化剂类

氧化剂是一些含不稳定结合氧的化合物，遇有机物或酶即释出初生态氧，破坏菌体蛋白或酶呈杀菌作用，但同时对组织、细胞也有不同程度的损伤和腐蚀作用。本类药物主要对厌氧菌作用强，其次是革兰氏阳性菌和某些螺旋体。

1. 过氧化氢溶液（双氧水）

【性状】 本品为含3%过氧化氢的无色澄明液体，味微酸。遇有机物可迅速分解产生泡沫，加热或遇光即分解变质，故应密封、避光阴凉处保存。通常保存的浓双氧水为27.5%～31%的浓过氧化氢溶液，临用时再稀释成3%的浓度。

【适用范围】 过氧化氢与组织中过氧化氢酶接触后即分解出初生态氧而呈杀菌作用，具有消毒、防腐、除臭的功能。但作用时间短、穿透力弱，易受有机物影响。主要用于清洗创面、窦道或瘘管等。

【制剂与用法】 2.5%～3.5%过氧化氢溶液或26.0%～28.0%过氧化氢溶液。清洗化脓创面用1%～3%溶液，冲洗口腔黏膜用0.3%～1%溶液。3%以上高浓度溶液对组织有刺激性和腐蚀性。

【药物相互作用（不良反应）】 禁与有机物、碱、生物碱、碘化物、高锰酸钾或其他较强氧化剂配伍。

【注意事项】 避免用手直接接触高浓度过氧化氢溶液，因可发生刺激性灼伤。

2. 高锰酸钾

【性状】黑紫色结晶，无臭，易溶于水，溶液因其浓度不同而呈粉红色至暗紫色。与还原剂（如甘油）混合可发生爆炸、燃烧。

【适用范围】其为强氧化剂，遇有机物时即放出初生态氧而呈杀菌作用，因无游离状氧原子放出，故不出现气泡。本品的抗菌除臭作用比过氧化氢溶液强而持久，但其作用极易因有机物的存在而减弱。本品还原后所生成的二氧化锰，能与蛋白质结合成盐，在低浓度时呈收敛作用，高浓度时有刺激和腐蚀作用。

低浓度（0.1%）高锰酸钾溶液可杀死多数细菌的繁殖体，高浓度（2%～5%）时在24小时内可杀死细菌芽孢。在酸性条件下可明显提高杀菌作用，如在1%的高锰酸钾溶液中加入1%盐酸，30秒即可杀死许多细菌芽孢。可用于饮水、用具消毒和冲洗伤口。

【制剂与用法】固体。0.1%溶液可用于禽群饮水消毒，杀灭肠道病原微生物；本品与福尔马林合用可用于畜（禽）舍、孵化室等的空气熏蒸消毒；2%～5%溶液用于浸泡病禽污染的食桶、饮水器、器械等，或洗刷食槽、饮水器等；0.1%溶液外用冲洗黏膜及皮肤创伤、溃疡等；1%溶液用于冲洗毒蛇咬伤的伤口；0.01%～0.05%溶液洗胃，用于某些有机物中毒。

【药物相互作用（不良反应）】高锰酸钾溶液遇有机物如酒精等易失效，遇氨水及其制剂可产生沉淀。本品粉末遇福尔马林、甘油等易发生剧烈燃烧，当它与活性炭或碘等还原型物质共同研合时可发生爆炸。高浓度对组织和皮肤有刺激和腐蚀作用。

【注意事项】水溶液宜现配现用，密封避光保存，久置变棕色而失效。

七、卤素类

卤素类中，能作消毒防腐药的主要是氯、碘，以及能释放出氯、碘的化合物。它们能氧化细菌原浆蛋白质活性基团，并和蛋白质的氨基酸结合而使其变性。

1. 碘

【性状】灰黑色带金属光泽的片状结晶，有挥发性，难溶于水，

可溶于乙醇及甘油，在碘化钾的水溶液或酒精溶液中易溶解。

【适用范围】碘通过氧化和卤化作用而呈现强大的杀菌作用，可杀死细菌、芽孢、霉菌和病毒。碘对黏膜和皮肤有强烈的刺激作用，可使局部组织充血，促进炎性产物的吸收。

【制剂与用法】见表8-4。

表8-4 碘制剂及其用法

制剂名称	组成	用法
5%碘酊	碘50克、碘化钾10克、蒸馏水10毫升，加75%酒精至1000毫升	主要用于手术部位及注射部位等消毒
10%浓碘酊	碘100克、碘化钾20克、蒸馏水20毫升，加75%酒精至1000毫升	主要作为皮肤刺激药，用于慢性肌腱炎、关节炎等
1%碘甘油	将1克碘化钾加少量水溶解后，加1克碘，搅拌溶解后加甘油至100毫升	用于痘的局部涂擦
5%碘甘油	碘50克、碘化钾100克、甘油200毫升，加蒸馏水至1000毫升	刺激性小，作用时间较长，常用于治疗黏膜的各种炎症
复方碘溶液（鲁戈式液）	碘50克、碘化钾100克，加蒸馏水至1000毫升	用于治疗黏膜的各种炎症，可向关节腔、瘘管等内注入

【药物相互作用（不良反应）】长时间浸泡金属器械，会产生腐蚀性；各种含汞药物（包括中成药）无论以何种途径用药，如果与碘剂（碘化钾、碘酊、含碘食物海带和海藻等）相遇，都可产生碘化汞而呈现毒性作用。

【注意事项】

① 对碘过敏（涂抹后曾引起全身性皮疹）的动物禁用；碘酊须涂于干燥的皮肤上，如果涂于湿皮肤，不仅杀菌效力降低，还易引起发疱和皮炎。

② 配制碘液时，若碘化物过量（超过等量）加入，可使游离碘变为过碘化物，导致碘失去杀菌作用。

③ 碘可着色，天然纤维织物沾有碘液不易洗除。

④ 配制的碘液应存放在密闭容器内。若存放时间过久，颜色会变淡（碘可在室温下升华），应测定碘含量，并将碘浓度补足后再

使用。

2. 聚乙烯酮碘（吡咯烷酮碘）

【性状】 1-乙烯基-2-吡咯烷酮与碘的复合物。黄棕色无定形粉末或片状固体，微有特臭，可溶于水，水溶液呈酸性。

【适用范围】 遇组织中还原物时，本品可缓慢放出游离碘。对病毒、细菌、芽孢均有杀灭作用，毒性低、作用持久。除用作环境消毒剂外，还可用于皮肤和黏膜的消毒。

【制剂与用法】 0.5％溶液作为喷雾剂外用。1％洗剂、软膏剂、0.75％溶液用于手术部位消毒。使用方法见表8-5。

表8-5　聚乙烯酮碘的使用方法

适用范围	稀释倍数		使用方法
	常规	疫情期	
养殖场、公共场合消毒	1∶500	1∶200	喷洒
带畜消毒	1∶600	1∶300	喷雾
饮水消毒	1∶2000	1∶500	饮用
皮肤消毒和治疗皮肤病	不稀释		直接涂擦或清洗
黏膜及创伤消毒	1∶20		冲洗

【药物相互作用（不良反应）】 与金属和季铵盐类消毒剂可发生反应。

【注意事项】 避免在阳光下使用，应放在密闭的容器中，当溶液变成白色或黄色时即失去消毒作用。

3. 碘伏（强力碘）

【性状】 碘、碘化钾、硫酸、磷酸等配成的水溶液。棕红色液体，具有亲水、亲脂两重性。溶解度大，无味，无刺激性。

【适用范围】 碘伏系表面活性剂与碘络合的产物，杀菌作用持久，能杀死病毒、细菌及其芽孢、真菌和原虫等。有效碘含量为每升50毫克时，10分钟能杀死各种细菌；有效碘为每升150毫克时，90分钟可杀死芽孢和病毒。可用于畜禽舍、饲槽、饮水、皮肤和器械等的消毒。治疗烫伤、化脓性皮肤炎症及皮肤真菌感染。

【制剂与用法】 溶液，有效碘含量6%。5%溶液喷洒消毒畜禽舍，用量3～9毫升/米^3；5%～10%溶液洗刷或浸泡消毒室用具、手术器械等。

【药物相互作用（不良反应）】 禁止与红汞等拮抗药物同用。

【注意事项】 长时间浸泡金属器械，会产生腐蚀性。

4. 速效碘

【性状】 碘、强力络合剂和增效剂络合而成的无毒液体。

【适用范围】 新型的含碘消毒液。具有高效（比常规碘消毒剂效力高出5～7倍）、速效（在每升含25毫克浓度时，60秒内即杀灭一般常见病原微生物）、广谱（对细菌、真菌、病毒等均有效）、对人畜无害（无毒、无刺激、无腐蚀、无残留）等特点，用于环境、用具、畜禽体表、手术器械等多方面的消毒。

【制剂与用法】 速效碘具有两种制剂，即SI-Ⅰ型（含有效碘1%）、SI-Ⅱ型（含有效碘0.35%）。具体使用方法见表8-6。

表8-6　速效碘的使用方法

适用范围	稀释比例		使用方法	作用时间/分
	SI-Ⅰ	SI-Ⅱ		
饮水消毒	500～1000	150～300	直接饮用	—
畜禽舍消毒	300～400	100～200	喷雾、喷洒	5～30
笼具、饲槽、水槽消毒	350～500	100～250	喷雾、洗刷	5～20
带畜消毒	350～450	100～250	喷雾	5～30
传染病高峰期消毒	150～200	50～100	喷雾同时饮水	5～30
炭疽、口蹄疫	100～150	50～100	喷雾	5～10
创伤消毒	20～30	5～10	涂擦	—
手术器械消毒	200～300	50～100	浸泡、擦拭	5～10

【药物相互作用（不良反应）】 忌与碱性药物同时使用。

【注意事项】 污染严重的环境酌情加量；有效期为2年，应避光存放于－40～－20℃处。

5. 雅好生（复合碘溶液、强效百毒杀）

【性状】 碘、碘化物与磷酸配制而成的水溶液，呈褐红色黏性液体，未稀释液体可存放数年，稀释后应尽快用完。

【适用范围】 有较强的杀菌消毒作用，对大多数细菌、霉菌、病毒有杀灭作用。可用于畜舍、运输工具、水槽、器械消毒和污物处理等。

【制剂与用法】 溶液（含活性碘1.8%～2.0%、磷酸16.0%～18.0%），100毫升/瓶或500毫升/瓶。用法见表8-7。

表8-7　复合碘溶液使用方法

适用范围	使用方法
设备消毒	第一次应用0.45%溶液消毒，待干燥后，再应用0.15%的溶液消毒一次
畜舍地面消毒	用0.45%溶液喷洒或喷雾消毒，消毒后应再用清水冲洗
饮水消毒	饮水器应用0.5%溶液定期消毒，饮水可每10升水加3毫升复合碘溶液消毒
畜舍入口消毒池	用3%溶液浸泡消毒垫
运输工具、器皿、器械消毒	应将消毒物品用清水彻底冲洗干净，然后用1%溶液喷洒消毒

【药物相互作用（不良反应）】 不能与强碱性药物及肥皂水混合使用；不应与含汞药物配伍。

【注意事项】 本品在低温时，消毒效果显著，应用时温度不能高于40℃。

6. 百菌消（碘酸混合液）

【性状】 碘、碘化物、硫酸及磷酸制成的水溶液，深棕色的液体，有碘特臭，易挥发。

【适用范围】 有较强的杀灭细菌、病毒及真菌的作用。用于外科手术部位、畜（禽）舍、畜产品加工场所及用具等的消毒。

【制剂与用法】 溶液（含活性碘2.75%～2.8%、磷酸28.0%～29.5%），1000毫升/瓶或2000毫升/瓶。(1∶100)～(1∶300)浓度溶液用于杀灭病毒，1∶300浓度用于手术室及伤口消毒，(1∶

400)～(1∶600)浓度用于畜舍及用具消毒，1∶500浓度用于牧草消毒，1∶2500浓度用于畜禽饮水消毒。

【药物相互作用（不良反应）】与其他化学药物会发生反应。刺激皮肤和眼睛，出现过敏现象。

【注意事项】禁止接触皮肤和眼睛；稀释时，不宜使用超过43℃的热水。

7. 漂白粉（含氯石灰）

【性状】本品系次氯酸钙、氯化钙与氢氧化钙的混合物，为白色颗粒粉状末，有氯臭，微溶于水和乙醇。遇酸分解，外露在空气中能吸收水和二氧化碳而分解失效，故应密封保存。

【适用范围】本品的有效成分为氯，国家规定漂白粉中有效氯的含量不得少于20%。漂白粉水解后产生次氯酸，而次氯酸又可以放出活性氯和初生态氯，呈现抗菌作用，并能破坏各种有机质。对细菌、芽孢、病毒及真菌都有杀灭作用。本品杀菌作用强，但不持久，在酸性环境中杀菌作用强，在碱性环境中杀菌作用弱。此外，杀菌作用与温度亦有重要关系，温度升高时增强。主要用于畜舍、饮水、用具、车辆及排泄物的消毒，以及细菌性疾病防治。

【制剂与用法】粉剂和溶液。饮水消毒，每1000升水加粉剂6～10克拌匀，30分钟后可饮用。喷洒消毒，1%～3%澄清液可用于饲槽、水槽及其他非金属用品的消毒；10%～20%乳剂可用于畜（禽）舍和排泄物的消毒。撒布消毒，直接用干粉撒布或与病畜粪便、排泄物按1∶5比例均匀混合，进行消毒。

【药物相互作用（不良反应）】本品忌与酸、铵盐、硫黄及许多有机化合物配伍，遇盐酸释放氯气（有毒）。

【注意事项】密闭贮存于阴凉干燥处，不可与易燃易爆物品放在一起；使用时，正确计算用药量，现用现配，宜在阴天或傍晚施药；避免接触眼睛和皮肤，避免使用金属器具。

8. 氯胺-T（氯亚明）

【性状】对甲苯磺酰氯胺钠盐，为白色或淡黄色晶状粉末，有氯臭，露置空气中会逐渐失去氯而变黄色，含有效氯24%～26%。溶于水，遇醇分解。

【适用范围】本品遇有机物可缓慢放出氯而呈现杀菌作用，杀菌谱广。对细菌繁殖体、芽孢、病毒、真菌孢子都有杀灭作用，作用较弱但持久，对组织刺激性也弱，特别是加入铵盐后，可加速氯的释放，增强杀菌效果。

【制剂与用法】用于饮水消毒时，用量为每1000升水加入2～4克；0.2%～0.3%溶液可用作黏膜消毒；0.5%～2%溶液可用于皮肤和创伤的消毒；3%溶液可用于排泄物的消毒。

【药物相互作用（不良反应）】与任何裸露的金属容器接触，都会降低药效和产生药害。

【注意事项】本品应避光、密闭、阴凉处保存。储存超过3年时，使用前应进行有效氯测定。

9. 二氯异氰尿酸钠（优氯净）

【性状】白色晶粉，有氯臭，含有效氯约60%，性质稳定，室内保存半年后仅降低有效氯含量0.16%。易溶于水，水溶液稳定性较差，在20℃左右下，一周内有效氯约丧失20%；在紫外线作用下更加速其有效氯的丧失。

【适用范围】新型高效消毒药，对细菌繁殖体、芽孢、病毒、真菌孢子均有较强的杀灭作用。可采用喷洒、浸泡和擦拭方法消毒，也可用其干粉直接处理排泄物或其他污染物品，也可作饮水消毒。

【制剂与用法】优氯净（10克/袋），具体用法见表8-8；东方抗毒威（500克/袋），具体用法见表8-9。

表8-8　优氯净的使用方法

用途	用法
喷洒、浸泡、刷拭消毒	杀灭一般细菌用0.5%～1%溶液。杀灭细菌芽孢体用5%～10%溶液
饮水消毒	每立方米饮水用干粉10克，作用30分钟
撒布消毒	用干粉直接撒布兔舍地面或运动场，每平方米10～20克，作用2～4小时(冬季每平方米50毫克)
粪便消毒	用干粉按1∶5与病兔粪便或排泄物混合

续表

用途	用法
病毒污染物消毒	1∶250 浓度用于浸泡、冲洗消毒，作用时间 30 分钟
细菌繁殖体污染物消毒	1∶1000 浓度用于浸泡、擦洗和喷雾消毒，作用 30 分钟

表 8-9　东方抗毒威的用法

消毒对象	用法
场地、墙面、盛器、器械、饲槽、水槽	稀释比例 1∶500，刷洗或浸泡消毒，每周 2 次，每次 15 分钟。发病期间每天 1 次，稀释比例为 1∶400
畜舍	稀释比例 1∶1000，带畜喷雾或冲洗消毒，每周 2 次，每次 10 分钟。发病期间每天 1～2 次，稀释比例为 1∶500
畜禽饮水	稀释比例(1∶5000)～(1∶10000)，经常饮用。发病期间，稀释比例为(1∶2000)～(1∶5000)
饲料	稀释比例 1∶2000，浸泡消毒，时间 10 分钟。发病期间稀释比例为 1∶1000

【药物相互作用（不良反应）】溅入眼内要立即冲洗，对金属有腐蚀作用，对织物有漂白和腐蚀作用。

【注意事项】吸潮性强，储存时间过久应测定有效氯含量。

10. 三氯异氰尿酸

【性状】学名为三氯均三嗪-2,4,6-三酮，是氯代异氰酸系列产品之一。白色结晶性粉末或颗粒状固体，具有强烈的氯气刺激味，含有效氯 85%以上，在水中溶解度为 1.2 克/100 克，遇酸或碱易分解。

【适用范围】其是一种极强的氯化剂和氧化剂，具有高效、广谱、安全等特点，对球虫卵囊也有一定的杀灭作用。主要用于养殖场所（如畜禽圈舍、走廊）、设备器具、种蛋、养殖水体、饮水等消毒及带畜消毒。

【制剂与用法】三氯异氰尿酸消毒片［100 片（每片含 1 克）/瓶］。熏蒸消毒按 1 克/米^3 点燃熏蒸 30 分钟，密闭 24 小时，通风 1 小时；喷雾、浸泡消毒按 1∶500 稀释；饮水消毒按 1∶2500 稀释。

【药物相互作用（不良反应）】与液氨、氨水等含有氨、胺、铵的无机盐和有机物混放，易爆炸或燃烧。与非离子表面活性剂接触，易燃烧；不可和氧化剂、还原剂混贮；对金属有腐蚀作用。

【注意事项】 宜现配现用；本品为外用消毒片，不得口服。本品应置于阴凉、通风干燥处保存。

11. 次氯酸钠

【性状】 澄明微黄的水溶液，含5%次氯酸钠，性质不稳定，见光易分解，应避光密封保存。

【适用范围】 有强大的杀菌作用，但对组织有较大的刺激性，故不用作创伤消毒剂。常用于饮用水消毒、疫源地消毒、污水处理、畜禽养殖场消毒。

【制剂与用法】 次氯酸钠是液体氯消毒剂。0.01%～0.02%水溶液用于畜禽用具、器械的浸泡消毒，消毒时间为5～10分钟；0.3%水溶液每立方米空间30～50毫升用于禽舍内带禽气雾消毒；1%水溶液每立方米空间200毫升用于畜禽舍及周围环境喷洒消毒。

【药物相互作用（不良反应）】 次氯酸钠对金属等有腐蚀作用。

【注意事项】 ①使用次氯酸钠消毒要选用适宜的杀菌浓度，谨防走入“浓度越高效果越好”的误区，因为高温、高浓度可使其迅速衰减，影响消毒效果。②次氯酸钠消毒效果受水pH的影响，水的pH越高，其消毒效果越差。③次氯酸钠不宜长时间贮存。受光照、温度等因素的影响，有效氯容易挥发。市面上有一种次氯酸钠发生器，能够有效地提高消毒效果。④使用次氯酸钠消毒时，首先要清除物件表面上的有机物，因为有机物可能消耗有效氯、降低消毒效果。

12. 二氧化氯

【性状】 本品在常温下为淡黄色气体，具有强烈的刺激性气味，其有效氯含量高达26.3%。常温下本品在水中的饱和溶解度为5.7克/100克，是氯气的5～8倍，并且在水中不发生水解。

【适用范围】 本品为广谱杀菌消毒剂、水质净化剂，安全无毒、无致畸致癌作用。其主要作用是氧化作用。对芽孢、真菌、原虫及病毒等，均有强大的杀灭作用，并且有除臭、漂白、防霉、改良水质等作用。主要用于畜（禽）舍、饮水、环境、排泄物、用具、车辆、种蛋消毒。

【制剂与用法】养殖业中应用的二氧化氯有两类：一类是稳定性二氧化氯溶液（即加有稳定剂的合剂），无色、无味、无臭的透明水溶液，腐蚀性小、不易燃、不挥发，在－5～95℃下较稳定，不易分解。有效氯含量一般为5%～10%，用时需加入固体活化剂（酸活化），释放出二氧化氯。另一类是固体二氧化氯，为二元包装，其中一包为亚氯酸钠，另一包为增效剂及活化剂，用时分别溶于水后混合，即迅速产生二氧化氯。用法见表8-10。

表 8-10　二氧化氯的使用方法

制剂	特性	使用方法
稳定性二氧化氯溶液（也叫复合亚氯酸钠）	含二氧化氯10%，临用时与等量活化剂混匀，单独使用无效	空间消毒：按1∶250浓度，每立方米10毫升喷洒，使地面保持潮湿30分钟；饮水消毒：每100千克水加5毫升，搅拌均匀，作用30分钟后，即可饮用；排泄物、粪便除臭消毒：按100千克水加本制剂5毫升，对污染严重的可适当加大剂量；禽肠道细菌病辅助治疗：按(1∶500)～(1∶1000)浓度混饮，用1～2天
固体二氧化氯	为A、B两袋，规格分别为100克、200克，内装A、B袋药各50克、100克	按A、B两袋各50克，分别混水1000毫升、500毫升，搅拌溶解制成A液、B液，再将A液与B液混合静置5～10分钟，即得红黄色液体作母液。按用途将母液稀释使用，稀释浓度为：(1∶600)～(1∶800)，畜禽舍喷洒或喷雾消毒；(1∶100)～(1∶200)，器具浸泡、擦洗；常规饮用水处理，(1∶3000)～(1∶4000)，连饮1～2天

【药物相互作用（不良反应）】忌与酸类、有机物、易燃物混放；配制溶液时，不宜用金属容器。

【注意事项】消毒液宜现配现用，久置无效；宜在露天阴凉处配制消毒液，配制时面部应避开消毒液。

13. 强力消毒王

【性状】强力消毒王是一种新型复方含氯消毒剂。主要成分为二氯异氰尿酸钠，还有阴离子表面活性剂等。本品有效氯含量≥20%。

【适用范围】本品消毒杀菌力强，易溶于水。正常使用时对人、畜无害，对皮肤、黏膜无刺激、无腐蚀性，并具有防霉、去污、除臭的效果；性质稳定、持久、耐贮存；可带畜、带禽喷雾消毒或拌料、饮水，也可进行环境、用具和设备等消毒。

【制剂与用法】根据消毒范围及对象，参考规定比例称取一定量的药品，先用少量水溶解成悬浊液，再加水逐渐稀释到规定比例。具体配比和用法见表 8-11。

表 8-11　强力消毒王的使用方法

消毒对象	配比浓度	方法及用量	作用时间
畜禽舍	1∶800	喷雾;50 毫升/米^3	30 分
带畜	1∶1000	喷雾;30 毫升/米^3	15 分
兔瘟病兔	1∶500	喷雾;500 毫升/米^3	10 分
大肠杆菌、球虫病兔	1∶4000	饮水	2～3 天

【药物相互作用（不良反应）】勿与有机物、有害农药、还原剂混用，严禁使用喷洒过有害农药的喷雾器具喷洒本药。

【注意事项】现用现配。

八、染料类

染料可分为碱性和酸性两大类。它们的阳离子或阴离子，能分别与细菌蛋白质的羧基和氨基相结合，从而影响其代谢，呈抗菌作用。常用的碱性染料对革兰氏阳性菌有效，而一般酸性染料的抗菌作用微弱。

1. 龙胆紫（甲紫、结晶紫）

【性状】龙胆紫是碱性染料，为氯化四甲基副玫瑰苯胺、氯化五甲基副玫瑰苯胺和氯化六甲基副玫瑰苯胺的混合物，为暗绿色带金属光泽的粉末，微臭，可溶于水及醇。

【适用范围】对革兰氏阳性菌有选择性抑制作用，对霉菌也有作用。其毒性很小，对组织无刺激性，有收敛作用。可治疗皮肤、黏膜创伤和溃疡以及烧伤。

【制剂与用法】常用 1%～3%溶液，取龙胆紫 1～3 克于适量乙

醇中，待其溶解后加蒸馏水至100毫升。2%～10%软膏剂，取龙胆紫2～10克，加90～98克凡士林均匀混合后即成，主要用于治疗皮肤、黏膜创伤及溃疡。1%水溶液也可用于治疗烧伤。

【药物相互作用（不良反应）】对黏膜可能有刺激或引起接触性皮炎。

【注意事项】面部有溃疡性损害时应慎用，不然可造成皮肤着色。涂药后不宜加封包。大面积破损皮肤不宜使用。本品不宜长期使用。

2. 利凡诺（雷佛奴尔、乳酸依沙吖啶）

【性状】α-乙氧基-6,9-二氨基吖啶的乳酸盐一水合物，鲜黄色结晶性粉末，无臭，味苦。略溶于水，易溶于热水，水溶液呈黄色，对光观察，可见绿色荧光；水溶液不稳定，遇光渐变色，难溶于乙醇。应置褐色玻璃瓶中，密闭、阴凉处保存。

【适用范围】为外用杀菌防腐剂，属于碱性染料，是染料类中最有效的防腐药。其碱基在未解离成阳离子之前不具抗菌活性，仅当本品解离出依沙吖啶后才对革兰氏阳性菌及少数革兰氏阴性菌有强大的抑菌作用，但作用缓慢。本品对各种化脓菌均有较强的作用，其中产气荚膜梭状芽孢杆菌和化脓链球菌对本品最敏感。抗菌活性与溶液的pH和药物的解离常数有关。在治疗浓度时，对组织无刺激性、毒性低、穿透力较强，作用持续时间可达24小时。当有机物存在时，本品的抗菌活性增强。

【制剂与用法】可用0.1%～0.3%水溶液冲洗或湿敷感染创；1%软膏用于小面积化脓创。

【药物相互作用（不良反应）】本品与碱类或碘液混合易析出沉淀。

【注意事项】①水溶液在保存过程中，尤其曝光下，可分解生成剧毒产物，若肉眼观察溶液呈褐绿色，则证实已分解。②长期使用本品可能延缓伤口愈合。

九、表面活性剂类

表面活性剂是一类能降低水和油表面张力的物质，又称除污剂或清洁剂。此外，此类物质能吸附于细菌表面，改变菌体细胞膜的通透性，使菌体内的酶、辅酶和代谢中间产物逸出，因而呈杀菌作用。

这类药物分为阳离子表面活性剂、阴离子表面活性剂与不游离的非离子表面活性剂3种。常用的为阳离子表面活性剂，其抗菌谱较广、显效快，并对组织无刺激性，能杀死多种革兰氏阳性菌和革兰氏阴性菌，对多种真菌和病毒也有作用。阳离子表面活性剂抗菌作用在碱性环境中作用强，在酸性环境中作用弱，故应用时不能与酸类消毒剂及肥皂、合成洗涤剂合用。阴离子表面活性剂仅能杀死革兰氏阳性菌。非离子表面活性剂无杀菌作用，只有除污和清洁作用。

1. 新洁尔灭（苯扎溴铵）

【性状】季铵盐消毒剂，是溴化二甲基苄基烃铵的混合物。无色或淡黄色胶状液体，低温时可逐渐形成蜡状固体，味极苦，易溶于水，水溶液为碱性，摇时可产生大量泡沫。易溶于乙醇，微溶于丙酮，不溶于乙醚和苯。耐高温高压，性质稳定，可保存较长时间效力不变。对金属、橡胶、塑料制品无腐蚀作用。

【适用范围】有较强的消毒作用，对多数革兰氏阳性菌和革兰氏阴性菌，接触数分钟即能杀死。对病毒效力差，不能杀死结核分枝杆菌、霉菌和炭疽芽孢。可用于术前手臂皮肤、黏膜、器械、养禽用具、种蛋等的消毒。

【制剂与用法】有3种制剂分别为1%浓度、5%浓度和10%浓度，瓶装分为500毫升和1000毫升2种。0.1%溶液消毒手臂、手指时，应将手浸泡5分钟；亦可浸泡消毒手术器械、玻璃、搪瓷等，浸泡时间为30分钟。0.1%溶液用以喷雾或洗涤蛋壳消毒，药液温度为40～43℃，浸泡时间最长为3分钟。0.15%～2%溶液可用于禽舍内空间的喷雾消毒。0.01%～0.05%溶液用于黏膜（阴道、膀胱等）及深部感染伤口的冲洗。

【药物相互作用（不良反应）】忌与碘、碘化钾、过氧化物盐类消毒药及其他阴离子活性剂等配伍应用。不可与普通肥皂配伍，术者用肥皂洗手后，务必用水冲洗干净后再用本品。

【注意事项】浸泡器械时应加入0.5%亚硝酸钠，以防生锈。不适用于消毒粪便、污水、皮革等，其水溶液不得贮存于聚乙烯制作的容器内，以避免药物失效。本品有时会引起人体药物过敏。

2. 洗必泰

【性状】有醋酸洗必泰和盐酸洗必泰两种，均为白色结晶性粉末，无臭，有苦味，微溶于水（1∶400）及酒精，水溶液呈强碱性。

【适用范围】有广谱抑菌、杀菌作用，对革兰氏阳性菌和革兰氏阴性菌及真菌、霉菌均有杀灭作用，毒性低，无局部刺激性。用于手术前消毒、创伤冲洗、烧伤感染，亦可用于食品厂器具消毒，禽舍、手术室等环境消毒。本品与新洁尔灭联用对大肠杆菌有协同杀菌作用，两药混合液呈相加的消毒效力。

【制剂与用法】醋酸或盐酸洗必泰粉剂，每瓶50克；片剂，5毫克/片。0.02%溶液用于术前的浸泡手，3分钟即可达消毒目的；0.05%溶液用于冲洗创伤；0.05%酒精溶液用于术前皮肤消毒；0.1%溶液用于浸泡器械（其中应加0.1%亚硝酸钠），一般浸泡10分钟以上；0.5%溶液用于喷雾或涂擦消毒无菌室、手术室、用具等。

【药物相互作用（不良反应）】本品遇肥皂、碱、金属物质和某些阴离子药物能降低活性，并忌与碘、甲醛、重碳酸盐、碳酸盐、氯化物、硼酸盐、枸橼酸盐、磷酸盐和硫酸配伍，因可能生成低溶解度的盐类而沉淀。浓溶液对结膜、黏膜等敏感组织有刺激性。

【注意事项】药液使用过程中效力可减弱，一般应每两周换一次。长时间加热可发生分解。其他注意事项同新洁尔灭。本品水溶液应贮存于中性玻璃容器。

3. 消毒净

【性状】白色结晶性粉末，无臭、味苦，微有刺激性，易受潮，易溶于水和酒精，水溶液易起泡沫，对热稳定，应密封保存。

【适用范围】抗菌谱同洗必泰，但消毒力较洗必泰弱而较新洁尔灭强。常用于手、皮肤、黏膜、器械、禽舍等的消毒。

【制剂与用法】0.05%溶液可用于冲洗黏膜；0.1%溶液用于手和皮肤的消毒，亦可浸泡消毒器械（如为金属器械，应加入0.5%亚硝酸钠）。

【药物相互作用（不良反应）】不可与合成洗涤剂或阴离子表面活性剂接触，以免失效。亦不可与普通肥皂配伍（因普通肥皂为阴离子皂）。

【注意事项】在水质硬度过高的地区应用时，药物浓度应适当提高。浸泡器械加0.5%亚硝酸钠。

4. 度米芬（消毒宁）

【性状】白色或微黄色片状结晶，味极苦，能溶于水及酒精，振荡水溶液会产生泡沫。

【适用范围】表面活性广谱杀菌剂，通过扰乱细菌的新陈代谢而产生杀菌作用。对革兰氏阳性菌及革兰氏阴性菌均有杀灭作用，对芽孢、抗酸杆菌、病毒效果不明显，有抗真菌作用。在碱性溶液中效力增强，在酸性、有机物、脓、血存在条件下则减弱。用于口腔感染的辅助治疗和皮肤消毒。

【制剂与用法】0.02%～1%溶液用于皮肤、黏膜消毒及局部感染湿敷。0.05%溶液用于器械消毒，还可用于食品厂、奶牛场用具设备的贮藏消毒。

【药物相互作用（不良反应）】禁与肥皂、盐类和无机碱配伍。

【注意事项】避免使用铝制容器盛装；消毒金属器械时需加入0.5%亚硝酸钠防锈；可能引起人接触性皮炎。

5. 创必龙

【性状】白色结晶性粉末，几乎无臭，有吸湿性，在空气中稳定，易溶于水、乙醇和氯仿，几乎不溶于水。

【适用范围】双链季铵盐阳离子表面活性剂，对使用一般抗生素无效的葡萄球菌、链球菌和念珠菌以及皮肤癣菌等均有抑制作用。

【制剂与用法】0.1%乳剂或0.1%油膏，用于防治烧伤后感染、术后创口感染及白色念珠菌感染等。

【药物相互作用（不良反应）】不能与酸类消毒剂及肥皂、合成洗涤剂合用。

【注意事项】局部应用会对皮肤产生刺激性，偶有皮肤过敏反应。

6. 菌毒清（环中菌毒清、辛氨乙甘酸溶液）

【性状】由甘氨酸取代衍生物加适量的助剂配制而成。黄色透明液体，有微腥臭，味微苦，强力振摇时产生大量泡沫。

【适用范围】 双离子表面活性剂，是一种高效、低毒、广谱杀菌剂（作用机理是凝固病菌蛋白质、破坏细胞膜、抑制病菌呼吸，使细菌酶系变性，从而杀死细菌。对化脓性球菌、肠道杆菌及真菌有良好的杀灭作用，对细菌芽孢无杀灭作用。对结核分枝杆菌，1%的溶液需作用12小时。杀菌效果不受血清等有机物的影响）。用于环境、器械和手的消毒。能在常温下低浓度快速杀灭引起流行性感冒、传染性法氏囊病、大肠杆菌病、球虫病、肠炎、猪白痢、牛肺疫、犬瘟热的病原体以及细小病毒、冠状病毒等在内的各种致病微生物。

【制剂与用法】 溶液。将本品用水稀释后喷洒、浸泡或擦拭表面。使用方法见表8-12。

表8-12　菌毒清的用法

用途	用法
常规消毒	每1000毫升加水1000千克，每周一次
疫区消毒	每1000毫升加水500千克，每天一次，连用一周
饮水消毒	每1000毫升加水5000千克，自由饮用
器械消毒	每1000毫升加水1000千克，浸泡2小时
运输工具及畜禽体表消毒	每1000毫升加水1000千克，每周一次

【药物相互作用（不良反应）】 与其他消毒剂合用效果降低。

【注意事项】 ①本品虽毒性低，但不能直接接触食物。现配现用。②本品不适用于粪便及排泄物的消毒。③本品应贮存于9℃以上的阴冷干燥处，因气温较低出现沉淀时，应加温溶解再用。密封保存。

7. 癸甲溴铵溶液（博灭特）

【性状】 主要成分是溴化二甲基二癸基烃铵，为无色或微黄色的黏稠性液体，振摇时产生泡沫，味极苦。

【适用范围】 一种双链季铵盐消毒剂，对多数细菌、真菌、病毒有杀灭作用。作用机制是解离出季铵盐阳离子，与细菌胞浆膜磷脂中带负电荷的磷酸基结合，低浓度时抑菌，高浓度时杀菌。溴离子使分子的亲水性和亲脂性大大增加，可迅速渗透到胞浆膜脂质层及蛋白质层，改变膜的通透性，起到杀菌作用。广泛应用于厩舍、饲喂器具、饮水和环境等的消毒。

【制剂与用法】10%癸甲溴铵溶液。以癸甲溴铵计：厩舍、器具消毒0.015%～0.05%溶液（即本品稀释200～600倍）；饮水消毒0.0025%～0.005%溶液（即本品稀释2000～4000倍）。

用于厩舍、运动场、运输车辆、器具的常规消毒时，每1升水中加入0.5毫升博灭特，完全浸湿需消毒的物件。

【药物相互作用（不良反应）】原液对皮肤、眼睛有刺激性，避免与眼睛、皮肤和衣服直接接触。

【注意事项】①使用时小心操作，原液如果溅及眼部和皮肤立即以大量清水冲洗至少15分钟。②内服有毒性，如果误服立即用大量清水或牛奶洗胃，并尽快就医。

十、其他消毒防腐剂

1. 环氧乙烷

【性状】本品在低温时为无色透明液体，易挥发（沸点10.7℃）。遇明火易燃烧、易爆炸，在空气中，其蒸气达3%以上就能引起燃烧。能溶于水和大部分有机溶剂。有毒。

【适用范围】广谱、高效杀菌剂，对细菌、芽孢、真菌、立克次体和病毒，以及昆虫和虫卵都有杀灭作用。同时，还具有穿透力强、易扩散、消除快、对物品无损害无腐蚀等优点。主要适用于忌热、忌湿物品的消毒，如精密仪器、医疗器械、生物制品、皮革、饲料、谷物等的消毒，亦可用于畜禽舍、仓库、无菌室、孵化室等的空间消毒。

【制剂与用法】因其在空气中浓度超过3%可引起燃烧爆炸，一般使用二氧化碳或卤烷作稀释剂，防止燃烧爆炸，其制剂是10%的环氧乙烷与90%的二氧化碳或卤烷混合而成。

杀灭繁殖型细菌，每立方米用300～400克，作用8小时；消毒芽孢和霉菌污染的物品，每立方米用700～950克，作用24小时。一般置消毒袋内进行消毒。消毒时相对湿度为30%～50%，温度不低于18℃，最适温度为38～54℃。

【药物相互作用（不良反应）】环氧乙烷对大多数消毒物品无损

害，但可破坏食物中的某些成分，如维生素 B_1、维生素 B_2、维生素 B_6 和叶酸，消毒后食物中组氨酸、甲硫氨酸、赖氨酸等含量降低。链霉素经环氧乙烷灭菌后效力降低 35%，但其对青霉素无灭活作用。因本品可导致红细胞溶解、补体灭活和凝血酶原破坏，故不能用作血液灭菌。

【注意事项】本品对眼、呼吸道有腐蚀性，可导致呕吐、恶心、腹泻、头痛、中枢抑制、呼吸困难、肺水肿等，还可出现肝、肾损害和溶血现象；皮肤过度接触环氧乙烷液体或溶液，会产生灼烧感，出现水疱、皮炎等，若经皮肤吸收可能出现系统反应；环氧乙烷属烷基化剂，有致癌可能；贮存或消毒时禁止有火源，应将 1 份环氧乙烷和 9 份二氧化碳的混合物贮于高压钢瓶中备用。

2. 溴化甲烷

【性状】本品在室温下为气体，低温下为液体，沸点为 3.5℃。在水中的溶解度为 1.8 克/100 克，气体的穿透力强，不易燃烧和爆炸。

【适用范围】一种广谱杀菌剂，可以杀灭细菌繁殖体、芽孢、真菌和病毒，但其杀菌作用较弱。作用机制为非特异性烷基化作用，与环氧乙烷的作用机制相似。常用于粮食的消毒和预防病毒性或细菌性传染病的环境消毒及污染毒（禽）场的消毒。

【制剂与用法】一般用 3400～3900 毫克/升的浓度，在 40%～70%相对湿度下，作用 24～26 小时，可达到灭菌目的。

【药物相互作用（不良反应）】对眼和呼吸道有刺激作用。

【注意事项】溴化甲烷是一种高毒气体，中毒的表现症状为中枢神经系统损害，有头痛、无力、恶心等症状。

3. 硫柳汞

【性状】本品是黄色或微黄色结晶性粉末，稍有臭味，遇光易变质。在乙醚或苯中几乎不溶，乙醇中溶解，水中易溶解。

【适用范围】本品是一种有机汞（含乙基汞）的消毒防腐药，对细菌和真菌都有抑制生长的作用。可用于皮肤、黏膜的消毒，刺激性小。也常用于生物制品（如疫苗）的防腐，浓度为 0.05%～0.2%。

外用作皮肤黏膜消毒剂（用于皮肤伤口消毒、眼鼻黏膜炎症、皮肤真菌感染）。

【制剂与用法】硫柳汞酊（每1000毫升含硫柳汞1克、曙红0.6克、乙醇胺1克、乙二胺0.28克、乙醇600毫升、蒸馏水适量）。0.1%酊剂用于手术前皮肤消毒；0.1%溶液用于剖面消毒；0.01%～0.02%溶液用于眼、鼻及尿道冲洗；0.1%乳膏用于治疗霉菌性皮肤感染；0.01%～0.02%用于生物制品作抑菌剂。

【药物相互作用（不良反应）】不能与酸、碘、铝等重金属盐或生物碱配伍。可引起接触性皮炎、变应性结膜炎、耳毒性。

下 篇
兔场疾病防治技术

第九章

兔场生物安全措施

规模化兔场要有效控制疾病，必须树立“预防为主”和“养防并重”的观念，建立综合防控体系，否则，发生疾病必然影响兔群的生产性能，甚至导致死亡，造成较大的损失。

第一节　提高人员素质，制订规章制度

一、工作人员必须具有较高的素质、较强的责任心和自觉性

在诸多预防兔病的因素中，人是最重要的。要加强饲养管理人员的培训和教育，使他们树立正确的疾病防制观念，掌握兔的饲养管理和疾病防治的基本知识，了解疾病预防的基本环节，熟悉疾病预防的各项规章制度并能认真、主动地落实和执行，这样才能预防和减少疾病的发生。

二、制订必需的操作规章和管理制度

在规模化兔场疾病的控制中，必须有相应的操作规章和管理制度的约束。没有严格的规章制度就不能有科学的管理，就不可能养好兔，就可能会出现这样或那样的疾病。只有严格执行科学合理的饲养管理和卫生防疫制度，才能使预防疫病的措施得到切实落实，减少和杜绝疫病的发生。因此，在规模化兔场内对进场人员和车辆物品消毒、设备笼具消毒、兔舍的清洁消毒等程序和卫生标准；疫苗和药物

的采购、保管与使用，免疫程序和免疫接种操作规程；各种兔的饲养管理规程等均应有详尽的要求。制度一经制订公布，就要严格执行和落到实处，并经常检查，有奖有罚，这对兔场尤其是规模化兔场至关重要。

第二节　科学设计和建设兔场

规模化兔场的场址选择、规划布局及兔舍的设计不仅直接影响到兔群生产性能的发挥，而且影响到疾病的控制，因此必须科学设计和建设兔场。

一、场址选择和规划布局

1. 场址选择

兔场场址的选择标准应按照设计要求，对地形、地势、土质、水源、居民点的配置、交通、电力等因素进行全面考虑。

（1）地势　兔场应选在地势高、有适当坡度、背风向阳、地下水位低、排水良好的地方（图 9-1）。低洼潮湿、排水不良的场地不利于机体的热调节，而有利于病原微生物的滋生，特别适合寄生虫（如绦虫、球虫等）生存。为便于排水，兔场地面要平坦或稍有坡度，以1%～3%为宜。

图 9-1　兔场建在地势高燥、地面平坦或稍有坡度的地方

（2）地形　地形要开阔、整齐、紧凑（图 9-2），不宜过于狭长或边角过多，以便缩短道路和管线长度，提高场地的利用效率，节约

资金和便于管理。可利用天然地形、地物（如林带、山岭、河川等）作为天然屏障和场界。

图 9-2 兔场地形开阔整齐，隔离条件好

（3）土壤　土壤应该卫生洁净，透水透气性能好，具有一定的抗压性。理想的土质为砂壤土，其兼具砂土和黏土的优点，透气透水性好，雨后不会泥泞，易于保持适当的干燥；导热性差，土壤温度稳定，既利于兔子的健康，又利于兔舍的建造和延长使用寿命。

（4）水源　一般兔场的需水量比较大，除了人和兔的直接饮用外，粪便的冲刷、笼具的消毒、用具和衣服的洗刷等需用的水更多，必须要有足够的水源。同时，水质状况直接影响兔和人员的健康。

水源应符合下列要求：一是水量要充足，要能满足兔场内的人、兔用水和其他生产、生活用水。二是水质要求良好，不经处理即能符合饮用标准的水最为理想。此外，在选择时要调查当地是否因水质而出现过某些地方性疾病等。三是水源要便于保护，以保证水源经常处于清洁状态，不受周围环境的污染。四是要求取用方便、设备投资少、处理技术简便易行。最理想的水为地下水。

（5）交通　规模化兔场建成投产后，物流量比较大，如草料等物资的运进、产品和粪肥的运出等，对外联系也比一般兔场多，若交通不便则会给生产和工作带来困难，甚至会增加兔场的开支。因此一定要交通方便。

（6）场地面积　兔场面积要根据兔场生产方向、饲养规模和饲养管理方式等来确定。在计划时既要考虑满足生产需要，又要为扩大发

展留有余地。一般以 1 只种兔及其仔兔占 0.8 平方米建筑面积计算，兔场的建筑系数为 15%，则 500 只基础母兔需要的兔场占地面积约 700 平方米。

（7）环境　兔场的周围环境主要包括居民区、交通、电力和其他养殖场等。兔场在生产过程中形成的有害气体及排泄物会对大气和地下水产生污染，因此兔场不宜建在人烟密集的繁华地带，而应选择相对隔离的偏僻地方，有天然屏障（如河塘、山坡等）作隔离则更好。大型兔场应建在居民区之外 500 米以上，处于居民区的下风头，地势低于居民区。还应避开生活污水的排放口，远离造成污染的环境，如化工厂、屠宰场、制革厂、造纸厂、牲口市场等，并处于它们的平行风向或上风头。兔子胆小怕惊，因此兔场应远离噪声源，如铁路、石场、打靶场和爆破声的场所。集约化兔场对电力条件有很强的依赖性，应靠近输电线路，同时应自备电源。但为了防疫，应距主要道路 300 米以上（如果设有隔离墙或有天然屏障，距离可缩短一些），距一般道路 100 米以上。

2. 规划布局

兔场规划布局的要求是从人和兔的保健角度出发，建立最佳的生产联系和卫生防疫条件，合理安排不同区域的建筑物，特别是在地势和风向上进行合理的安排和布局。兔场一般分成生产管理区、生产区、隔离区三大功能区（图 9-3）。

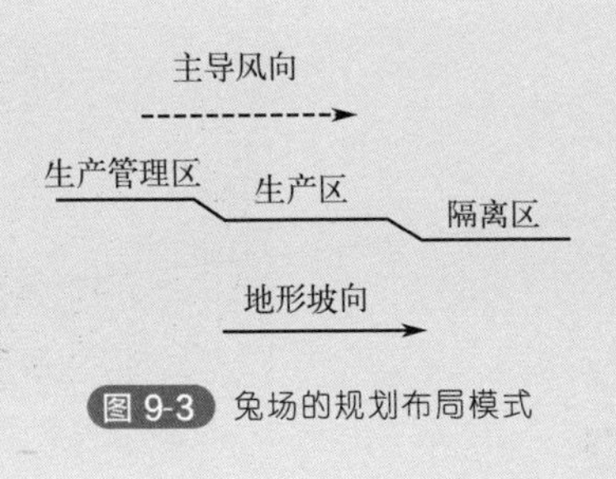

图 9-3　兔场的规划布局模式

（1）生产管理区　生产管理区主要包括生活区（职工宿舍、食堂和文化娱乐场所）和管理区（办公和接待来往人员的地方，通常由办公室、接待室、陈列室和培训教室组成）。生产管理区应占全场的上风向和地势较好的地段。管理区位置应尽可能靠近大门口，使对外交流更加方便，也减少对生产区的直接干扰。供水设施和供电设施可以设置在管理区内，为了防疫应与生产区分开，并在两者入口连接处设置消毒设施。至于各个区域内的具体布局，则本着利于生产和防疫、方便工作及管理的原则，合理安排。

（2）生产区　生产区即养兔区，是兔场的主要建筑，包括种兔舍、繁殖舍、育成舍、育肥舍和幼兔舍等。生产区是兔场的核心部分，其排列方向应与该地区的长年风向一致。为了防止生产区的气味影响生活区，生产区应与生活区并列排列并处偏下风位置。优良种兔（即核心群）舍应置于环境最佳的位置，育肥舍和幼兔舍应该靠近兔场一侧的出口处，以便于出售。生产区入口处以及各兔舍的门口处，应有相应的消毒设施，如车辆消毒池、脚踏消毒池、喷雾消毒室、紫外灯消毒室等。兔舍之间保持 10～20 米；饲料加工车间、饲料库（原料库和成品库）等靠近生产区，兼顾饲料的运进和饲料的分发；生产区的运料路线（清洁道）与运粪路线（污染道）不能交叉。

（3）隔离区　尸体处理处、粪场、变电室、兽医诊断室、病兔隔离室等应单独成区，与生产区隔开，设在生产区、管理区和生活区的下风向，以保证整个兔场的安全。

兔场的布局如图 9-4 所示。

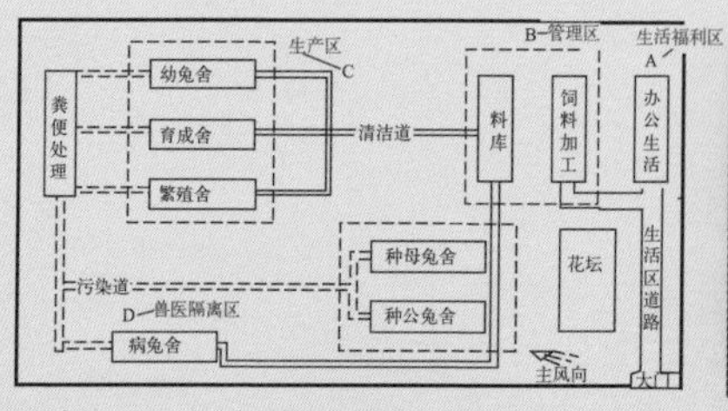

图 9-4　兔场布局示意图（左图）和实景图（右图）

二、兔舍的设计建设

兔舍的类型主要有以下四种。

（1）封闭式兔舍　兔舍上部有顶、四周有墙、前后有窗，是规模化养殖最为广泛的一种兔舍类型，可分为单列式和双列式。

① 单列式。兔笼列于兔舍内的北面，笼门朝南，兔笼与南墙之间为工作走道，兔笼与北墙之间为清粪道，南北墙距地面 20 厘米处留对应的通风孔。这种兔舍的优点是冬暖夏凉、通风良好、光线充足，缺点是兔舍利用率低（图 9-5）。

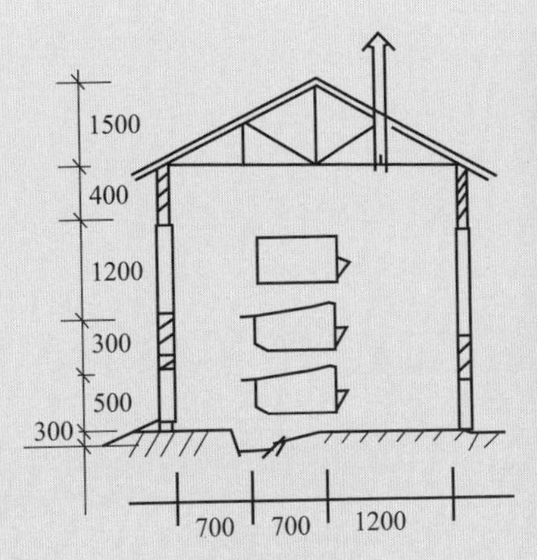

图 9-5 室内单列式兔舍的构造图（单位：毫米）和实景图

② 双列式。两列兔笼背靠背排列在兔舍中间，两列兔笼之间为清粪沟，靠近南北墙各一条工作走道。南北墙有采光通风窗，接近地面处留有通风孔。这种兔舍，室内温度易于控制，通风透光良好，但朝北的一列兔笼光照、保暖条件较差。由于空间利用率高，饲养密度大，在冬季门窗紧闭时有害气体浓度也较大（图 9-6）。

（2）地下或半地下式兔舍　利用地下温度较高且稳定、安静、噪声低、对兔无惊扰的特点，在地下建造兔舍。尤其适合高寒地区兔的冬繁。应选择地势高燥、背风向阳处建舍，管理中注意通风换气和保持干燥（图 9-7）。

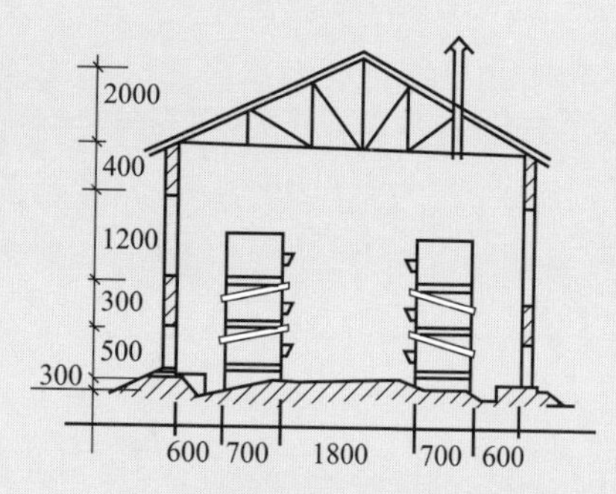

图 9-6 室内双列式兔舍的构造图（单位：毫米）和实景图

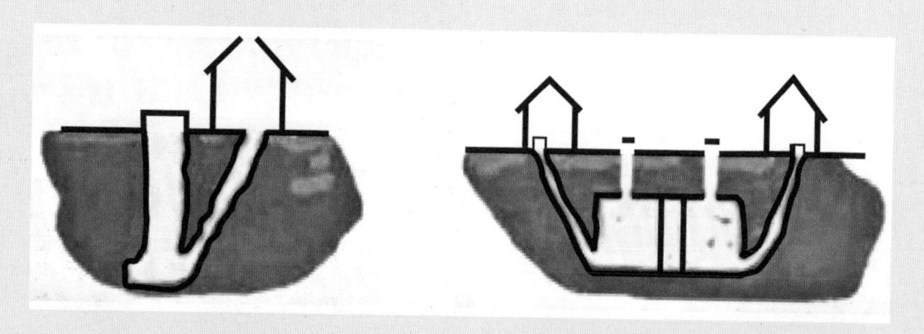

图 9-7 地窖式兔舍

（3）室外笼舍　即在室外修建的兔舍。由于建在室外，通风透光好、干燥卫生，兔的呼吸道疾病的发病率明显低于室内饲养。但这种兔舍受自然环境影响大，温湿度难以控制。特别是遇到不良气候时，管理很不方便。其常分为室外单列式兔舍和室外双列式兔舍。

① 室外单列式兔舍。兔笼正面朝南，兔舍采用砖混结构，单坡式屋顶，前高后低，屋檐前长后短，屋顶采用水泥预制板或波形石棉瓦，兔笼后壁用砖砌成，并留有出粪口，承粪板为水泥预制板。为了适应露天条件，兔舍地基宜高些，兔舍前后最好要有树木遮阳（图 9-8）。

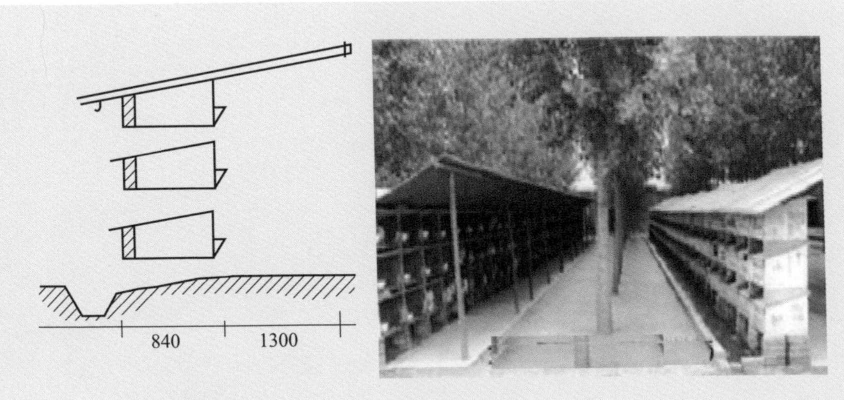

图 9-8　室外单列式兔舍的构造图（单位：毫米）和实景图

② 室外双列式兔舍。两排兔笼面对面而列，两列兔笼的后壁就是兔舍的两面墙体，两列兔笼之间为工作走道，粪沟在兔舍的两面外侧，屋顶为双坡式屋顶或钟楼式。兔笼结构与室外单列式兔舍基本相同。与室外单列式兔舍相比，这种兔舍保暖性能较好，饲养人员可在室内操作，但缺少光照（图 9-9）。

图 9-9　室外双列式兔舍的构造图（单位：毫米）和实景图

（4）塑料棚舍　在室外的笼舍上部架一个塑料大棚。棚膜为单层或双层，双层膜之间有缓冲层，保温效果好。这种兔舍适用于寒冷地区或其他地区冬季的繁殖（图 9-10）。

图 9-10　双层膜棚舍

三、兔舍的建筑要求

1. 兔舍坚固耐用

一是基础要坚固，一般比墙宽 10～15 厘米，埋置深度在当地土层最大冻结深度以下。二是墙体要坚固，要抗震、防水、防火、抗冻和便于消毒，同时具备良好的保温隔热性能。三是屋顶和天花板要严密、不透气。多雨多雪和大风较多的地区，屋顶坡度适当大些。四是地板要致密，平坦而不滑，耐消毒液及其他化学物质的腐蚀，容易清扫，保温隔热性能好。地板要高出舍外地面 20～30 厘米。五是兔笼材料要坚固耐用，防止被兔啃咬损坏。

2. 门窗设置合理

门窗关系到兔舍的通风、采光、卫生和安全。兔舍门与窗要结实，开启方便，关闭严实，一般向外拉启。此外要求门表面无锐物，门下无台阶。兔舍的外门一般宽 1.2 米、高 2 米。较长的兔舍应在阳面墙的中间设门，寒冷地区北墙不宜设门。窗户对于采光、自然通风换气及温湿度的调节有很大影响。一般要求兔舍地面和窗户的有效采光面积之比为：种兔舍 10∶1 左右，幼兔舍 10∶1 左右；采光窗的入射角不小于 25°、透光角不小于 5°。

3. 有利于舍内干燥

兔舍内要设置排水系统。排粪沟要有一定坡度，以便在打扫和用水冲时能将粪尿顺利排出舍外，通往蓄粪池；也便于尿液随时排出，降低舍内湿度和有害气体浓度。

4. 保持适宜的高度

兔舍的高度和规格根据笼具形式及气候特点而定。在寒冷地区，兔舍高度宜低，以 2.5 米左右为宜；炎热地区实行多层笼养，其高度应再增加 0.5～1 米。单层兔笼可低些，3 层兔笼宜高。兔舍的跨度没有统一规定，一般来说，单列式应控制在 3 米以内，双列式在 4 米左右，三列式 5 米左右，四列式 6～7 米。兔舍的长度没有严格的规定，一般控制在 50 米以内，或根据生产定额确定兔舍长度。

四、配备必要设备和设施

1. 兔笼

目前国内多采用多层兔笼，上下笼体完全重叠，层间设承粪板，一般 2～3 层。该种形式的笼具房舍的利用率高，但重叠层数不宜过多。兔舍的通风和光照不良，也给管理带来不便。最底层兔笼的离地高度应在 25 厘米以上，以利通风、防潮，使底层兔亦有较好的生活环境。

育肥兔笼的单笼规格是宽 66～86 厘米、深 50 厘米、高 35～40 厘米。每个笼可养育肥兔 7 只左右。种兔笼的规格见表 9-1。

表 9-1 种兔笼的规格

饲养方式	种兔类型	笼宽/厘米	笼深/厘米	笼高/厘米
室内笼养	大型	80～90	55～60	40
	中型	70～80	50～55	35～40
	小型	60～70	50	30～35
室外笼养	大型	90～100	55～60	45～50
	中型	80～90	50～60	40～45
	小型	70～80	50	35～40

2. 饲喂设备

（1）食槽　兔用食槽有很多种类型，有简易食槽，也有自动食槽。因制作材料的不同，又有竹制食槽、陶制食槽、水泥食槽、铁皮食槽、塑料食槽之分。规模化养兔多用自动食槽。自动食槽容量较大，安置在兔笼前壁上，适合盛放颗粒饲料，从笼外添加饲料，喂料省时省力，饲料不容易被污染，浪费也少。自动食槽用镀锌铁皮制作或用工程塑料模压成型，兼有喂料及贮料的功能，加料一次，够兔只几天采食。食槽由加料口、采食口两部分组成，多悬挂于笼门外侧，笼外加料，笼内采食。食槽底部均匀地分布着小圆孔，以防颗粒饲料中的粉尘被兔只吸入呼吸道而引起咳嗽和鼻炎。常见的饲槽类型如图9-11。

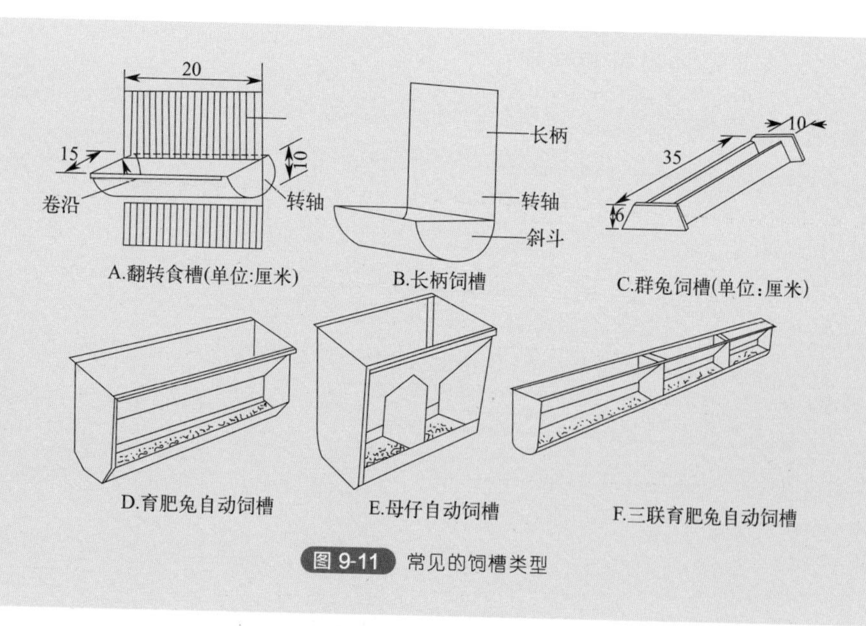

图9-11　常见的饲槽类型

（2）草架　盛放粗饲料、青草和多汁饲料的饲具，是家庭兔场必备的工具。为防止饲草被兔踩踏污染，节省饲草，一般采用草架喂草。笼养兔的草架一般固定在兔笼前门上，呈“V”形，草架内侧间隙为4厘米，外侧为2厘米，可用金属丝、木条和竹片制作（图9-12）。

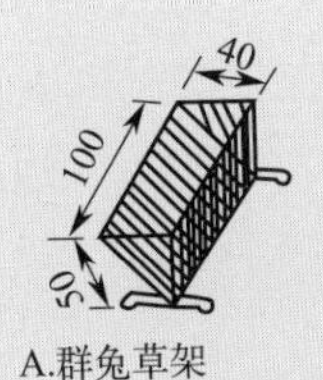

A.群兔草架

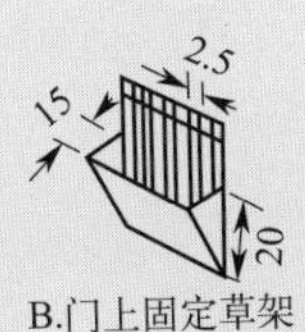

B.门上固定草架

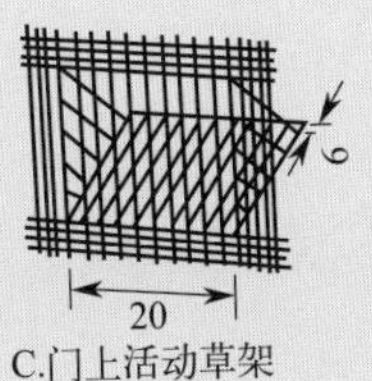

C.门上活动草架

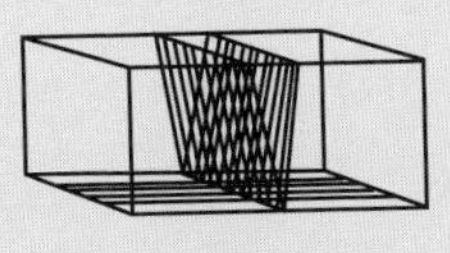
D.笼间“V”形草架

图 9-12　草架（单位：厘米）

3. 饮水设备

多采用乳头式自动饮水器。其采用不锈钢或铜制作，由外壳、伸出体外的阀杆、装在阀杆上的弹簧和阀杆乳胶管等组成。饮水器与饮水器之间用乳胶管及三通相串联，进水管一端接水箱，另一端则予以封闭。平时阀杆在弹簧的弹力下与密封圈紧密接触，使水不能流出。当兔子口部触动阀杆时，阀杆回缩并推动弹簧，使阀杆与密封圈产生间隙，水通过间隙流出，兔子便可饮到清洁的饮水。当兔子停止触动阀杆时，阀杆在弹簧的弹力下恢复原状，水停止外流。这种饮水器使用时比较卫生，可节省喂水的工时，但需要定期清洁饮水器乳头，以防结垢而漏水（图 9-13）。

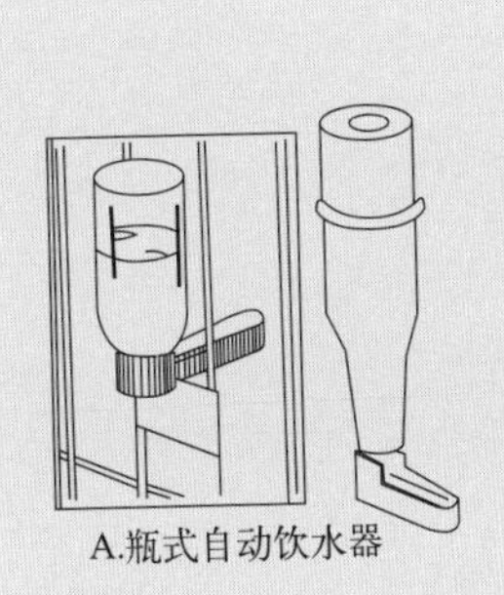
A.瓶式自动饮水器

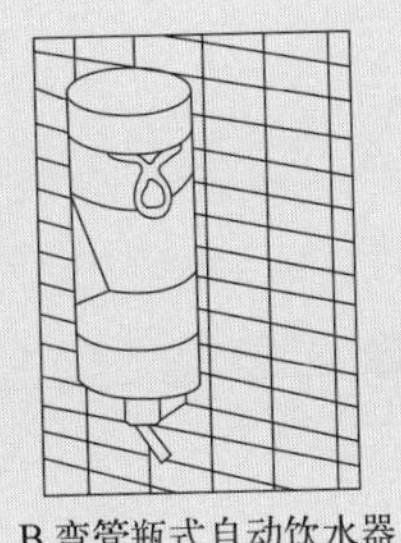
B.弯管瓶式自动饮水器

C.乳头式自动饮水器

图 9-13　兔的饮水器

4. 产仔箱

产仔箱又称巢箱，供母兔筑巢产仔，也是 3 周龄前仔兔的主要生活场所。通常在母兔接近分娩时放入笼内或挂在笼外。产仔箱有多种，规模化养殖主要采用以下几种（图 9-14）。

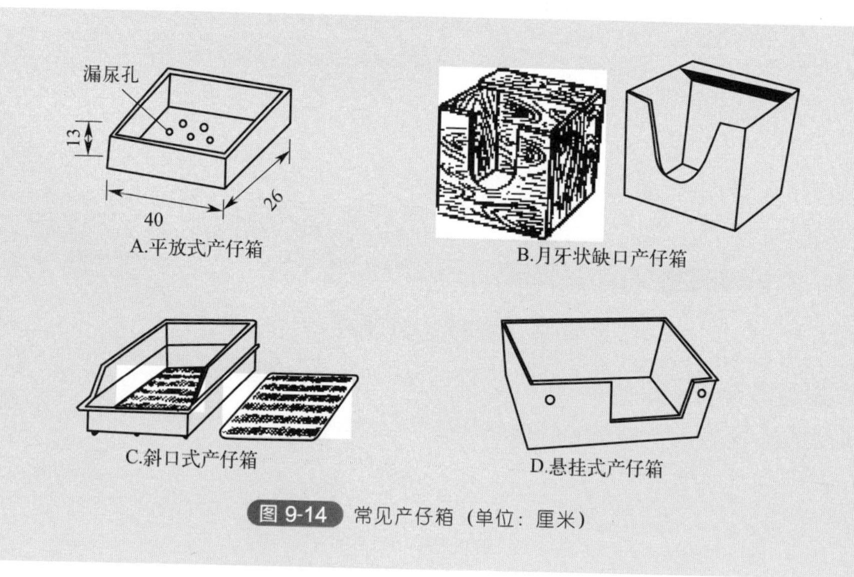

图 9-14 常见产仔箱（单位：厘米）

5. 隔离消毒设施

（1）隔离墙（或防疫沟）　兔场周围设置隔离墙或隔离沟，避免外来人员和其他动物进入场内。隔离墙墙体严实，高度 2.5～3 米或沿场界周围挖深 1.7 米、宽 2 米的防疫沟，沟底和两壁硬化并放上水，沟内侧设置 1.5～1.8 米高的铁丝网，避免闲杂人员和其他动物随便进入兔场。

（2）消毒池和消毒室　兔场门口设置消毒池和消毒室，对出入人员和车辆进行消毒。生产区中每栋建筑物门前要有消毒池（图 9-15、图 9-16）。

6. 其他设备

包括耳号钳、耳标等编耳号工具和环境控制、环境保护以及监控设施等。

图 9-15　车辆消毒池实景图和消毒池结构图

图 9-16　人员和车辆消毒通道

五、兔场的绿化

绿化不仅可以美化环境，还可以净化环境、改善小气候，而且有防疫防火的作用，兔场绿化需注意如下方面。

1. 场界林带的设置

在场界周边种植乔木和灌木混合林带，乔木如杨树、柳树、松树等，灌木如榆叶梅等。特别是场界的西侧和北侧，种植混合林带宽度应在 10 米以上，以起到防风阻沙的作用。树种选择应以适应北方寒冷特点为宜。

2. 场区隔离林带的设置

主要用以分隔场区和防火。常用杨树、槐树、柳树等，两侧种植，总宽度为 3～5 米。

3. 场内外道路两旁的绿化

常用树冠整齐的乔木和亚乔木以及某些树冠呈锥形、枝条开阔、整齐的树种。需根据道路宽度选择树种的高矮。在建筑物的采光地段，不应种植枝叶过密、过于高大的树种，以免影响自然采光。

4. 运动场的遮阴林

在运动场的南侧和西侧，应设 1～2 行遮阴林。多选枝叶开阔、生长势强、冬季落叶后枝条稀疏的树种，如杨树、槐树、枫树等。运动场内种植遮阴树时，应选遮阴性强的树种，但要采取保护措施，以防家畜损坏。

第三节　做好兔场的检疫和隔离

一、加强检疫

坚持自繁自养和全进全出制度。引种时应从非疫区、取得《动物防疫条件合格证》的种兔场或繁育场引进检疫合格的种兔。种兔引进后应在隔离观察舍隔离观察 2 周以上，确认健康后方可进入大群兔舍饲养。采取血清学或病原学的方法，有计划地定期对种兔群进行疫病动态监测，坚决淘汰阳性兔和带毒（菌）兔；发生疑似疫病时要及时对患病兔和疑似感染兔进行隔离治疗或淘汰处理，对假定健康的兔进行紧急预防接种。

二、严格隔离

1. 科学选址

兔场应选建在背风、向阳、地势高燥、通风良好、水电充足、水质卫生良好、排水方便的沙质土地带，并保持干燥和清洁卫生。最好配套鱼塘、果林、耕地，以便于污水的处理。兔场应处于交通方便的

位置，但要和主要公路、居民点、其他繁殖场至少保持 2 千米以上的距离间隔，并且尽量远离屠宰场、废物污水处理站和其他污染源。

2. 合理布局

兔场要分区规划，并且严格做到生产区和生活管理区分开，生产区周围应有防疫保护设施。生产区内部应按核心群种兔舍—繁殖兔舍—育成兔舍—幼兔舍的顺序排列，并尽可能避免运料路线与运粪路线的交叉。

3. 引种检疫隔离

尽量做到自繁自养。从外地引进场内的种兔，要严格进行检疫。在隔离饲养和观察 2～3 周，确认无病后，方可并入生产群。

4. 加强隔离管理

隔离是指阻止或减少病原进入兔体的一切措施，是控制传染病的重要且常用措施，其意义在于严格控制传染源，有效防止传染病的蔓延。

（1）车辆和人员消毒　兔场大门必须设立宽于门口、长于大型载货汽车车轮一周半的水泥结构的消毒池，并装有喷洒消毒设施。外来车辆必须在场外经严格冲洗消毒后才能进入生活管理区，严禁任何车辆和外人进入生产区。人员进场时应经过消毒人员通道，严禁闲人进场，外来人员来访必须在值班室登记，把好防疫第一关。

（2）减少与外界联系　生产区最好有围墙和防疫沟，并且在围墙外种植荆棘类植物，形成防疫林带，只留人员入口、饲料入口和出兔舍，减少与外界的直接联系。

（3）加强各区间隔离　生活管理区和生产区之间的人员入口和饲料入口应以消毒池隔开。人员必须在更衣室沐浴、更衣、换鞋，经严格消毒后方可进入生产区，生产区的每栋兔舍门口必须设立消毒脚盆，生产人员经过脚盆再次消毒工作鞋后才能进入兔舍。生产人员不得互相串舍，各兔舍用具不得混用。

（4）注意饲料和物品的消毒　饲料应由本场生产区外的饲料车运到饲料周转仓库，再由生产区内的车辆转运到每栋兔舍，严禁将饲料直接运入生产区内。生产区内的任何物品、工具（包括车辆），除特殊情况外不得离开生产区，任何物品进入生产区必须经过严格消毒，特别是饲料袋应先经熏蒸消毒后才能装料进入生产区。场内生活区严禁饲养畜禽，尽量避免猪、狗、禽、鸟进入生产区。生产区内肉食品要由场内供给，严禁从场外带入偶蹄兽的肉类及其制品。

（5）加大人员管理　全场工作人员禁止兼任其他畜牧场的饲养、技术工作和屠宰贩卖工作。保证生产区与外界环境有良好的隔离状态，全面预防外界病原侵入兔场内。休假返场的生产人员必须在生活管理区隔离二天后，方可进入生产区工作，兔场后勤人员应尽量避免进入生产区。

（6）采用全进全出的饲养制度　全进全出的饲养制度是有效防止疾病传播的措施之一。全进全出使得兔场能够做到净场和充分的消毒，切断疾病传播的途径，从而避免患病兔只或病原携带者将病原传染给日龄较小的兔群。

5. 发病后的隔离措施

（1）分群隔离饲养　在发生传染病时，要立即仔细检查所有的兔。根据兔的健康程度不同，可分为不同的兔群隔离措施（表 9-2）。

表 9-2　不同兔群的隔离措施

兔群	隔离措施
病兔	在彻底消毒的情况下，把症状明显的兔隔离在原来的场所，或单独或集中饲养在偏僻、易于消毒的地方；专人饲养，加强护理、观察和治疗，饲养人员不得进入健康兔群的兔舍。要固定所用的工具，注意对场所、用具的消毒，出入口设有消毒池，进出人员必须经过消毒后，方可进入隔离场所。粪便无害化处理，其他闲杂人员和动物避免接近。如经查明，场内只有极少数的兔患病，为了迅速扑灭疫病并节约人力和物力，可以扑杀病兔
可疑病兔	与传染源或其污染的环境（如同群、同笼或同一运动场等）有过密切的接触，但无明显症状的兔，有可能处在潜伏期，并有排菌、排毒的危险。可疑病兔所用的用具必须消毒，然后将其转移到其他地方单独饲养，紧急接种和投药治疗，同时，限制活动场所，平时注意观察
假定健康兔	无任何症状，一切正常。要将这些兔与上述两类兔子分开饲养，并做好紧急预防接种工作，同时，加强消毒，仔细观察，一旦发现病兔，要及时消毒、隔离。此外，对污染的饲料、垫草、用具、兔舍和粪便等进行严格消毒；妥善处理好尸体；做好杀虫、灭鼠、灭蚊蝇工作。在整个封锁期间，禁止由场内运出和向场内运进兔只

（2）禁止人员和兔的流动　禁止兔、饲料、养兔的用具在场内和场外流动，禁止其他畜牧场、饲料间工作人员的来往以及场外人员来兔场参观。

（3）紧急消毒　对环境、设备、用具每天消毒一次并适当加大消毒液的用量，提高消毒的效果。当传染病扑灭后，经过2周不再发现病兔时，再进行一次全面彻底的消毒后，才可以解除封锁。

第四节　保持环境清洁卫生

一、保持兔舍和周围环境卫生

及时清理兔舍的污物、污水和垃圾，定期打扫兔舍顶棚和设备用具的灰尘，每天进行适量的通风，保持兔舍清洁卫生；不在兔舍周围和道路上堆放废弃物和垃圾。清空的兔舍和兔场要进行全面的清洁和消毒。兔舍的清洁按如下程序进行。

1. 排空兔舍

全进全出的兔舍，应尽快使兔舍排空。

2. 清理清扫

（1）将用具或棚架等移出室外浸泡清洗、消毒　在空栏之后，应清除饲料槽和饮水器的残留饲料和饮水，清除舍内的垫料，然后将水槽、饲料槽和一切可以移动的器具搬到舍外的指定地点，集中用消毒药水浸泡、冲洗，消毒。可以的话，在空栏后将棚架拆开，移到舍外浸泡冲洗和消毒。所有电器，如电灯、风扇等也可移出室外清洗、消毒。总之，应将一切可移动的物品搬至舍外进行消毒处理，尽量排空兔舍以进行下一步的处理。

（2）清扫灰尘、垫料和粪便　在移走室内用具后，可用适量清水喷湿天花板、墙壁，然后将天花板和墙壁上的灰尘、蜘蛛网除去，将灰尘、垃圾、垫料、粪便等一起运出并做无害化处理。

3. 清水冲洗

在清除灰尘、垫料和粪便后，可用高压水枪（果树消毒虫用的喷雾器或灭火用水枪）冲洗天花板、墙壁和地面，尤其要重视对角落、缝隙的冲洗，在有粪堆的地方，可用铁片将其刮除后再冲洗。冲洗的标准是要使禽舍内任何一个地方都被清洗干净，这是兔舍清洁消毒中最重要的一环。不能用水冲洗的设备可以使用在消毒液中浸过的抹布涂擦。

4. 清除兔舍周围的杂物和杂草

清除兔舍周围和运动场的杂物和杂草，必要时更换表层泥土或铺上一层生石灰，然后喷湿压实。

5. 检修兔舍和消毒液消毒

冲洗后已干燥的兔舍，要进行全面检修，然后用氢氧化钠、农福、过氧乙酸等消毒药液消毒，必要时还可用杀虫药消灭蚊、蝇等。第一次消毒后，要再用清水冲洗一遍，干燥后再用药物消毒一次。

6. 检修和安装设备用具

检修好采光、通风、降温、加温等系统后，安装棚架、饮水器、饲料槽、电器等，如果需要垫料可放入新鲜垫料。

7. 熏蒸消毒

空置15～20天后，将能够封闭的兔舍，封闭起来，用福尔马林熏蒸消毒。熏蒸消毒应在完全密闭的空间内进行，才能达到较好的消毒效果。如果兔舍的门窗、屋顶等均有很多缺口或缝隙，则熏蒸只能作为一种辅助的消毒手段。

8. 通风

开启门窗，排出残留的刺激性气体，准备开始下一轮的饲养。

二、做好水源防护

水是兔生存和生产最重要的营养素，也是传播疫病的一个重要途径。兔场生产过程中，用水量很大，如饮水、粪尿的冲刷、用具及笼舍的消毒和洗涤以及饲养管理人员的生活用水等。因此，不仅在选择兔场场址时，应将水源作为重要因素考虑，而且兔场建好后还要注意水源的防护。

1. 水源要求

作为规模化兔场的水源，水质必须符合卫生要求（表 9-3、表 9-4）。当饮用水含有农药时，农药含量不能超过表 9-5 中的规定。

表 9-3　畜禽饮用水质量

项目	自备水	地面水	自来水
大肠杆菌值/(个/升)	3	3	—
细菌总数/(个/升)	100	200	—
pH	5.5～8.5	—	—
总硬度/(毫克/升)	600	—	—
溶解性总固体/(毫克/升)	2000	—	—
铅/(毫克/升)	Ⅳ地下水标准	Ⅳ地下水标准	饮用水标准
铬(六价)/(毫克/升)	Ⅳ地下水标准	Ⅳ地下水标准	饮用水标准

表 9-4　兔饮用水水质标准

指标	项目	畜(禽)标准
感官性状及一般化学指标	色度/度	≤30
	浑浊度/NTU	≤20
	臭和味	不得有异臭异味
	肉眼可见物	不得含有
	总硬度(碳酸钙计)/(毫克/升)	≤1500
	pH	5.0～5.9(6.4～8.0)
	溶解性总固体/(毫克/升)	≤1000(1200)
	氯化物(氯计)/(毫克/升)	≤1000(250)
	硫酸盐(硫酸根离子计)/(毫克/升)	≤500(250)
细菌学指标	总大肠杆菌群数/(个/100 毫升)	成畜≤10;幼畜和禽≤1
毒理学指标	氟化物(氟离子计)/(毫克/升)	≤2.0
	氰化物/(毫克/升)	≤0.2(0.05)
	总砷/(毫克/升)	≤0.2
	总汞/(毫克/升)	≤0.01(0.001)
	铅/(毫克/升)	≤0.1
	铬(六价铬计)/(毫克/升)	≤0.1(0.05)
	镉/(毫克/升)	≤0.05(0.01)
	硝酸盐(氮计)/(毫克/升)	≤30

表 9-5　畜禽饮用水中农药限量指标 单位：毫克/毫升

项目	马拉硫磷	乐果	百菌清	甲萘威	2,4-二氯苯氧乙酸
限量	0.25	0.08	0.01	0.05	0.1

2. 水源防护

(1) 水源位置适当　水源位置要选在远离生产区的管理区内，远离其他污染源，并且建在地势高燥处。兔场可以自建深水井和水塔，深层地下水经过地层的过滤作用，又是封闭性水源，水质水量稳定，受污染的机会很少（图 9-17）。

图 9-17 兔场最佳的水源是深井水

(2) 加强水源保护　水源周围没有工业和化学污染以及生活污染（不得建厕所、粪池垃圾场和污水池）等，并在水源周围划定保护区，保护区内禁止一切破坏水环境生态平衡的活动以及破坏水源林、护岸林、与水源保护相关植被的活动；严禁向保护区内倾倒工业废渣、城市垃圾、粪便及其他废弃物；运输有毒有害物质、油类、粪便的船舶和车辆一般不准进入保护区；保护区内禁止使用剧毒和高残留农药，不得滥用化肥，不得使用炸药、毒品捕杀鱼类；避免污水流入水源。

(3) 搞好饮水卫生　定期清洗和消毒饮水用具和饮水系统，保持饮水用具的清洁卫生，保证饮水的新鲜。

(4) 注意饮水检测和处理　定期检测水源的水质，污染时要查找

原因，及时解决；当水源水质较差时要进行净化和消毒处理。

3. 污水处理

污水处理不好，不仅污染本场的水源和空气，还污染环境。因此，规模化兔场必须专门设置排水设施，以便及时排出雨水、雪水及生产污水。全场排水网分主干和支干，主干主要是配合道路网设置的路旁排水沟，可将全场地面径流或污水汇集到几条主干道内排出；支干主要是各运动场的排水沟，设于运动场边缘，利用场地倾斜度，使水流入沟中排走。排水沟的宽度和深度可根据地势和排水量而定，沟底、沟壁应夯实，暗沟可用水管或砖砌，如果暗沟过长（超过 200 米），应增设沉淀井，以免污物淤塞，影响排水。但应注意，沉淀井距供水水源应在 200 米以上，以免造成污染。污水经过消毒后排放，被病原体污染的污水，可用沉淀法、过滤法、化学药品处理法等进行消毒。比较实用的是化学药品消毒法。方法是先将污水处理池的出水管用一木闸门关闭，然后将污水引入污水池，加入化学药品（如漂白粉或生石灰）进行消毒。消毒药的用量视污水量而定（一般 1 升污水用 2～5 克漂白粉）。消毒后，将闸门打开，使污水流出。

三、进行废弃物无害化处理

兔场的废弃物，如粪便、污水、病死兔等直接影响到兔场的卫生和疫病控制，危害兔群安全和公共卫生安全，必须进行无害化处理。

1. 粪便处理

粪便既是污染物质，又是很好的资源。经过堆积腐熟或高温、发酵干燥处理后，粪便体积变小、松软、无臭味，不带病原微生物，可作为有机肥用于农田。比较简单的处理方法是堆粪法，即在距兔场 100～200 米或以外的地方设一个堆粪场，进行堆积发酵（图 9-18）。

如果有传染病发生，在地面挖一浅沟，深约 20 厘米，宽 1.5～2 米，长度不限，随粪便多少确定。堆积粪便的循序见图 9-19。如此堆放 3 周至 3 个月，即可用于肥田。

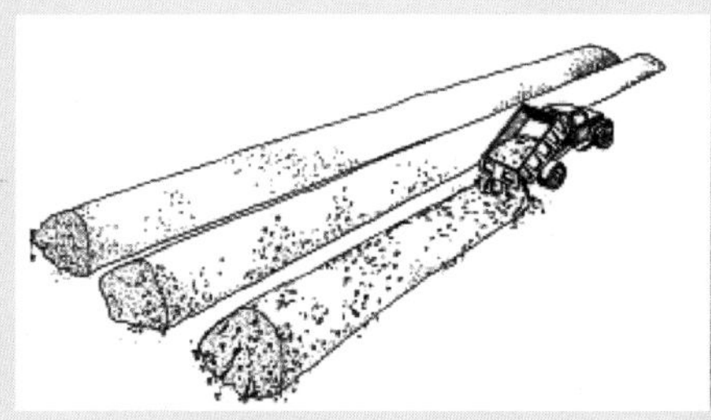

图 9-18　条垛式堆肥发酵处理

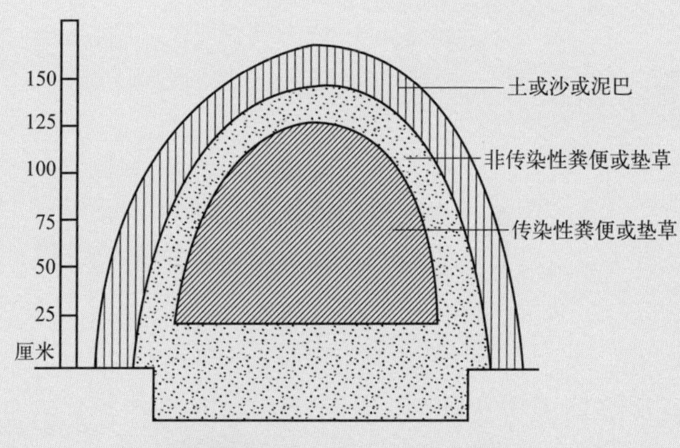

图 9-19　粪便生物热消毒的堆粪法

【提示】直接将处理后的兔粪用作各类旱作物、瓜果等经济作物的底肥，肥效高且肥力持续时间长；或将处理后的兔粪尿加水制成粪尿液，用作追肥喷施植物，不仅用量省、肥效快，增产效果也较显著。粪液的制作方法是将兔粪存于缸内（或池内），加水密封 10～15 天，经自然发酵后，滤出残余固形物，即可喷施农作物。尚未用完或缓用的粪液，应继续存放于缸中封闭保存，以减少氨的挥发。

2. 病死兔处理

科学及时地处理兔尸体，对防止兔传染病的发生、避免环境污染和维护公共卫生等具有重大意义。兔尸体可采用深埋法和高温处理法

进行处理。

（1）深埋法　利用土壤的自净作用使其无害化。此法虽简单但不理想，因其无害化过程缓慢，某些病原微生物能长期生存，从而污染土壤和地下水，并会造成二次污染，所以不是最彻底的无害化处理方法。采用土埋法，必须遵守卫生要求，埋尸坑远离畜舍、放牧地、居民点和水源，地势高燥，尸体掩埋深度不小于 2 米。掩埋前在坑底铺上 2～5 厘米厚的石灰，尸体投入后，再撒上石灰或撒上消毒药剂，埋尸坑四周最好设栅栏并做上标记（图 9-20）。

图 9-20　病死兔深埋法

（2）高温处理法　对确认是兔病毒性出血症、野兔热、兔产气荚膜梭菌病等传染病和恶性肿瘤或两个器官发现肿瘤的病兔整个尸体及从其他患病兔各部位割除下来的病变部分和内脏以及弓形虫病、梨形虫病、锥虫病等病畜的肉尸和内脏等进行高温处理。高温处理方法有：湿法化制，是利用湿化机，将整个尸体投入进行化制（熬制工业用油）。焚毁，是将整个尸体或割除下来的病变部分和内脏投入焚化炉中烧毁炭化。高压蒸煮，是把肉尸切成重不超过 2 千克、厚不超过 8 厘米的肉块，放在密闭的高压锅内，在 112 千帕压力下蒸煮 1.5～2 小时。一般煮沸法，是将肉尸切成规定大小的肉块，放在普通锅内煮沸 2～2.5 小时（从水沸腾时算起）。

3. 病畜产品处理

（1）血液　漂白粉消毒法，用于确认为兔病毒性出血症、野兔热、兔产气荚膜梭菌病等传染病以及血液寄生虫病病畜禽血液的处理。将 1 份漂白粉加入 4 份血液中充分搅拌，放置 24 小时后于专门设置掩埋废弃物的地点掩埋。高温处理时将已凝固的血液切成豆腐方块，放入沸水中烧煮，至血块深部呈黑红色并呈蜂窝状时为止。

（2）蹄、骨和角　肉尸高温处理时，将剔出的病畜禽骨和病畜的蹄、角放入高压锅内蒸煮至骨脱或脱脂为止。

（3）皮毛

① 盐酸食盐溶液消毒法。用于被兔病毒性出血症、野兔热、兔产气荚膜梭菌病等疫病污染的和一般病畜的皮毛消毒。用 2.5%盐酸溶液和 15%食盐水溶液等量混合，将皮张浸泡在此溶液中，并使液温保持在 30℃左右，浸泡 40 小时，皮张与消毒液之比为 1∶10（质量/体积）。浸泡后捞出沥干，放入 2%氢氧化钠溶液中，以中和皮张上的酸，再用水冲洗后晾干。也可按 100 毫升 25%食盐水溶液中加入盐酸 1 毫升配制消毒液，在 15℃条件下浸泡 18 小时，皮张与消毒液之比为 1∶4。浸泡后捞出沥干，再放入 1%氢氧化钠溶液中浸泡，以中和皮张上的酸，再用水冲洗后晾干。

② 过氧乙酸消毒法。用于任何病畜的皮毛消毒。将皮毛放入新鲜配制的 2%过氧乙酸溶液中浸泡 30 分钟，捞出，用水冲洗后晾干。

③ 碱盐液浸泡消毒法。用于兔病毒性出血症、野兔热、兔产气荚膜梭菌病污染的皮毛消毒。将病皮浸入 5%碱盐液（饱和盐水内加 5%烧碱）中，室温（17～20℃）浸泡 24 小时，并不时加以搅拌，然后取出挂起，待碱盐液流净，再放入 5%盐酸液内浸泡，使皮上的酸碱中和，捞出，用水冲洗后晾干。

④ 石灰乳浸泡消毒法。用于口蹄疫和螨病病畜病皮的消毒。制法：将 1 份生石灰加 1 份水制成熟石灰，再用水配成 10%或 5%混悬液（石灰乳）。口蹄疫病畜病皮，将病畜病皮浸入 10%石灰乳中浸泡 2 小时，然后取出晾干；螨病病畜病皮，将病皮浸入 5%石灰乳中浸泡 12 小时，然后取出晾干。

⑤ 盐腌消毒法。用于布鲁氏菌病病畜病皮的消毒。用皮重 15%

的食盐，均匀撒于皮的表面。一般毛皮腌制2个月，胎儿毛皮腌制3个月。

四、做好灭鼠、杀虫工作

1. 灭鼠

鼠是人、畜多种传染病的传播媒介，它还盗食饲料，咬坏物品，污染饲料和饮水，危害极大，因此兔场必须加强灭鼠。

① 防止鼠类进入建筑物。鼠类多从墙基、天棚、瓦顶等处窜入室内，在设计施工时注意墙基最好用水泥制成；碎石和砖砌的墙基，应用灰浆抹缝。墙面应平直光滑，防鼠沿粗糙墙面攀登。砌缝不严的空心墙体，易使鼠隐匿营巢，要填补抹平。通气孔、地脚窗、排水沟（粪尿沟）出口均应安装孔径小于1厘米的铁丝网，以防鼠窜入。

② 器械灭鼠。器械灭鼠方法简单易行，效果可靠，对人、畜无害。灭鼠器械种类繁多，方法主要有夹、关、压、卡、翻、扣、淹、粘、电等（图9-21）。

图9-21 器械灭鼠

③ 化学灭鼠。化学灭鼠效率高、使用方便、成本低、见效快，缺点是能引起人、畜中毒，有些鼠对药物有选择性、拒食性和耐药性。所以，使用时须选好药剂和注意使用方法，以确保安全有效。灭

鼠时要加强管理，避免人和其他动物鼠药中毒。灭鼠药剂种类很多，主要有灭鼠剂、熏蒸剂、烟剂、化学绝育剂等（图 9-22）。兔场以饲料库、兔舍的鼠类最多，是灭鼠的重点场所。饲料库可用熏蒸剂毒杀。兔舍灭鼠投放毒饵时，要防止兔食。鼠尸应及时清理，以防被人、畜误食而发生二次中毒。选用鼠吃惯了的食物作饵料，要突然投放、饵料充足、分布广泛，以保证灭鼠的效果。

图 9-22　化学灭鼠药物

2. 杀虫

兔场易滋生蚊、蝇等有害昆虫，骚扰人、畜和传播疾病，给人、畜健康带来危害，应采取综合措施杀灭（图 9-23）。

① 注意环境卫生。搞好兔场环境卫生，保持环境清洁、干燥，是杀灭蚊蝇的基本措施。蚊虫需在水中产卵、孵化和发育，蝇蛆也需在潮湿的环境及粪便等废弃物中生长。因此，要填平无用的污水池、土坑、水沟和洼地。保持排水系统畅通，对阴沟、沟渠等定期疏通，勿使污水储积。对贮水池等容器加盖，以防蚊蝇飞入产卵。对不能清除或需要的水池，在蚊蝇滋生季节，应定期换水。永久性水体（如鱼塘、池塘等），蚊虫多滋生在水浅而有植被的边缘区域，修整边岸、加大坡度和填充浅湾，能有效地防止蚊虫滋生。兔舍内的粪便应定时清除，并及时处理，贮粪池应加盖并保持四周环境的清洁。

② 物理杀灭。利用机械方法以及光、声、电等物理方法，捕杀、诱杀或驱逐蚊蝇。我国生产的多种紫外线灯和其他光诱器，效果良

好。此外，还有可以发出声波或超声波并能将蚊蝇驱逐的电子驱蚊器等，都具有防除效果。

③ 生物杀灭。利用天敌杀灭害虫，如池塘养鱼即可达到治蚊的目的。此外，应用细菌制剂——内菌素杀灭吸血蚊的幼虫，效果良好（图 9-23）。

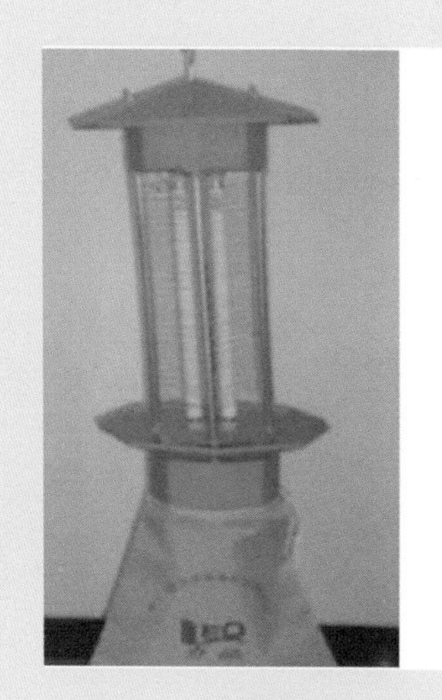
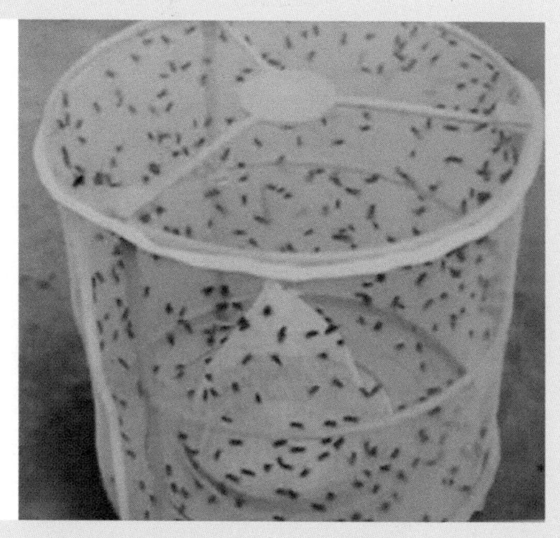

图 9-23 光触媒灯光灭蝇（左图）和诱杀剂灭蝇（右图）

④ 化学杀灭。化学杀灭是使用天然或合成的毒物，以不同的剂型（粉剂、乳剂、油剂、水悬剂、颗粒剂、缓释剂等），通过不同途径（胃毒、触杀、熏杀、内吸等），毒杀或驱逐蚊蝇。化学杀虫法具有使用方便、见效快等优点，是当前杀灭蚊蝇的较好方法。马拉硫磷为有机磷杀虫剂。它是世界卫生组织推荐用的室内滞留喷洒杀虫剂，其杀虫作用强而快，具有胃毒、触毒作用，也可作熏杀，杀虫范围广，可杀灭蚊、蝇、蛆、虱等，对人、畜的毒害小，故适合畜舍内使用。拟除虫菊酯类杀虫剂是一种神经毒药剂，可使蚊蝇等迅速呈现神经麻痹而死亡。杀虫力强，特别是对蚊的毒效比敌敌畏、马拉硫磷等高 10 倍以上；对蝇类，因不产生抗药性，故可长期使用（图 9-24）。若条件允许，在饲料中适当加入杀幼虫剂，对

灭蝇虫也有效。

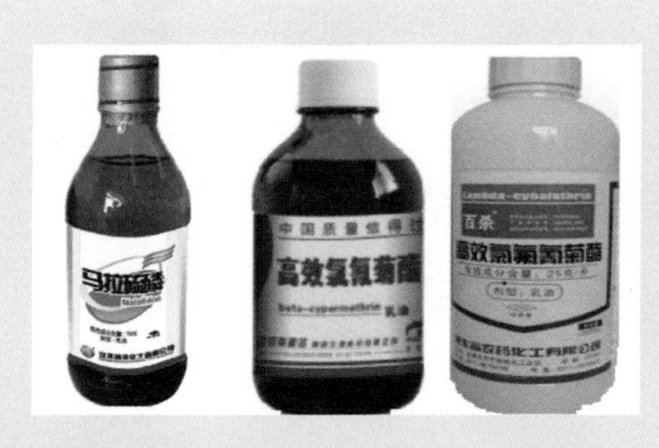

图 9-24　马拉硫磷（左图）和拟除虫菊酯类杀虫剂（右图）

第五节　科学的饲养管理

科学的饲养管理可以增强兔群的抵抗力和适应力，从而提高兔体的抗病力。

一、满足营养需要

兔体摄取的营养成分和含量不仅影响生产性能，还影响健康。营养不足不但引起营养缺乏症，而且影响免疫系统的正常运转，导致机体的免疫机能低下。所以要供给全价平衡日粮，保证营养全面充足。大型集约化养兔场可将所进原料或成品料分析化验之后，再依据实际含量进行饲料的配合，严防购入掺假、发霉等不合格的饲料，以免造成不必要的经济损失（图 9-25）。小型兔场和专业户最好从信誉高、有质量保证的大型饲料企业采购饲料。自己配料的养殖户，最好能将所用原料送质检部门化验后再用，以免造成不可挽回的损失；按照兔群不同时期各个阶段的营养需要量，科学设计配方，合理加工调制，保证日粮的全价性和平衡性；重视饲料的贮存，防止饲料腐败变质和污染（图 9-26）。

图 9-25 玉米螟侵害及真菌感染（左图）和霉变的玉米（右图）

图 9-26 饲料合理搭配（左图）和科学饲喂（右图）

二、供给充足卫生的饮水

水是重要的营养素，保证兔体健康和正常生产必须保证充足的饮水，特别是在炎热的高温季节，如果水供应不足，则会影响兔体的抵抗力。同时，水可以传播疫病，必须保证兔饮用的水洁净卫生，符合饮水标准，并定期进行饮水消毒，脏水和咸水不能让兔饮用。在家兔饮水中，放入食盐和白矾，可以败火和防止兔口腔生病，增强抵抗力；在家兔的饮水中加一点醋，可达到防病的目的；断奶仔兔断奶之日起，每天饮用 0.01%的碘溶液 50 毫升/只，连饮 10 天，停 5 天，再饮 0.02%的碘溶液 70～100 毫升/只，连饮 15 天，即可防治球虫病。梅雨季节，在饮水中加几滴碘酒，可预防球虫病和肠道炎症；用1%的高锰酸钾水给兔喂饮，有消毒、杀菌、除臭、防腐、收敛和减少消化道炎症的作用。

三、加强种兔的挑选

选择优质、健康和洁净的种兔是获得高产的基础，也是减少疾病的重要措施。

1. 外貌特征要求

种兔的外貌特征要求见表9-6。

表9-6　种兔的外貌特征要求

部位	要求
头部	头的大小要与身体相匀称,公兔的头应稍显宽阔,母兔的头应显得清秀。眼睛明亮圆睁,没有眼泪,反应敏捷;鼻孔干净通畅呈粉红色,没有任何附着物,没有损伤和脱毛;两耳直立灵活,温度适宜,无疥癣,耳孔内没有脓痂或分泌物
体躯	胸部宽深、背部平直、臀部丰满,腹部有弹性而不松弛
四肢	强壮有力,肌肉发达,姿势端正;无软弱、外翻、跛行、瘫痪现象或“划水”姿势
皮毛	被毛的颜色、长短和整齐度符合品种特征,肉兔和兼用兔被毛浓密、柔软,有弹性和光泽;长毛兔被毛洁白、光亮、松软不结块;獭兔毛色纯正、光亮。皮肤厚薄适中,有弹性。全身被毛完整无损,无伤斑和疥癣
外生殖器	母兔外阴开口端正,没有异常的肿胀和炎症,周围的毛不湿也不发黄。公兔的阴茎稍微弯曲但不外露,阴茎头无炎症,包皮不肿大;睾丸大小适中,两侧光滑、一致、坚实有弹性,阴囊无外伤和伤痕
乳头	奶头和乳房无缺损,乳头数越多越好,至少4对以上
肛门	周围洁净,没有粪便污染。挤出的粪便呈椭圆形。大小一致,干湿适中,不带有黏液和血迹

2. 技术要求

一要弄清楚品种及来源、种兔的规格、公母比例[一般为(1∶4)～(1∶6)]；二要注意种兔有没有系谱卡和耳标号，并且保证准确真实；三要进行疫苗免疫和驱虫。调运前20天进行兔瘟、巴氏杆菌和产气荚膜梭菌病三联苗注射。调运前15天进行体内寄生虫和体外

寄生虫的驱除工作。

四、严格管理

1. 保持适宜的环境条件

根据季节气候的差异，做好小气候环境的控制，适当调整饲养密度，加强通风，改善兔舍的空气环境。做好防暑降温、防寒保温、卫生清洁工作，使兔群生活在一个舒适、安静、干燥、卫生的环境中。

（1）适宜温度　温度是主要环境因素之一，舍内温度的过高过低都会影响兔的健康和生产性能的发挥。各种日龄兔适宜温度见表9-7。

表 9-7　各种日龄兔适宜温度

日龄	1	5	10	20～30	45	60 天以上	成年兔
肉兔的温度/℃	35	30	25～30	20～30	18～30	18～24	15～25
长毛兔的温度/℃	35	30	25～30	20～25	15～20	15～20	5～15

（2）适宜湿度　兔喜欢干燥，湿度过大，兔会感到不适，被毛易污染，细菌、病毒、真菌易于滋生，不利于兔子的健康。最适宜的相对湿度为 60％～65％（图 9-27）。

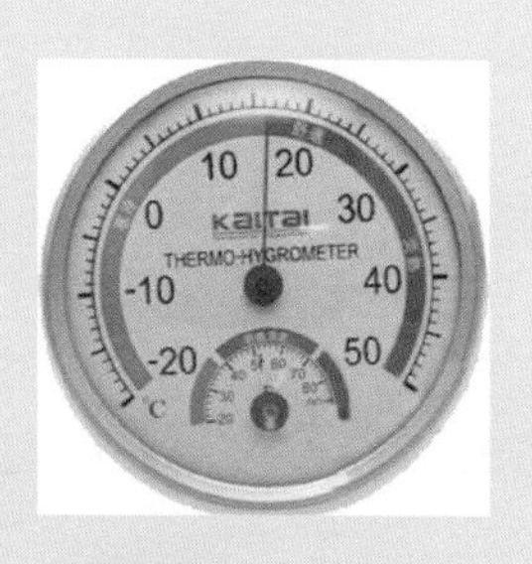

图 9-27　兔舍湿度要求

（3）适宜光照　光照对兔的生理机能有着重要调节作用。适宜的光照有助于增强兔的新陈代谢，增进食欲，促进钙、磷的代谢；光照不足则可导致兔的性欲和受胎率下降。此外，光照还具有杀菌、保持兔舍干燥和预防疾病等作用。家兔对光照的反应远没有对温度及有害气体敏感。目前对兔舍光照控制着重在光照时间（图 9-28）。

光照强度
- 繁殖母兔25~35勒克斯，同期发情时60勒克斯
- 其他兔20勒克斯为宜
- 仔兔、幼兔光照强度弱些

光照时间
- 繁殖母兔：14~16小时
- 种公兔：8~12小时
- 仔兔、幼兔：自然光照
- 育肥兔：8~10小时

图 9-28　兔舍的光照

【提示】给家兔供光多采用白炽灯或日光灯。以白炽灯供光较为合适，它既提供了必要的光照强度，又耗电较低，但安装投入较高。普通兔舍多依赖于门窗供光，一般不再补充光照，但应避免阳光直接照射兔体。

（4）适宜通风　兔体排出的粪尿及被污染的垫草，在一定温度下，分解产生氨气、硫化氢、甲烷、二氧化碳等有害气体。舍内的微小尘埃过多时，可侵害肺部，并加剧巴氏杆菌病的蔓延。由于兔的呼吸作用及舍内蒸发作用，使舍内湿气增加。舍内温度越高，饲养密度越大，有害气体浓度越大。家兔对空气质量比对湿度更为敏感，如果氨气浓度超过（2～3）$\times 10^{-5}$，常常诱发各种呼吸道病、眼病等，尤其可引起巴氏杆菌病蔓延，使种兔失去种用价值，严重降低效益。兔舍有害气体允许浓度标准：氨气$<3\times 10^{-5}$；二氧化碳$<3.5\times 10^{-3}$；硫化氢$<10^{-5}$。

通风是控制兔舍有害气体的关键措施，在夏季可打开门窗自然通风，冬季靠通风装置加强换气，但应根据兔场所在地区的气候、季节、饲养密度等严格控制通风量和风速。通风量过大风速、风速过急或气流速度与温度之间不平衡等，同样可诱发兔的呼吸道病和腹泻等。确定通风量时可先测定舍内温度、湿度，再确定风速，控制空气

流量。精确控制需通过专用仪器测算，亦可通过观察蜡烛火的倾斜情况来确定风速。倾斜30°时，风速为0.1～0.3米/秒，60°时为0.3～0.8米/秒，90°时则超过1米/秒。兔体附近风速不得超过0.5米/秒。

通风方式分自然通风和动力通风两种（图9-29）。为保障自然通风畅通，兔舍不宜建得过宽，以不大于9米为好，空气入口处除气候炎热地区应低些外，一般要高些。在墙上对称设窗，排气孔的面积为舍内地面面积的2%～3%，进气孔为3%～5%，育肥商品兔舍每平方米饲养活重不超过20～30千克。动力通风多采用鼓风机进行正压或负压通风。负压通风指的是将舍内空气抽出，将鼓风机安在兔舍两侧或前后墙。它是目前较多用的方法，投入较少，舍内气流速度弱，又能排出有害气体，并且由于进入的冷空气需先经过舍内空间再与兔体接触，还避免了直接刺激，但易发生疾病交叉感染。正压通风指的是将新鲜空气吹入，使得舍内原有空气压向排气孔排出。先进的养兔国家装设鼓风加热器，即先预热空气，避免冷风刺激。无条件装设鼓风加热器的兔场，可选用负压方式通风。

此外，在控制有害气体时，尚需及时清除粪尿，减少舍内水管、饮水器的泄漏，经常保持兔笼底网的清洁干燥。

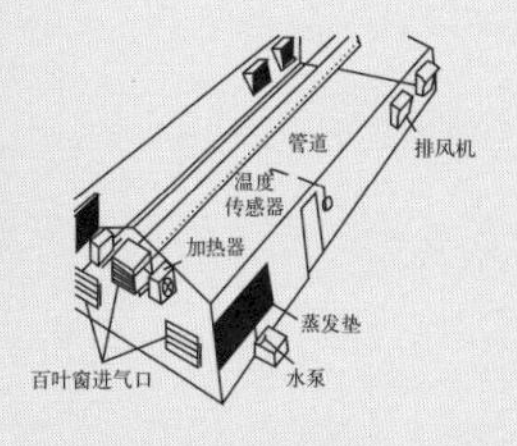

图9-29　通风方式

利用窗户进行通风（左图）；利用屋顶的无动力通风系统通风（中图）；全气候性机械通风系统（右图）

2. 做好各阶段兔的管理

结合不同阶段、不同类型兔的特点，制订科学的饲养管理措施，进行科学的管理，提高兔体的抵抗力，减少疾病发生。

3. 注意观察兔群和定期检查

（1）注意观察兔群　兔是无言的动物，但通过认真仔细的观察，仍可以及时发现问题，防患于未然。日常观察是饲养管理的重要程序，是养兔者的职业行为和习惯。观察要有目的和方法。如每次进入兔舍喂兔时，首先要做的工作应是对兔群进行一次全面或重点检查，包括：兔群的精神和食欲（饲槽内是否有剩料），粪便的形态、大小、颜色和数量，尿液的颜色，有无异常的声音（如咳嗽、喷嚏声）和伤亡，有无拉毛、叼草和产仔，有无发情的母兔等。其实这些工作对于有经验的饲养员来说，可以做到一边喂兔，一边观察，一边记录或处理。如果个别兔子异常，要对其进行及时处理。如果怀疑传染病，应及时隔离。如果异常兔数量多，应引起高度重视，及时分析原因，并采取果断措施。

（2）定期检查　兔的管理有日常检查和定期检查。日常检查包括每天对食欲、精神、粪便、发情等的细致观察，而定期检查是根据兔的不同生理阶段和季节进行的常规检查。一般结合种兔的鉴定，对兔群进行定期检查。检查的主要内容有：一是重点疾病，如耳癣、脚癣、毛癣、脚皮炎、鼻炎、乳腺炎和生殖器官炎症；二是种兔体质，包括膘情、被毛、牙齿、脚爪和体重；三是繁殖效果的检查，对繁殖记录进行统计，按成绩高低排队，作为选种的依据，剔除出现遗传疾病的个体或隐性有害基因携带者，淘汰生产性能低下的个体和老弱病残兔，调整配种效果不理想的组合；四是生长发育和发病死亡。如果生长速度明显不如过去，应查明原因，是饲料的问题，还是管理的问题或其他问题。注意发病率和死亡率是否在正常范围，了解主要的疾病种类和发病阶段。定期检查要进行及时记录登记，并作为历史记录，以便为日后提供参考。每年都要进行技术总结，以便填写本场的技术档案。重点疾病的检查一般每月进行一次，而其他三种定期检查则保证每季度一次。

4. 做好兔场的记录工作

做好采食、饮水、产仔、增重、免疫接种、消毒、用药、疾病、环境变化等记录工作，有利于发现问题和解决问题，有利于总结经验

和吸取教训，有利于提高管理水平和疾病防治能力。

第六节　严格的消毒

兔场消毒就是将养殖环境、养殖器具、动物体表、进入的人员或物品、动物产品等中存在的微生物全部或部分杀灭或清除的方法。消毒的目的在于消灭被病原微生物污染的场内环境、兔体表面及设备器具上的病原体，切断传播途径，防止疾病的发生或蔓延。

一、消毒的方法

1. 机械性清除

（1）清扫、铲刮、冲洗　用清扫、铲刮、冲洗等机械方法清除降尘、污物及沾染的墙壁、地面以及设备上的粪尿、残余的饲料、废物、垃圾等（图 9-30），可处掉 70%的病原，并为药物消毒创造条件。

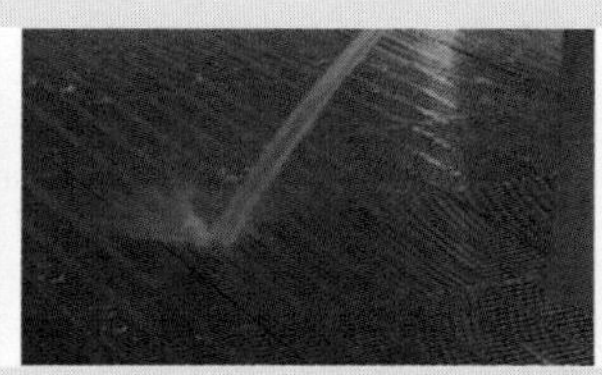

图 9-30　高压水枪冲洗地面（左图）、水洗网面（中图）和冲洗用具（右图）

（2）适当通风　特别是在冬、春季，可在短时间内迅速降低舍内病原微生物的数量，加快舍内水分蒸发，保持干燥，可使除芽孢、虫卵以外的病原失活，起到消毒作用。

2. 物理消毒法

（1）紫外线　利用太阳中的紫外线或安装波长为 240～280 纳米的紫外线灯（图 9-31）等可以杀灭病原微生物。一般病毒和非芽孢的菌体，在阳光直射下，只需要几分钟到一小时就能被杀死。即使是抵抗力很强的芽孢，在连续几天的强烈阳光下反复暴晒也可变弱或被杀死。利用阳光消毒运动场及移出舍外的、已清洗的设备与用具等，既经济又简便。

图 9-31　紫外线灯

（2）高温　高温消毒主要有火焰、煮沸与蒸汽等形式。利用酒精喷灯的火焰杀灭地面、耐高温的网面上的病原微生物，但不能对塑料、木制品和其他易燃物品进行消毒，消毒时应注意防火。另外对有些耐高温的芽孢（破伤风梭菌芽孢、炭疽杆菌芽孢），使用火焰喷射时靠短暂高温来消毒，效果难以保证。蒸汽可进行灭菌，设备主要有手提式下排气式压力蒸汽灭菌锅和高压灭菌器（图 9-32）。

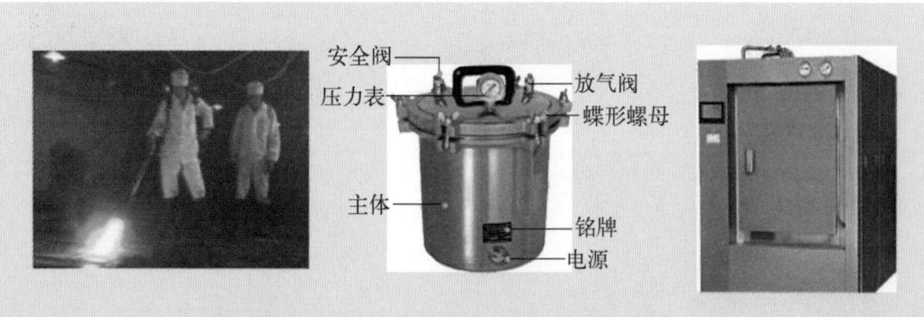

图 9-32　酒精喷灯的火焰（左）、手提式下排气式压力蒸汽灭菌锅（中）和高压灭菌器（右）

3. 化学药物消毒法

利用化学药物杀灭病原微生物以达到预防感染和传染病传播和流

行的方法，称作化学药物消毒法。使用的化学药品称化学消毒剂，此法在养兔生产中是最常用的方法。

4. 生物消毒法

生物消毒法是指利用生物技术将病原微生物杀灭或清除的方法。如粪便的堆积进行需氧或厌氧发酵产生一定的高温可以杀死粪便中的病原微生物（图 9-33）。

图 9-33　粪便堆积发酵

二、化学消毒剂的使用方法

化学消毒剂的使用方法见表 9-8。

表 9-8　化学消毒剂的使用方法

方法	用途
浸泡法	主要用于消毒器械、用具、衣物等。一般洗涤干净后再行浸泡，药液要浸过物体，浸泡时间以长些为好，水温以高些为好。在兔舍进门处消毒槽内，可用浸泡药物的草垫或草袋对人员的靴鞋消毒
喷洒法	喷洒地面、墙壁、舍内固定设备等，可用细眼喷壶；对兔内空间消毒，则用喷雾器。喷洒要全面，药液要喷到物体的各个部位
熏蒸法	适用于可以密闭的兔舍。这种方法简便、省事，对房屋结构无损，消毒全面，兔场常用。常用的药物有福尔马林（40%的甲醛水溶液）、过氧乙酸水溶液。为加速蒸发，常利用高锰酸钾的氧化作用

续表

方法	用途
气雾法	气雾粒子是悬浮在空气中的气体与液体的微粒,直径小于200纳米,能悬浮在空气中较长时间,可到处漂移穿透到畜舍内的周围及其空隙。气雾是消毒液倒进气雾发生器后喷射出的雾状微粒,是消灭空气中病原微生物的理想办法。全面消毒兔舍空间,每立方米用5%的过氧乙酸溶液2.5毫升喷雾

三、兔场的消毒程序

1. 进入车辆和人员消毒

① 进入场区的车辆要进行车轮消毒和车体喷雾消毒，消毒池内的消毒液可以使用消毒作用时间长的复合酚类和氢氧化钠（3%～5%溶液），最好再设置喷雾消毒装置对车体进行喷雾消毒，喷雾消毒液可用1∶1000的氯制剂（图9-34）。

图9-34　车辆消毒

② 人员进入兔场应严格按防疫要求进行消毒。消毒室要设置淋浴装置、熏蒸衣柜和配套场区工作服，进入人员必须淋浴，换上清洁消毒好的工作衣帽和靴后方可进入，工作服不准穿出生产区，要定期更换清洗消毒（图9-35）。

③ 进入场区的所有物品、用具都要消毒。

2. 场区环境消毒

（1）生活管理区的消毒　建立外源性病原微生物的净化区域。在

图 9-35 人员消毒室（左图为雾化中的人员通道；右图为更衣室紫外线灯消毒）

兔场生活区门口经过简单消毒后，进入生活区的人员和物品还需要在生活区内进行消毒和净化，所以生活区的消毒是控制疫病传播最有效的做法之一。生活区消毒的常规做法有：生活区的所有房间每天用消毒液喷洒消毒一次；每月对所有房间甲醛熏蒸消毒一次；对生活区的道路每周进行两次环境大消毒；外出归来的人员所带东西存放在外更衣柜内，必须带入者需经主管批准；所穿衣服，先熏蒸消毒，再在生活区清洗后存放在外更衣柜中；入场物品需经两种以上消毒液消毒；在生活区外面处理蔬菜，只把洁净的蔬菜带入生活区内处理，制订严格的伙房和餐厅消毒程序。仓库只有外面有门，每进入的物品都需用甲醛熏蒸消毒一次。生活区与生产区只能通过消毒间相通，其他门口全部封闭。

（2）生产区的消毒　兔场内消毒的目的是最大限度地消灭本场病原微生物的存在。因此，要制订场区内卫生防疫消毒制度，并严格按要求去执行。同时要在大风、大雾、大雨过后对兔舍和周围环境进行1～2次严格消毒。生产区内所有人员不准走土地面，以杜绝泥土中病原体的传播。

每天对生产区主干道、厕所消毒一次，可用火碱加生石灰水喷洒消毒；每天对兔舍门口、操作间清扫消毒一次；每周对整个生产区进行两次消毒（图 9-36），疫情发生时，消毒要更加严格（图 9-37）。要减少杂草上的灰尘，确保兔舍周围 15 米内无杂物和过高的杂草；定期灭鼠，每月一次；确保生产区内没有污水集中之处，任何人不能私自进入污区；兔场要严格划分净区与污区，这是兔场管理的硬性措施。

图 9-36 日常的场区消毒

图 9-37 发生疫情时场区的消毒

3. 兔舍消毒

（1）空舍消毒　好的清洁工作可以清除场内 80%的病原微生物，这将有助于消毒剂更好地杀灭余下的病原菌。应用合理的清理程序能有效地清洁兔舍及相关环境，提高消毒效果。

第一步：清洁

① 清理。移走动物并清除地面和裂缝中的垫料后，将杀虫剂直接喷洒于舍内各处。彻底清理更衣室、卫生隔离栅栏和其他兔舍相关场所；彻底清理饲料输送装置、料槽、饲料贮存器和运输器以及称重

设备。将废弃的垫料移至兔场外，如需存放在场内，则应尽快严密地盖好以防被昆虫利用并转移至邻近兔舍。取出屋顶电扇以便更好地清理插座和转轴。在墙上安装的风扇则可直接清理，但应能有效地清除污物；清理供热装置的内部，以免当兔舍再次升温时，蒸干的污物碎片被吹入干净的房舍内。

② 清洗和擦拭。将兔舍内无法清洁的设备拆卸至临时场地进行清洗，并确保其清洗后的排放物远离兔舍。清洗工作服和靴子；对不能用水直接来清洁的设备，可以用浸湿的抹布擦拭。

③ 清除。清除在清理过程兔舍中所残留粪便和其他有机物（图9-38）。

图 9-38 清理兔舍的粪便、垃圾和污染物质

④ 冲洗。水泥地用清洁剂溶液浸泡 3 小时以上，再用高压水枪冲洗。应特别注意冲洗不同材料的连接点和墙与屋顶的接缝，使消毒液能有效地深入其内部。饲喂系统和饮水系统也同样用泡沫清洁剂浸泡 30 分钟后再冲洗。在应用高压水枪时，出水量应足以迅速冲掉这些泡沫及污物，但注意不要把污物溅到清洁过的表面上（图 9-39）。泡沫清洁剂能更好地黏附在天花板、风扇转轴和墙壁的表面，浸泡约 30 分钟后，用水冲下。由上往下，用可四周转动的喷头冲洗屋顶和转轴，用平直的喷头冲洗墙壁。

⑤ 检查。检查所有清洁过的房屋和设备，看是否有污物残留（是否有清洗和消毒漏下的设备）；重新安装好兔舍内的清洗消毒设备；关闭房舍，给需要处理的物体（如进气口）表面加盖好可移动的防护层。

图 9-39　高压水枪清扫

第二步：消毒

① 消毒药喷洒。兔舍冲洗干燥后，用5%～8%的火碱溶液喷洒地面、墙壁、屋顶、笼具、饲槽等2～3次（图9-40）；用清水洗刷饲槽和饮水器。不宜用水冲洗和火碱消毒的设备可以用其他消毒液涂擦。

图 9-40　火碱溶液喷洒笼具

② 移出设备的消毒。将兔舍内移出的设备用具放到指定地点，先清洗再消毒。如果能够放入消毒池内浸泡，最好放在3%～5%的

火碱溶液或3%～5%的福尔马林溶液中浸泡3～5小时；不能放入池内的，可以使用3%～5%的火碱溶液彻底全面喷洒。消毒2～3小时后，用清水清洗，放在阳光下暴晒备用。

③ 饮水系统的消毒。对于封闭的饮水系统，可通过松开部分的连接点来确认其内部的污物。污物可粗略地分为有机物（如细菌、藻类或霉菌）和无机物（如盐类或钙化物），可用碱性化合物或过氧化氢去除前者或用酸性化合物去除后者，但这些化合物都具有腐蚀性。还要确认主管道及其分支管道是否均被冲洗干净。

开放的圆形和杯形饮水系统用清洁液浸泡2～6小时，将钙化物溶解后再冲洗干净，如果钙质过多，则须刷洗。将带乳头的管道灌满消毒药，浸泡一定时间后冲洗干净并检查是否残留消毒药；而开放的部分则可在浸泡消毒液后冲洗干净。

④ 熏蒸消毒。能够密闭的兔舍，特别是幼兔舍，将移出的设备和或许要的设备用具移入舍内，密闭熏蒸后待用。在室温为18～20℃，相对湿度为70%～90%时，处理剂量为每立方米空间福尔马林28毫升、高锰酸钾14克（污染严重的兔舍可用42毫升福尔马林和21克高锰酸钾），密闭熏蒸48小时（图9-41）。地面饲养时，进兔前可以在地面撒一层新鲜的生石灰，对地面进行消毒，也有利于地面干燥（图9-42）。

图9-41　熏蒸消毒（左图为熏蒸需要的药物；右图为熏蒸）

图 9-42 地面撒布新鲜生石灰

（2）带兔消毒　即在兔舍有兔时，用消毒药物对兔舍进行消毒。带兔消毒可以对兔舍进行彻底的全面消毒，降低舍内空气中的粉尘、氨气，夏季有利于降温和减少热应激。平常每周 2～3 次，发生疫病期间每天 1 次，可以大大减轻疫病的发生。选用高效、低毒、广谱、无刺激性的消毒药（如 0.3%过氧乙酸或 0.05%～0.1%百毒杀等）进行消毒，主要有以下方法。

一是喷雾法或喷洒法。消毒器械一般选用高压动力喷雾器或背负式手摇喷雾器，将喷头高举空中，喷嘴向上以画圆方式先内后外逐步喷洒，使药液如雾一样缓慢下落。要喷到墙壁、屋顶、地面，以均匀湿润和兔体表稍湿为宜，不得直喷兔体（图 9-43）。喷出的雾粒直径应控制在 80～120 微米之间，不要小于 50 微米。雾粒粒径过大易造成喷雾不均匀和兔舍太潮湿，并且在空中下降速度太快，与空气中的病原微生物、尘埃接触不充分，起不到消毒的作用；雾粒粒径太小则易被兔吸入肺泡，引起肺水肿，甚至引发呼吸道病。同时喷雾消毒必须与通风换气措施配合起来。

喷雾量应根据兔舍的构造、地面状况、气象条件适当增减，一般按 50～80 毫升/米^3（100～240 毫升/米^2，以地面、墙壁、天花板均匀湿润和兔体表微湿为宜）计算。最好每 3～4 周更换一种消毒药。冬季寒冷喷雾时应将舍内温度比平时提高 3～4℃，不要把兔喷得太湿，也可使用温水稀释；夏季带兔消毒有利于降温和减少热应激死

亡。也可以使用过氧乙酸，每立方米空间用30毫升的纯过氧乙酸配成0.3%的溶液喷洒，选用大雾滴的喷头，喷洒兔舍各部位、设备、兔群（图9-43）。

图9-43 带兔消毒

二是熏蒸法。对化学药物进行加热使其产生气体，达到消毒的目的。常用的药物有食醋和过氧乙酸。每立方米空间使用5～10毫升的食醋，加1～2倍的水稀释后加热蒸发。30%～40%的过氧乙酸，每立方米用1～3克，稀释成3%～5%溶液，加热熏蒸；室内相对湿度要在60%～80%，若达不到此数值，可采用喷热水的办法增加湿度，密闭门窗，熏蒸1～2小时，打开门窗通风。

（3）兔舍中设备用具消毒 饲喂、饮水用具每周洗刷消毒一次，炎热季节应增加次数，正反两面都要清洗消毒。可移动的食槽和饮水器应放入水中清洗，刮除食槽上的饲料结块，放在阳光下曝晒。固定的食槽和饮水器，应彻底水洗刮净、干燥后，用常用的阳离子清洁剂或两性清洁剂消毒；也可用高锰酸钾、过氧乙酸和漂白粉液等消毒。如可使用5%漂白粉溶液喷洒消毒。拌饲料的用具及工作服，每天用紫外线照射一次，照射时间20～30分钟。其他用具如医疗器械，必须先冲洗后再煮沸消毒。产箱可以使用火焰消毒（图9-44）。

图 9-44　产箱的火焰消毒

4. 工作人员手的消毒

工作人员工作前要洗手消毒。消毒后 30 分钟内不要用清水洗手（图 9-45）。

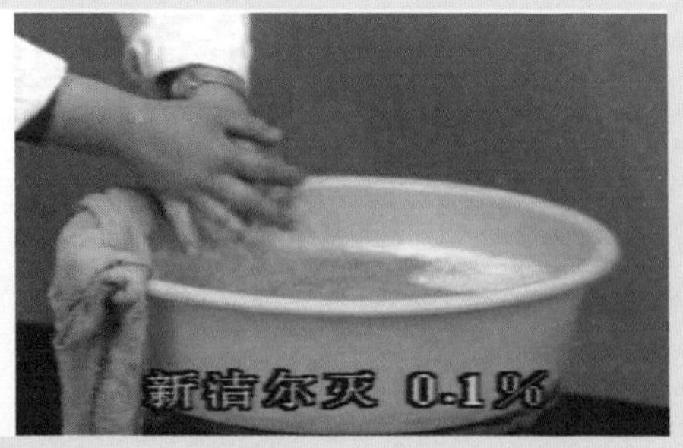

图 9-45　手的清洗消毒

5. 饮水消毒

兔饮水应清洁无毒、无病原菌，符合人的饮用水标准，生产中应使用干净的自来水或深井水。但进入兔舍后，由于露在空气中，舍内

空气、粉尘、饲料中的细菌可对饮用水造成污染。病兔可通过饮水系统将病原体传给健康兔，从而引发呼吸系统、消化系统疾病。如果在饮水中加入适量的消毒药物则可以杀死水中的病原体。

临床上常见的饮水消毒剂多为氯制剂、碘制剂和复合季铵盐类等。消毒药可以直接加入水箱中，用药量应以最远端饮水器或水槽中的有效浓度达该类消毒药的最适饮水浓度为宜。兔喝的是经过消毒的水而不是消毒药水，任意加大水中消毒药物的浓度或长期使用消毒药物，除可引起急性中毒外，还可杀死或抑制肠道内的正常菌群，影响饲料的消化吸收，对兔健康造成危害，另外影响疫苗防疫效果。饮水消毒应该是预防性的，而不是治疗性的，因此消毒剂饮水要谨慎行事。

饲料和饮水中含有病原微生物，可以引起兔群感染疾病。通过在饲料和饮水中添加消毒剂，抑制和杀死病原，可减少兔群发生疫病。

6. 运动场消毒

对运动场地面进行预防性消毒时，可将运动场最上面一层土铲去3厘米左右，用10%～20%新鲜石灰水或5%漂白粉溶液喷洒地面，然后垫上一层新土夯实。对运动场进行紧急消毒时，要在地面充分洒上对病原体具有强烈作用的消毒剂，2～3小时后，将最上面一层土铲去9厘米以上，喷洒10%～20%石灰水或5%漂白粉溶液，垫上一层新土夯实，再喷洒10%～20%新鲜石灰水或5%漂白粉溶液，5～7天后，就可以将兔重新放入。如果运动场是水泥地面，可直接喷洒对病原体具有强烈作用的消毒剂。

7. 兽医防疫人员出入兔舍消毒

兽医防疫人员出入兔舍必须在消毒池内进行鞋底消毒，在消毒盆内洗手消毒。兽医防疫人员在一栋兔舍工作完毕后，要用消毒液浸泡的纱布擦洗注射器和提药盒的周围。

8. 特定消毒

兔转群或部分调动时必须将道路和需用的车辆、用具，在用前、用后分别喷雾消毒。参加人员需换上洁净的工作服和胶鞋，并经过紫外线照射15分钟；接产母兔有临产征兆时，要将兔笼、用具设备和兔体洗刷干净，并用1/600的百毒杀或0.1%高锰酸钾溶液消毒；在剪耳、注射等前后，都要对器械和术部进行严格消毒。消毒可用碘伏或70%的酒精棉；手术消毒时，术部首先要用清水洗净擦干，然后涂以3%的碘酊，待干后再用70%～75%的酒精消毒，待酒精干后方可实施手术，术后创口涂3%碘酊；阉割时，切部要用70%～75%酒精消毒，待干燥后方可实施阉割，结束后刀口处再涂以3%碘酊；器械消毒时，手术刀、手术剪、缝合针、缝合线可用煮沸消毒，也可用70%～75%的酒精消毒，注射器用完后里外要冲刷干净，然后煮沸消毒。医疗器械每天必须消毒一遍；粪便可采用生物热消毒法杀灭病原体；发生传染病或传染病平息后，要强化消毒，药液浓度加大，消毒次数增加；毛皮可用福尔马林（40%甲醛溶液）进行熏蒸消毒。

【注意】严格按消毒药物说明书的规定配制，药量与水量的比例要准确，不可随意加大或降低药物浓度；不准任意将两种不同的消毒药物混合使用；喷雾时，必须全面湿润消毒物的表面；消毒药物定期更换使用；消毒药现配现用，搅拌均匀，并尽可能在短时间内一次用完；消毒前必须搞好卫生，彻底清除粪尿、污水、垃圾；要有完整的消毒记录，记录消毒时间、消毒对象、消毒药品、使用浓度以及消毒方法等。

第七节　合理的免疫接种和药物防治

一、科学免疫接种

免疫接种是防制传染病的一个重要方法。接种疫苗时，首先要对本地区本场以往的疫病发生和流行情况有所了解，然后科学地选择适合本地区本场的高质量疫苗，合理地安排疫苗接种计划和方法，保证接种效果。通过疫苗免疫接种来防制的疫病有兔传染性口腔炎、兔黏液瘤病、兔痘、兔病毒性出血症、兔多杀性巴氏杆菌病、兔支气管败血波氏杆菌病、兔产气荚膜梭菌病、兔假单胞菌病、兔大肠杆菌病等。为确保疫苗免疫效果，可进行接种前后的疫情和免疫监测，一旦发现问题，应及时找出原因和采取相应的补救措施。接种疫苗时应注

意疫苗的类型和质量，疫苗运输和储存条件、接种时间、方法和剂量，兔群状况等因素。

二、定期驱虫

兔场应建立完善的驱虫制度，坚持定期驱虫。结合本地实际，选择低毒、高效、广谱的药物给兔群进行预防性驱虫。建议在虫体成熟期前驱虫或秋冬季驱虫，驱虫前要做小群试验，再进行全群驱虫，驱虫应在专门的有隔离条件的场所进行，驱虫后排出的粪便应统一集中发酵处理；科学选择和轮换使用抗寄生虫药物，减轻药物不良反应，尽量推迟或消除寄生虫抗药性的产生；每天清扫粪便，打扫兔舍卫生，消灭或控制中间宿主或传播媒介；加强饲养管理，减少应激，提高机体抵抗力。

目前多采用春秋两次或每年三次驱虫（多数地区效果不佳），也可依据化验结果确定驱虫时间。对外地引进的兔必须驱虫后再合群。幼兔在2月龄进行首次驱虫，母兔在接近分娩时进行产前驱虫，寄生虫污染严重地区在母兔产后3～4周再驱虫一次。为了避免球虫病的发生，应该在幼兔阶段使用抗球虫药物进行预防；使用抗蠕虫病药物驱虫可分为治疗性驱虫和预防性驱虫。发生寄生虫病时可以使用药物进行紧急驱虫。

体外寄生虫如疥螨、痒螨、蜱、跳蚤、虱子等，一般每年驱虫2次；或当发现兔群有瘙痒脱毛症状时全群进行杀虫，可选用敌百虫、辛硫磷、二嗪农、溴氰菊酯等进行喷洒或药浴，也可用依维菌素或阿维菌素皮下注射或内服给药，一般应在2周后重复给药一次。杀灭蚊子等吸血昆虫可消灭蚊子生存环境、采用灭蚊灯（器）、墙壁门窗喷洒防蚊虫药剂或在兔舍点燃自制的蚊香等进行。驱除蠕虫如线虫、吸虫、绦虫等体内寄生虫，可根据情况选用依维菌素、多拉菌素、左旋咪唑等药物；抗球虫可选用氨丙啉、莫能菌素等。

三、合理使用抗菌药物

许多疾病可以通过药物来进行预防和治疗，根据不同季节和饲养阶段多发病的不同，制订合理的用药方案进行药物预防；同时要认真观察兔群状况，及时发现问题。如是疾病发生，要早诊断、早治疗，细菌性疾病用药时最好能进行药敏试验，选择高敏药物。用药要遵守兽医用药准则，避免滥用药物。兔场保健预防用药的时间和方法如表9-9。

表 9-9　兔场保健预防用药

时间	药物及使用方法
3 日龄	滴服复方黄连素 2～3 滴/只，预防仔兔黄尿病
15～16 日龄	滴服痢菌净 3～5 滴/只，每日 1 次，连续 2 天，预防仔兔胃肠炎
25～83 日龄	选用抗球虫药，配伍抗生素，预防兔球虫病及细菌性疾病，连续用药 3～4 个疗程。每个疗程 7 天，停药 10 天，再开始下一个疗程。配伍与饮用方法：球速杀 50 克，沙拉沙星 10 克，兑水 50 千克，饮用 3 天；地克珠利（球敌、球霸）10 毫升，恩诺沙星 10 克，兑水 50 千克，饮用 2 天。或第 1 个疗程用一种药，第 2、3 个疗程换另一种药也可。抗球虫药和抗生素种类较多，除抗球王、克球粉不能用于兔外，任选 3 种以上按说明配伍使用即可。饮水较拌料防球虫病效果更好
仔兔补料阶段	注意预防肚胀、腹泻、消化不良、胃肠炎等
60～70 日龄	内服丙硫咪唑 25 毫克/只，连续用药 3 次，每次间隔 3 天；或皮下注射伊力佳 0.5 毫升/只，1 次即可，预防寄生虫病
每年的 6、7、8 月份	每兔每次内服磺胺嘧啶 1/4 片，病毒灵 1/2 片，维生素 B_1 和维生素 B_2 各 1/2 片，成年兔加倍，每天 1 次，连续 3～5 天。每个月用药 1 个疗程，预防兔传染性口腔炎。若其间气温在 30℃以上，饲料中应添加消瘟败毒散或饮用抗热应激药物
基础兔	每个月饮用抗球虫药配伍抗生素 5～7 天，预防球虫病和细菌性疾病；每 3 个月驱虫 1 次，其方法同 60～70 日龄预防寄生虫病的方法。每年 7～8 月份皮下注射伊力佳 1 毫升/只，隔 10 天再注射 1 次，预防疥螨病，也可饮水防止兔患豆状囊尾蚴病。同时，对护场犬也要定期驱虫，且不能让犬进入兔场，以免犬的粪便污染兔用饲料
母兔产仔前后	内服复方新诺明 1 片/只，每日 1 次，连用 3～5 天；或用葡萄糖 2500 克，含碘食盐 450 克，电解多维 30 克，抗生素 10～15 克，兑水 50 千克，用量为 300 毫升/只，每天 1 次，连用 3～5 天，预防乳腺炎、子宫炎、阴道炎和仔兔黄尿病，同时增强母兔体质，促进泌乳
发生应激	凡遇天气突变、调运、转群等应激情况，饮用葡萄糖盐水（同母兔产仔前后饮用的混合液）1～2 次，可增加兔体抗病力
出栏前 15 天	停用任何药物

第八节　监测和监控

一、监测

对本场兔群要定期进行体温、呼吸、饮食、运动等方面的临床检查，以及一些常见病原的病原学监测，要及时进行分析研究，采取预防及治疗措施，防止疾病流行和蔓延。对新引入的兔群，要进行隔离检查，在隔离期内，根据本场的免疫程序进行免疫，1个月内确认无疫病发生，方可进入生产区。

二、监控

监控是对兔群及生活环境的监测和控制。定期对兔群的抗体水平和寄生虫感染情况进行监测，定期对饮水、饲料的品质和卫生状况进行监测，定期对兔舍空气中有害气体含量进行监测，有利于对可能出现的不利因素予以及时预防和控制。

第九节　发生疫情的紧急措施

疫情发生时，如果处理不当，很容易扩大流行和传播范围。

一、隔离

当兔群发生传染病时，应立即采取隔离措施，并尽快做出诊断，明确传染病性质。隔离开的兔群要专人饲养，用具要专用，人员不要互相串门。根据该种传染病潜伏期的长短，经一定时间观察不再发病后，再经过消毒可解除隔离。

二、封锁

在发生及流行某些危害性大的烈性传染病时，应立即报告当地政府主管部门，划定疫区范围进行封锁。封锁应根据该疫病流行情况和流行规律，按“早、快 、严、小”的原则进行。封锁是针对传染源、

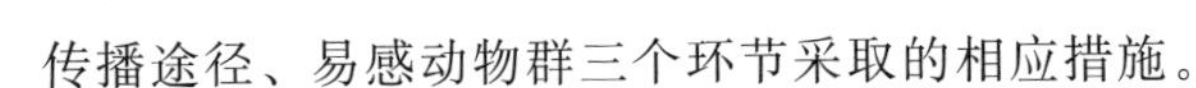

传播途径、易感动物群三个环节采取的相应措施。

三、紧急预防和治疗

一旦发生传染病，在查清疫病性质之后，除按传染病控制原则进行诸如检疫、隔离、封锁、消毒等处理外，对疑似病兔及假定健康兔可采用紧急预防接种，预防接种可应用疫苗，也可应用抗血清。对病兔和疑似病兔要进行治疗，对假定健康兔的预防性治疗也不能放松。治疗的关键是在确诊的基础上尽早实施，这对控制疫病的蔓延和防止继发感染起着重要的作用。

四、淘汰病畜

淘汰病畜也是控制和扑灭疫病的重要措施之一。

第十章 兔场疾病诊治技术

第一节　病毒性传染病

一、兔病毒性出血症（兔瘟）

兔病毒性出血症俗称“兔瘟”，或称兔出血症，是由兔病毒性出血症病毒引起的兔的一种急性、高度接触性传染病，特征为呼吸道出血、肝坏死、实质性脏器水肿、淤血及出血性变化。该病是兔的一种烈性传染病，危害极大，曾造成数千万只兔死亡。

1. 病原

兔病毒性出血症病毒，是一种正链 RNA 杯状病毒。病毒存在于病兔所有器官组织、体液、分泌物和排泄物中，以肝、脾、肺含量高。病毒对氯仿和乙醚不敏感，能耐 pH 3 和 50℃ 40 分钟处理。病毒对紫外线和干燥等不良环境的抵抗力较强。经 1%氢氧化钠 4 小时、1%～2%甲醛 3 小时、1%漂白粉 3 小时、2%菌毒敌 1 小时才被灭活。生石灰、草木灰对病毒几乎无作用。

2. 流行病学

一年四季均可发生，以春、秋、冬季发病较多，炎热夏季也有发病。该病只侵害兔，主要危害青年兔和成年兔，40 日龄以下幼兔和部分老龄兔不易感，哺乳仔兔不发病。传染源是病死兔和带毒兔，它们不断向外界散毒，通过病兔、带毒兔的排泄物、分泌物，死兔的内脏器官、血液、兔毛等污染饮水、饲料、用具、笼具、空气，引起易感兔发病。人、鼠、其他畜禽等可机械性传播病毒。该病曾因收购兔毛者及剪毛者的流动，将病原从一个地方带至另一个地方，造成流行。在新疫区，发病率和死亡率很高，易感兔几乎全部发病，绝大部分死亡，发病急、病程短，几天内几乎全群覆灭。目前，普遍重视该病的预防，发病率大为下降，但仍有发生，主要原因是忽视了使用优质疫苗及执行合理的免疫程序，或根本不进行预防注射。该病的潜伏期为30～48小时。

3. 临床症状

① 最急性型。常发生在新疫区。在流行初期，病兔死前无任何明显症状，往往表现为突然蹦跳几下并惨叫几声即倒毙，或在死前抽搐、头向后仰、昏迷后死亡。死后角弓反张，少数兔鼻孔流出红色泡沫样液体，肛门松弛，周围有少量淡黄色黏液附着（图10-1）。

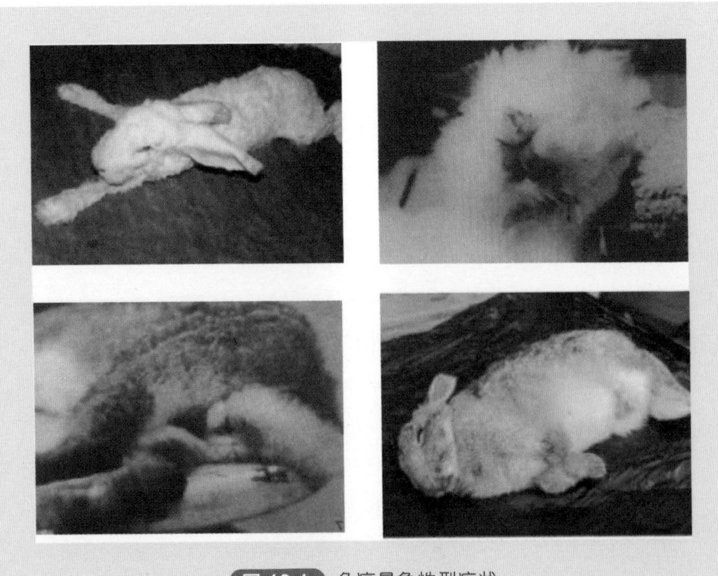

图10-1　兔瘟最急性型症状

角弓反张（上左图）；鼻孔流出带血分泌物（上右图）；病兔死前，肛门松弛，周围有少量淡黄色黏液附着（下左图）；有的昏迷（下右图）

② 急性型。病程一般12～48小时，病兔精神委顿，不爱活动，食欲减退，喜饮水，呼吸迫促，体温达41℃。临死前突然兴奋、挣扎，在笼中狂奔，常咬笼，瘫软，倒地后四肢划动，角弓反张，很快死亡。少数死兔鼻孔流出少量泡沫状血液。孕兔发病引起流产（图10-2、图10-3）。

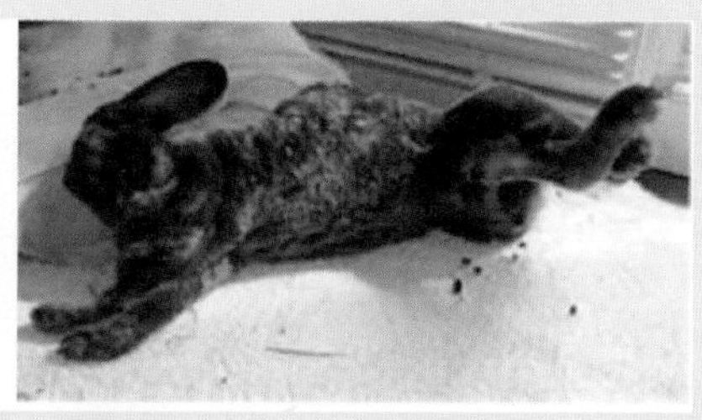

图10-2 兔瘟急性型症状（一）

病兔站立不稳，后驱瘫痪（左图）；病兔死前挣扎（右图）

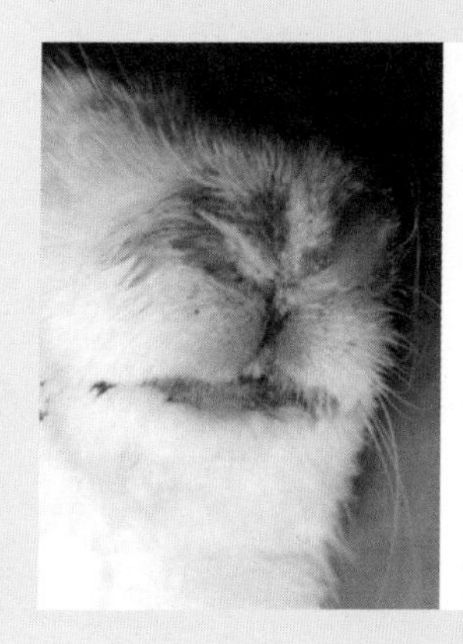
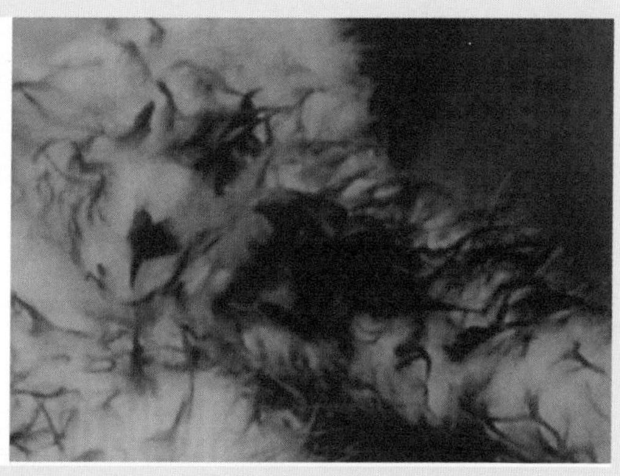

图10-3 兔瘟急性型症状（二）

病兔鼻孔、口腔有带血的分泌物（左图）；孕兔流产，从阴道流出带血的液体（右图）

③ 亚急性型。多发于2月龄以内的幼兔，病兔精神沉郁、不吃不喝，兔体严重消瘦，被毛焦枯无光泽，病程2～3天或更长，最后衰竭死亡。

4. 病理变化

感染后病毒先侵害肝脏，然后经释放进入血液，发生病毒血症，引起全身性损害，特别是引起急性弥散性血管凝血和大量的血栓形成。结果造成该病病程短促、死亡迅速和特征性的病理变化。病死兔全身实质器官淤血、出血。气管软骨环淤血，气管内有泡沫状血样液体；胸腺水肿，并有针尖至粟粒大小出血点；肺淤血、水肿，有大小不等的出血点；肝脏肿大，间质变宽，质地变脆，色泽变淡呈土黄色；胆囊充满稀薄胆汁；脾脏肿大、淤血呈黑紫色；部分肾脏淤血、出血，包膜下见有大量针头至针尖大小的出血点；部分十二指肠、空肠出血，肠腔内有黏液。膀胱积尿，充满黄褐色尿液（图 10-4～图 10-8）。

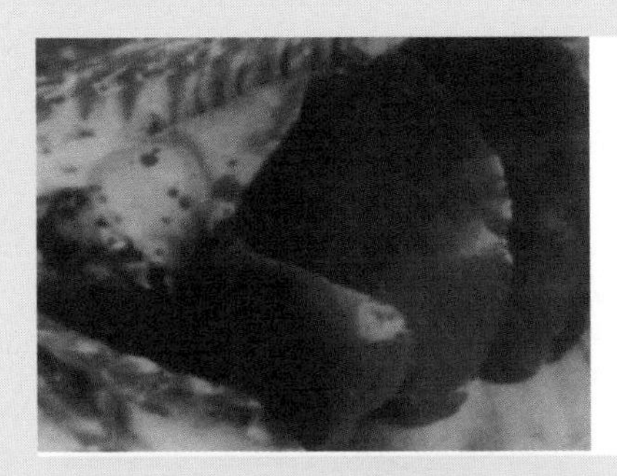
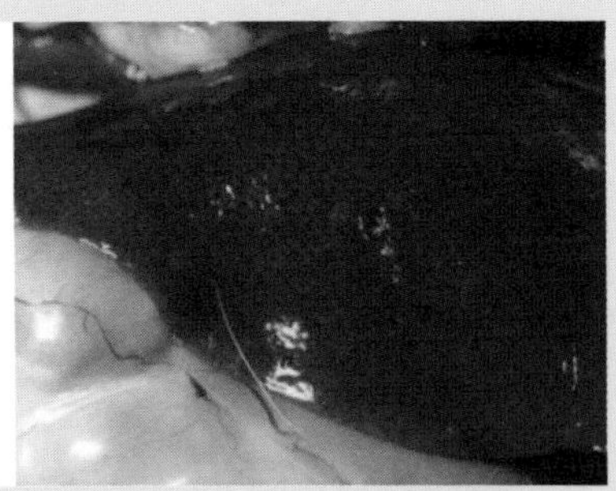

图 10-4　兔瘟病兔的病理变化（一）

病兔肝脏肿大、淤血（左图）；肝脏肿大、淤血、坏死，呈网格状（右图）

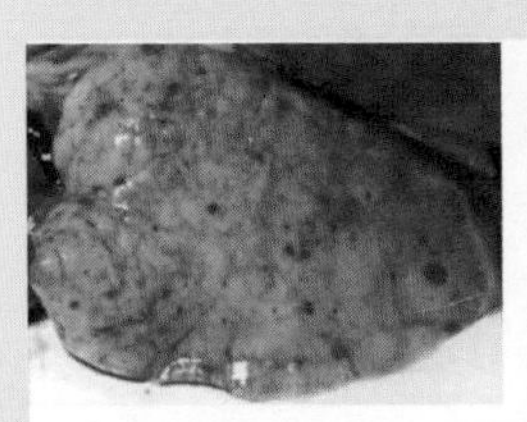
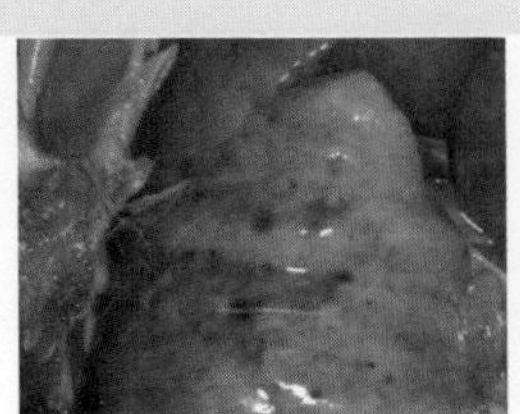
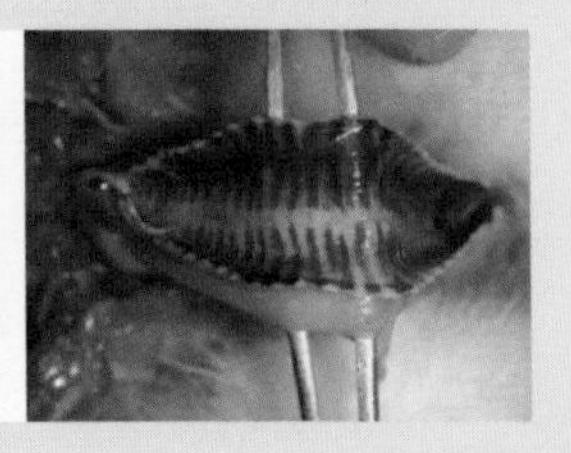

图 10-5　兔瘟病兔的病理变化（二）

病兔肺脏水肿，有出血点、斑（左图）；病兔肺淤血、水肿，有出血点或弥漫性出血（中图）；气管黏膜出血、潮红，有出血环或带有气泡的黏液（右图）

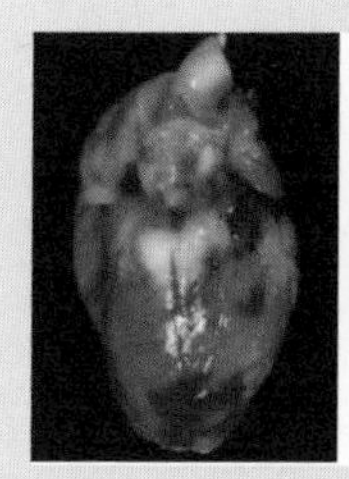
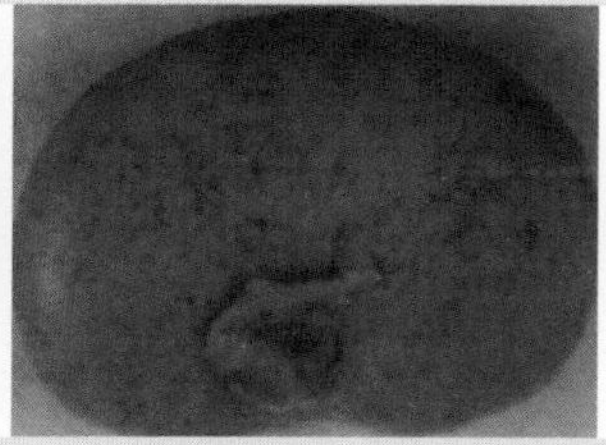

图 10-6 兔瘟病兔的病理变化（三）

心肌出血，心房淤血（左图）；肾脏表面密布细小的出血点（中图）；肝、肾、脾等脏器肿大、出血，肺脏出血，气管内有大量的血色泡沫液体（右图）

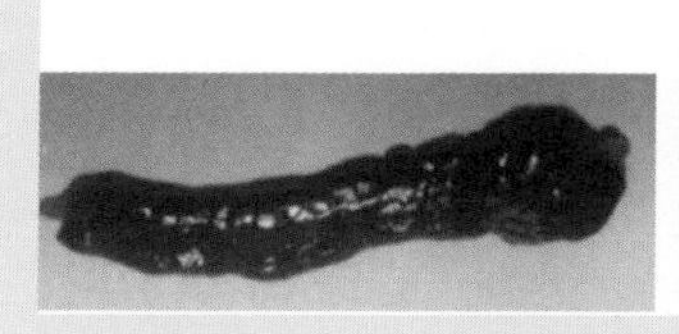

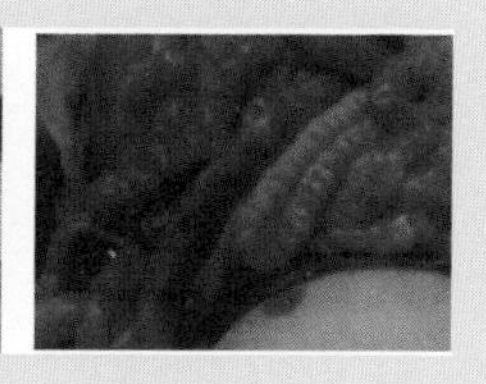

图 10-7 兔瘟病兔的病理变化（四）

病兔脾脏肿大、淤血，呈暗紫色（左图）；胃浆膜出血，胃充盈（中图）；病兔小肠浆膜充血、出血（右图）

图 10-8 兔瘟病兔的病理变化（五）

膀胱积尿，充满黄褐色尿液（左图）；膀胱积尿（右图）

5. 诊断

常规实验室诊断可用人 O 型红细胞进行血凝试验和血凝抑制试验。其他如免疫电子显微镜负染、夹心酶联免疫吸附试验和免疫组织学染色，均具有高度的特异性和敏感性。

6. 防制

① 加强管理。平时坚持自繁自养，认真执行兽医卫生防疫措施，定期消毒，禁止外人进入兔场，更不准兔及兔毛商贩进入兔场和兔舍购兔、剪毛。引进种兔时要隔离饲养至少 2 周，确认无病后方可入群饲养。

② 免疫接种。定期注射脏器组织灭活苗预防。一年免疫 2 次，剂量 1 毫升/只，注射疫苗后 7～10 天产生免疫力，保护力可靠。60 日龄以下幼兔主动免疫效果不理想，建议 40 日龄 2 倍量注射免疫 1 次，60～65 日龄加强免疫 1 次。

③ 发病后措施。重病兔扑杀，尸体和病兔深埋；病、死兔污染的环境和用具彻底消毒。

处方 1：3～4 倍量单苗进行注射紧急预防，或用兔瘟高免血清每兔皮下注射 4～6 毫升，7～10 天后再注射疫苗。

处方 2：蟾酥或蟾壳皮下埋植治疗慢性兔瘟。取黄豆大小蟾酥一粒，避开兔耳血管，划破皮肤将蟾酥埋植于伤口中（把蟾壳剪碎，捏成两个比黄豆粒稍大的蟾壳团粒，同时埋植于两个兔耳中），外粘胶布固定，5～10 小时药粒被吸收，此处烧烂呈一黑洞，病兔渐愈。疗效达 70％以上（治疗时间越早越好）。

二、兔传染性水疱性口炎

传染性水疱性口炎是一种以口腔黏膜水疱性炎症为特征的急性传染病。特征是舌、唇、口腔黏膜发炎，局部有糜烂、溃疡，唾液腺红肿。

1. 病原

病原为弹状病毒科的水疱性口炎病毒，主要存在于病兔的水疱液、水疱皮及局部淋巴结内。在 4℃时存活 30 天；－20℃时能长期

存活；加热至60℃及在阳光的作用下，很快失去毒力。

2. 流行病学

该病多发生于春、秋两季，自然感染的主要途径是消化道。对兔口腔黏膜人工涂布可感染，发病率达67%；肌内注射也可感染，潜伏期为5～7天。主要侵害1～3月龄的幼兔，最常见的是断奶后1～2周龄的仔兔，成年兔较少发生。健康兔食入被病兔口腔分泌物或坏死黏膜污染的饲料或水，即可感染。饲喂发霉饲料或兔存在口腔损伤等情况时，更易发病。该病不感染其他家畜。

3. 临床症状

该病潜伏期3～4天，发病初期唇和口腔黏膜潮红、充血，继而出现粟粒至黄豆大小不等的水疱，部分外生殖器也有。水疱破溃后形成溃疡，易引起继发感染，伴有恶臭。口腔流出多量液体，唇下、颌下、颈部、胸部及前爪兔毛潮湿、结块。下颌等局部皮肤潮湿、发红，毛易脱落。病兔精神沉郁；因口腔炎症，吃草料时疼痛，多数减食或停食，常并发消化不良和腹泻，表现消瘦；常于病后2～10天死亡（图10-9）。

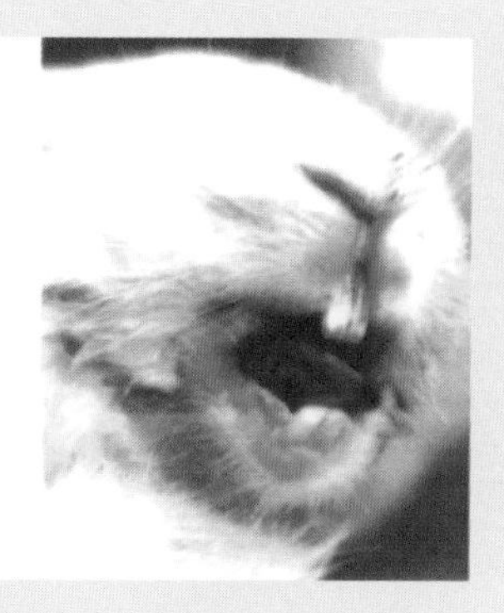

图10-9　口腔病变（左图）、齿龈和嘴唇黏膜有结节和水疱（中图、右图）

4. 病理变化

可见兔唇、舌和口腔黏膜有糜烂和溃疡，咽和喉头部聚集有多量泡沫样唾液，唾液腺轻度肿大发红。胃内有少量黏稠液体和稀薄食物，酸度增高。肠黏膜尤其是小肠黏膜，有卡他性炎症。

5. 诊断

可采取病兔口腔中的水疱液、水疱皮以及唾液作为被检材料，进行鸡胚绒毛尿囊腔接种或用兔肾原代细胞、禽胚原代单层细胞等进行培养，观察鸡胚和细胞病变。血清中和试验和动物保护试验也是常用的方法之一。

6. 防制

① 加强饲养管理，不喂霉烂变质的饲料。笼壁平整，以防尖锐物损伤口腔黏膜。不引进病兔，春秋两季做好卫生防疫工作。

② 对健康兔可用磺胺二甲基嘧啶预防，每千克精料拌入 5 克，或 0.1 克/千克体重，口服，每日 1 次，连用 3～5 天。

③ 发病后措施。发病后要立即隔离病兔，并加强饲养管理。兔舍、兔笼及用具等用 20%火碱溶液、20%热草木灰水或 0.5%过氧乙酸消毒；进行局部治疗。

处方 1：消毒防腐药液（2%硼酸溶液、2%明矾溶液、0.1%高锰酸钾溶液、1%盐水等），冲洗口腔，然后涂擦碘甘油；磺胺二甲基嘧啶，0.1 克/千克体重，口服，每日 1 次，连服数日，并用小苏打水饮水。

处方 2：消毒防腐药液（2%硼酸溶液、2%明矾溶液、0.1%高锰酸钾溶液、1%盐水等），冲洗口腔，然后涂擦碘甘油；青黛散加减（青黛 10 克、黄连 10 克、黄芩 10 克、儿茶 6 克、冰片 6 克、明矾 3 克，研细末即成），涂擦或撒布于病兔口腔，每日 2 次，连用 2～3 天。

处方 3：桂林西瓜霜。发现有病兔时，立即进行口腔内喷药，每天早晚各 1 次，连用 3～4 天，效果良好。

处方 4：金银花 10 克、野菊花 5 克。煎汤饮水或拌料。同时用冰硼散敷口，疗效更好。

三、兔黏液瘤病

黏液瘤病是由黏液瘤病毒引起的一种高度接触性和高度致病性传

染病，特征为全身皮肤尤其是面部和天然孔周围发生黏液瘤样肿胀。

1. 病原

病原为痘病毒科黏液瘤病毒。该病毒包括几个不同的毒株，各毒株的毒力和抗原性互有差异。病毒抵抗力低于大多数痘病毒。不耐pH 4.6以下的酸性环境。对热敏感，55℃ 10分钟，60℃以上几分钟内即可被灭活，但病变部皮肤中的病毒在常温下可存活好几个月。对干燥抵抗力相当强，对福尔马林较敏感。

2. 流行病学

全年均可发生，发病死亡率可达100%。主要流行于大洋洲、美洲、欧洲，在我国尚未见报道。该病的主要传播方式是直接与病兔及其排泄物、分泌物接触或与被污染饲料、饮水和用具接触。蚊子、跳蚤、蚋、虱等吸血昆虫也是病毒传播者。兔是该病的唯一易感家畜。

3. 临床症状

临床上身体各天然孔周围及面部皮下水肿是其特征。最急性时仅见到眼睑轻度水肿，1周内死亡。急性型症状较为明显，眼睑水肿，严重时上、下眼睑互相粘连；口、鼻孔周围和肛门、外生殖器也可见到炎症和水肿，并常见有黏液脓性鼻分泌物。耳朵皮下水肿可引起耳下垂。头部皮下水肿严重时呈狮子头状外观，故有“大头病”之称。病至后期可见皮肤出血、眼黏液脓性结膜炎、羞明流泪和耳根部水肿，最后全身皮肤变硬，出现部分肿块或弥漫性肿胀。死前常出现惊厥，但濒死前仍有食欲，病兔在1～2周内死亡（图10-10）。

4. 病理变化

患病部位的皮下组织聚集多量微黄色、清朗的水样液体。在胃肠浆膜下和心外膜有出血斑点；有时脾脏、淋巴结肿大、出血。

5. 诊断

用细胞培养的方法分离病毒。病毒存在于病兔全身各处的体液和脏器中，尤以眼垢中和病变部的皮肤渗出液中含毒量最高，以其接种兔肾原代细胞和传代细胞系，24～48小时后可观察细胞病变。此外，也可取病变组织进行匀浆、冻融并经超声处理使细胞裂解，释放病毒粒子，用此病毒抗原做琼脂凝胶扩散试验，方法简便、快速，24 小时内可获得结果。

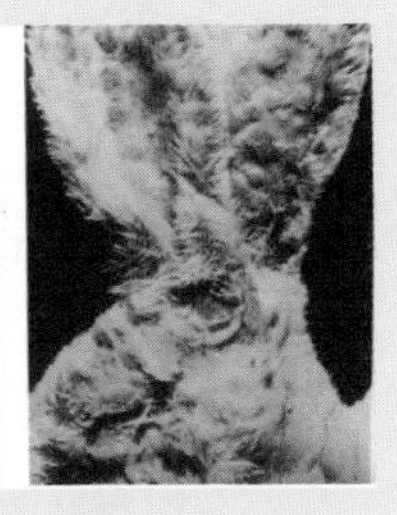

图 10-10 兔黏液瘤病的临床症状

眼睑水肿，有黏液瘤结节（左图）；鼻腔流出浆液性分泌物，
眼睑肿胀，出现黏液性、脓性结膜炎（中图）；兔耳肿胀，
耳部和头部皮肤有不少黏液瘤结节，同时尚有继发性结膜炎（右图）

6. 防制

（1）加强饲养管理　消灭吸血昆虫。病兔和可疑兔应隔离饲养，待完全康复后再解除隔离。兔笼、用具及场所必须彻底消毒；严禁从有该病的国家进口兔和未经消毒、检疫的兔产品，以防该病传入。

（2）免疫接种　用兔纤维瘤病毒活疫苗及弱毒黏液瘤活疫苗进行免疫注射预防。

（3）发病后措施　发现该病时，应严格隔离、封锁、消毒，并用杀虫剂喷洒，控制疾病扩散流行。

处方 1：口服病毒灵治疗，每日 3 次，每次 0.1 克/千克体重，连服 7 天。

处方 2：烟丝 30 克，槟榔 30 克，牡蛎、白芷各 15 克，姜汁、面粉各适量。烟丝和槟榔共炒焦研末，白芷研末，牡蛎煅研，然后研和，以姜汁加面粉少许调如糊状，敷于患处，每天更换 1 次。

处方 3：黑木耳 10 克、白砂糖 10 克。黑木耳焙干研末后与白砂糖和匀，热开水浸糊状，包敷患部，每天更换 1 次。

处方 4：金银花、地丁、甘草各 5 克，明矾 2.5 克，水煎灌服，

每次2.5毫升，每天2次。

四、兔痘

兔痘是由兔痘病毒引起的家兔的一种高度接触性、高度致病性传染病。其特征是鼻腔、结膜渗出液增加和皮肤红疹。

1. 病原

兔痘病毒在抗原上与牛痘病毒很相近，但与野兔科的其他痘病毒，如兔黏液瘤病毒、兔纤维瘤病毒和野兔纤维瘤病毒相距较远。将美国株和荷兰株兔痘病毒与多株牛痘病毒作生物学特性比较，发现两株兔痘病毒实际上无法与某些神经型牛痘病毒毒株相区别。兔痘病毒和牛痘病毒之间的抗原关系很近，有人认为兔痘可能是牛痘病毒从实验室外逸所造成的，也有人认为兔痘病毒是一种独立的病毒，属痘病毒群的天花病毒亚群。

兔痘病毒易于在11～13日龄的鸡胚绒毛尿囊膜上繁殖，产生特殊的痘疱。主要的痘疱型是出血性的，但也有白色痘疱。兔痘病毒还可在来自很多动物的细胞培养中繁殖。根据引起的临床症状不同，兔痘病毒可分为痘疱型和非痘疱型。痘疱型兔痘病毒能凝集鸡红细胞，非痘疱型兔痘病毒则不能。病兔的肺、肝、脾、血、睾丸、卵巢、肾上腺、脑、尿液和胆汁中都含有病毒。

该病毒耐干燥和低温，但不耐湿热，对紫外线和碱敏感，常用消毒药可将其杀死。

2. 流行病学

兔痘只有家兔能自然感染发病，发病率没有年龄差异，但幼兔和妊娠母兔的死亡率最高，可达30％～70％。该病在兔群内传播极为迅速，有时甚至隔离并消除病兔仍不能防止该病在兔群中蔓延。病兔鼻、眼等分泌物中含有大量病毒，主要经消化道、呼吸道、交配感染。此外，皮肤和黏膜的伤口直接接触含病毒的分泌物也容易感染。病毒从局部进入后很快引起全身感染。病兔康复后无带毒现象。康复兔可与易感兔安全交配，从而繁殖无病兔群。兔痘病毒的来源和在两次流行期间的存在方式都不清楚。

3. 临床症状

最早出现的病例潜伏期 2～9 天，以后发生的病例平均 2 周。病毒最初感染鼻腔，在鼻黏膜内繁殖，后来则在呼吸道、淋巴结、肺和脾中繁殖。在感染后 2～3 天通常出现发热反应，这时常看到有多量的鼻漏。另一个经常出现的早期症状是淋巴结，特别是腘淋巴结和腹股沟淋巴结肿大并变硬。扁桃体也肿大。有时淋巴结肿大是唯一的临床表现。

皮肤病变通常在感染后 5 天，即在出现淋巴结肿大后大约 1 天出现。开始是一种红斑性疹，后来发展为丘疹，中央凹陷坏死，相邻组织水肿、出血，最后丘疹干燥结痂，形成浅表的痂皮（图 10-11）。病灶多在耳、唇、眼睑、腹部、背部、肛门和阴囊等处。口腔、鼻腔水肿、坏死，生殖器官周围水肿。有的神经系统受损，出现运动失调、痉挛、眼球震颤、肌肉麻痹。有时会出现腹泻和流产。通常在感染后 1～2 周死亡。

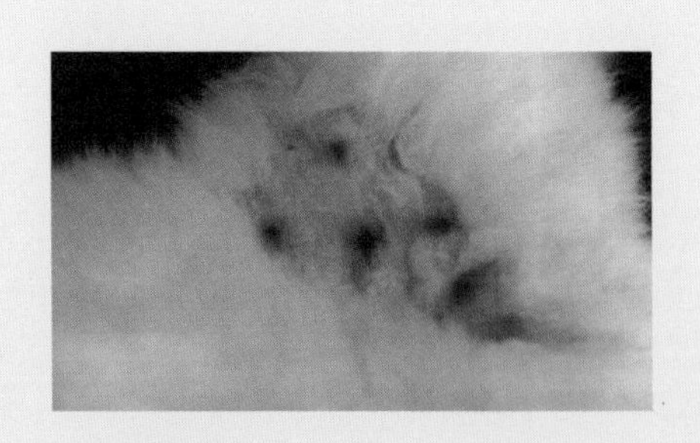

图 10-11　皮肤痘疹，已干燥成痂

眼睛损害是兔痘的典型症状，轻者是眼睑炎和流泪，严重者发生化脓性眼炎或弥漫性、溃疡性角膜炎，后来发展为角膜穿孔、虹膜炎和虹膜睫状体炎。有时眼睛发生变化是唯一的临床症状。

公兔常出现严重的睾丸炎，同时伴有阴囊广泛水肿，包皮和尿道也出现丘疹。母兔阴唇也出现同样变化。尿生殖道有广泛水肿，公兔或母兔都有可能发生尿滞留。有时有神经症状出现，主要表现为运动

失调、痉挛、眼球震颤，有些肌群发生麻痹。肛门和尿道括约肌也可发生麻痹。

该病常并发支气管肺炎、喉炎、鼻炎和胃肠炎，怀孕母兔通常流产。

4. 病理变化

剖检时看到的最显著的大体变化是皮肤损害，严重程度从仅有少数局部丘疹到广泛坏死和出血的皮肤损害不等。丘疹可发生于身体任何部位，在口、上呼吸道、肝、脾和肺经常可看到。

皮下水肿及口和其他天然孔的水肿是兔痘的常见病变。口腔病变严重的兔剖检时尸体消瘦。胃肠道很少能看到特殊的病变，在腹膜和视网膜上可看到灶性丘疹。肝脏通常增大，呈黄色，整个实质有很多灰白色的结节，可看到小的灶性坏死区。胆囊也可有小结节。脾脏通常中度肿大，伴有灶性结节或小坏死区。肺部可布满小的灰白色结节，病程长的病例可见有灶性坏死区。睾丸、卵巢和子宫有时也发生灶性脓肿。严重病例，淋巴结、肾上腺、甲状腺、副甲状腺和心脏都有灶性损害。

非痘疱型兔痘病例，在口部可看到少数痘疱，剪毛时偶尔可发现皮肤损害。剖检时突出的大体变化是胸膜炎、肝脏灶性坏死、脾脏增大、睾丸水肿和出血。在肺和肾上腺可看到与痘疱型兔痘一样的大量白色小结节。

5. 诊断

根据临床症状和特征性的病理变化可做出初步诊断。用荧光抗体法检查组织切片或压片，或通过对病毒的分离和鉴定可进一步证实诊断。病毒可以通过接种鸡胚的绒毛尿囊膜或通过接种白兔、小白鼠和其他动物的细胞培养来分离。

6. 防制

（1）预防措施　因为兔痘病毒的来源还未搞清楚，所以目前尚无有效的防治措施。隔离病兔在实践中的价值不大，严格消毒对控制该病极为重要。大型兔场（群）受到兔痘流行威胁时可用牛痘苗预防接种加以保护。

（2）发病后措施

处方1：黄柏、黄芩、黄连等量。研末，每次1克，每天2次，温开水灌服。

处方2：蒲公英20克（干的10克）。水煎灌服，每次15毫升，每天3次。

处方3：胡麻、红糖各5克。水煎灌服。或放碗内蒸熟灌服，每次15毫升，每天2次。

五、兔轮状病毒感染

兔轮状病毒感染是由轮状病毒引起的仔兔的一种消化道传染病，其主要特征是病兔严重腹泻。

1. 病原

病原为呼肠孤病毒科轮状病毒属兔轮状病毒。该病毒对外界环境的抵抗力较强，粪中病毒在18～20℃经7个月仍有感染力。某些消毒药如碘酊、来苏儿、0.5%游离氯消毒效果不好；但巴氏灭菌、70%酒精、3.7%甲醛、16.4%有效氯等均可杀灭病毒。

2. 流行病学

传染源是病兔和带毒兔。主要传播途径是消化道。临床症状主要出现于2～6周龄仔兔，尤以4～6周龄仔兔发病率和死亡率最高，成年兔常呈隐性感染而带毒。新发病群往往呈暴发流行，被感染群很难根除。该病毒往往在兔群中长期存在，当气候剧变、饲养管理不当、幼兔群抵抗力降低时而发病。

3. 临床表现和病理变化

该病潜伏期1～3天，体温升高，精神不振，严重腹泻，排半流质或水样稀便，呈棕色、灰白色或浅绿色并伴有黏液或血液，脱水消瘦，2～4天死亡。剖检可见空肠和回肠部的绒毛呈多灶性融合和中度缩短或变钝，肠细胞中度变扁平。肠腺颜色轻度到中度变深。某些肠段的黏膜固有层和下层轻度水肿。

4. 防制

（1）预防措施　科学饲养管理，增强母兔和仔兔的抵抗力；坚持

严格的卫生防疫制度和消毒制度，不从该病流行的兔场引进种兔。发生该病时，及早发现立即隔离，全面消毒，死兔及排泄物、污染物一律深埋或烧毁。有条件时，可自制灭活疫苗，给母兔免疫以保护仔兔。

（2）发病后措施　发现病兔应立即隔离，加强护理，及时清除病兔粪便。治疗无特效药物，可对症应用收敛止泻剂（如鞣酸蛋白），并应用抗菌药物防止继发细菌性感染。

第二节　细菌（真菌）性传染病

一、兔多杀性巴氏杆菌病

兔多杀性巴氏杆菌病又称兔出血性败血症，是兔的一种常见的、危害性很大的传染病。据资料统计，巴氏杆菌病是引起9周龄至6月龄的兔死亡的主要原因。

1. 病原

多杀性巴氏杆菌为革兰氏阴性、无芽孢的短杆菌，无鞭毛，瑞氏染色法染色呈两极着染。多杀性巴氏杆菌需氧或兼性厌氧，最适生长温度为37℃，最适pH 7.2～7.4。在加有血清或血液的培养基上生长良好，在血清琼脂平板培养基上生长出露滴状小菌落。兔通常能分离出A型多杀性巴氏杆菌和D型多杀性巴氏杆菌。猪多杀性巴氏杆菌、禽多杀性巴氏杆菌对兔也有很强的毒力。该菌对外界环境因素的抵抗力不强，一般常用的消毒药都能将其杀死。1%福尔马林、1%石炭酸、1%漂白粉、0.1%升汞等溶液，经15分钟即能杀死。加热至56℃经15分钟死亡，加热至60℃经10分钟死亡。在粪便中能生存1个月左右，在尸体内能生存3个月。对氯霉素、四环素和甲砜霉素敏感，对磺胺类次之。

2. 流行病学

病兔的分泌物、排泄物如唾液、鼻液、粪便、尿液等带病原菌，通过呼吸道、消化道和皮肤、黏膜的伤口等可传染给健康兔。一般情况下，病原菌寄生在兔鼻腔黏膜和扁桃体内，使兔成为带菌者，在各种应激因素刺激下，如过分拥挤、通风不良、空气污浊、长途运输、气候突变等，或在其他致病菌的协同作用下，机体抵抗力下降，细菌毒力增强，容易发生该病。各种年龄、品种的兔都易感染，尤以2～6月龄兔发病率和死亡率较高。该病一年四季均可发生，但以冬春季最为多见，常呈散发或地方性流行。暴发流行时，若不及时采取措施，常会导致全群覆没。该病病原也可感染家禽。该病的潜伏期长短不一，一般从几小时至数天不等，主要取决于兔的抵抗力、细菌的毒力和感染数量以及入侵部位等。

3. 临床症状及病理变化

兔多杀性巴氏杆菌病的症状可分为急性型、亚急性型和慢性型三种。

（1）急性型（也称出血性败血症） 发病最急，病兔呈全身出血性败血症症状，病兔精神委顿，对外界刺激不发生反应，停食，呼吸急促，体温升高至40℃以上，鼻腔流出浆液或黏液性分泌物，有时发生下痢。临死前体温下降，四肢抽搐。病程短者24小时内死亡，较长者1～3天死亡。在流行开始时，常有不出现症状而突然倒毙的情况。急性型可见各实质脏器如心、肝、脾以及淋巴结充血、出血；喉头、气管、肠道黏膜有出血点；膀胱积尿，心包腔积液，血管充血（图10-12～图10-14）。

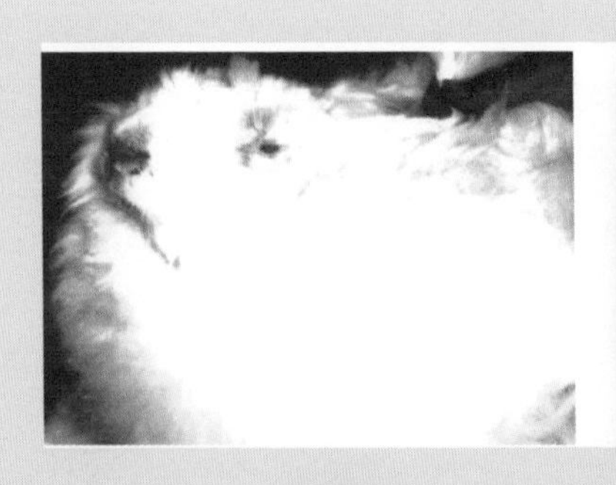
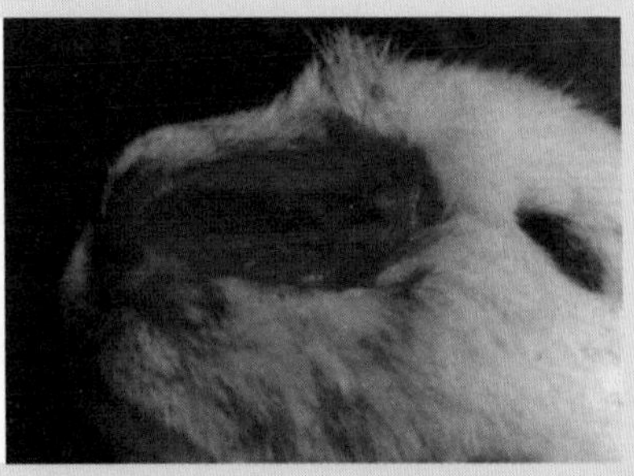

图10-12 兔多杀性巴氏杆菌病的急性型症状（一）

病兔精神沉郁，呼吸急促，有脓性眼眵，鼻腔流出黏液性鼻汁（左图）；浆液性出血性鼻炎，鼻腔黏膜充血、出血、水肿，附有淡红鼻液（右图）

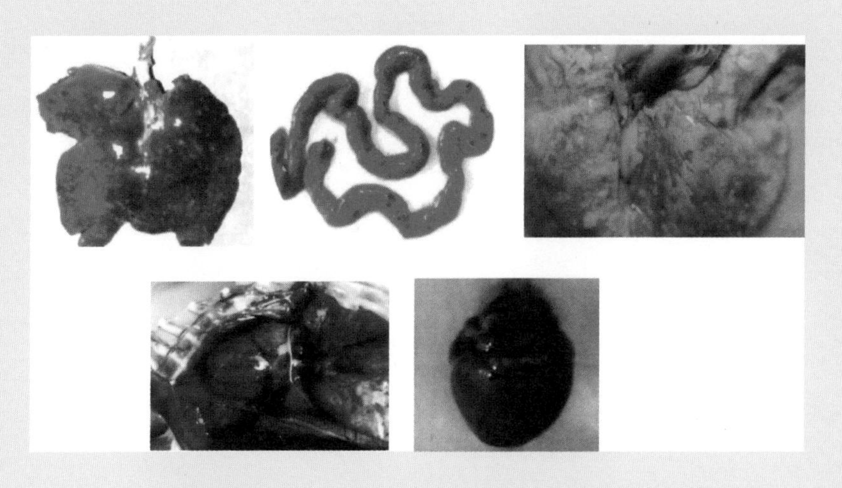

图 10-13 兔多杀性巴氏杆菌病的急性型症状（二）

败血型病例肝脏有弥漫性坏死点（上左图）；肠道有出血点或出血斑（上中图）；出血性肺炎，肺充血、水肿，有许多大小不等的出血斑点（上右图）；心包腔积液，心外膜和肺表面有大量出血斑点（下左图）；心外膜血管充血并有明显出血（下右图）

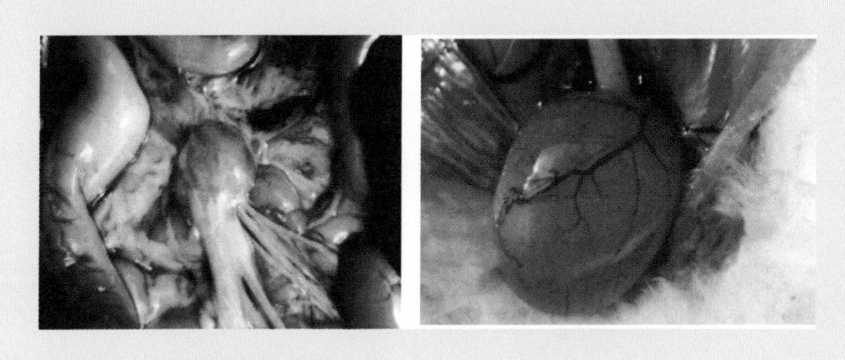

图 10-14 兔多杀性巴氏杆菌病的急性型症状（三）

败血型病例肠系膜淋巴结肿大、出血（左图）；膀胱积尿，血管怒张，直肠浆膜有出血点（右图）

（2）亚急性型（又称地方性肺炎）　自然发病时，很少能见到肺炎的临床症状。由于家兔运动的机会不多，即使大部分肺实质发生实变，也难以见到呼吸困难的表现。最初表现为食欲不振和精神沉郁，常以败血病告终。往往在晚上检查时还健康如常，而次日早晨已经死亡了。亚急性型可见胸腔积液，有时有纤维素性渗出物，心脏肥大，心包积液，肺充血、出血，甚至发生肝变，严重者胸腔蓄积纤维素性脓液或肺部化脓（图 10-15～图 10-17）。

图 10-15 家兔呼吸困难表现

鼻腔有黏性分泌物，出现如图的呼吸困难症状后不久死亡

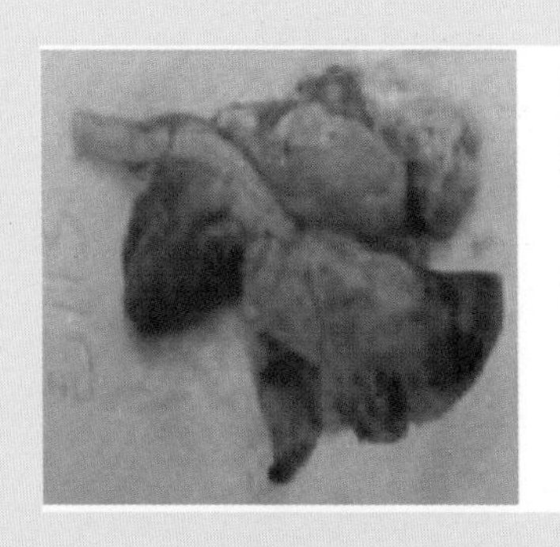

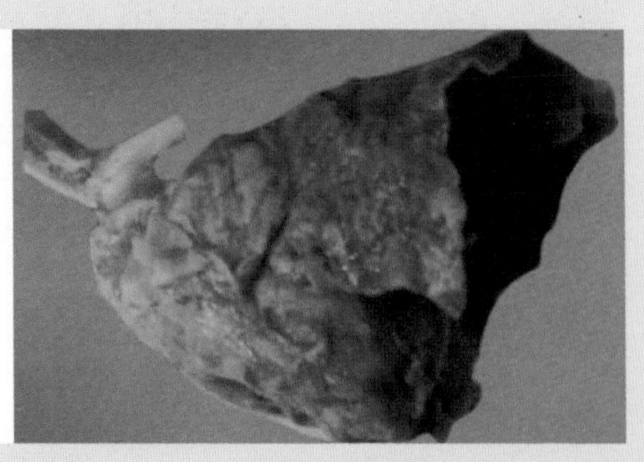

图 10-16 肺炎型病例出现肺炎（左图）和肺脓肿（右图）

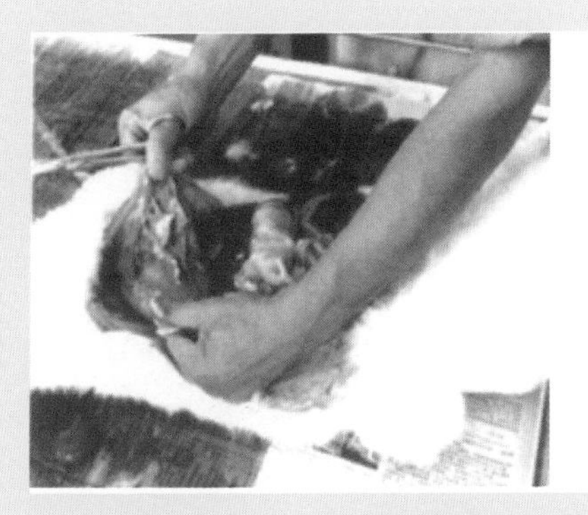
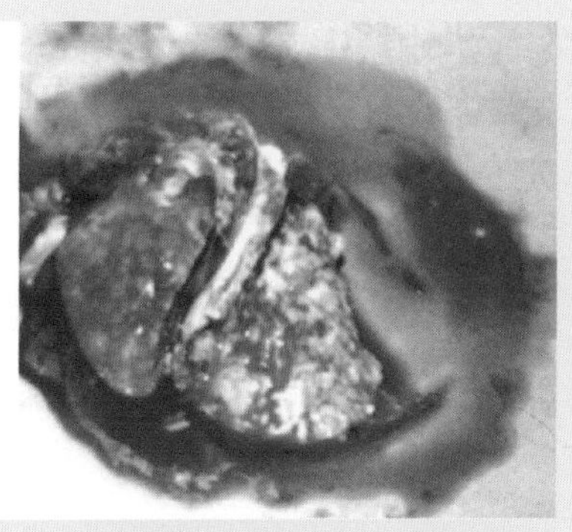

图 10-17 纤维素性胸膜肺炎

纤维素性胸膜肺炎，肺脏与胸膜粘连（左图）；

纤维素性化脓性胸膜肺炎，肺脏表面覆盖有乳白色化脓性纤维组织（右图）

（3）慢性型 慢性型症状依细菌侵入的部位不同可表现为传染性鼻炎、中耳炎、结膜炎、生殖器官炎症和局部皮下脓肿。

① 传染性鼻炎。这是养兔场经常发生的一种病型。一般传播很慢，但常成为该病疫源，使兔群不断发生。病初表现为上呼吸道卡他性炎症，流出浆液性鼻涕，以后转为黏性甚至脓性鼻漏［图 10-18（左）］。病兔经常打喷嚏、咳嗽。由于分泌物刺激鼻黏膜，兔常用前爪抓擦鼻部，使鼻孔周围的被毛潮湿、缠结，甚至脱落，上唇和鼻孔皮肤红肿、发炎。经过一段时间后，鼻涕变得更多、更稠，在鼻周围形成痂，堵塞鼻孔，使呼吸更加困难［图 10-18（右）］，并有鼾声。通过喷嚏、咳嗽，病原菌经空气再感染其他兔。由于病兔经常抓擦鼻部，可将病菌带到眼内，因而引起化脓性结膜炎、角膜炎、中耳炎、皮下脓肿、乳腺炎等并发症。病兔常因精神委顿、营养不良，最后衰竭而死亡。

② 中耳炎（又称斜颈病）。单纯的中耳炎可以不出现临床症状，但在能确诊的病例中，斜颈是主要临床症状。斜颈是感染扩散到内耳或脑部的结果，而不是单纯中耳炎的症状。斜颈的程度取决于感染的范围。严重的病例，兔向一侧滚转，一直倾斜到抵住围栏为止。病兔

不能吃饱喝足，体重减轻，可出现脱水现象。如果感染扩散到脑膜和脑组织，则可出现运动失调和其他神经症状（图 10-19）。

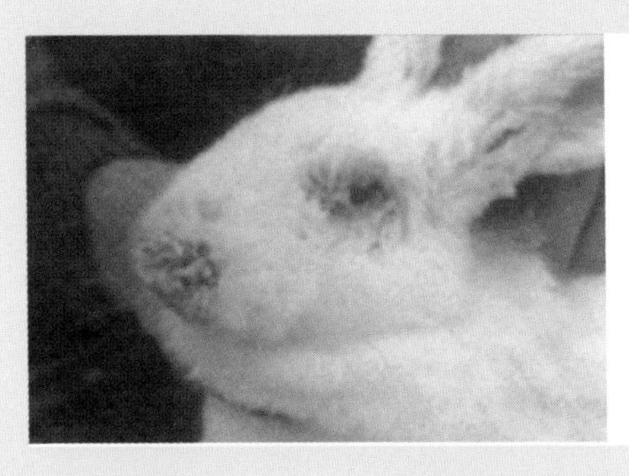
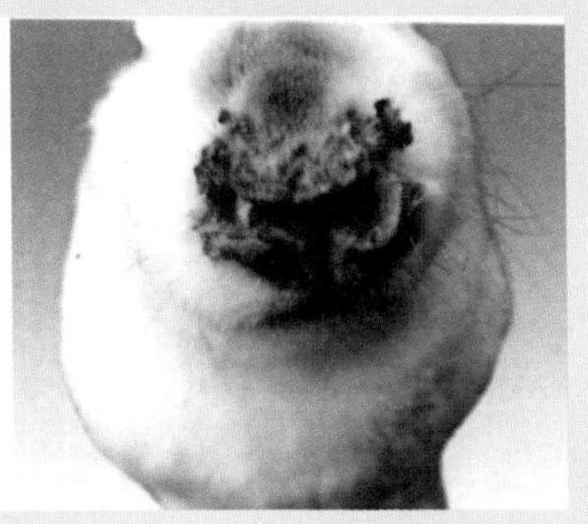

图 10-18 兔传染性鼻炎表现

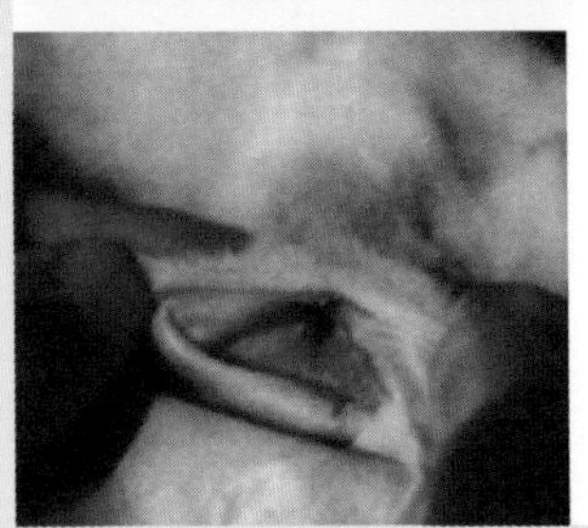
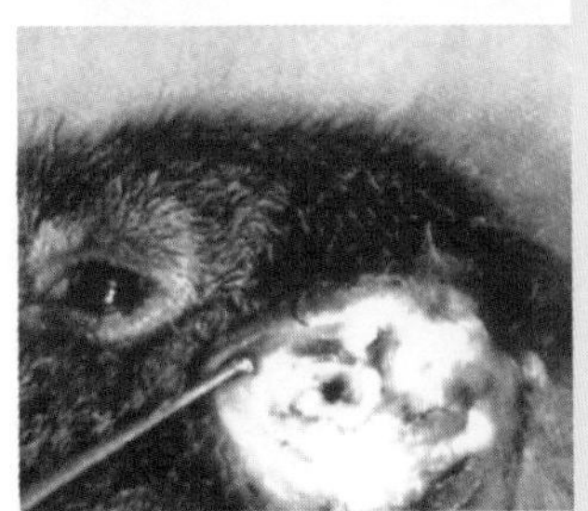

图 10-19 兔中耳炎表现

斜颈病，病兔头扭向一侧，采食饮水困难，体重减轻，有黏性鼻液流出（上左图、上右图）；中耳炎（下左图）；兔耳鼓室渗出物干燥结痂（下右图）

③ 生殖器官炎症。兔的生殖器官炎症包括母兔的子宫炎和子宫积脓，以及公兔的睾丸炎和附睾炎。从患病器官能分离到多杀性巴氏杆菌。此病主要发生于成年兔（包括刚成年的兔），母兔发病率高于公兔。交配是主要的传染途径，但败血型和传染性鼻炎型的病兔，细菌也可能转移到生殖器官，引起发病。急性和亚急性感染很少看到临床症状，但母兔的阴道可能有浆液性黏液或黏细脓性分泌物流出。如果转为败血病，则往往造成死亡。慢性感染通常没有明显的临床症状，但母兔在交配后，甚至在几次交配后仍不怀孕，并可能有黏液脓性的分泌物从阴道排出（图 10-20）。

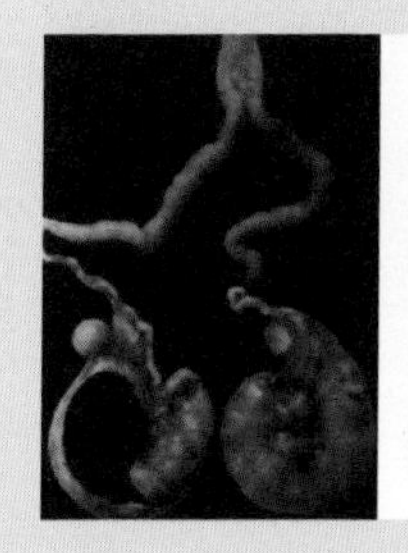

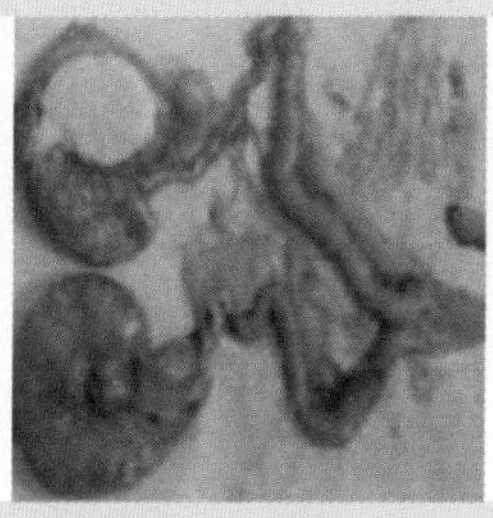

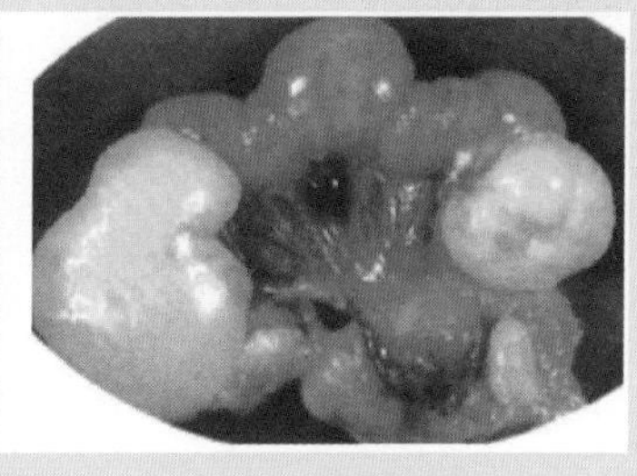

图 10-20 生殖器官炎症表现

子宫和输卵管积脓（左图）；化脓性子宫内膜炎（中图）；子宫积脓而肿大（左图、右图）

公兔主要表现一侧或两侧睾丸肿大，质地坚实，触摸时感到发热。有些病例伴有脓肿，同时受胎率降低，由它交配的母兔的阴道可能有脓液排出。症状表现常从附睾开始（图 10-21）。

④ 结膜炎。由多杀性巴氏杆菌引起的结膜炎很常见，幼兔和成年兔可发病，以幼兔更为多见。细菌可能从鼻泪管进入结膜囊。临床症状主要表现为眼睑中度肿胀，有多量分泌物（从浆液性至黏液，最后是黏液脓性），常将眼睑粘住，结膜发红。炎症可转为慢性，肿胀消退，但流泪经久不止（图 10-22）。

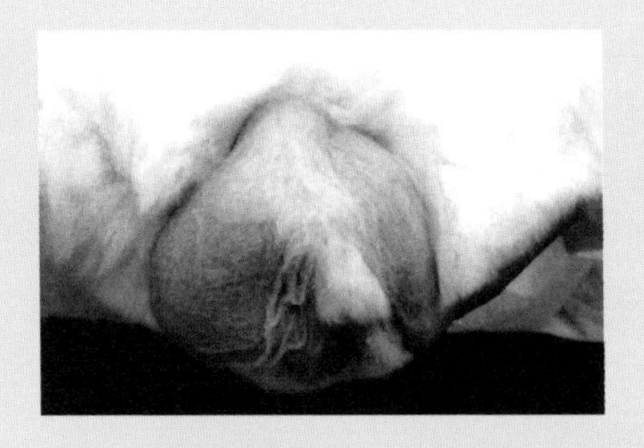

图 10-21 睾丸明显肿大

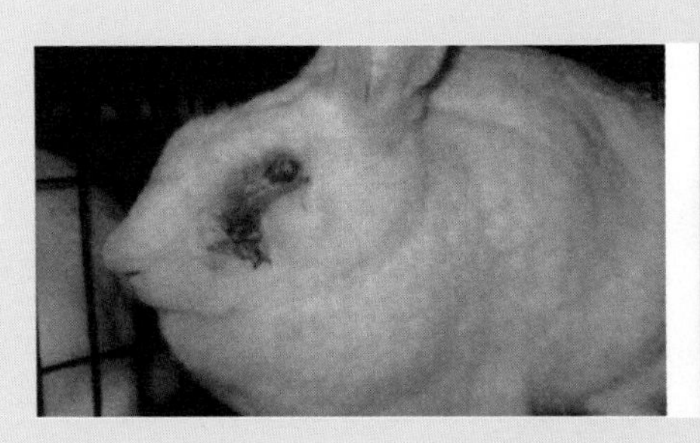

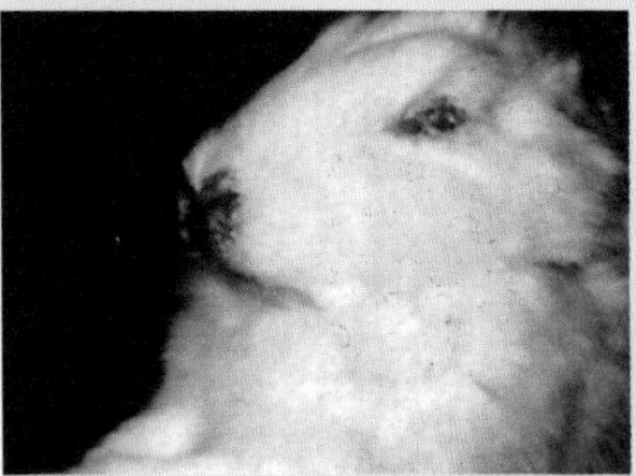

图 10-22 结膜炎表现

结膜红肿（左图）；结膜发炎，有黄白色脓性分泌物（右图）

4. 诊断

从病变部位取样做细菌分离培养，以便确诊。血清学的方法则有ELISA法、琼脂扩散试验等。兔多杀性巴氏杆菌病与其他病症的鉴别见表10-1。

5. 防制

（1）预防措施

① 建立无多杀性巴氏杆菌兔群是防止该病最好的方法。选择无鼻炎、结膜炎、中耳炎的兔群，并经常对其鼻腔进行细菌学检查，清除带多杀性巴氏杆菌的种兔，以选留无菌种兔。为了选择无多杀性巴氏杆菌种兔和鉴定无病兔群，近年来有的国家采用对多杀性巴氏杆菌

有特异性的间接荧光抗体对鼻拭子的多杀性巴氏杆菌和兔血清中的抗体进行筛选。有条件的兔场在剖腹取胎或兔自然分娩后，立即将仔兔隔离进行人工喂养的方法建立无特定病原体（SPF）兔群，更为理想。

表 10-1 兔多杀性巴氏杆菌病与其他类症鉴别

病名	兔李氏杆菌病	兔波氏杆菌病	兔瘟	野兔热
特征	死于李氏杆菌病的家兔，剖检见肾、脾和心肌有散在的针尖大、淡黄色或灰白色的坏死灶，胸、腹腔有多量清澈的渗出液。以病料涂片革兰氏染色镜检为革兰氏阳性多形态杆菌。在鲜血琼脂培养基上培养呈β型溶血。而多杀性巴氏杆菌无溶血现象	取兔波氏杆菌病病料中脓性分泌物涂片，染色镜检可见革兰氏阴性、多形态小杆菌。而多杀性巴氏杆菌为大小一致的卵圆形的小球杆菌。再将病料接种于改良麦康凯培养基上，形成不透明、灰白色、不发酵葡萄糖的菌落，而多杀性巴氏杆菌在此培养基上不能生长	兔瘟以成年兔发病较多，幼兔和仔兔很少发病，病变主要见于气管和肺脏有大量含有血液或血色泡沫样液体，鼻腔、气管、肺有小点状或弥漫性出血。气管充满大量的泡沫状液体，有时全肺出血。而多杀性巴氏杆菌病则无此变化	野兔热剖检见淋巴结显著肿大，呈深红色并有针头大的灰白色干酪样坏死灶。脾脏肿大，呈深红色，表面和切面有粟粒至豌豆大的灰白色或乳白色坏死病灶。肾脏和骨髓也有坏死灶。以病料涂片革兰氏染色镜检为革兰氏阴性的多形态杆菌，呈球状或长丝状

② 兔场应自繁自养，严禁随便引进兔子。新引进的兔子，必须隔离观察 1 个月，并须进行细菌学检查和血清学检查，健康者方可引进兔场。注意环境卫生，加强消毒措施。兔场应与其他养殖场分开，严禁其他畜、禽进入，杜绝病原的传播。

③ 对兔群必须经常进行临床检查，将流鼻涕、打喷嚏、鼻毛潮乱的兔子及时检出，隔离饲养，观察、治疗以及淘汰慢性病例。

④ 兔群每年用兔巴氏杆菌病灭活疫苗，或兔巴氏杆菌和兔波氏杆菌油佐剂二联灭活苗，或兔病毒性出血症和兔巴氏杆菌病二联灭活苗预防接种，发生疫情时也可用于未感染兔紧急预防注射。

⑤ 做好四季饲草供应，除正常饲草供应外还应春天加喂茵陈、蒲公英、败酱草、蛇床子、车前草、鱼腥草等鲜草；夏秋季节加喂金银花、野菊花、大青叶、桑叶、马鞭草、青蒿等。平常可加喂大蒜、

洋葱、韭菜等任意一种，都有很好的预防作用。

(2) 发病后措施　将发病兔尽快隔离或淘汰，兔舍及用具用3%的来苏儿或2%的火碱消毒。有条件的兔场，可分离病原做药敏试验后，选用高敏药物防治。

处方1：血清疗法。特殊情况下（对急性病例），皮下注射抗出血性败血症多价血清6毫克/千克体重，8～10小时重复注射1次。

处方2：青、链霉素各10万单位，肌内注射，每天2次，连用3～5天；或用庆大霉素每千克体重2万单位，肌内注射，一日2次，连续5日为1个疗程；或氟苯尼考，20毫克/千克体重，肌注，每天2～3次，连用3天。

处方3：磺胺嘧啶，100～200毫克/千克体重，每天2次，口服，连用5～7天。

处方4：黄连、黄芪各3克，黄柏6克，水煎服。

处方5：金银花9克、野菊花适量，水煎服（或穿心莲3克，水煎服）。

处方6：金银花10克，蒲公英20克，菊花10克，赤芍10克。水煎内服，每日2次，连用3天，同时用青、链霉素滴鼻（每日2次，连续5天），对慢性呼吸道炎症效果良好。

处方7：金银花10克，野菊花10克，黄芩5克。水煎内服，每日2次，连用3天，同时内服复方黄连素片每日2次，每次2片，对鼻炎效果良好。

二、兔波氏杆菌病

兔波氏杆菌病也叫兔支气管败血波氏杆菌病，是由支气管败血波氏杆菌引起的兔的一种常见的呼吸道传染病。该病特征表现为慢性鼻炎、支气管肺炎和咽炎。

1. 病原

支气管败血波氏杆菌，简称波氏杆菌，是一种细小的杆菌，革兰氏染色呈阴性，有周身鞭毛，能运动，不形成芽孢，多形态，由卵圆形至杆状，常呈两极着染；严格需氧菌，在普通琼脂培养基上生长，形成光滑、湿润、烟灰色、半透明、隆起的中等大菌落。

2. 流行病学

该病传播广泛，常呈地方性流行，一般以慢性经过为多见，急性败血性死亡较少。该菌常存在于兔上呼吸道黏膜，在气候骤变的秋冬之交极易诱发该病。这主要是由于兔受到体内外各种不良因素的刺激，导致抵抗力下降，波氏杆菌得以侵入机体引起发病的。该病主要通过呼吸道传播。带菌兔或病兔的鼻腔分泌物中大量带菌，常可污染饲料、饮水、笼舍和空气，或细菌随着咳嗽、喷嚏飞沫传染给健康兔。

3. 临床症状

临床症状可分为鼻炎型、支气管肺炎型和败血型。其中以鼻炎型较为常见，常呈地方性流行，多与多杀性巴氏杆菌病并发。多数病例鼻腔流出浆液性或黏液脓性分泌物（图 10-23），症状时轻时重。支气管肺炎型多呈散发，由于细菌侵害支气管或肺部，引起支气管肺炎。有时鼻腔流出白色黏性脓性分泌物，病程后期呼吸困难，常呈犬坐式姿势，食欲不振，日渐消瘦而死。败血型即为细菌侵入血液引起败血症，若不加治疗，很快死亡。

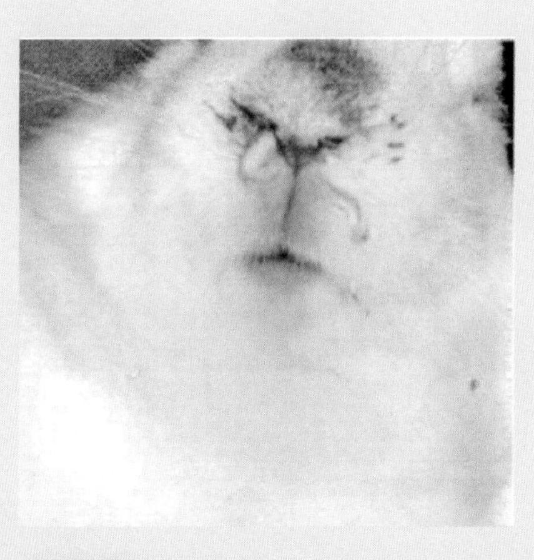

图 10-23　鼻腔流出脓性分泌物，呼吸困难

4. 病理变化

鼻炎型兔可见鼻腔黏膜充血，有黏液，鼻甲骨变形。支气管肺炎型病死兔肺、心包有病变或有大小不等的凸出表面的脓疱，脓疱外有一层致密的包膜，包膜内积满脓汁，呈黏稠、乳油状。其他实质器官也有大小不等的肿胀、脓疱（图 10-24～图 10-27）。

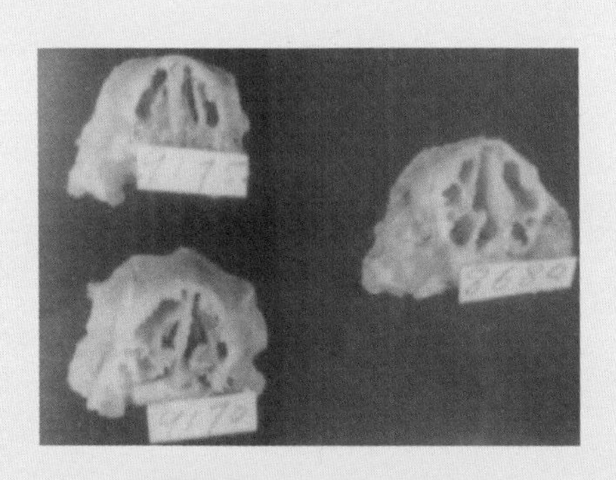

图 10-24 鼻炎型鼻甲骨变形

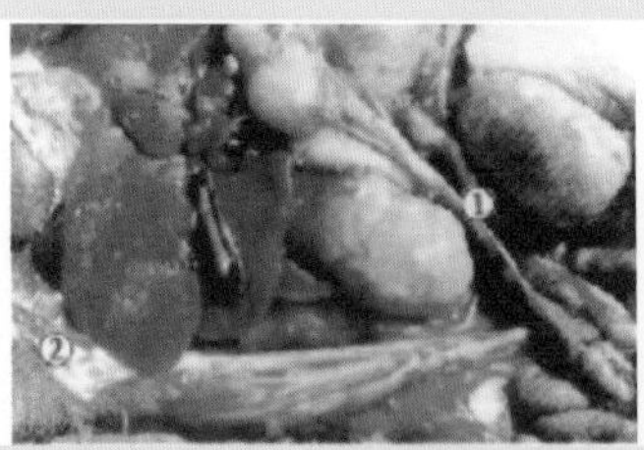

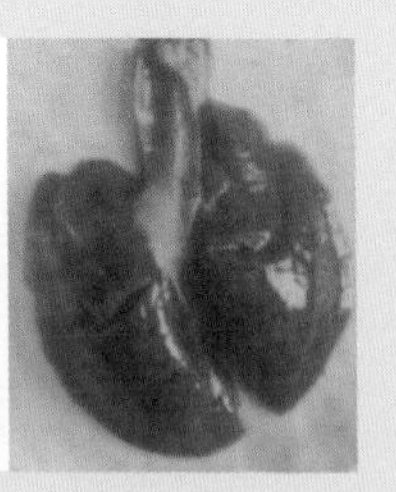

图 10-25 支气管肺炎型病变（一）

支气管肺炎型肝肿大有脓疱（左图）；支气管肺炎型肾肿大有脓疱，肝脓肿（中图）；支气管肺炎型肺脏出血（右图）

5. 诊断

进行细菌学检查，找出病原才能最后确诊。

① 涂片检查。取呼吸道分泌物或病变组织涂片，革兰氏染色，镜检，能看到革兰氏阴性小球杆菌；如用亚甲蓝染色，镜检，可见多

形态、两极染色的小杆菌。

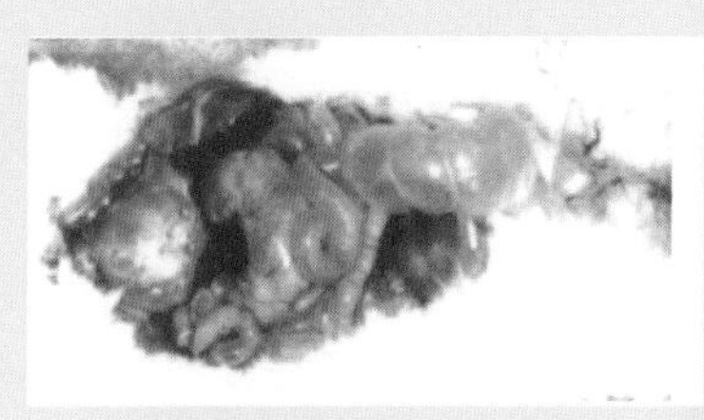
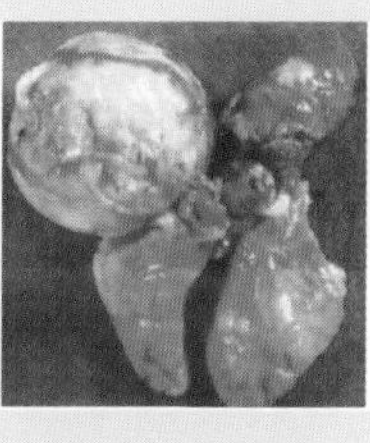
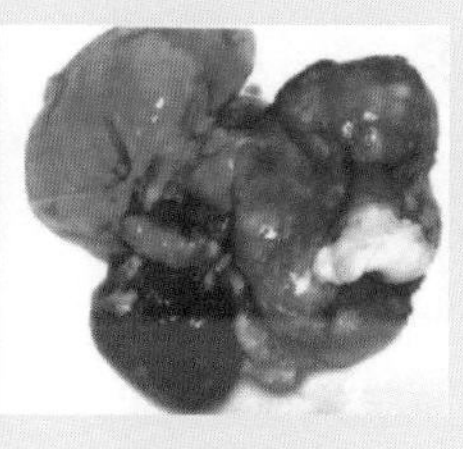

图 10-26　支气管肺炎型病变（二）

支气管肺炎型脓肿与肺脏粘连（左图）；支气管肺炎型肺浆膜面粘连一个黄色大脓肿（中图）；支气管肺炎型肺脏上有数个核桃大小的脓肿，脓汁呈白色乳油状（右图）

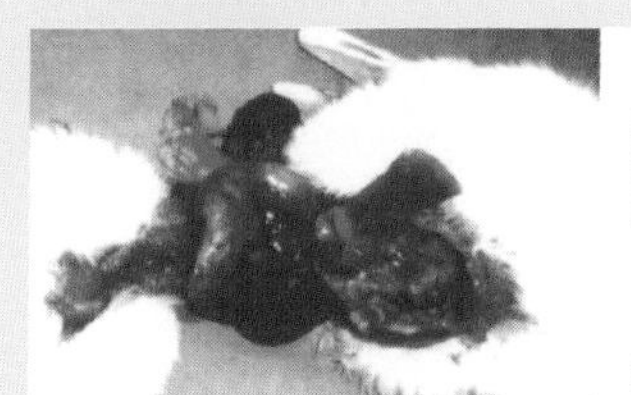
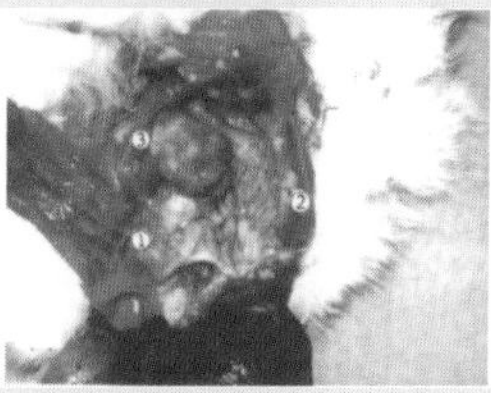
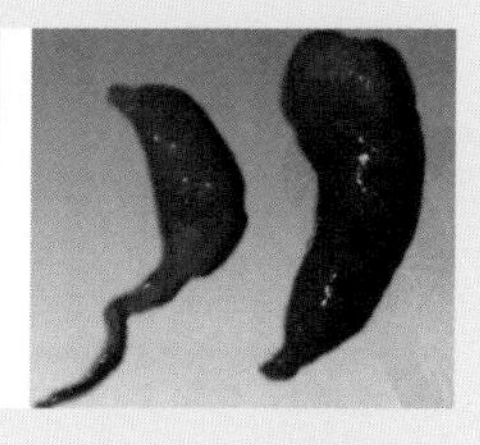

图 10-27　支气管肺炎型病变（三）

哺乳仔兔左肺与胸腔壁积脓，心包积脓（左图）；哺乳仔兔左肺、胸腔、心脏表面黏附脓汁（中图）；两个睾丸均有大小不等的脓肿（右图）

② 血清学检查。可用平板凝集试验、琼脂免疫扩散试验等。如平板凝集试验，在洁净的玻片上，滴加 1 滴菌液（2500 亿个菌/毫升），再加 1 滴被检血清，充分混合，在 20～25℃条件下作用 2～5 分钟，出现颗粒絮状物，液体清亮为阳性。

注意与多杀性巴氏杆菌病和葡萄球菌病鉴别。葡萄球菌为革兰氏阳性球菌，波氏杆菌为革兰氏阴性杆菌。多杀性巴氏杆菌和波氏杆菌均为革兰氏阴性杆菌，形态极为相似，但多杀性巴氏杆菌在普通培养基上不易生长，而波氏杆菌生长良好；多杀性巴氏杆菌能发酵葡萄糖，而波氏杆菌则不能发酵葡萄糖。

6. 防制

① 严格饲养管理。加强饲养管理，改善饲养环境，做好防疫工作。兔场最好坚持自繁自养。对新引进的兔必须隔离观察1个月以上，经细菌学与血清学检查为阴性者方可入群。

② 疫苗预防。可用分离到的支气管败血波氏杆菌，制成蜂胶或氢氧化铝灭活菌苗，进行预防注射，每只兔皮下注射1毫升，每年2次。也可用兔巴氏杆菌-波氏杆菌二联苗或巴氏杆菌-波氏杆菌-兔病毒性出血症三联苗。

③ 发病后措施。兔群一旦发病，必须查明原因，消除外界刺激因素，隔离感染兔，以控制病原传播。

处方1：卡那霉素，每只兔每次20～40毫克，肌内注射，每天2次。

处方2：庆大霉素，每只兔每次1万～2万单位，肌内注射，每天2次。

处方3：四环素，每只兔每次1万～2万单位，肌内注射，每天2次。

处方4：杏仁、瓜蒌子、白前、远志、防风、陈皮各15克，将上述6味药粉碎成细粉，混匀，每次2克，每天2次，温开水调开灌服。

三、兔大肠杆菌病

兔大肠杆菌病是由一定血清型的致病性大肠杆菌及其毒素引起的仔兔、幼兔肠道传染病，以水样或胶冻样粪便和严重脱水为特征。

1. 病原

病原为致病性大肠杆菌，又称大肠埃希菌。其为革兰氏阴性、无芽孢、有鞭毛的短小杆菌。该菌血清型较多，引起兔致病的大肠杆菌主要有30多个血清型。

2. 流行病学

该病一年四季均可发生。各种年龄和性别的兔都易感，但主要发生于断奶前的仔兔，成年兔发病率低。该病的发生常由于饲养条件和

气候等环境的变化而导致植物性神经系统紊乱，使肠道中本来以革兰氏阳性菌为主的细菌群，很快由大量革兰氏阴性菌所代替（主要是大肠杆菌），以致发生剧烈的腹泻，甚至死亡。另外，可因致病性大肠杆菌侵入肠道，产生大量毒素而引起腹泻，甚至死亡。兔场一旦发生该病，常因场地和兔笼的污染而引起大流行，造成仔兔大批死亡。第一胎仔兔发病率和死亡率高于其他胎次的仔兔，可能与母兔免疫力低下有一定关系。

3. 临床症状

便秘病兔常精神沉郁，被毛粗乱，废食，有的磨牙，常卧于兔笼一角逐渐消瘦死亡，兔粪便细小，呈老鼠屎状。腹泻病兔，排稀便，食欲减退，尾及肛周有粪便污染，精神差，发病后期两耳发凉，卧伏不动，不时从肛门中流出稀便。急性病例通常在1～2天内死亡，少数可拖至1周，一般很少自然康复（图10-28）。

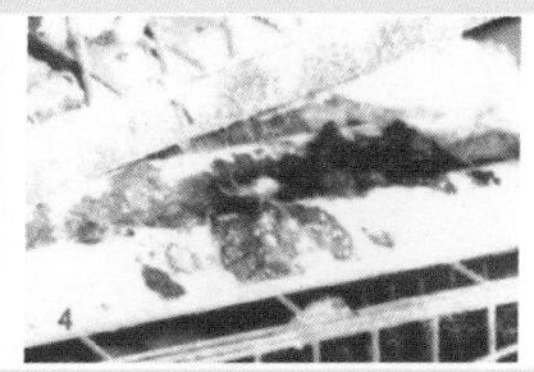

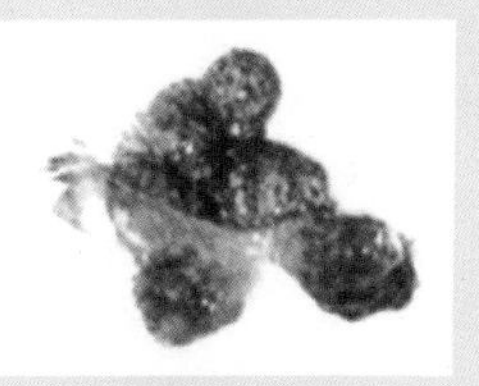

图10-28　兔大肠杆菌病的临床症状

病兔尾及肛周有粪便污染，精神差，病后期两耳发凉，卧伏不动（左图）；病兔排出大量明胶样黏液和干粪球（中图）；黏液粪球外附着明胶样黏液（右图）

4. 病理变化

腹泻病兔剖检可见胃膨大，充满多量液体和气体，胃黏膜上有针尖状出血点；十二指肠充满气体、黄染；空肠、回肠肠壁薄而透明，内有半透明胶冻样物和气体；结肠和盲肠黏膜充血，浆膜上有时有出血斑点，有的盲肠壁呈半透明，内有多量气体；胆囊亦可见胀大，膀胱常胀大，内充满尿液。便秘病死兔剖检可见盲肠、结肠内容物较硬且成形，上有胶冻，肠壁有时有出血斑点。败血型可见肺部充血、淤血，局部肺实变。仔兔胸腔内有多量灰白色液体，肺实变，纤维素渗出，胸膜与肺粘连。肝、肾也有病变（图 10-29～图 10-31）。

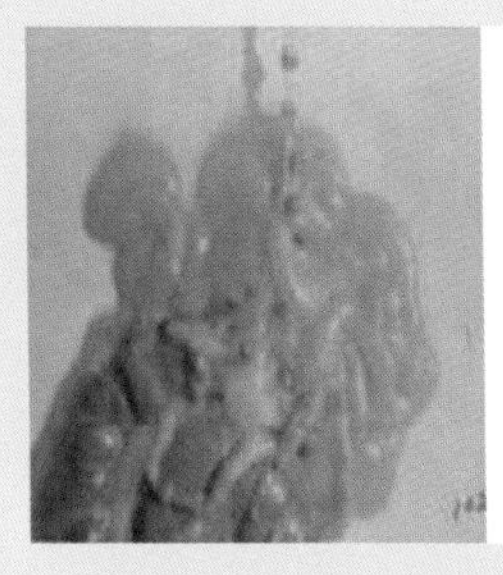
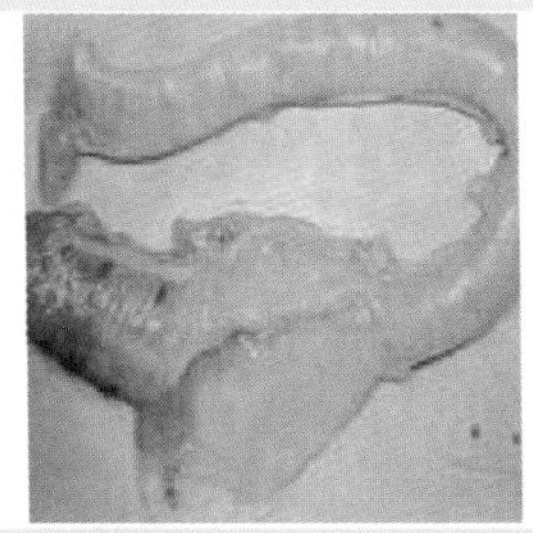
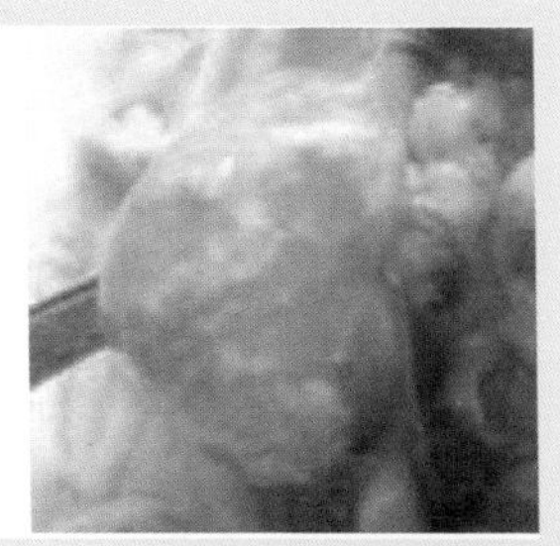

图 10-29 兔大肠杆菌病的病理变化（一）

大肠杆菌腹泻病兔，小肠扩张，肠腔内充盈大量黄色液体（左图）；兔黏液性肠炎，外观结肠壁贫血、色灰白，肠腔内有气体，空肠淤血、色暗红（中图）；兔大肠杆菌病化脓性肾炎（右图）

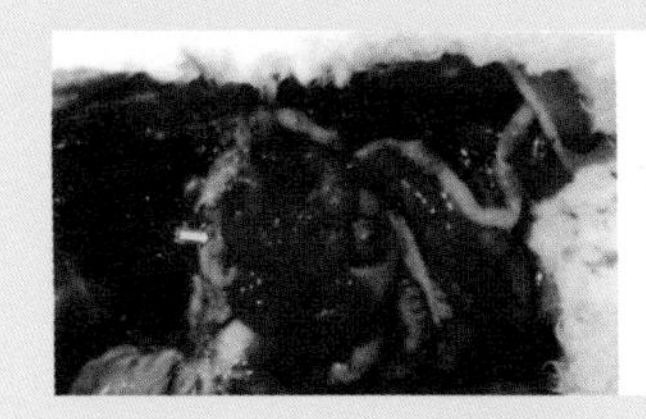
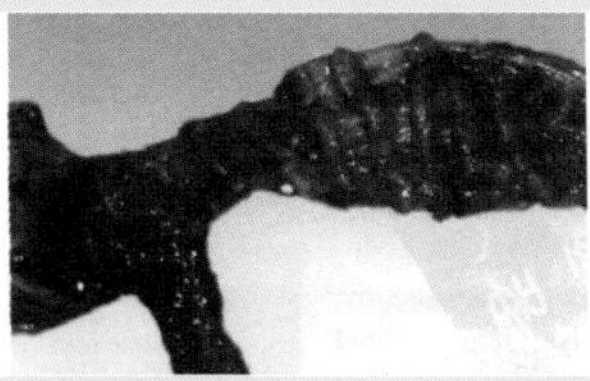
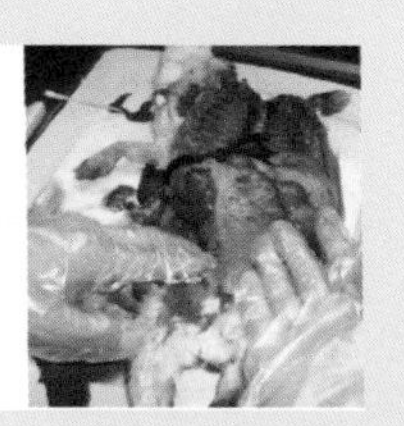

图 10-30 兔大肠杆菌病的病理变化（二）

黏液性肠炎，小肠内充满气体和淡黄色液体（左图）；盲肠黏膜水肿，色暗红（中图）；病兔十二指肠充满气体并黄染（右图）

5. 诊断

从自然感染发病死兔的肠道中，特别是从结肠、盲肠以及蚓突内容物和败血型病例中，容易分离到该菌。此外，在水肿的肠系膜淋巴结、脾脏、肝脏的坏死病灶中也能分离到该菌。分离时可选用伊红美蓝琼脂作为选择性培养基。如果需要，尚需进一步通过血清定型和动物试验等综合判定。

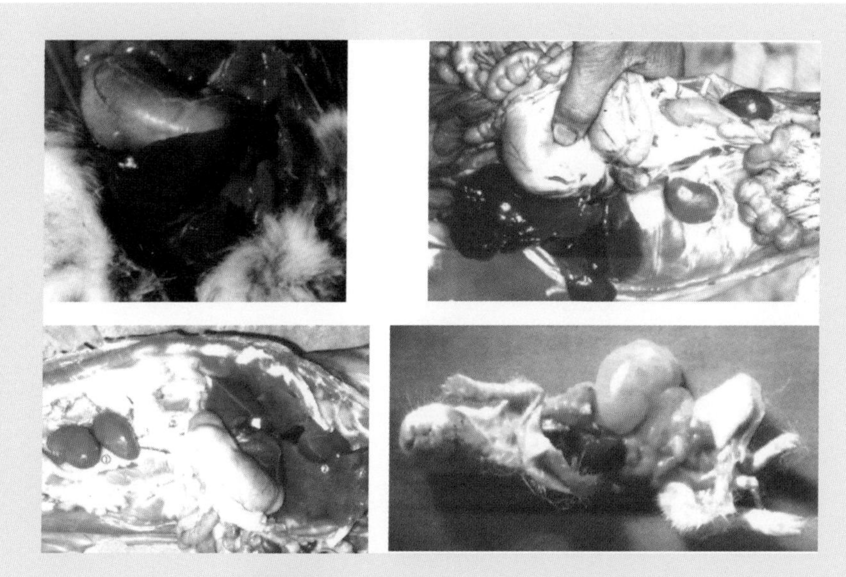

图 10-31 兔大肠杆菌病的病理变化（三）

肝表面可见有坏死灶（上左图）；胆囊扩张，胆汁呈黑色，肠内充满黄色黏液（上右图）；肾脏有点状出血和坏死灶，肝脏亦有坏死灶，坏死处呈顶针状凹陷（下左图）；哺乳仔兔胃膨大，小肠内充满半透明黄色胶样物（下右图）

6. 防制

（1）严格饲养管理　平时加强饲养管理，搞好兔舍卫生，定期消毒。减少应激因素，特别是在断奶前后不能突然改变饲料，以免引起仔兔肠道菌群紊乱。

（2）疫苗预防　常发生该病的兔场，可用从该病兔中分离出的大肠杆菌制成灭活苗，每年进行 2 次预防注射，有一定疗效。

（3）发病后措施　兔一旦发病，应立即隔离或淘汰，死兔应焚烧深埋，兔笼、兔舍用 0.1%新洁尔灭或 2%火碱水进行消毒。有条件的地方可先做药敏试验，再选用药物进行治疗。

处方 1：链霉素，肌内注射，兔 20～30 毫克/千克体重，每天 2 次，连用 3～5 天。

处方 2：多黏菌素，每只兔 2.5 万单位，连用 3～5 天。

处方 3：庆大霉素，每只 2 万～4 万单位，每天 2 次，肌内注射，连用 3～5 天。

处方 4：处方 1、处方 2、处方 3 的药物可配合使用。

处方 5：氟苯尼考，20 毫克/千克体重，肌注，每天 2～3 次，连用 3 天。口服，20～30 毫克/千克体重，每天 2 次，连用 3～5 天。腹泻严重者腹腔一次注射 5%的葡萄糖生理盐水 5 毫升。

处方 6：促菌生制剂，兔 50 毫克/千克体重，日服 1～2 次，连用 3 天。

处方 7：穿心莲 6 克，金银花 6 克，香附 6 克，水煎服，每天 2 次，连用 7 天。

处方 8：丹参、金银花、连翘各 10 克，加水 1000 毫升，煎至 300 毫升，口服，每天 2 次，每次 3～4 毫升，连用 3～4 天。

处方 9：500 克大蒜、1000 毫升酒。将大蒜捣成泥状，放入酒中浸泡密封半月即成酒蒜液。取 3 份酒蒜液加水 7 份，也可以加少量食醋，病兔每日 2 次，每次 2～10 毫升，小兔减半，当日有效（治疗急性黏液性肠炎）。

处方 10：百草霜（锅底灰）25 克，茜草（血见愁）15 克，葎草（拉拉秧）15 克，红糖 10 克，人工盐 5 克。水煎内服或拌料，病兔每日 2 次，每次 5～10 毫升，小兔减半，连服 3～5 天（治疗阻塞性黏液性肠炎）。

处方 11：郁金 45 克，金银花 45 克，连翘 45 克，大黄 50 克，栀子 20 克，诃子 35 克，黄连 20 克，白芍 20 克，黄芩 20 克，黄柏 20 克。水煎服，连用 3 天。结合注射氟苯尼考，3 天控制死亡，5 天后兔群恢复正常。

四、兔产气荚膜梭菌（A 型）病

兔产气荚膜梭菌（A 型）病，又称兔魏氏梭菌病，是由 A 型魏氏梭菌产生外毒素引起的肠毒血症，以发病突然、急性腹泻、排黑色水样或带血的胶冻样腥臭粪便、盲肠浆膜有出血斑和胃黏膜出血、溃疡为主要特征。其是一种严重危害兔生产的急性传染病，发病率、死

亡率均高。

1. 病原

病原为产气荚膜梭菌（A 型），又称魏氏梭菌（A 型）。A 型魏氏梭菌菌体革兰氏染色为阳性，菌体较大，芽孢位于菌体中间或偏端。A 型魏氏梭菌主要产生 α 毒素，该毒素只能被 A 型抗血清中和，具有致坏死、溶血和致死作用，仅对兔和人有致病力。

2. 流行病学

该病多呈地方性流行或散发。各品种、年龄的兔皆可感染。一般 20 日龄后的兔即可发病，尤以膘情好、食欲旺盛的兔发病率为高。病兔排出的粪便中大量带菌，极易污染食具、饲料、饮水、笼具、兔舍和场地等；病菌经消化道感染健康兔，在肠道中产生大量外毒素，引起发病和死亡。该病一年四季均可发生，尤以冬、春季为发病高峰期。

3. 临床症状

兔发病后精神沉郁，不食，喜饮水；下痢，便稀呈水样，污褐色，有特殊腥臭味，可沾污肛周及后腿皮毛；外观腹部臌胀，轻摇兔身可听到“咣哨咣哨”的拍水声。提起病兔，粪水即从肛门流出。患病后期，可视黏膜发绀、双耳发凉、肢体无力、严重脱水。发病后最快的在几小时内死亡，多数当日或次日死亡，少数拖至 1 周后死亡（图 10-32）。

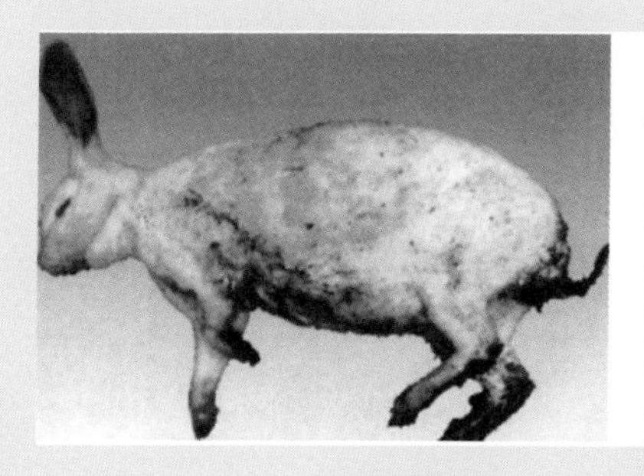

图 10-32 兔产气荚膜梭菌病的临床症状

病兔腹部膨大，水样粪便污染肛门周围及尾部（左图）；

腹部、肛门周围和后肢被毛被水样稀粪或黄绿色粪便沾污（右图）

4. 病理变化

打开腹腔即可闻到特殊的腥臭味。胃多胀满，可见有大小不一的溃疡斑，胃黏膜脱落、溃疡；小肠充气，肠管薄而透明；大肠特别是盲肠浆膜黏膜上有鲜红色的出血斑，肠内充满褐色或黑绿色的粪水或带血色粪便及气体；肝质脆；膀胱多充满深茶色尿液；心脏表面血管怒张，呈树枝状充血（图 10-33～图 10-36）。

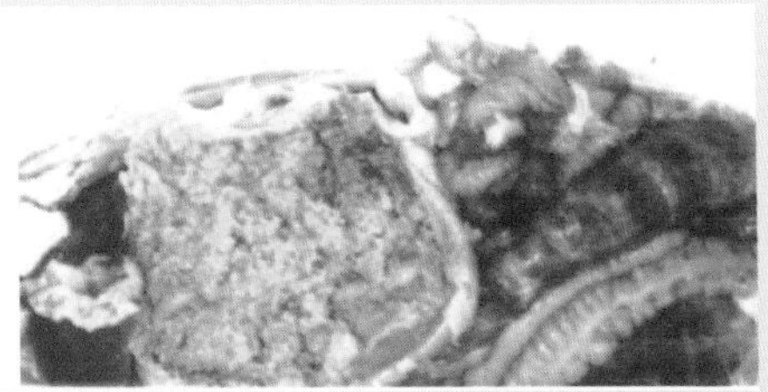

图 10-33 兔产气荚膜梭菌病的病理变化（一）
胃膨胀，充满食物和气体（左图）；胃内充满饲料，黏膜脱落（右图）

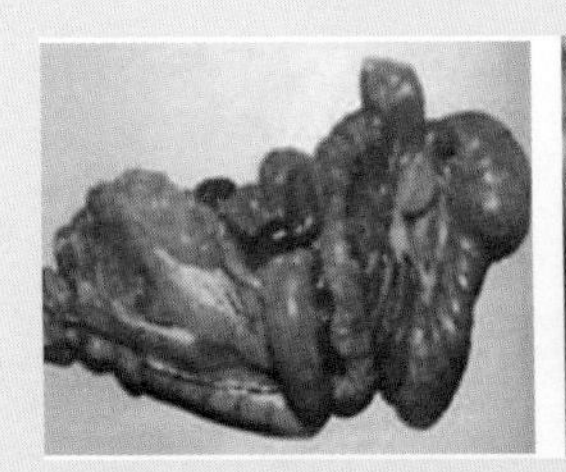
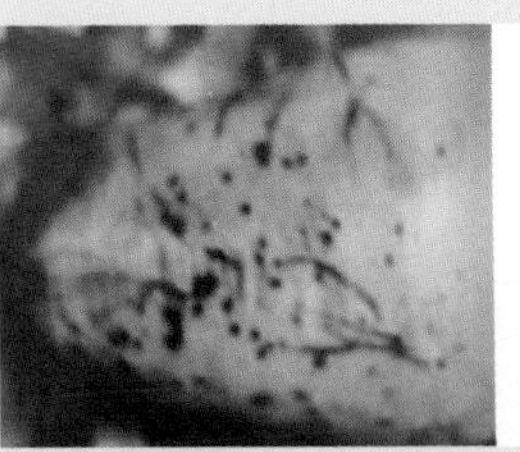
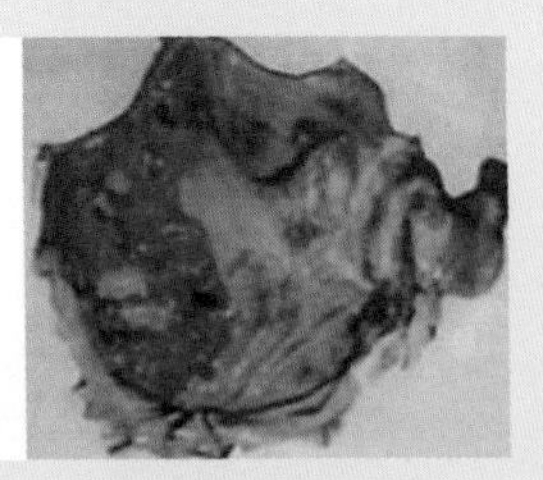

图 10-34 兔产气荚膜梭菌病的病理变化（二）
肠壁充血、出血（左图）；胃黏膜上有黑色溃疡（中图）；
胃底黏膜脱落，有黑色溃疡（右图）

5. 诊断

取病死兔空肠、回肠和盲肠内容物涂片，革兰氏染色镜检，发现两端稍钝圆的革兰氏阳性杆菌。接种肉汤培养基，37℃培养，5～6小时后，培养基变混浊，并产生大量气体，培养物涂片，染色镜检，

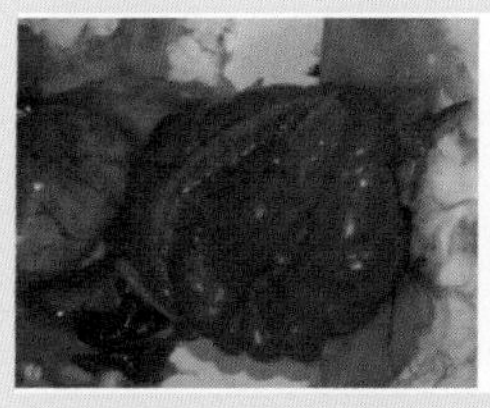
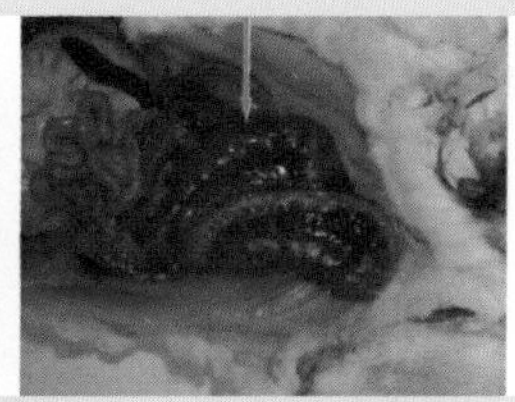

图 10-35 兔产气荚膜梭菌病的病理变化（三）
肠臌气、肠出血症状（左图）；病兔盲肠结肠浆膜面出血（中图）；
小肠壁淤血，肠腔充满含有气泡的淡红色稀薄内容物（右图）

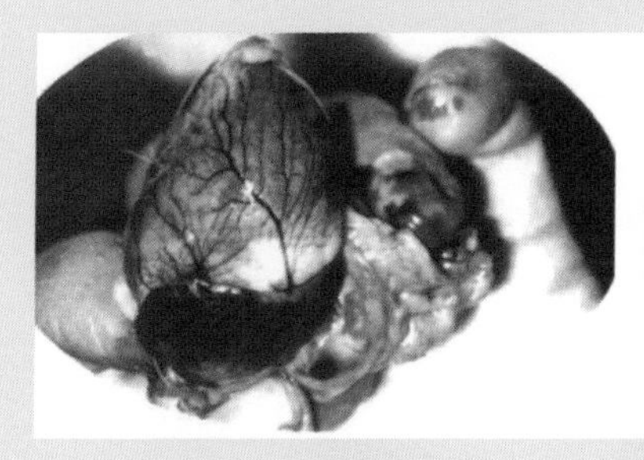
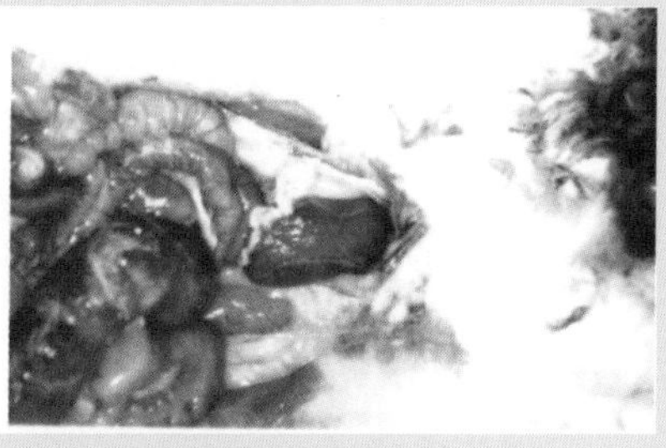

图 10-36 兔产气荚膜梭菌病的病理变化（四）
心脏表面血管怒张，呈树枝状（左图）；膀胱积尿，尿液呈蓝色（右图）

发现两端稍钝圆的革兰氏阳性杆菌，可以初步诊断。兔产气荚膜梭菌（A 型）病与其他病的鉴别见表 10-2。

6. 防制

① 加强饲养管理。搞好环境卫生，少喂高蛋白饲料，兔舍内避免拥挤，注意灭鼠灭蝇；严禁引进病兔。

② 预防接种。繁殖母兔于春、秋季各注射 1 次 A 型魏氏梭菌氢氧化铝灭活苗，仔兔断奶后立即注射疫苗。

③ 发病后措施。发生疫情后，立即隔离或淘汰病兔。兔笼、兔舍用 5%热碱水消毒，病兔分泌物、排泄物等一律焚烧深埋。

处方 1：病初可用特异性高免血清进行治疗，按兔 3～5 毫升/千克体重皮下或肌内注射，每天 2 次，连用 2～3 天，疗效显著。

表 10-2　兔产气荚膜梭菌（A 型）病与其他类症鉴别

病名	兔球虫病	兔沙门菌病	兔病毒性出血症	兔多杀性巴氏杆菌病
特征	急性肠球虫病多发生于断乳前后的仔兔，成年兔为隐性感染，不呈现症状。病兔消瘦，营养不佳，有黄疸和贫血症状。剖检可见肠黏膜或肝表面有淡黄色结节。取结节或肠黏膜压片镜检，可见球虫卵囊	急性沙门菌病以败血症、腹泻和流产为特征，主要发生于断乳前后仔兔和青年兔。蚓突（盲肠的阑尾）黏膜有弥漫性淡灰色粟粒大的小结节，肠淋巴结水肿，脾肿大、充血，肝脏有散在性或弥漫性针尖大坏死灶。仔兔发育不全或木乃伊化。从病兔的血液及各脏器可分离出沙门菌	兔病毒性出血症一般不引起断乳前的仔兔发病死亡。病兔出现神经症状，鼻腔流出鲜红泡沫样分泌物，肝淤血、肿大，呈暗红色。肾肿大，肺淤血、水肿、出血	兔多杀性巴氏杆菌病发病无明显年龄界限，多呈散发性流行。病兔无神经症状，肝脏不肿大，有散在的灰白色坏死病灶。抗生素和磺胺类药物治疗有效

处方 2：金霉素，每千克饲料加 10 毫克，或按兔 20～40 毫克/千克体重肌内注射，每天 2 次，连用 3 天。

处方 3：红霉素，兔 20～30 毫克/千克体重肌内注射，每天 2 次，连用 3 天。卡那霉素，兔 20～30 毫克/千克体重肌内注射，每天 2 次，连用 3 天。

处方 4：土霉素，0.2%拌料，连用 5 天，同时，饮用万分之一的高锰酸钾水。

【提示】 在使用抗生素的同时，也可在饲料中加活性炭、维生素 B_{12} 等辅助药物；注意配合对症治疗，口服食母生（5～8 克/只）和胃蛋白酶（1～2 克/只），腹腔注射 5%葡萄糖生理盐水，可提高疗效。

处方 5：黄连 100 克，黄柏 100 克，大黄 50 克（600 只左右兔 1 日用量）。将 1 日量上述药混合加水适量，微火煎煮过滤为第 1 液，取药渣加水适量再煎 1 次过滤为第 2 液，再将两液混合，任兔自饮；病兔灌服，药渣混入饲料内，每日 1 剂，连用 3 天。本方具有清热解毒、活血散瘀作用。兔群恢复健康后注射疫苗（刘建明，医学动物防制，2009.6）。

五、兔沙门菌病

兔沙门菌病是由鼠伤寒沙门菌和肠炎沙门菌引起的兔的一种消化

道传染病，又名兔副伤寒。主要表现腹泻、流产和急性死亡，也可呈败血症，对妊娠母兔危害大。

1. 病原

沙门菌属肠杆菌科，革兰氏阴性的小杆菌，广泛存在于自然界和动物体内（肠道寄生菌）。该病病原是鼠伤寒沙门菌或肠炎沙门菌。该菌对外界环境抵抗力较强（对干燥、腐败、日光等有一定抵抗力），但对消毒药物的抵抗力不强，3%来苏儿、5%石灰乳及福尔马林等于几分钟内可将其杀死。

2. 流行病学

该病长年发生，一般以春、秋季发病较多。发病兔无品种、年龄、性别差异，发病死亡率高达90%以上，尤其以幼兔和妊娠母兔发病率和死亡率最高。该病也是幼兔腹泻死亡的主要原因之一。病兔的粪便（内中含大量病菌）、野鼠及苍蝇等是该病的传播媒介。消化道是主要的传染途径。健康兔通过接触被病菌污染的饲料、饮水、笼具、垫草等可引起感染。

3. 临床症状

除个别病例因败血症突然死亡外，一般表现为下痢，粪便呈糊状带泡沫，稍有臭味。病兔体温升高至41℃左右，无食欲、精神差、伏卧不起，病程3～10天，绝大多数死亡。部分兔有鼻炎症状。母兔从阴道流出脓样分泌物，怀孕母兔通常发病突然，烦躁不安，减食或废食，饮水增加，体温升高至41℃并发生流产。流产的胎儿多数已发育完全，有的皮下水肿，也有的胎儿木乃伊化或腐烂。

4. 病理变化

急性病例大多数内脏器官充血、出血，腹腔内有大量渗出液或纤维素性渗出物。腹泻病例可见部分肠黏膜充血、出血、水肿；肠系膜淋巴结肿大；脾脏肿大呈暗红色；部分兔胆囊外表呈乳白色，较坚硬，内为干酪样坏死组织；在圆小囊和蚓突处可见到浆膜下有弥漫性灰白色坏死病灶，其大小由针尖到粟粒大不等；肝、肾被膜表面有坏死点。流产母兔的子宫肿大，浆膜和黏膜充血，壁增厚，有化脓性或坏死性炎症，局部黏膜上覆盖一层淡黄色纤维素性脓液，有些病例子宫黏膜出血或溃疡（图 10-37、图 10-38）。

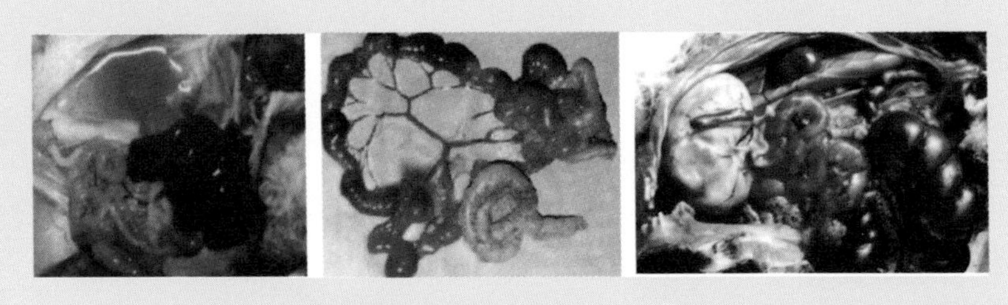

图 10-37 兔沙门菌病的病理变化（一）

腹腔内有大量积液（左图）；肠壁充血，肠腔内有含气泡的稀糊状内容物（中图）；小肠壁淤血，淋巴集结增生，呈灰白色颗粒状，肠腔内充满含气泡的稀糊状内容物（右图）

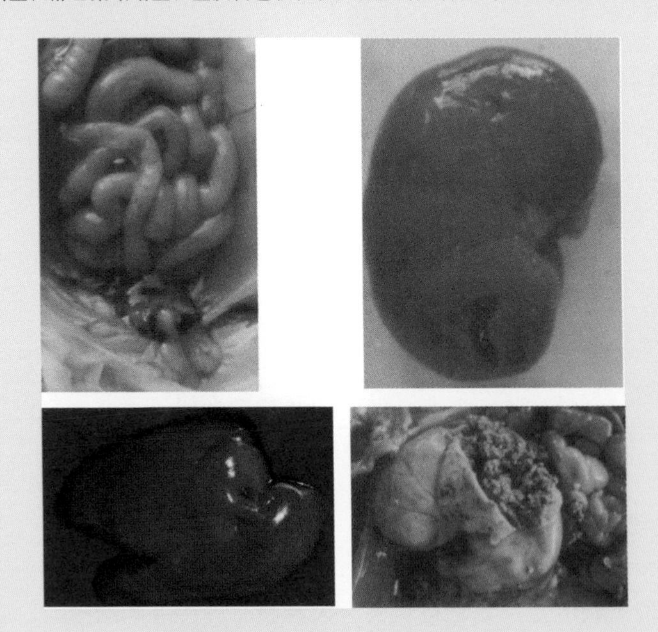

图 10-38 兔沙门菌病的病理变化（二）

肠道和膀胱出血（上左图）；肾肿大，被膜下有散在的坏死点（上右图）；肝表面有散在灰黄色小坏死点（下左图）；胃黏膜出血（下右图）

5. 诊断

一般可用有病变的肝脏、脾脏、死兔心血、肠系膜淋巴结、子宫或阴道分泌物、流产胎儿的内脏器官作为被检材料。有肠炎的病例，可从肠道内容物或排泄物中，直接或增菌后，进行细菌学检查。

6. 防制

（1）预防措施

① 加强饲养管理。兔场应与其他畜场分隔开；兔场要做好灭蝇、灭鼠工作，经常用2%火碱或3%来苏儿消毒。搞好饲养管理和环境卫生，消除各种应激因素，可减少该病的发生。兔场要定期进行检疫，淘汰感染兔。引进的种兔要进行隔离观察，淘汰感染兔、带菌兔，建立健康的兔群。

② 疫苗免疫。对怀孕初期的母兔可注射鼠伤寒沙门菌灭活苗，每次颈部皮下或肌内注射1毫升，每年注射2次。

（2）发病后措施　发病兔、病死兔应及时治疗、淘汰或销毁。

处方1：链霉素，肌内注射，每次10万单位，每天2次，连用3天。

处方2：土霉素肌内注射，每次每千克体重20～25毫克，每天2次，连用3～4天。土霉素口服，每千克体重20～25毫克，每天2次，连用3天。

处方3：磺胺二甲嘧啶，口服，兔100～200毫克/千克体重，每天1次，连用3～5天。

处方4：磺胺脒，每千克体重0.1～0.2克，分2次口服，连用2～3天。

处方5：复方新诺明，每千克体重20～25毫克，每天2次口服，连用3～5天。

处方6：黄连5克，黄芩10克，马齿苋15克，水煎服。或取1份大蒜捣碎后，加5份水，调成汁，每只兔5毫升，每天2～3次，连用5天。

处方7：大青叶、白头翁、白背叶各10克，板蓝根、一点红各12克，紫茉莉、五加皮、鸡冠花各15克，紫背金牛、独脚金各10

克。用法：水煎灌服，每次15毫升，每天2次。

处方8：车前草、鲜竹叶、马齿苋、鱼腥草各15克。用法：煎水，拌料喂给。或食用鲜草，连用5天。

六、兔结核病

该病是由结核分枝杆菌引起的一种慢性传染病，以肺、消化道、肾、肝、脾与淋巴结的肉芽肿性炎症及非特异性症状（比如消瘦）为特征。

1. 病原

兔结核病的病原主要是牛型结核分枝杆菌，禽型和人型结核杆菌也能引起兔发病。结核分枝杆菌对外界因素的抵抗力很强，在土壤、粪便中能生存5个月以上，不怕干燥与湿冷；但对温度敏感，62～63℃ 15分钟即可被杀死，煮沸、一般消毒药可将其杀死；对酸有抵抗力。

2. 流行病学

兔结核病主要是由于与结核病人、病牛和病鸡直接或间接接触，经呼吸道、消化道、皮肤创伤而传染，经脐带和交配有时经子宫内也可传染。进入体内的细菌很快被吞噬细胞吞噬，但吞噬细胞不能将其消灭，而是随血液带到其他部位。各种年龄与各品种的兔都有易感性。一年四季均可发生，多为散发。饲养管理不良，营养状态欠佳，兔舍潮湿、阴暗，兔笼污秽不洁等，可促使该病的发生与流行。

3. 临床症状

病兔食欲不振，消瘦，被毛粗乱，咳嗽喘气，呼吸困难。黏膜苍白，眼睛虹膜变色，晶状体不透明，体温稍高。患肠结核病的兔常出现腹泻。有的病例常见肘关节、膝关节和跗关节骨骼变形，甚至发生脊椎炎和后躯麻痹。

4. 病理变化

病尸消瘦，呈淡黄色至灰色。结核结节通常发生在肝、肺、肾、胸膜、腹膜、心包、支气管淋巴结、肠系膜淋巴结等部位，脾脏结核较为少见。结核结节具有坏死干酪样中心和纤维组织包囊。肺结核病

灶可发生融合，形成空洞（图10-39）。

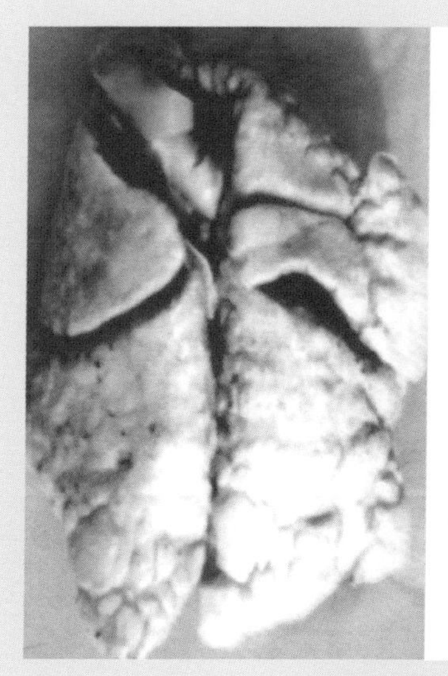
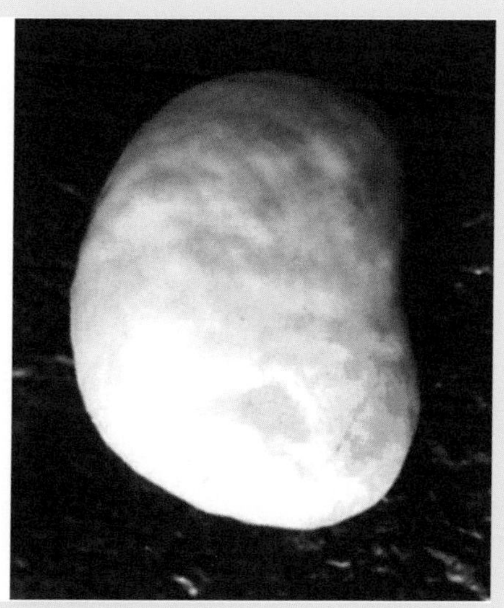

图10-39 兔结核病的病理变化
肺有大小不等的结核结节，大结节中心部有干酪样坏死（左图）；
肾表面高低不平，见大小不等的结核结节（右图）

5. 诊断

确诊要进行实验室检查，采取新鲜结核结节病灶触片，用抗酸染色法染色镜检，可见细长丝状、稍弯曲的红色结核分枝杆菌。或以病料进行细菌培养，做病原的分离鉴定。

注意与兔伪结核病的区别，兔伪结核病主要病变是在盲肠蚓突和圆小囊浆膜下有乳脂样结节，有的病例，脾脏也有结节，结节内容物为灰白色乳脂样物。以结节内容物涂片，用抗酸染色法染色，伪结核耶新氏杆菌为非抗酸菌，如将病料培养于麦康凯琼脂培养基上，生长者为伪结核耶新氏杆菌，而结核分枝杆菌在此培养基上不能生长。

6. 防制

① 加强饲养管理，严格兽医卫生防疫制度，定期消毒兔舍、兔

笼和用具等。兔场要远离牛舍、鸡舍和猪圈，并防止其他动物进入兔舍。

② 严禁用结核病牛、病羊的乳汁喂兔，结核病人不能当饲养员。新引进的兔经检疫无病，并通过一段时间的隔离观察确认健康后，方能进入兔群。

③ 发现可疑病兔要立即淘汰处理，污染场所要彻底消毒，严格控制传染源，才可以保持兔群的健康。

④ 发病后措施。对种用价值高的病兔，可进行治疗。

处方1：链霉素。每只兔每日肌内注射链霉素3～5克，间隔1～2日用药一次。同时给予营养丰富的饲料，增加青料，补充矿物质、维生素A和维生素D等。

处方2：白及100克，百部40克，白果50克，蜂蜜50毫升，猪油300克。前三味药研末，共熬成膏，每次每只兔灌服3.5毫升，每天灌2次。

处方3：萱草、赤芍各5克，蒲公英、地丁各2.5克。水煎灌服，兔每次10毫升，每天2次。

七、兔伪结核病

该病是由伪结核耶新氏杆菌引起兔的一种慢性消耗性传染病。该病的特征为肠道、内脏器官和淋巴结出现干酪样坏死结节。病兔通常表现为腹泻、食欲减退甚至拒食、行动迟钝、衰弱、肠系淋巴结肿大、进行性消瘦等症状。兔群感染率在21%左右。

1. 病原

病原为伪结核耶新氏杆菌，多形态的革兰氏阴性杆菌，没有荚膜，不形成芽孢，有鞭毛。根据抗原的不同，可以分为6个主要血清型，各型又有不同亚型。兔伪结核耶新氏杆菌病以第Ⅰ型和第Ⅱ型最为常见。在自然情况下，此菌存在于鸟类和哺乳动物，特别是啮齿动物（家兔、野兔、豚鼠、海狸鼠等）体内。该菌可以引起人的淋巴腺炎、阑尾炎和败血症，不易引起大白鼠和地鼠发病。该菌的抵抗力不强，一般的消毒剂均能将其杀死。

2. 流行病学

由于该菌在自然界广泛存在，啮齿动物又是该菌的贮存所，因此家兔很易自然感染发病。该病多呈散发性，但也可引起地方性流行，一般通过吃进被污染的饲料和饮水而感染，病原菌可在消化道中产生损害并从粪便中排出。此外，皮肤伤口、交配和呼吸道也常是传染途径。营养不良、受惊和寄生虫病等使兔子抵抗力降低时易诱发该病。据 Wain's 报道，该病欧洲野兔发病率为 13%～17%。由于我国养兔一般为分散饲养，因此该病呈散发性。据某屠宰厂资料统计，在宰后检验 718268 只兔中，发现此病兔 1698 只，占屠宰总数的 0.24%。

3. 临床症状

病兔表现慢性腹泻、食欲减退、精神萎靡、进行性消瘦、被毛粗乱、极度衰弱。多数兔有化脓性结膜炎，腹部触诊可感到肿大的肠系膜淋巴结和肿硬的蚓突。少数病例呈败血经过，表现为体温升高、呼吸困难、精神沉郁、食欲废绝，很快死亡（图 10-40）。

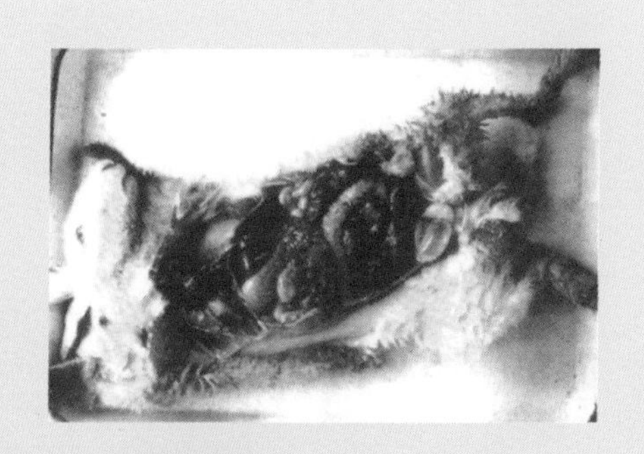

图 10-40　尸体消瘦，被毛蓬乱

4. 病理变化

最常见的病变在盲肠蚓突和回盲部的圆小囊上。严重者蚓突肥厚如小香肠，圆小囊肿大变硬，浆膜下有无数灰白色乳脂样或干酪样粟粒大的小结节，小结节有单个的或片状（由几个合并而成）的。有些在相应部位黏膜上的病变被干酪样分泌物所覆盖。病变轻者蚓突和圆小囊浆膜下有散在性灰白色乳脂样粟粒大的小结节，或仅有个别粟粒大的小结节，在新的结节内为乳脂样物，在陈旧的结节内为白色凝固的干酪样团块。除了上述两个器官发生病变外，以下几个器官可能也同时存在病变。淋巴结，尤其是肠系膜淋巴结可增大数倍，呈紫红色，有芝麻至绿豆大的灰白色结节，多者可达100个以上。肝脏被凸出的小结节所布满，大小不一，结节内多为乳块状物质。此外，在肾、肺、脾和胸膜也可能有同样干酪样结节。而心脏、四肢的淋巴结和关节很少出现病变。根据目前的研究，发现有些病例仅出现上述的脾脏病变，而其他器官均为正常（图10-41、图10-42）。

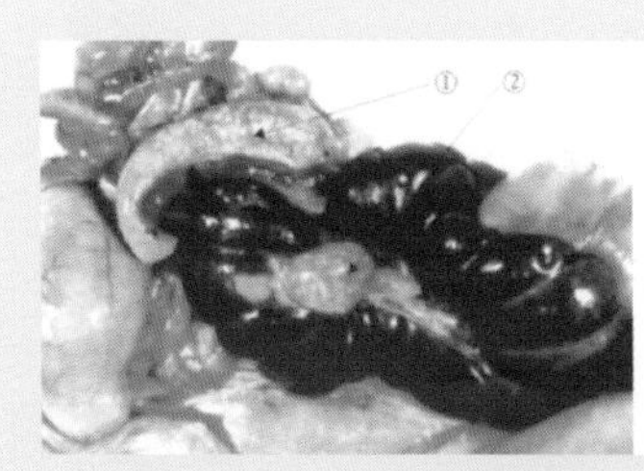

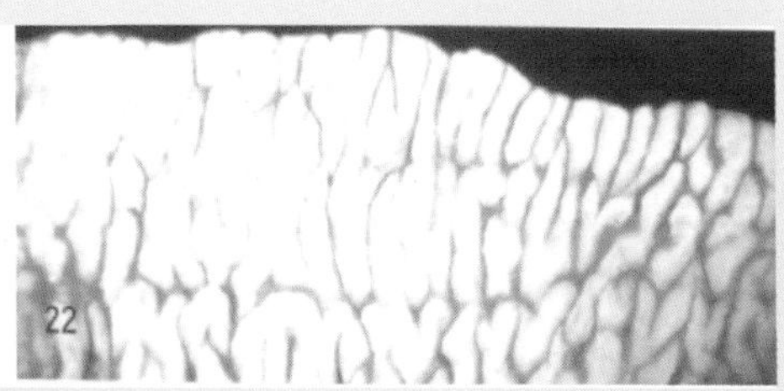

图10-41 兔伪结核病的病理变化（一）
盲肠蚓突和圆小囊壁有粟粒状坏死结节（左图）；
肠黏膜增厚，出现很多皱襞，表面似脑回（右图）

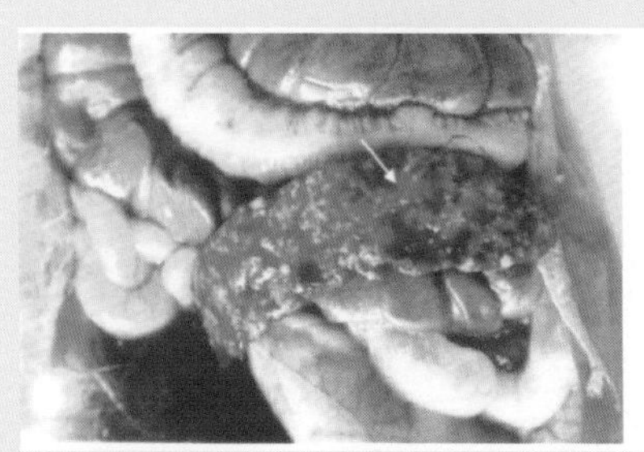

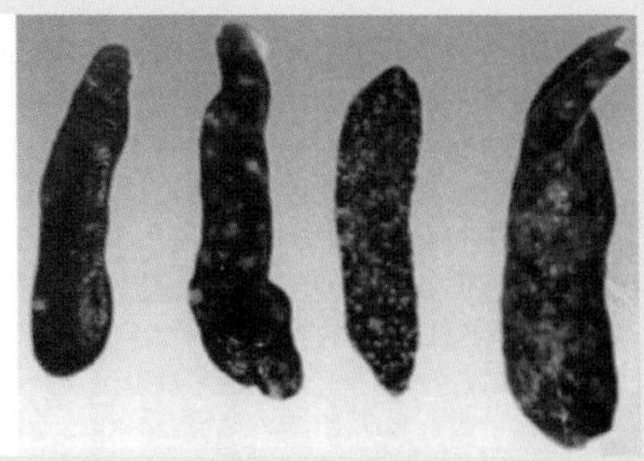

图10-42 兔伪结核病的病理变化（二）
脾肿大，上面有多量黄白色针帽至粟粒大结节，干酪样坏死十分明显（左图）；
四个脾脏中均有大小不等、多少不一的坏死结节（右图）

5. 诊断

确诊必须进行微生物学和血清学检查。兔伪结核病与其他病症的鉴别见表 10-3。

表 10-3　兔伪结核病与其他病症的鉴别

病名	兔结核病	兔球虫病
特征	伪结核病的病灶起初是由组织细胞和淋巴细胞构成的，后来则以白细胞为主，因此，病灶和脓肿相似。而结节发生和发展要比结核病快得多，在病的早期即行酪化，因此，最小的结节呈白色，较大的则软化成乳脂状团块，常被结缔组织的包膜所包围。结核病的结核结节极少发生于蚓突和圆小囊的浆膜下，且结核灶坚硬。伪结核耶新氏杆菌为革兰氏阴性菌，是不抗酸的杆菌，而结核分枝杆菌为革兰氏阳性菌，具有抗酸染色的特征	从病灶取材料做镜检查出球虫卵可区别。急性肠球虫病，肠黏膜增厚、充血，小肠充满气体和大量黏液；慢性肠球虫病，肠黏膜有数量不等的圆形、粟粒大小的灰白色小结节，但盲肠蚓突、圆小囊不肿大，浆膜无结节病变，肝、脾、肾、肠系膜淋巴结等器官无多大的变化。肝球虫病，肝脏，尤其在胆管周围的肝表面和内部形成大小不一、形态不定的淡黄色脓样结节，胆管壁增厚、结缔组织增生而引起肝细胞萎缩

6. 防制

由于该病在生前不易确诊，目前对病兔难以进行正确的治疗，重点应加强预防。

① 加强管理。加强饲养管理和卫生工作，定期消毒兔舍和用具、灭鼠，防止饲料、饮水与用具的污染。引进兔要隔离检疫，严禁带入传染源。

② 发现可疑病兔后进行淘汰。应用血清凝集和血细胞凝集试验对兔群进行检查，查出病兔，立即淘汰，以消除传染源。

③ 疫苗免疫。应用伪结核耶新氏杆菌多价灭活菌苗进行预防注射，每兔颈部皮下或肌内注射 1 毫升，免疫期达 4 个月以上，每兔每年注射 2 或 3 次，可控制该病的发生与流行。

④ 发病后措施。兔病初期用抗生素有一定的疗效，该菌对链霉素、卡那霉素、四环素和甲砜霉素敏感，可应用于治疗。

处方 1：链霉素，每千克体重 15 毫克肌内注射，每日 2 次，连用 3～5 天。

处方2：卡那霉素，每千克体重10～20毫克肌内注射，每日2次，连用3～5天。

处方3：四环素，每千克体重30～50毫克口服，每日2次，连用3～5天。

处方4：甲砜霉素，每千克体重40毫克口服或肌内注射，每日2次，连用3～5天。

处方5：白术3克，党参2克，黄芪3克，青皮2克，木香2克，厚朴2克，苍术2克，甘草2克（扶脾健肠散）。共研细末，一日分2次，拌料饲喂或开水冲泡，候温灌服。适用于发病前期（食欲不振、被毛蓬乱、间歇性腹泻或便秘、逐渐消瘦者）。个别病情较重者，配合青霉素10万～20万单位、庆大霉素4万单位肌注，1天2次，连用3～5天；大群流行时，每100千克饲料中添加50克庆大霉素原粉。

处方6：大黄4克，枸橘2克，枳实2克，厚朴2克，当归6克，党参3克，龙眼肉3克，干姜1克，桔梗1克，甘草2克（黄龙汤）。水煎去渣，1天分2次，候温灌服。适用于发病后期（食欲废绝，盲肠蚓突肥厚、肿胀、变硬，心力衰竭者）。对个别肠滞瘀血严重者，口服硫酸钠，每次3～6克，加适量温水灌服；同时肌注链霉素，每千克体重20毫克，每日2次，连用3～5天。

八、兔葡萄球菌病

葡萄球菌病是一种常见的兔病，由金黄色葡萄球菌引起，其特征为在各种器官中形成化脓性炎症病灶。根据不同发病部位，可有乳腺炎、局部脓肿和鼻炎等临床表现。当发生菌血症时，可引起败血症，并可能转移至内脏，引起脓毒败血症，在幼兔称为脓毒败血症，在成年兔称为转移性脓毒败血症。这些疾病的发展取决于病变过程的局限化和家兔的年龄。

1. 病原

病原为金黄色葡萄球菌，它在自然界中分布很广，如在空气、水、尘土和各种物体表面以及人、畜体的皮肤、毛发和爪甲缝中都有大量存在，尤在肮脏潮湿的地方特别多。在正常情况下，一般不会致病，但当皮肤、黏膜有损伤时，该菌便可乘机侵入造成危害。

金黄色葡萄球菌对家兔的致病力特别强大，它能产生很高效价的凝固酶、溶血素、杀白细胞素等 8 种有毒物质，这些毒素成为发生炎症过程的原因。葡萄球菌还能够从原发病变的病灶进入其他部位。

葡萄球菌对外界环境因素（高温、冷冻、干燥等）的抵抗力较强。在干燥脓汁中能存活 2～3 个月之久，经过反复冰冻 30 次，仍不死亡。在 60℃ 的湿热中，可耐受 30～60 分钟，煮沸则迅速死亡。3%～5%石炭酸在 3～15 分钟内能杀死该菌；70%酒精数分钟内可致该菌死亡。葡萄球菌对苯胺类染料如龙胆紫（结晶紫）等都很敏感。

2. 流行病学

家兔是对金黄色葡萄球菌最敏感的一种动物。通过各种不同途径都可能发生感染，尤其是皮肤、黏膜的损伤，哺乳母兔的乳头口是葡萄球菌进入机体的重要门户。例如，通过飞沫经上呼吸道感染时，可引起上呼吸道炎症和鼻炎；通过表皮擦伤或毛囊、汗腺引起皮肤感染时，可发生局部炎症，并可导致转移性脓毒败血症；通过哺乳母兔的乳头口以及乳房损伤感染时，可患乳腺炎；仔兔吮吸含金黄色葡萄球菌的乳汁，可得黄尿病、败血症等。

3. 临床症状

根据病菌侵入的部位和继续扩散情况的不同，可表现多种不同的症状。

① 转移性脓毒败血症。在头、颈、背、腿等部位的皮下或肌肉、内脏器官形成一个或几个脓肿。一般脓肿常被结缔组织包围形成囊状，手摸时感到柔软而有弹性。脓肿大小不一，一般有豌豆至鸡蛋大。患有皮下脓肿的病兔，一般精神和食欲不受到影响。内脏器官形成脓肿时，患部器官的生理机能受到影响。皮下脓肿 1～2 个月后可能自行破裂，流出浓稠、乳白色酪状或乳油样的脓液。脓肿溃破后，伤口经久不愈。由伤口流出的脓液，玷污并刺激皮肤，引起家兔的瘙痒而损伤皮肤，脓液中的葡萄球菌又会侵入抓伤处，或通过癖转移到别的部位形成新的脓肿。当脓肿向内破口时，即发生脓性感染，呈现脓毒败血症，病兔迅速死亡（图 10-43、图 10-44）。

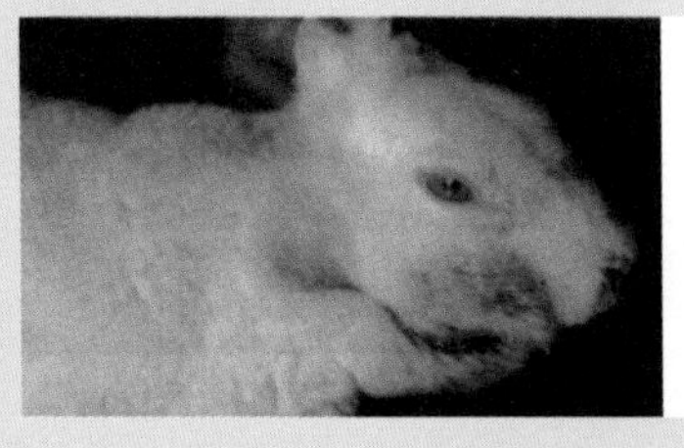
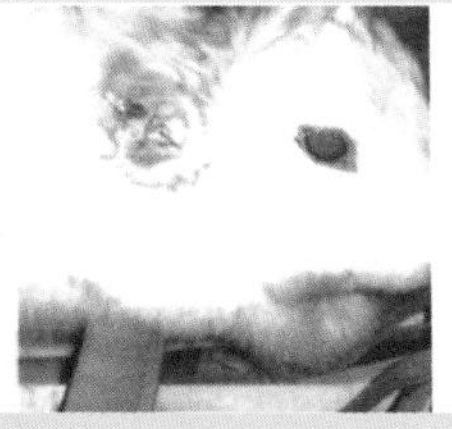

图 10-43 转移性脓毒败血症症状（一）
颌下脓肿（左图）；颈部脓肿，内有白色脓汁（中图）；头部脓肿（右图）

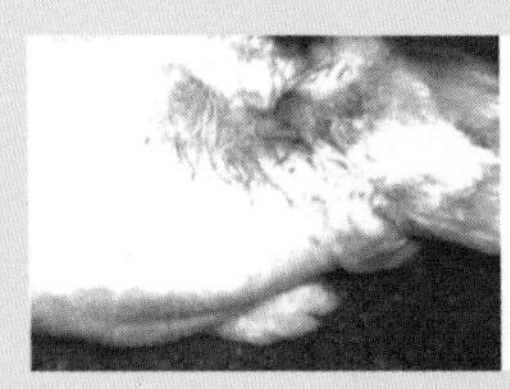
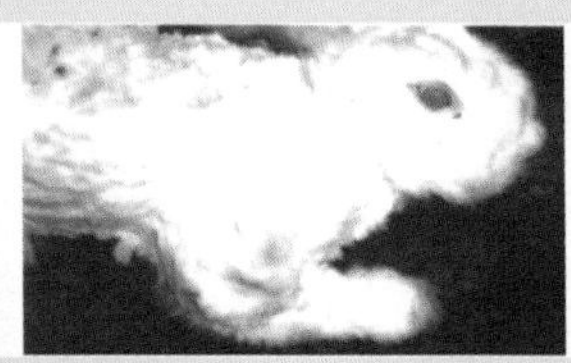
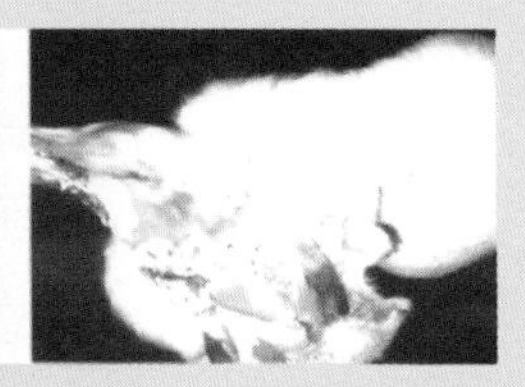

图 10-44 转移性脓毒败血症症状（二）
注射疫苗消毒不严引起的脓肿（左图）；前肢脓肿（中图）；
后臀部脓肿，脓汁呈乳白色，脓肿周围水肿（右图）

② 仔兔脓毒败血症。仔兔出生后 2～6 天，多处皮肤，尤其是腹部、胸部、颈、颌和腿部内侧的皮肤会引起炎症。这些部位出现粟粒大、白色的脓疱。多数病例于 2～5 天内呈败血症死亡。较大的乳兔在 10～21 日龄患病，可在上述部位皮肤上出现黄豆至蚕豆大的脓疱，病程较长，最后消瘦死亡。幸而不死的病兔，脓疱慢慢变干，逐渐消失而痊愈（图 10-45）。

③ 乳腺炎。哺乳母兔由于乳头或乳房的皮肤受到污染而导致金黄色葡萄球菌侵入引起的乳腺炎症。哺乳母兔患病后，体温升高，急性乳腺炎时，乳房呈紫红或蓝紫色。慢性乳腺炎初期，乳房先局部发硬，然后范围逐渐增大，随着病程的发展，在乳房面或深层形成脓肿。旧的脓肿结痂治愈，新的脓肿又形成。乳房和腹部皮下结缔组织化脓，脓汁呈乳白色或淡黄色乳油状物（图 10-46）。

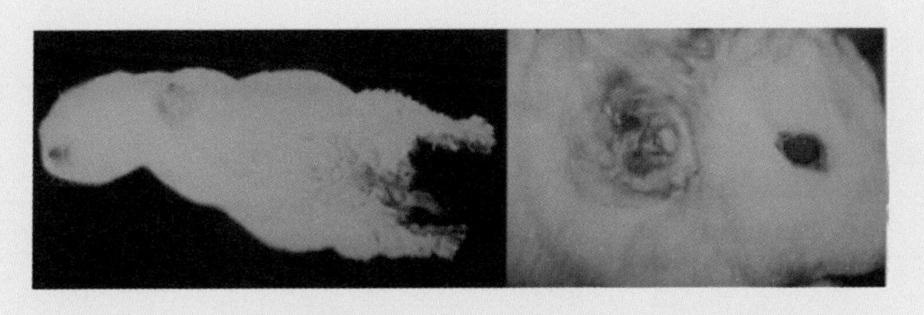

图 10-45 仔兔脓毒败血症症状

仔兔腹泻（左图）；胸部、颈、颌和腿部内侧的皮肤引起炎症（右图）

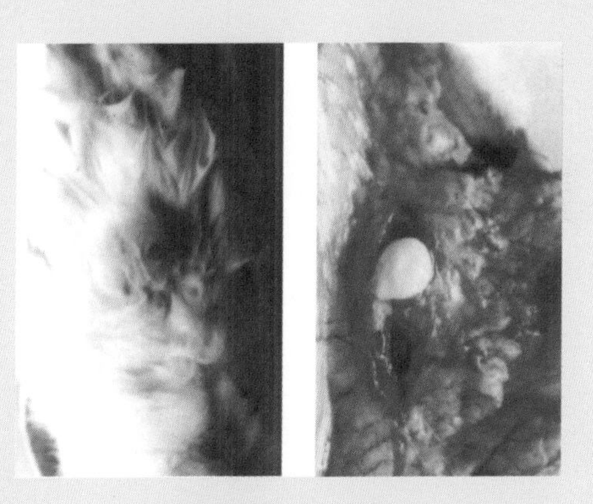

图 10-46 乳腺炎症状

乳房红硬肿胀（左图）；乳房脓肿，有白色脓汁（右图）

④ 脚皮炎。在兔脚掌心的表皮，开始出现充血、发红、稍微隆起和脱毛，继而出现脓肿，以后形成大小不一、经久不愈的出血创面。病兔的脚不愿移动，很小心地换脚休息。食欲减退，消瘦（图 10-47）。

⑤ 仔兔黄尿病（又称仔兔急性肠炎）。仔兔吃了患乳腺炎母兔的乳汁而引起急性肠炎。一般全窝发病，仔兔肛门四周被毛和后肢潮湿、腥臭，病兔昏睡，全身发软，病程 2～3 天，死亡率高

（图 10-48）。发生无季节性，主要发生在产仔季节。

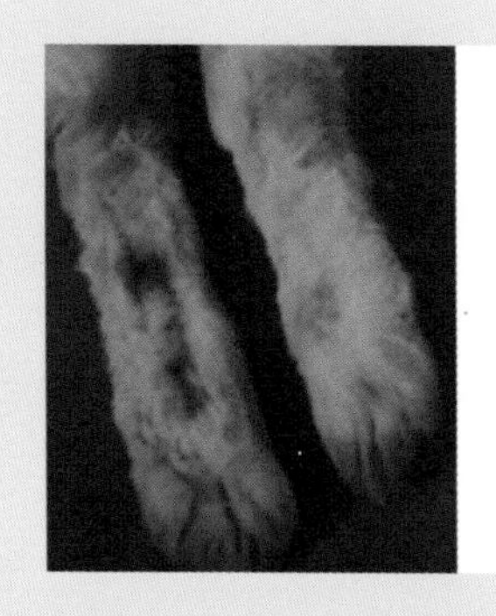
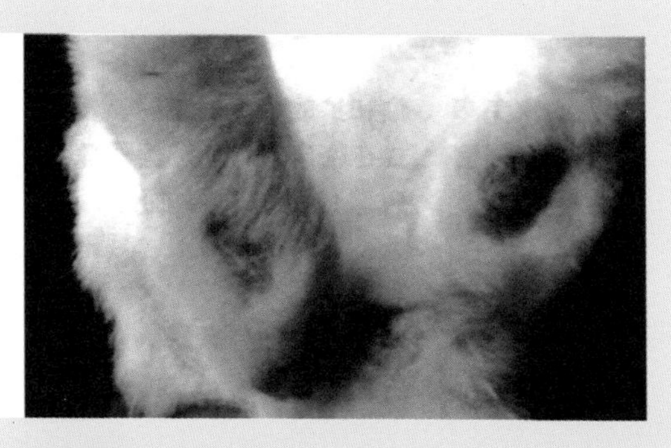

图 10-47 脚皮炎症状

一只脚掌皮肤充血、出血，局部化脓溃疡（左图）；脚皮炎（右图）

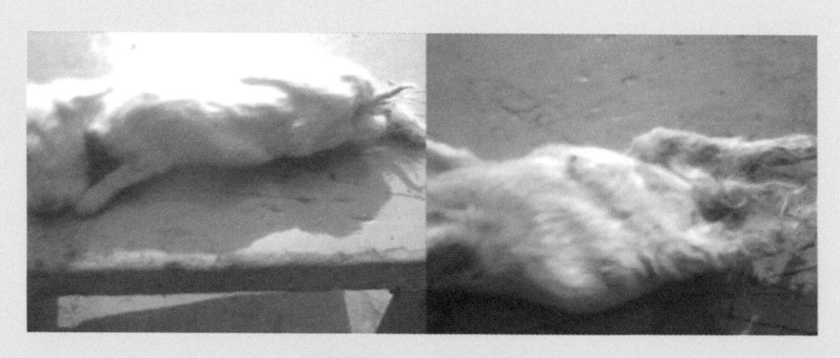

图 10-48 仔兔黄尿病症状

⑥ 鼻炎。病兔鼻腔流出大量的浆液至脓性分泌物，在鼻孔周围干结成痂。呼吸常发生困难，打喷嚏。病兔常用前爪摩擦鼻部，使鼻部周围被毛脱落，前脚掌部也脱毛擦伤，常导致脚皮炎的发生。患鼻炎的家兔易引起肺脓肿、肺炎和胸膜炎（图 10-49）。

4. 病理变化

根据病菌侵入的部位和继续扩散的情况不同，有多种临床表现，

也有多种不同的病理变化。

图 10-49　鼻腔流出脓性分泌物

转移性脓毒败血症的病变是病兔或死兔的皮下，心、肺、肝、脾等内脏器官以及睾丸和关节均有脓肿。在多数情况下，内脏脓肿常有结缔组织构成的包膜，脓汁呈乳白色、乳油状。有些病例引起骨膜炎、脊髓炎、心包炎、胸膜炎、子宫内膜炎和腹膜炎。

仔兔脓毒败血症最明显的病变是患部的皮肤和皮下出现小脓疱，脓汁呈奶油状是典型的病变。在多数病例的肺和心脏上有很多白色脓疱。

脚皮炎的病变是发生全身性感染，呈败血病症状，病兔很快死亡。

仔兔黄尿病的病变是肠黏膜（尤其是小肠）充血、出血，肠腔充满黏液，膀胱极度扩张并充满黄色尿液。

鼻炎的病变是鼻黏膜充血，鼻腔有大量浆液至脓性的分泌物。鼻窦黏膜充血，内积脓。有些病例有肺脓肿、肺炎和胸膜炎变化（图10-50～图 10-52）。

5. 诊断

确诊必须进行涂片镜检、病原菌分离及鉴定。如果菌落呈金黄色，在鲜血琼脂上溶血，能发酵甘露醇和凝血浆酶阳性，则为金黄色葡萄球菌。

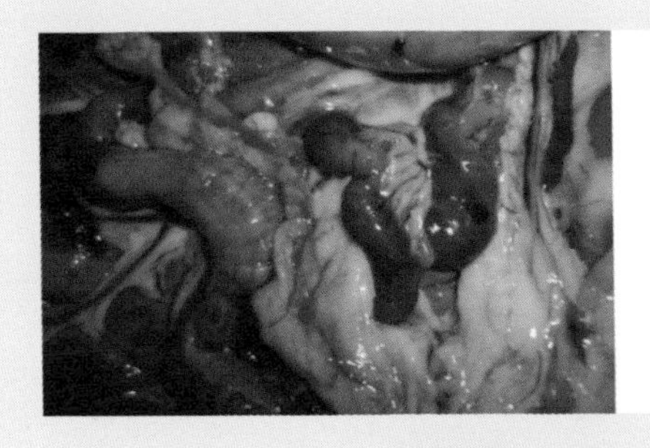
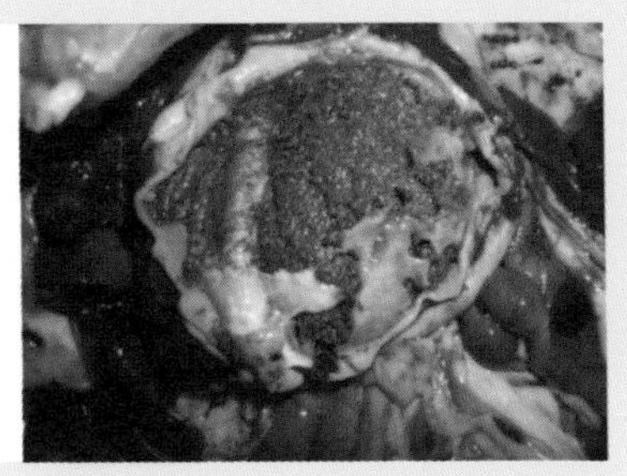

图 10-50 仔兔急性肠炎的病变

仔兔急性肠炎，小肠充血、出血。肠腔内充满黏液，膀胱积满黄色尿液（左图）；皮下和内脏器官有数量不等的脓疱（右图）

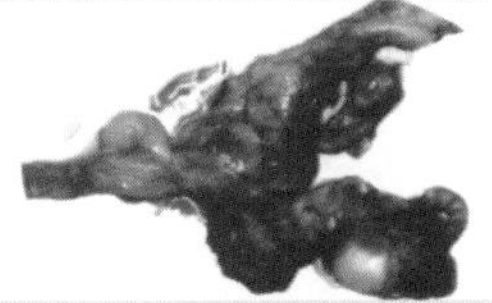
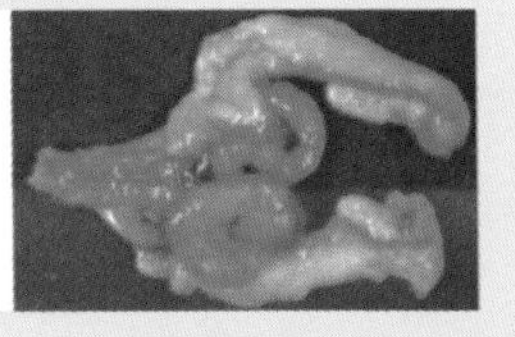

图 10-51 转移性脓毒败血症的病变

脓肿包随处可见（左图）；输卵管周围脓肿（中图）；子宫内膜炎（右图）

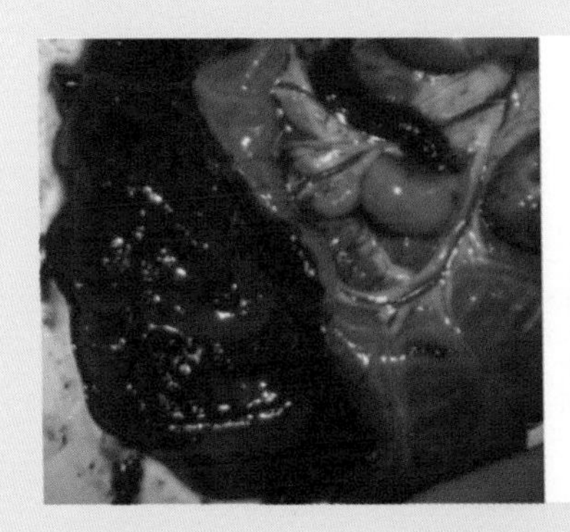
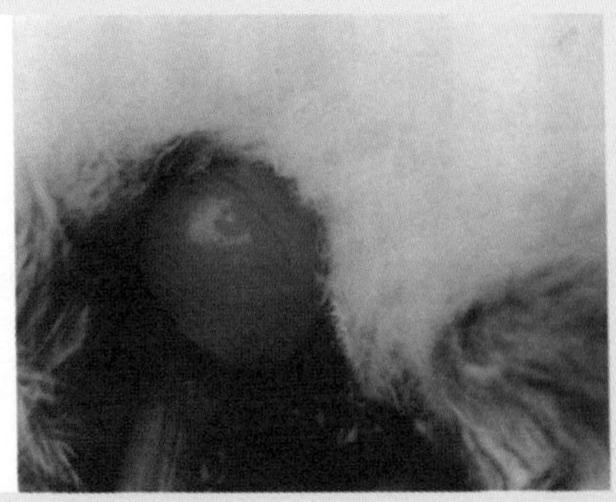

图 10-52 仔兔黄尿病的病变

仔兔黄尿病肠道出血，粪便呈酱紫色（左图）；仔兔膀胱高度膨胀，其中充满淡黄色尿液（右图）

6. 防制

（1）预防措施　兔笼、运动场要保持清洁卫生，清除一切锋利的物品。笼内不能太挤，将性情暴躁好斗的兔子分开饲养。产箱要用柔软、光滑、干燥而清洁的绒毛或兔毛铺垫。产仔前后，可根据情况适当减少优质的精料和多汁饲料，以防产仔后几天内乳汁过多过浓。断乳前减少母兔的多汁饲料，也可以减少或不致发生乳腺炎。不要让仔兔吃患有乳腺炎母兔的乳汁。可用葡萄球菌病灭活菌苗进行预防注射，每年两次（患病兔场，对健康兔可采用金黄色葡萄球菌培养液制成菌苗皮下注射 1 毫升，可预防或减少此病的发生）。

（2）发病后措施　葡萄球菌易产生耐药性，有条件最好分离细菌做药敏试验，选择最敏感的药物进行治疗。

① 仔兔黄尿病。防止母兔乳腺炎的发生是预防该病的关键。如果发现母兔患有乳腺炎，应立即隔离治疗，停止仔兔吮乳，并将仔兔寄养给其他健康兔或人工喂养。

处方 1：仔兔患病初期可肌注青霉素，每兔 5000～10000 单位，每日 2 次，连续数日。中后期病兔无治疗效果。母兔肌注青霉素，每兔 10 万单位，每日 2 次，连续 3 日。或黄连素针剂，仔兔内服，每天 1 支，分 2 次服。

处方 2：大黄 5 克，黄柏 3 克。水煎灌服，母兔每次 6 毫升，每天 2 次；仔兔每次 1 毫升，每天 2 次。

② 兔脓毒败血症

处方 1：对体表脓肿病兔，每日用 5%龙胆紫酒精溶液涂擦，全身治疗可肌内注射青霉素，也可用金霉素、四环素治疗。

处方 2：金银花、蒲公英、紫花地丁各 5 克，赤芍、当归尾各 6 克，甘草 1 克。水煎灌服，母兔每次 10 毫升，每天 2 次。

处方 3：紫花地丁、蒲公英、金银花各 10 克，白菊花、紫背天葵子各 5 克。水煎灌服，每次 10 毫升，每天 2 次（用于转移性脓毒败血症）。

处方 4：甘草、薏米各 10 克，苦参 12 克。加水 750 毫升，煮沸至 500 毫升，冷却后，每天冲洗患处 3～4 次，每次 15 分钟（用于转移性脓毒败血症）。

③ 皮下脓肿、脚皮炎

处方1：用外科手术排脓和清除坏死组织，患部用3%结晶紫石炭酸溶液或5%龙胆紫酒精溶液涂擦，并应结合青霉素局部治疗。

处方2：酒蒜汁（酒蒜法）。大蒜0.25千克捣碎，用白酒0.5千克浸泡数日，挤汁，涂患部，如果化脓，可先排净脓汁。每天1次，连续10天左右可治愈。

处方3：紫草10克，松香10克，血余炭8克，猪油40克，黄醋20克。将前三味药共研成粉，再将猪油加热融化，趁热加入黄醋，搅匀，待适温后加入药粉搅匀。先以酒洗净患处，然后将药膏敷患处，用胶布固定。

处方4：敌百虫12片，白酒500毫升。敌百虫研面，混入500毫升白酒搅匀，涂于患处，每天涂2次，5天后可治愈。

④ 鼻炎。防止兔子伤风感冒。对病兔应用青霉素滴鼻或用恩诺沙星治疗。

九、野兔热（土拉菌病）

野兔热是一种广泛分布于啮齿动物中的传染病，也能传染给兔、其他家畜和人。其特征为体温升高，肝、脾脏肿大、充血和多发性灶性坏死或粟粒状坏死，淋巴结肿大并有针头大干酪样坏死病灶。

1. 病原

土拉热杆菌为革兰氏阴性菌，不形成芽孢，不能运动，杆状，多形态（从球状到长丝状）。初分离的土拉热杆菌呈球杆状，大小为0.2微米×(0.2～0.7)微米，很快变为多形性。其在病料中可以看到荚膜，在患病动物的血液内近似球形，在培养基内则呈球杆状或丝状，两极着色。该菌对热和化学消毒剂抵抗力弱，但在尸体和皮革中能生存40～133天，在水中存活达7个月之久，在牛虻体内48小时仍有传染性，在蚊子体内生存23～50天。小白鼠和豚鼠对此菌敏感，常呈急性过程，一般感染后8～15天死于败血症，肝和脾有针头大的坏死灶。仅有一个抗原型，但与鼠疫杆菌和布鲁氏菌有共同抗原结构，可能发生交叉凝集反应。

2. 流行病学

在自然界中，啮齿类动物是该菌的主要携带者，是家畜和人的主要传染来源。该病在许多国家都有发生，主要发生在北半球。我国的内蒙古、西藏、黑龙江、青海、新疆等地均有该病的发生，常呈地方性流行。特别当兔群抵抗力降低时易引起大流行，造成严重的损失，疾病可从消化道、呼吸道、伤口、完整的皮肤和黏膜发生感染。细菌通过排泄物，污染饲料、水源和用具，吸血节肢动物如螨、蜱、蝇、蚤、蚊和虱也能进行传播。该菌可在一些吸血节肢动物体内增殖，通过叮咬或分泌物感染家兔。这种传播方式可以使该病从患病动物传染给健康动物，也可以传染给人。一般人的感染通常是与病兔直接接触所致。

3. 临床症状

① 急性型。不表现临床症状，仅有个别的病例于死前表现精神萎靡、食欲不振、运动失调，2～3 天内呈急性败血症而死亡。

② 慢性型。发生鼻炎，鼻腔流出脓性分泌物，体温升高 1～1.5℃。淋巴结，尤其是体表淋巴结（颌下、颈下和腋下）肿胀发硬。高度消瘦，最后衰竭而死亡。

4. 病理变化

病理变化根据病程长短而有些不同。急性死亡的病兔呈败血症的病理变化，无特征性病变。病程较长的病兔，淋巴结显著肿大，呈深红色，可能有针尖大的灰白色干酪样的坏死点；脾脏肿大，呈深红色，色泽发暗，表面和切面有灰白色或乳白色的粟粒至豌豆大的坏死点；肝脏肿大，并有多发性灶性坏死或粟粒状坏死病灶；肾肿大，并有灰白色粟粒大的坏死点；肺充血并含有块状的实变区。骨髓也可能有坏死病灶（图 10-53、图 10-54）。

5. 诊断

根据病理变化和细菌学检查可做出诊断。进行细菌学诊断，采取病变淋巴结、肝、脾做 1：（5～10）稀释，豚鼠皮下或腹腔注射 0.5～1.0 毫升，一般于 4～10 天死亡。剖检病变与病兔相同，从病变组织中可分离到土拉热杆菌。如果第 1 次不能得到纯培养，还须再进行 2 或 3 次的豚鼠细胞培养才可以确诊。

注意与伪结核病鉴别，野兔热各器官形成的坏死灶比伪结核病要多得多，因此不见有细菌反应和脓性融化等病变；野兔热病变集中于淋巴结实质器官，而伪结核病具有特征性的蚓突浆膜下和圆小囊浆膜下的结节病变。

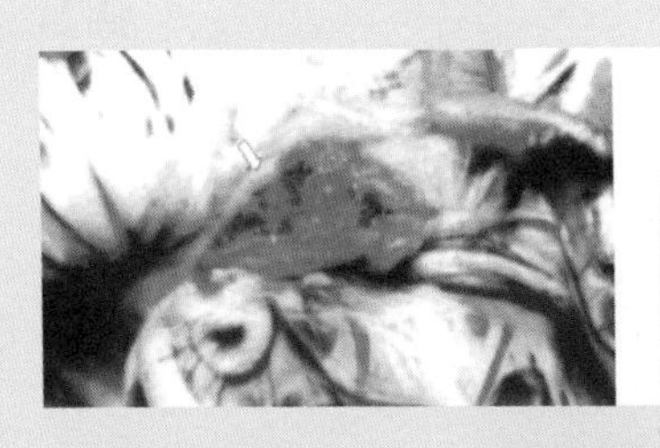

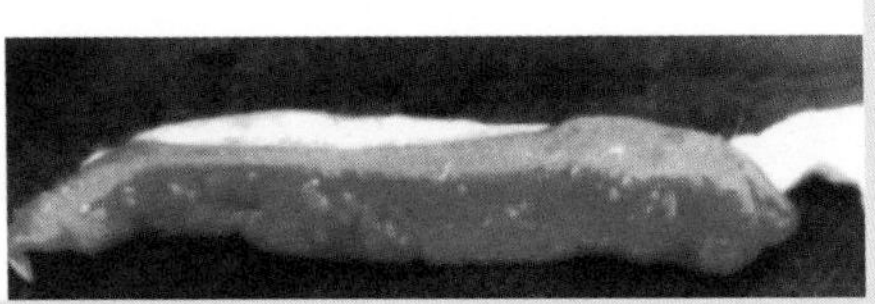

图 10-53 野兔热的病变（一）

淋巴结充血、肿大，有许多坏死灶（左图）；脾脏有颗粒状坏死灶（右图）

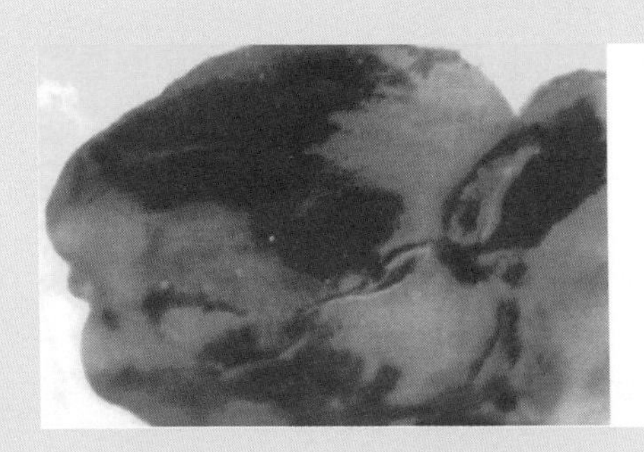

图 10-54 野兔热的病变（二）

肝表面散在颗粒状坏死点（左图）；肾表面有坏死点（右图）

6. 防制

① 坚持自繁自养，无病兔场需引进兔时应进行隔离饲养观察和血清凝集试验检查，阴性者方能进入兔场。尤其严禁从疫区输入家兔。

② 消灭鼠类、吸血节肢动物以及内寄生虫，防止野兔进入饲养场。

③ 若是发现可疑兔，应立即扑杀处理，彻底消毒一切用具，并应用凝集反应普查兔群，消灭带菌兔。可疑病兔的皮张须用消毒液消毒，干燥30天后才可供生产用。剖检时事先将家兔浸入消毒药水15～20分钟，以杀灭体表的寄生虫并注意个人消毒。病兔应立即扑杀、销毁，肉、皮、毛不可利用。可疑的病兔肉要充分煮熟，以防传染给人。

④ 发病后措施。发现病兔要及时隔离治疗，没有治疗效果的进行扑杀处理。尸体及分泌物和排泄物应深埋或焚烧，并进行彻底消毒。用红霉素、四环素、金霉素等抗生素及中草药进行早期治疗，后期治疗效果不佳。

处方1：卡那霉素，每兔每次0.2～0.4克，肌内注射，每日2次；或庆大霉素，每兔每次1万～2万单位，肌内注射，每日2次；或甲砜霉素，每兔每千克体重20～40毫克，肌内注射，每日2次，连用3～4天；或卡那霉素，每兔每千克体重10～20毫克，肌内注射，每日2次，连用4天。

处方2：紫花地丁、夏枯草各10克，连翘、金银花各5克。水煎灌服，每兔每次15毫升，每天3次。

处方3：蒲公英、白菊米各20克，桔梗10克，甘草5克。水煎灌服，每兔每次5毫升，每天2次。

十、兔坏死杆菌病

该病是由坏死杆菌引起的以皮肤和皮下组织（尤其是面部、颈部和舌、口腔黏膜）的坏死、溃疡以及脓肿为特征的散发性传染病。

1. 病原

坏死杆菌为一种不运动、不形成芽孢、多形态的革兰氏阴性杆菌。在病灶中和新分离的细菌，呈长丝状，内含圆珠状物，经多次培养后才成为长的杆菌。用石炭酸复红和吉姆萨染色法能很好地着色，较短的杆菌着色均匀，但长成菌丝的杆菌着色不一致。其必须在厌氧条件下增殖，培养基中加血液、血清或半胱氨酸适合细菌的生长，但生长很慢，3～5天才能形成直径2～3微米、表面条纹半透明的菌落。在鲜血琼脂上，菌落周围发生溶血晕。培养物常发出恶臭气味。在病灶中常与其他细菌同时存在，初次分离比较困难。该菌广泛存在于自然界，抵抗力不强，60℃ 30分钟可被杀灭。5%来苏儿10～15分钟，2.5%甲醛10～15分钟，5%石炭酸2分钟，可杀死该菌。

2. 流行病学

坏死杆菌广泛分布于自然界，并能存活较长时间。被病畜和病兔的分泌物、排泄物污染的外界环境成为主要传播媒介。传染主要通过口腔黏膜，以及损伤的皮肤和消化道发生。在肠黏膜发生轻微损伤的条件下，细菌从肠黏膜进入血液，然后扩散至其他部位的器官造成损害。幼兔比成年兔易感性高。

3. 临床症状

病兔停止摄食、流涎。一种病型是在唇部、口腔黏膜和齿龈等处发生坚硬的肿块，以后坏死。肿块也常发生于颈部的髯以至胸部，2～3周后死亡。另一种病型是在腿部和四肢关节或颌下、颈部、面部以至胸前等处的皮下组织发生坏死性炎症，形成脓肿、溃疡，并可侵入内部的肌肉和其他组织。病灶破溃后发出恶臭。发病过程长达数周到数月。病兔体温升高，体重减轻，最后衰弱或死亡（图10-55）。

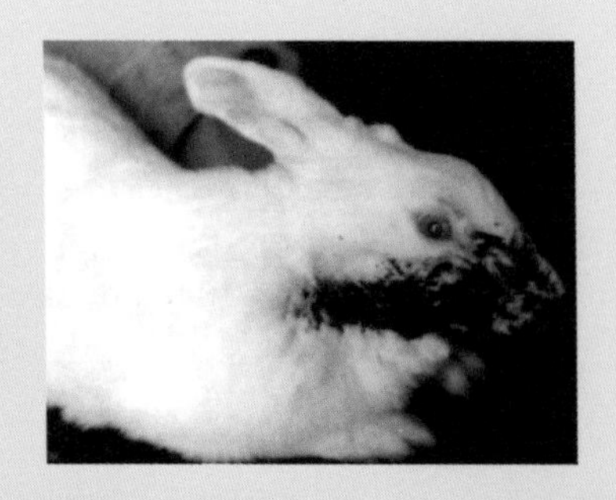

图10-55　口周围、下颌与颈部皮肤坏死

4. 病理变化

口腔黏膜、齿龈、舌面、颈部和胸前皮下肌肉坏死。淋巴结，尤

其是颌下淋巴结肿大，并有干酪样坏死病灶。许多病例在肝、脾、肺等处见有坏死灶和胸膜炎、心包炎。后腿有深层溃疡的病变。有些病例多处见有皮下脓肿，内含黏稠的化脓性或干酪样物，在病变部可见到血栓性静脉炎栓塞的变化。坏死组织具有特殊臭味。在组织切片上可见到坏死杆菌，在病变部与健康组织之间的界线上，细菌呈特殊的分布。

5. 诊断

根据患病的部位、组织坏死的特殊变化和臭虫味等可以做出初步诊断。确诊必须做细菌学检查和动物接种试验。静脉注射坏死杆菌培养物时，常因血管出血和栓塞而死亡。在肺、肝及脑髓出现坏死病变。皮下注射第 8～20 天死亡，可见到注射部位发生坏死。

6. 防制

（1）预防措施　加强饲养管理，保持兔舍光线充足、干燥、空气流通、卫生清洁，清除笼内尖锐物，防止损伤皮肤，引进兔要严格检疫；无病兔场应自繁自养；注意合群之后的管理，以减少咬斗。兔笼内避免锐利物，防止皮肤损伤。如皮肤已损伤，应加以治疗，以防感染。对兔笼、用具加强消毒。

（2）发病后措施

处方 1：局部治疗。首先彻底除去坏死组织，口腔以 0.1%高锰酸钾溶液冲洗，然后涂擦碘甘油或 10%甲砜霉素酒精溶液，每日 2 次。其他部位可用 3%双氧水或 0.3%来苏儿溶液冲洗，然后涂 5%鱼石脂酒精或鱼石脂软膏。当患部出现溃疡时，在清理创面后，涂擦土霉素软膏或青霉素软膏。

处方 2：全身治疗。磺胺二甲嘧啶，每千克体重 0.15～0.2 克，肌内注射，每日 2 次，连用 3 天。或青霉素、链霉素每千克体重各 4 万国际单位，肌内注射，每日 2 次，连用 3 天。

处方 3：香茶菜（铁菱角）全草 10 克，金荞麦 5 克，甘草 1 克。水煎灌服，每次 15 毫升，每天 2 次。

十一、兔痢疾

该病是痢疾杆菌引起的一种传染病，多发生在夏秋季节。家兔吃了霉变食物或饮了不洁净的水，或气候突变、兔舍潮湿，均易感染此病。病兔粪便稀烂，有时带血，附有鼻涕样黏液，耳冰冷、被毛松乱，食欲减退或废绝，下痢脱水严重，逐日消瘦而死亡。

1. 病原

痢疾杆菌大小为（0.5～0.7)微米×(2～3)微米，无芽孢，无荚膜，无鞭毛。多数有菌毛，革兰氏阴性杆菌，兼性厌氧菌。其能在普通培养基上生长，形成中等大小、半透明的光滑型菌落，在肠道杆菌选择性培养基上形成无色菌落。该菌对理化因素的抵抗力较其他肠道杆菌弱。对酸敏感，在外界环境中的抵抗力以宋氏志贺菌最强，福氏志贺菌次之，痢疾志贺菌最弱。一般 56～60℃经 10 分钟即可被杀死。在 37℃水中存活 20 天，在冰块中存活 96 天，蝇肠内可存活 9～10 天，对化学消毒剂敏感，经 1%石炭酸 15～30 分钟即可死亡。

2. 流行病学

此病通过消化道感染，多发生在夏季。兔常在采食霉坏饲料或饮用不洁的水后感染痢疾杆菌。苍蝇是传播此病的媒介之一。

3. 临床症状

因感染痢疾杆菌的种类不同，兔抵抗力强弱不同，症状也不相同。但共同的特点是粪便中黏附半透明胶状物。

① 轻型痢疾。粪便仍是粒状，较湿润，表面黏附半透明的胶状物，食欲下降。

② 急性型痢疾。开始粪便湿烂、量多，有半透明胶状物，以后粪便较少或无粪便。后期粪便中带有血液，病兔食欲废绝，喜饮水，一般经 5～7 天死亡。

③ 暴发型痢疾。突然发病，病兔肛门周围沾满粪便，胶状物较少，后期粪便带血，喜伏卧，有时咬牙，体温下降，两耳冰凉，口唇发青，绝食，经 12～24 小时死亡。死亡率可达 100%。

4. 防制

① 预防措施。加强饲养管理，定期消毒兔舍，饲喂洁净饲草，供给清洁饮水。阴雨天可用大蒜捣汁加入饲料中进行预防。

② 发病后措施。治疗过程中，要给兔提供足量的淡盐水，以免兔因失水过多而引起脱水，并缓解因痢疾杆菌产生的中毒症状。治疗中以喂流质饲料为宜。

处方1：止痢片0.5～1片，加等量小苏打，每日2次灌服，连用3～5日。症状较严重的，用磺胺脒0.05～0.2克/千克体重，一次量，每日1次，连服6日。

处方2：山楂15克，红糖、白糖各2克，细茶2.5克。山楂、红糖、白糖，水煎冲细茶，灌服，每次15毫升，每日3次（用于轻型痢疾）。

处方3：大蒜。去皮捣烂，浓汁灌服，每次10毫升，日服2次（用于轻型痢疾）。或蒜头3～4个。捣浆，取汁，加蜜糖、炭粉适量，灌服，每天1次，连服3日（用于急性型痢疾）。

处方4：生姜9克，绿茶9克。放水1碗，煎成浓茶，每次10毫升，每天2次（用于急性型痢疾）。

处方5：铁苋菜50克，白糖或红糖25克。铁苋菜加糖（白痢加红糖、红痢加白糖），每天2次（用于急性型痢疾）。

处方6：火炭母、箭球、铁苋菜各15克，水煎灌服，每次15毫升，每天2次（用于暴发型痢疾）。

处方7：蜂蜜30克，花椒15克，大黄6克，甘草6克。加水200毫升煎成100毫升，每只每次灌1～2毫升（用于暴发型痢疾）。

处方8：黄连、黄柏、白头翁各25克，水煎至50毫升，每只每次灌服10毫升，每天1次，幼兔用量减半（用于暴发型痢疾）。

十二、兔泰泽氏病

兔泰泽氏病是由毛样芽孢杆菌引起的，以严重下痢、脱水和迅速死亡为特征的急性肠道传染病。

1. 病原

毛样芽孢杆菌为细长多样性的非抗酸染色的革兰氏阴性杆菌，能产生芽孢，能运动。这种细菌对外界环境抵抗力较强，在土壤中可存活1年以上。

2. 流行病学

该病死亡率高达95%。由于病原菌在人工培养基上不能生长，在我国报道较少，但实际上兔、实验用鼠和家畜等都时有发生。多发生于秋末至春初。仔兔和成年兔虽均可感染，但主要危害1.5～3月龄的幼兔。主要经过消化道感染。病兔是主要传染源，排出的粪便污染饲料、饮水和垫草，健康兔采食后即可发生感染。病原侵入小肠、盲肠和结肠的黏膜上皮，开始时增殖缓慢，组织损伤甚少，多呈隐性感染。但当拥挤、过热、运输或饲养管理不良时，即可诱发该病，病菌迅速繁殖，引起肠黏膜和深层组织坏死，出现全身感染，造成组织器官严重损害。

3. 临床症状

该病发病急，以严重腹泻为主。病兔精神沉郁、不食、虚脱并迅速脱水，发病后12～24小时死亡。少数病兔即使耐过也食欲不振、生长停滞（图10-56）。

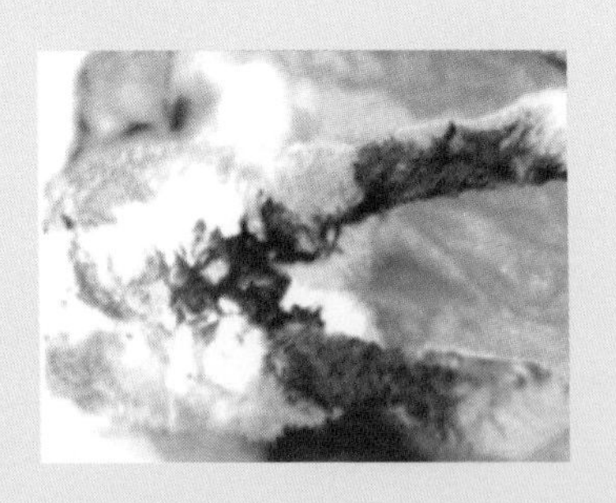

图10-56　病兔肛门周围、后肢被毛被大量粪便污染

4. 病理变化

尸体脱水、消瘦；回肠及盲肠后段、结肠前段的浆膜充血，浆膜下有出血点，盲肠壁水肿增厚，有出血及纤维素渗出，盲肠和结肠内含有褐色粪水；肝脏肿大、出血，有大量针帽大、灰白色或灰红色的坏死灶；脾脏萎缩，肠系膜淋巴结肿大；部分兔心肌上有灰白色或淡

黄色条纹状坏死（图 10-57）。

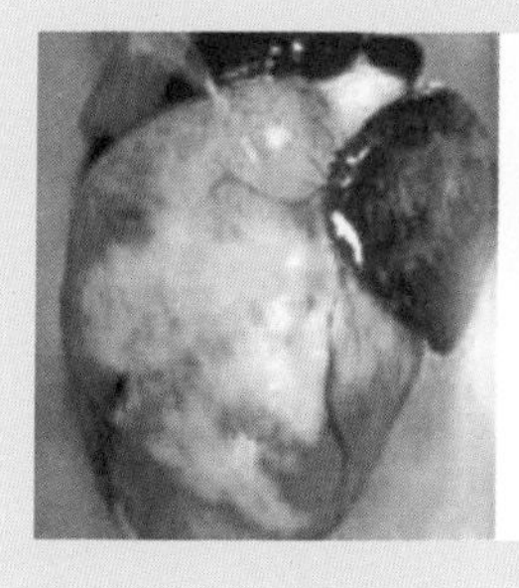
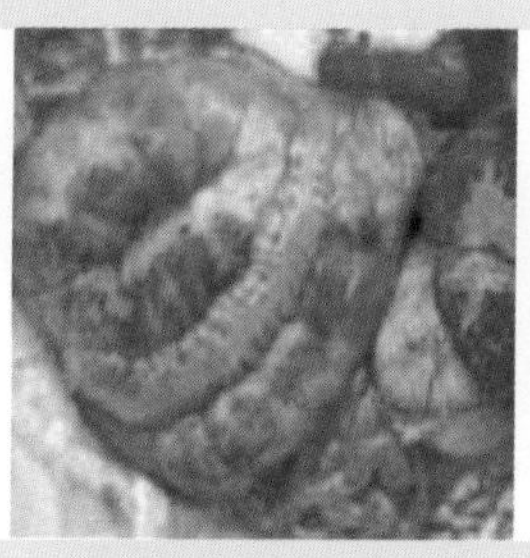
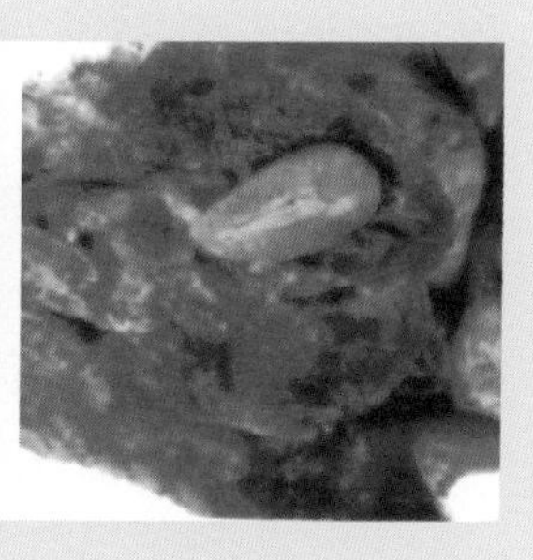

图 10-57 兔泰泽氏病的病变

心肌坏死（左图）；结肠黏膜出血，肠水肿（中图）；肝脏弥漫性出血（右图）

5. 诊断

取肝脏压片，吉姆萨染色镜检，或取回盲部组织制成匀浆染色镜检。镜下可见蓝色的毛样芽孢杆菌，呈细长、成簇、成堆或散在排列。

6. 防制

（1）预防措施　加强饲养管理，改善环境条件，定期进行消毒，消除各种应激因素；对已知有该病感染的兔群，在有应激因素作用的时间内使用抗生素，可预防该病发生。

（2）发病后措施　隔离或淘汰病兔；兔舍全面消毒，兔排泄物发酵处理或烧毁，防止病原菌扩散；兔发病初期用抗生素治疗有一定效果。

处方 1：0.006%～0.01%土霉素饮水，疗效良好。或青霉素，兔 2 万～4 万单位/千克体重，肌内注射，每天 2 次，连用 3～5 天。或链霉素，兔 20 毫克/千克体重，肌内注射，每天 2 次，连用 3～5 天。或青霉素与链霉素联合使用，效果更明显。

处方 2：红霉素，兔 10 毫克/千克体重，分 2 次内服，连用 3～5 天。

处方 3：四环素，治疗用量为兔每天 2 克/千克体重。

十三、兔密螺旋体病（兔梅毒）

兔密螺旋体病，又称兔梅毒，是兔的一种慢性传染病，也称性螺旋病、螺旋体病。其以外生殖器、颜面、肛门等皮肤及黏膜发生炎症、结节和溃疡，患部淋巴结发炎为特征。

1. 病原

密螺旋体，为螺旋体科密螺旋体属的微生物，呈纤细的螺旋状构造，通常用吉姆萨或石炭酸复红染色（吉姆萨染色呈红色），但着色力差，通常用暗视野显微镜检查，可见到旋转运动。它主要存在于病兔的外生殖器官病灶中，在人工培养基、鸡胚绒毛尿囊膜培养基上均不生长。人工接种试验动物均不感染。将病兔结节中的液汁或溃疡的分泌物接种于健康兔睾丸、阴道、阴囊或背部皮下、皮肤浅划痕以及眼角膜处，均可发生与自然感染相同的病灶，但不能累及全身，也不产生免疫性。螺旋体的致病力不强，一般只引起肉兔的局部病变而不累及全身。其抵抗力也不强，有效的消毒药为1%来苏儿、2%氢氧化钠溶液、2%甲醛溶液。

2. 流行病学

病兔是主要的传染源。主要通过交配经生殖道传播，所以发病的绝大多数是成年兔。此外，被病兔的分泌物和排泄物污染的垫草、饲料、用具等也可进行传播。兔局部发生损伤可增加感染机会。这种病菌只对兔和野兔有致病性，对人和其他动物不致病。兔群发病率高但病死率低，育龄母兔的发病率为65%，公兔为35%。

3. 临床症状

该病的潜伏期为2～10周。患病公兔可见龟头、包皮和阴囊肿大。患病母兔先是阴道边缘或肛门周围的皮肤和黏膜潮红、肿胀、发热，形成粟粒大的结节，随后从阴道流出黏液性、脓性分泌物，结成棕色的痂。轻轻剥下痂皮，可露出溃疡面，创面湿润，稍凹陷，边缘不齐，易出血，周围组织出现水肿。病灶内有大量病菌，可因兔的搔抓而由患部带至鼻、眼睑、唇和爪及其他部位，造成脱毛。慢性感染部位多呈干燥鳞片状，稍有突起，腹股沟淋巴结或腘淋巴结肿大。患

病公兔不影响性欲，患病母兔的受胎率大大降低。病兔精神、食欲、体温、大小便等无明显变化（图 10-58）。

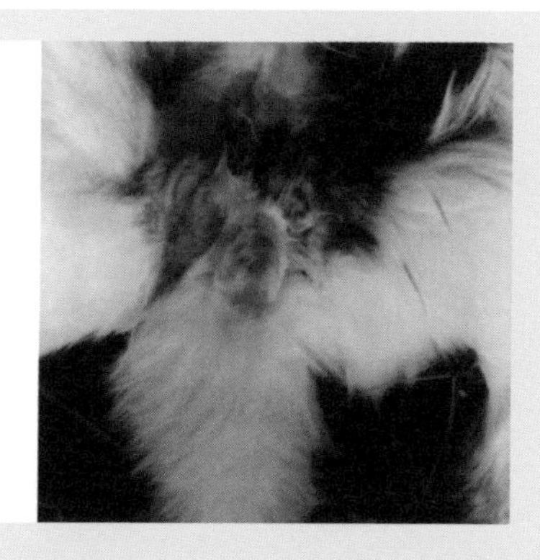

图 10-58 兔梅毒的临床症状

兔的龟头与包皮红肿（左图）；兔的阴囊与阴茎肿胀，其皮肤上有结节、坏死病变（右图）

4. 病理变化

病变仅限于患部的皮肤和黏膜，多不引起内脏器官的病变。病变表皮有棘皮症和过度角化现象。溃疡区表皮与真皮连接处有大量多形核白细胞。腹股沟淋巴结和腘淋巴结增生，生发中心增大，有许多未成熟的淋巴网状细胞。睾丸也会有病变（图 10-59）。

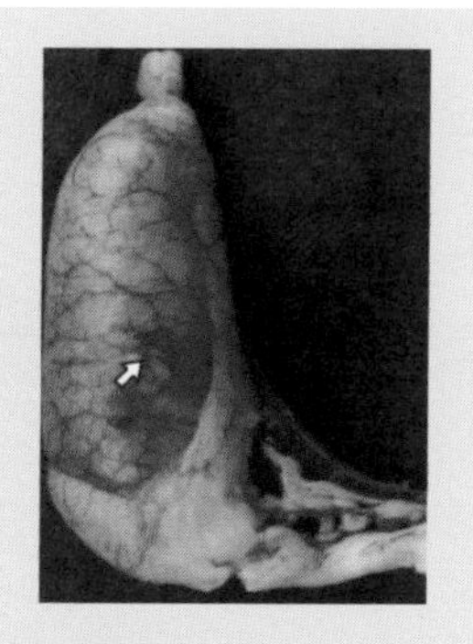

图 10-59 兔睾丸肿大、充血、出血，有灰黄色坏死灶

5. 诊断

直接镜检。采病变部皮肤压出的淋巴液或包皮洗出液置于玻片上，在暗视野显微镜下观察，如果见有活泼的细长螺旋状菌，则可诊断。也可用印度墨汁染色、镀银染色或吉姆萨染色，观察菌体形态。兔密螺旋体病与其他病的鉴别见表10-4。

表10-4　兔密螺旋体病（兔梅毒）与其他病的鉴别诊断

病名	兔外生殖器官炎症	兔疥螨病
特征	该病可发生于各种年龄的家兔，孕兔可发生流产，仔兔死亡，阴道流出黄白色、黏稠的脓液，阴唇和阴道黏膜溃烂，常形成溃疡面，形状如花椰菜样，或有脓疱。而兔密螺旋体病多发生于成年兔，母兔不发生流产，仔兔不死亡，无脓疱和阴道分泌物，可做出鉴别诊断	多发生于无毛或少毛的足趾、耳壳、耳道、鼻端以及口腔周围等部位的皮肤。患部皮肤充血、出血、肥厚、脱毛，有淡黄色渗出物、皮屑和干涸的结痂。而外生殖器官部位的皮肤和黏膜均无上述病变。可以区别诊断

6. 防制

（1）预防措施　无病兔群要严防引进病兔。引进新兔应隔离饲养观察1个月，并定期检查外生殖器官，无病者方可入群饲养。配种时要详细进行临床检查或做血清学试验，健康者方能配种。对病兔和可疑病兔停止配种，隔离饲养，进行治疗，病重者应淘汰。彻底清除污物，用1%～2%烧碱水或2%～3%来苏儿溶液消毒兔笼、用具及环境等。严防发生外伤、咬伤等，一经发生外伤，应及时进行外科处置，以免通过外伤发生感染。

（2）发病后措施　对病兔立即进行隔离治疗，病重者应淘汰。彻底清除污物，用1%～2%火碱或2%～3%的来苏儿消毒兔笼和用具。

处方1：用新胂凡纳明（九一四）治疗，兔40～60毫克/千克体重，配成5%溶液静脉注射，必要时隔7天再注射1次。同时配合抗生素进行治疗，效果更佳。

处方2：青霉素，10万单位/千克体重，肌内注射，每天3次，

连用5天。链霉素，15～20毫克/千克体重，肌内注射，每天2次，连用3～5天。局部可用0.1%高锰酸钾溶液等消毒药清洗，然后涂上碘甘油或青霉素软膏。

处方3：金银花、连翘、黄芩各5～10克。水煎灌服，每次10毫升，每天3次。

十四、兔体表真菌病

体表真菌病又称皮肤霉菌病、毛癣病，是由致病性真菌感染皮肤表面及其附属结构毛囊和毛干所引起的一种真菌性传染病，特征是感染皮肤出现不规则的块状或圆形的脱毛、断毛及皮肤炎症。人和其他动物也可感染发病。

1. 病原

该病的病原为毛癣菌和大小孢霉菌。这些真菌广泛生存于土壤中，在一定条件下可感染家兔。病原对外界具有很强的抵抗力，耐干燥，对一般消毒药耐受性强，对湿热抵抗力不太强，一般抗生素及磺胺类药物对该菌无效。

2. 流行病学

各种年龄与品种的兔均能感染，幼龄兔比成年兔易感。经健康兔与病兔直接接触，相互抓、舔、吮乳、摩擦、交配与蚊虫叮咬等而感染，也可通过各种用具及人员间接传播。该病一年四季均可发生，多为散发。家兔营养不良，污秽不洁的环境条件，兔舍与兔笼、用具卫生条件差，多雨、潮湿、高温，采光与通风不良，吸血昆虫多等，有利于该病的发生。

3. 临床症状

发病开始，病变多见于头颈部、口周围及耳部、背部、爪等部位，继之在四肢和腹下呈现圆形或不规则形的被毛脱落及皮肤损害。患部以环形、突起、带灰色或黄色痂皮为特征。3周左右痂皮脱落，呈现小溃疡，造成毛根和毛囊的破坏。如果并发其他细菌感染，常引起毛囊脓肿。另外，在皮肤上也可出现环状、珍珠状的秃毛斑，以及皮肤炎症等症状（图 10-60、图 10-61）。

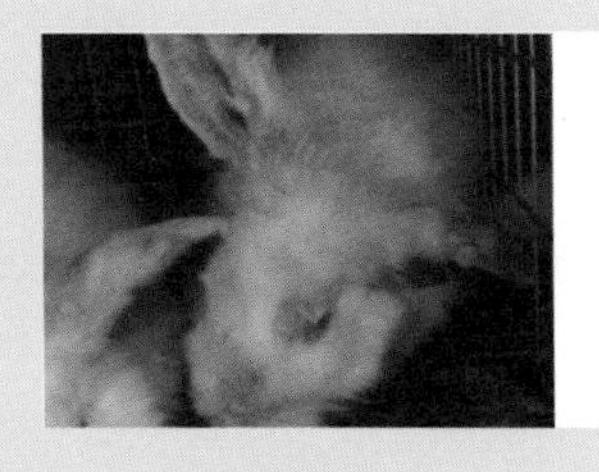
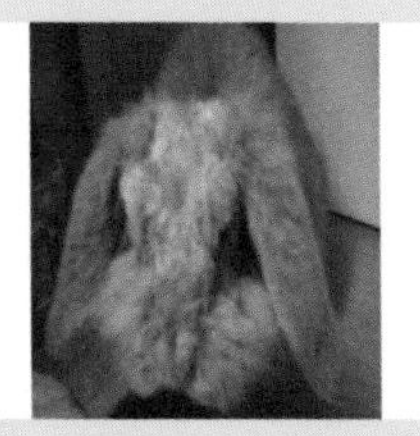

图 10-60 头部的皮肤损害（左图、中图）和眼周围脱毛（右图）

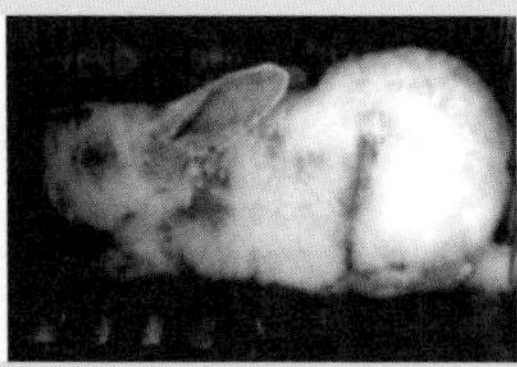
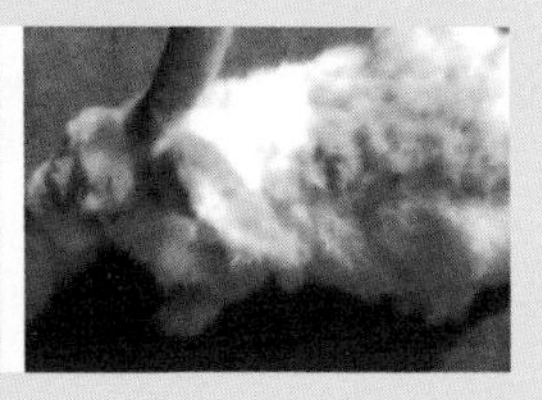

图 10-61 头、颈部等皮肤的损害、脱毛（左图、中图）和头、背部等皮肤的突起（右图）

4. 病理变化

病理变化特征为表皮过度角质化，真皮有多形核白细胞弥漫性浸润。在真皮和毛囊附近，可出现淋巴细胞和浆细胞。

5. 诊断

将患部用75%酒精擦洗消毒，用镊子拔下感染部被毛，并用小刀刮取皮屑。将病料放在载玻片上，加10%氢氧化钾溶液数滴，加温3～5分钟，以不出现气泡为宜，盖上盖玻片压紧后镜检，可见分枝的菌丝与在菌丝上呈平行的链状排列的孢子。紫外线灯检查，小孢霉感染的毛发呈绿色荧光，而毛癣霉感染的毛发无荧光反应。

兔体表真菌病与其他病的鉴别见表10-5。

表 10-5 兔体表真菌病与其他病的鉴别诊断

病名	兔疥癣病	营养性脱毛病
特征	兔疥癣病由疥螨引起，主要寄生于头部和掌部的短毛处，而后蔓延至躯干部。患部脱毛、奇痒，皮肤发生炎症和龟裂等。从深部皮肤刮皮屑可检出疥螨	营养性脱毛病多发生于夏、秋季节，呈散在流行，成年兔与老年兔发生较多。皮肤无异常，断毛较整齐，根部有毛茬，多在1厘米以下。发生部位一般在大腿、肩胛两侧和头部

6. 防制

（1）预防措施　坚持长年消灭鼠类及吸血昆虫，兔舍、兔笼、用具与兔体保持清洁卫生，注意通风、换气与采光；加强对兔群的饲养管理，不喂发霉的干草和饲料，增加青饲料，并在日粮中添加富含维生素A的胡萝卜。经常检查兔体被毛及皮肤状态，发现病兔立即隔离治疗或淘汰；定期对兔群用配制的咪康唑溶液进行药浴，消灭体外寄生虫；病兔停止哺乳及配种，严防健康兔与病兔接触。病兔使用过的笼具及用具等用福尔马林熏蒸消毒，污物及粪便、尿用10%～20%石灰乳消毒后深埋，死亡兔一律烧毁，不准食用。该病可传染给人，工作人员及饲养员接触病兔与污染物时，要注意自身的防护。

（2）发病后措施　首先患部剪毛，用软肥皂、温碱水或硫化物溶液洗擦，软化后除去痂皮。

处方1：10%木馏油软膏、碘化硫油剂等，每日外涂2次。灰黄霉素制成水悬剂内服，每日2次，连用14天。或在每千克饲料中加入0.75克粉状灰黄霉素，连喂14天，有良好的疗效。

处方2：石炭酸15克、碘酊25毫升、水合氯醛10克，混合外用，每日1次，共用3次，用后即用水洗掉，涂以氧化锌软膏；或硫酸调粉25克、凡士林75克，混合制成软膏外用，隔5天1或2次即可见效。

处方3：水杨酸6克、苯甲酸12克、石炭酸2克、敌百虫5克、凡士林100克，混合外用。体质瘦弱兔可用10%葡萄糖溶液10～15毫升，加维生素C 2毫升，静脉注射，每日1次。

处方4：苦参、甘草各10克，茯苓、白术各15克，糖适量。共研成粉末，加糖适量内服，每只每次服5克，每天2次，连用7天。

处方5：生姜50克、白酒100毫升。切碎捣烂，放入白酒中浸泡2天，然后外涂患处，每天2次，3天为一个疗程，连用3～4个疗程。

第三节　寄生虫病

一、球虫病

球虫病是家兔最常见的一种寄生虫病，对养兔业的危害极大。各品种的兔对球虫都有易感性，断奶后至12周龄幼兔最易感染。特别是兔舍卫生条件恶劣造成的饲料与饮水遭受兔粪污染，最易促使该病的发生和传播。

1. 病原

球虫是艾美耳属的一种单细胞原虫。成虫呈圆形或卵圆形，球虫卵囊随兔的粪便排出体外，在温暖潮湿的环境中形成孢子化卵囊后即具有感染力。据初步调查，在我国各地常见的球虫有14种，危害最严重的是斯氏艾美耳球虫、肠艾美耳球虫、中型艾美耳球虫等。卵囊对外界环境的抵抗力较强，在水中可生活2个月，在湿土中可存活1年多。它对温度很敏感，在60℃水中20分钟即死亡，80℃水中10分钟即死亡，热水中5分钟就死亡。在－15℃以下卵囊就会冻死，但一般的化学消毒剂对其杀灭作用很微弱。

2. 流行病学

球虫的滋养体在兔肠上皮细胞或胆管上皮细胞中寄生、繁殖，形成卵囊后随粪便排出，污染饲料、饮水、食具、垫草和兔笼。兔球虫卵囊在20℃、55%～75%湿度外界环境下，经过2～3天即发育成为侵袭性卵囊，此卵囊具有感染性。易感兔吞食有侵袭力的卵囊后而感染发病。

各品种的兔对球虫均有易感性，断奶至3月龄的幼兔最易感，死亡率高。在卫生条件较差的兔场，幼兔球虫病的感染率可达100%，死亡率在80%左右；成年兔抵抗力较强，多为隐性感染，但生长发育受到影响。该病主要通过消化道传染，母兔乳头沾有卵囊、饲料和饮水被病兔粪便污染，都可传播球虫病。该病也可通过兔笼、用具及苍蝇、老鼠传播。球虫病多发生在温暖多雨季节，常呈地方流行性。病兔及治愈兔长期带虫，成为重要的传染源。

3. 临床症状

球虫病的潜伏期一般为2～3天，有时潜伏期更长一些。病兔的主要症状为精神不振，食欲减退，伏卧不动，眼、鼻分泌物增多，眼黏膜苍白，腹泻，尿频。按球虫寄生部位不同，该病可分为肠球虫病、肝球虫病及混合型球虫病，以混合型居多。肠型以顽固性下痢、病兔肛门周围被粪便污染、死亡快为典型症状。肝型则以腹围增大下垂、肝肿大、触诊有痛感、可视黏膜轻度黄染为特征。发病后期，幼兔往往出现神经症状，表现为四肢痉挛、麻痹，最终因极度衰弱而亡。病兔死亡率为40%～70%，有时高达80%以上（图10-62）。

图10-62 患兔精神沉郁、伏地、被毛蓬乱

4. 病理变化

① 肝球虫病。病兔肝肿大，表面有白色或淡黄色结节病灶，呈圆形，大如豌豆，沿胆管分布。切开病灶可见浓稠的淡黄色液体，胆囊肿大，胆汁浓稠色暗。在慢性肝病中，可发生间质性肝炎，肝管周围和小叶间部分结缔组织增生，使肝细胞萎缩，肝体积缩小，肝硬化（图10-63）。

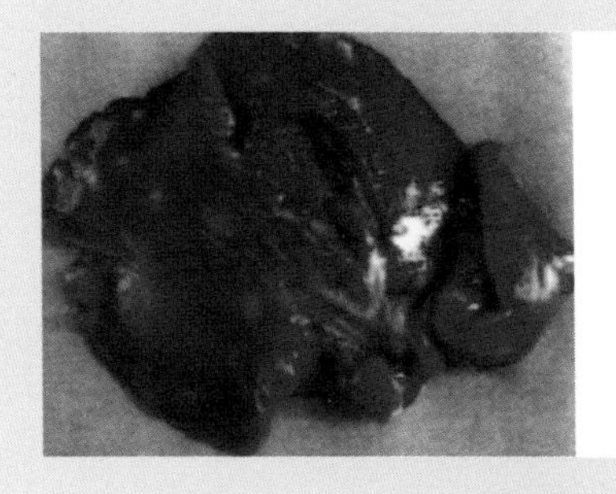

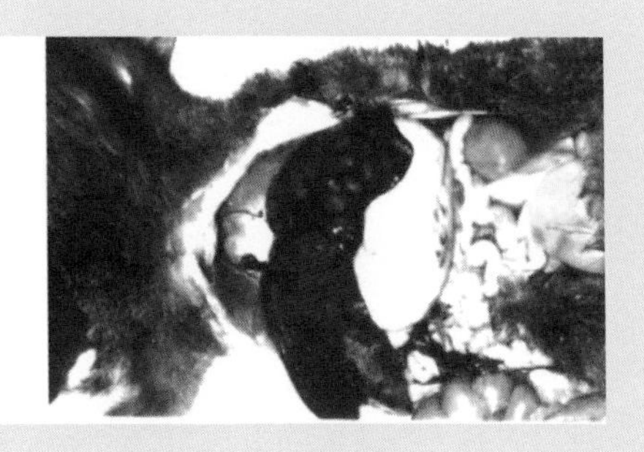

图 10-63 肝球虫病病变

肝脏坏死灶（左图）；肝脏有黄豆大的淡黄色结节，膀胱积尿（右图）

② 肠球虫病。可见十二指肠、空肠、回肠、盲肠黏膜发炎、充血，有时有出血斑。十二指肠扩张、肥厚，小肠内充满气体和大量黏液。慢性病例肠黏膜呈淡灰色，有许多白色小点或结节，有时有小的化脓性、坏死性病灶。肠系膜淋巴结肿大，膀胱积黄色混浊尿液，膀胱黏膜脱落（图 10-64）。

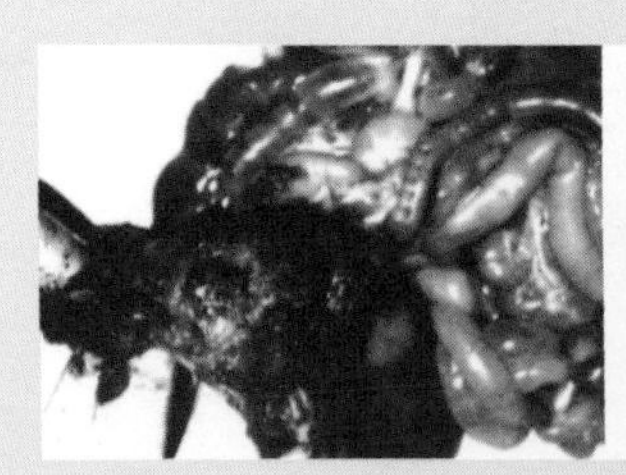

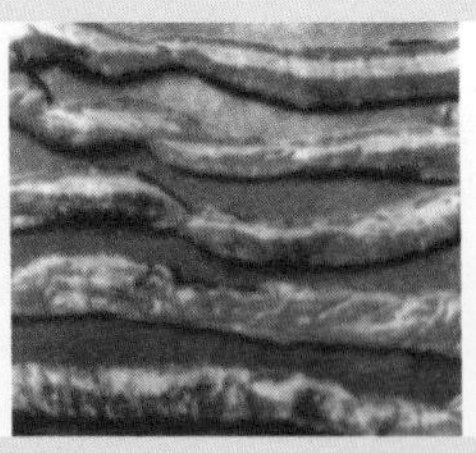

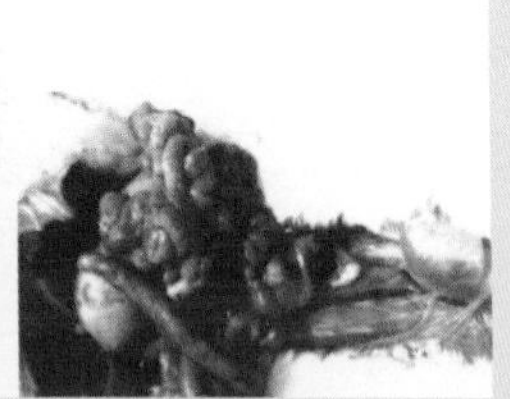

图 10-64 肠球虫病病变

大肠上有出血斑（左图）；肠壁中有灰白色球虫小结节（中图）；
蚓突上有针帽大的小结节，膀胱积尿（右图）

③ 混合型球虫病。各种病变同时存在，而且病变更为严重。

5. 诊断

可采用饱和盐水漂浮法检查粪便中的卵囊，或将肠黏膜刮屑物或

肝脏病灶刮屑物制成涂片，镜检球虫卵囊、裂殖体或裂殖子。如果在粪便中发现大量卵囊或在病灶中发现各个不同阶段的球虫，即可确诊。

6. 防制

（1）预防措施　兔舍应保持清洁、干燥。保证饲料、用具的清洁卫生，不被兔粪污染。加强消毒，兔笼、饲槽至少每周用热碱水消毒1次，也可将其在日光下暴晒；选作种用的公、母兔，必须经过多次粪便检查，健康者方可留作种用。购进的新兔也须隔离观察15～20天，确定无球虫病时方可入群。成年兔和幼兔要分开饲养。幼兔断奶后要立即分群。

（2）发病后措施　及时将发病兔隔离治疗，病兔的尸体和内脏要烧掉或深埋；注重对环境设备和用具的消毒。

处方1：氯苯胍，按0.03%浓度拌料饲喂，连用7天，以后改用0.015%浓度拌料长期饲喂。预防时可按0.015%浓度拌料，连喂45天。

处方2：磺胺二甲氧嘧啶与二甲氧苄氨嘧啶按5∶1混合后，按0.012%～0.013%浓度拌料饲喂，连喂5～7天，隔7天后再按上述浓度拌料饲喂5～7天。

处方3：球痢灵（硝苯酰胺）与3倍量的磷酸钙共研细末，配成25%预混物，用于预防时按0.0125%浓度拌料饲喂，治疗时按0.025%浓度拌料饲喂，连喂3～5天。

处方4：复方敌菌净，每天按兔每千克体重30毫克（首次饲喂时药量加倍）拌料，连喂3～5天。

处方5：磺胺氯吡嗪（又名三字球虫粉）。按每天每千克体重50毫克混入饲料中给药，连用10天；或按每天每千克体重30毫克混入饮水中使用，连用10天。

处方6：白僵蚕50克，桃仁5克，白术15克，白茯苓15克，猪苓15克，大黄25克，地鳖虫25克，桂枝15克，泽泻5克。共研末，每只兔每天按5克拌料饲喂，连喂2～3天。

处方7：黄柏、黄连各10克，大黄7.5克，黄芩25克，甘草15克，共研细末，每只兔每天7.5克，连喂3天。

处方8：紫花地丁、鸭舌草、蒲公英、车前草、铁苋菜和新鲜苦楝树叶，每只兔每天各喂 30～50 克（苦楝树叶喂量少于 30 克），隔天喂 1 次。

处方 9：阴行草、田基黄、相思藤、玉蜀黍、无根藤、马齿苋各 10 克。水煎灌服，每次 10 毫升，每日 2 次。此方治疗肝球虫病（方解：阴行草又名土茵陈，有清热利胆、祛湿消肿之效。田基黄清热祛湿、疏肝利胆。相思藤清热祛湿、利尿消肿。玉蜀黍利水通淋、退黄消肿。无根藤疏肝散淤、化湿利水。马齿苋清热利湿、驱虫消疳。诸药合用，有清热祛湿、疏肝利胆之功）。加减法：粪便烂臭者，加鸡屎藤、金樱子各适量。腹胀者，加金钱草适量。精神疲乏者，加土党参适量。抽搐者，加龙胆草、钩藤各适量。

处方 10：白僵蚕 50 克，桃仁 5 克，白术 15 克，白茯苓 15 克，猪苓 15 克，大黄 25 克，地鳖虫 25 克，桂枝 15 克，泽泻 5 克。共研末，每只兔每天按 5 克拌料饲喂，连喂 2～3 天。

处方 11：常山 150 克，青蒿 115 克，鸦胆子 150 克，白头翁 150 克，大黄 90，黄柏 120 克，当归 75 克，党参 100 克，白术 50 克。做成散剂，拌入饲料中，用药 3 天。

由于大多数药物对球虫的早期发育阶段——裂殖生殖有效，所以用药必须及时。当兔群中有个别兔发病时，应立即使用药物对整群兔进行防治。此外，要注意药物的交替使用，以免球虫对药物产生抗药性。

二、豆状囊尾蚴病

1. 病原

豆状囊尾蚴是豆状带绦虫的中绦期，它寄生于兔的肝脏、肠系膜以及腹腔内，也可寄生于啮齿动物。豆状囊尾蚴呈白色的囊泡状，豌豆大小，有的呈葡萄串状。囊壁透明，囊内充满液体，有一个白色头节，上有四个吸盘和两圈角质钩。

2. 流行病学

成虫寄生于狗、狐狸等肉食兽的小肠中，可将带有大量虫卵的孕卵节片随其粪便排出体外。兔食入了孕卵节片和被虫卵污染的饲料和饮水后即可感染该病。卵内的六钩蚴在兔的消化道内孵出，钻入肠

壁，随血流至肝脏等部位发育成豆状囊尾蚴，使兔出现豆状囊尾蚴病的症状。含有豆状囊尾蚴的动物内脏被狗、狐狸等吞食后，囊尾蚴在其体内发育为成虫，动物即出现豆状带绦虫病的症状。

3. 临床症状

兔轻度感染豆状囊尾蚴病后一般没有明显的症状，仅表现为生长发育缓慢。感染严重时（囊尾蚴数目达 100～200 个），可导致肝脏发炎、肝功能严重受损。慢性病例表现为消化紊乱、不喜活动等；病情进一步恶化时，表现为腹围增大、精神不振、嗜睡、食欲减退，逐渐消瘦，最终因体力衰竭而死亡。豆状囊尾蚴侵入大脑时，可破坏中枢和脑血管，急性发作时可引起病兔突然死亡。

4. 病理变化

剖检时常在肠系膜、网膜、肝脏表面及肌肉中见到数量不等、大小不一的灰白色透明的囊泡。囊泡常呈葡萄串状。肝脏肿大，肝实质有幼虫移行的痕迹。急性肝炎病兔，肝表面和切面有黑红色或黄白色条纹状病灶。病程较长的病例可转为肝硬变。病兔尸体多消瘦，皮下水肿，有大量的黄色腹水（图 10-65）。

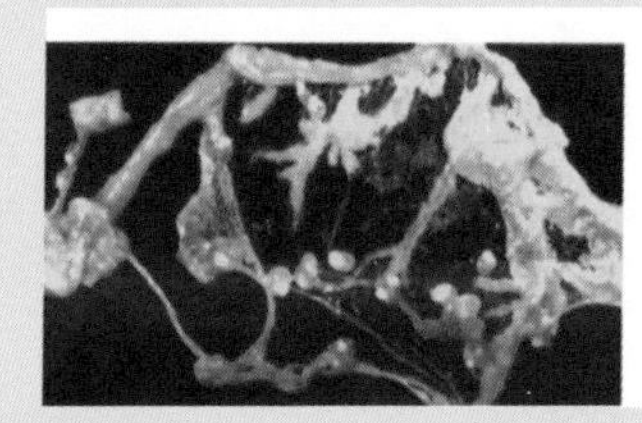
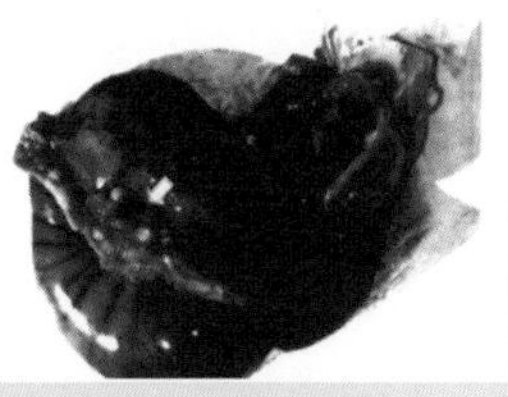
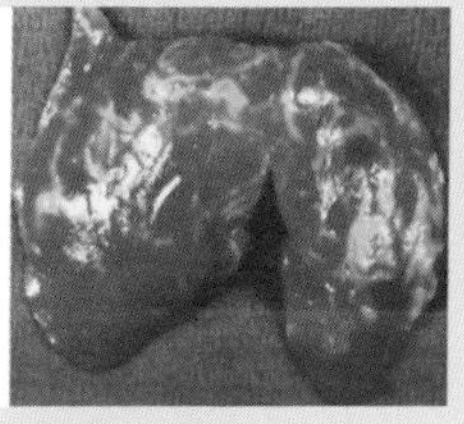

图 10-65　豆状囊尾蚴病的病变

网膜上的豆状囊尾蚴，呈球形、透明，内有一个白色头节（左图）；胃网膜上有水疱状豆状囊尾蚴（中图）；肝表面有许多黄白色、弯曲的小条纹，为六钩蚴穿行所致慢性炎症（右图）

5. 诊断

从尸检中发现豆状囊尾蚴即可确诊。生前诊断可采用囊尾蚴囊液作抗原进行凝集反应、间接血凝试验和酶联免疫吸附试验，其中间接血凝试验较常用，但生前确诊较为困难。

6. 防制

（1）预防措施　兔场内禁止养狗、猫，以防止其粪便污染兔的饲料和饮水。同时也应阻止外来狗、猫等动物与兔舍接触；对兔尸肉和内脏进行检疫，严禁用含有豆状囊尾蚴的动物脏器和肉喂狗、猫。对狗、猫定期驱虫，驱虫药可用吡喹酮，用量按动物 5 毫克/千克体重口服，驱虫后对其粪便严格消毒。

（2）发病后措施

处方 1：吡喹酮，每次 25 毫克/千克体重皮下注射，每天 1 次，连用 5 天。或甲苯达唑或丙硫咪唑 35 毫克/千克体重，口服，每天 1 次，连用 3 天。

处方 2：早晨空腹服生南瓜子 50 克（或炒熟去皮碾成末），2 小时后喂服槟榔 80～100 克煎剂，再经半小时喂服硫酸镁溶液。

处方 3：党参、黑丑、木香、百两金、川军各 2.5 克，槟榔片 3.5 克。共研面，每次 1.5 克，糖水灌服，每天 2 次。

处方 4：贯众、木香、槟榔、鹤虱、使君子、雷丸各 50 克。共研面，拌入饲料中喂给，每次 5～10 克。

三、弓形体病

该病是人兽共患原虫病，在人畜及野生动物中广泛传播，各种兔均可感染。在我国的兔群中，弓形虫抗体阳性率有上升的趋势。

1. 病原

刚地弓形虫属于真球虫目、艾美耳亚目、弓形虫属。该属只有 1 个种、1 个血清类型，但有不同的虫株。弓形虫在不同发育期可表现为 5 种不同形态。

（1）滋养体（速殖子）　常在急性感染期于细胞内、外出现。呈香蕉形或新月形，长 3.5～6.5 微米，宽 1.5～3.5 微米，一端尖，另一端钝圆。以瑞氏或吉姆萨染色后胞浆呈蓝色，核呈红色，位于中央或偏锐端。

（2）包囊 常在慢性感染期于细胞内出现。包囊圆形或椭圆形，直径5～100微米，囊壁由弓形虫形成，内含数百以至数千虫体，包囊破裂后散出的虫体为囊殖子或称缓殖子。

（3）裂殖体 仅在猫小肠黏膜上皮细胞内出现。成熟后变圆，直径12～15微米，内含香蕉形的裂殖子4～29个，呈扇形排列，游离的裂殖子大小为（7～10）微米×（2.5～3.5）微米，前端尖、后端圆，核靠后端。

（4）配子体 仅在猫小肠黏膜上皮细胞内出现。雄配子体呈圆形或卵圆形，直径10微米，成熟后可产生12～32个新月形的雄配子，每个雄配子有2条鞭毛。雌配子体呈卵圆形或类球形，直径15～20微米。

（5）卵囊（囊合子） 椭圆形或近圆形，大小为10～12微米，囊壁2层，光滑、无色，刚排出时仅含一团颗粒状物，成熟卵囊含2个孢子囊，大小约8微米×6微米，每个孢子囊含4个长形、微弯的子孢子，大小（6～8）微米×2微米。

2. 流行病学

弓形虫的整个发育过程需两个宿主。猫是弓形虫的终末宿主，在猫小肠上皮细胞内进行类似于球虫发育的裂体增殖和配子生殖，最后形成卵囊随猫粪便排出体外。卵囊在外界环境中，经过孢子增殖发育为含有两个孢子囊的感染性卵囊。

弓形虫对中间宿主的选择不严，已知有200余种动物，包括哺乳类、鸟类、鱼类、爬行类和人都可作为它的中间宿主，猫也可作为弓形虫的中间宿主。在中间宿主体内，弓形虫可在全身各组织脏器的有核细胞内进行无性繁殖。急性期形成半月形的速殖子（又称滋养体）及许多虫体聚集在一起的虫体集落（又称假囊）；慢性期虫体呈休眠状态，在脑、眼和心肌中形成圆形的包囊（又称组织囊），囊内含有许多形态与速殖子相似的缓殖子。

动物吃了猫粪中的感染性卵囊或含有弓形虫速殖子或包囊的中间宿主的肉、内脏、渗出物、排泄物和乳汁而被感染。速殖子还可以通过皮肤黏膜途径感染，也可以通过胎盘感染胎儿。兔饲料被含有大量弓形虫卵囊的猫粪污染，是兔场弓形虫病暴发流行的主要原因。

猫和猫科动物为主要传染源，其他家畜、家禽体内可带有包囊和滋养体，作为传染源的可能性也很大。人感染弓形虫较普遍，估计全世界约有 1/4 的人血清中有抗体，欧洲人的感染率较高。该病可经消化道、直接接触、呼吸道、节肢动物传播以及经胎盘垂直传播。

3. 临床症状

弓形虫病症状可分为急性型、慢性型和隐性型。

① 急性型。主要发生于仔兔，病兔以突然不吃、体温升高和呼吸加快为特征。有浆液或浆液脓性眼眵和鼻漏（图 10-66）。病兔嗜睡，并于几日内出现全身性惊厥及中枢神经症状。有些病例可发生麻痹，尤其是后肢麻痹。通常在发病 2～8 天后死亡。

② 慢性型。常见于老龄兔，病程较长。病兔厌食、消瘦，中枢神经症状通常表现为后躯麻痹。病兔可突然死亡，但多数病兔可以康复。

③ 隐性型。感染兔不呈现临床症状，但血清学检查呈阳性。

图 10-66　病兔眼、鼻有黏液性分泌物

4. 病理变化

急性型病变以肺、淋巴结、脾、肝、心坏死为特征，有广泛性的灰白色坏死灶及大小不一的出血点，肠道黏膜出血，有扁豆大小的溃疡，胸、腹腔液增多。慢性型主要表现内脏器官水肿，有散在的坏死灶。隐性型主要表现中枢神经系统受包囊侵害的病变，可见肉芽肿性

脑炎，伴有非化脓性脑膜炎的病变（图 10-67）。

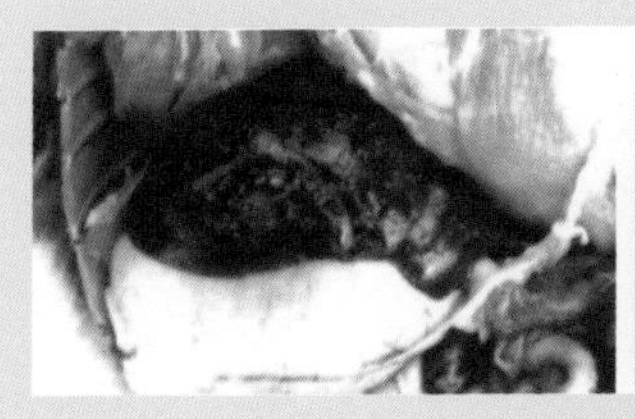
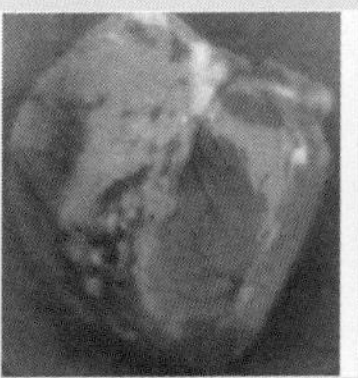
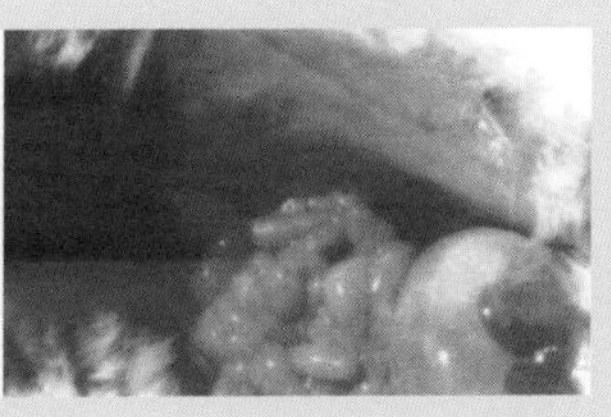

图 10-67 弓形虫病的病变

肝脏上大量坏死灶（左图）；心肌上大量坏死灶（中图）；腹腔内有大量淡黄色尿液（右图）

5. 诊断

根据临床特征和病理变化可做出初步诊断，确诊需要实验室检查。

（1）涂片检查　采取兔胸、腹腔渗出液或肺、肝、淋巴结等做涂片，吉姆萨染色或瑞氏染色后镜检。弓形虫速殖子呈橘子瓣状或新月形，一端较尖，另一端钝圆，胸浆呈蓝色，中央有一个紫红色的核。

（2）小白鼠腹腔接种　取兔肺、肝、淋巴结等病料研碎后加 10 倍生理盐水（每毫升加青霉素 1000 单位和链霉素 100 毫克），在室温中放置 1 小时。接种前振荡，待重颗粒沉淀后取上清液接种于小白鼠腹腔。每次接种后观察 20 天，小白鼠发病死亡。或以其腹腔液及脏器做涂片镜检，查出虫体，可确诊。

（3）血清学诊断　目前国内应用较多的是间接血凝法。

6. 防制

（1）预防措施　兔场内应开展灭鼠工作，同时禁止养猫，加强饲草、饲料的保管，严防被猫粪污染。防止屠宰动物的废弃物和尸体污染兔料、兔的饮食用具、水源及兔舍。

（2）发病后措施

① 兔场发生该病时，应全面检查、及早确诊。对检出的病兔和隐性感染兔，应隔离治疗。病死兔尸体要深埋或烧毁。发病兔场应对兔舍、饲养场用 1%来苏儿、3%烧碱溶液或火焰进行消毒。

② 弓形虫病是重要的人畜共患病，因此，饲养员在接触病兔、尸体、生肉时要注意防护，严格消毒。肉要充分煮熟或经冷冻处理（−10℃ 15 天、−15℃ 3 天可杀死虫体）后再利用。

③ 药物治疗。磺胺类药物对弓形虫病有较好的治疗效果。由于磺胺类药物对病毒有效，所以利用这一特点，可以作为诊断性治疗。

处方 1：磺胺嘧啶，加三甲氧苄氨嘧啶，治疗该病效果最好。前者每千克体重 70 毫克，后者每千克体重 14 毫克，每日 2 次，口服，首次剂量加倍，连用 3～5 天。

处方 2：磺胺甲氧吡嗪，加三甲氧苄氨嘧啶，前者每千克体重 30 毫克，后者每千克体重 10 毫克，每日 1 次，口服，连用 3 天效果良好。

处方 3：螺旋霉素。据国外报道，每日每千克体重 100 毫克，均匀拌料（在我国尚未见该药应用于兔的报道）。

处方 4：多西环素。据国外报道，每日每千克体重 5～10 毫克，均匀拌料内服，每日 2 次（在我国尚未见该药应用于兔的报道）。

处方 5：双氢青蒿素。每日每千克体重 100 毫克，均匀拌料，连用 3 天（该药毒副作用小，可试用于怀孕母兔）。

处方 6：生石膏 5 克，葛根、金银花、菊花、白芍各 3 克，黄芩、甘草各 2 克，黄连 1.5 克，全蝎、蜈蚣各 1 克，牛藤、桑寄生各 2 克。水煎灌服，每次 15 毫升，每天 3 次。

四、肝片吸虫病

肝片吸虫病是肝片吸虫寄生于肝脏胆管内而引起的一种寄生虫病。该病是一种世界性分布的人畜共患病，兔也可被寄生，特别是以青饲料为主的兔的发病率和死亡率高，可造成严重的经济损失。

1. 病原

肝片吸虫寄生在肝脏胆管中，体长 20～35 毫米，宽为 5～13 毫米，背腹扁平，整个虫体呈柳叶状（图 10-68）。

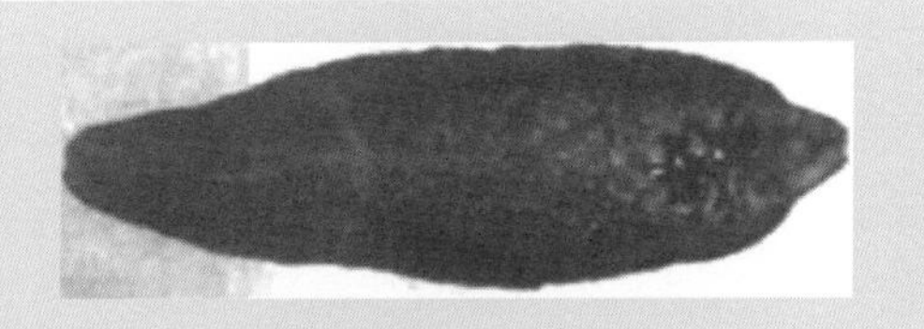

图 10-68 肝片吸虫

2. 流行病学

虫体在胆管中产出虫卵，随胆汁进入消化道，随粪便排出体外，落入水中孵化出毛蚴。毛蚴钻入中间宿主——椎实螺体内，经过胞蚴、母雷蚴、子雷蚴多个发育阶段，最后形成大量尾蚴逸出，附着在水生植物或水面上，形成灰白色、针尖大小的囊蚴。兔吃入或饮入带有囊蚴的植物或水而被感染。囊蚴进入十二指肠后童虫脱囊膜而出，穿过肠壁进入腹腔，而后经肝包膜进入肝脏，通过肝实质进入胆管发育为成虫。虫体在动物体内可生存 3～5 年。

3. 临床症状

临床症状一般表现为厌食、衰弱、消瘦、贫血、黄疸等。严重时眼睑、颌下、胸腹下出现水肿。一般 1～2 个月后因恶病质而死亡。

4. 病理变化

病理变化主要表现为胆管壁粗糙、增厚，呈绳索样凸出于肝脏表面，内含虫体。但有时也出现病变严重却找不到虫体的情况（图 10-69）。

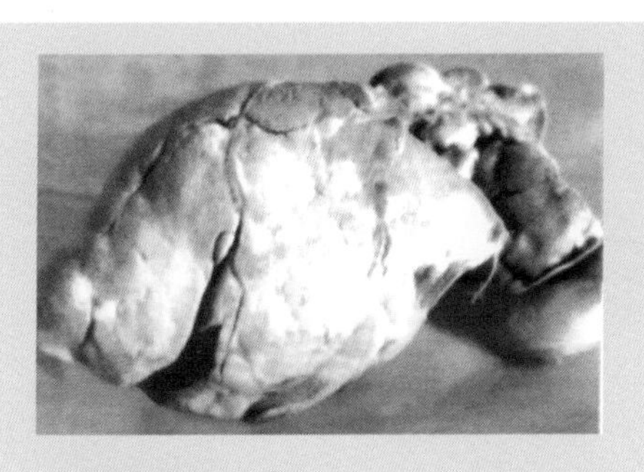

图 10-69 肝表面有灰白色结节和条索

5. 诊断

常采用水洗沉淀法检查粪便中的虫卵。虫卵呈金黄色、椭圆形，长 130～145 毫米，宽 5～97 毫米，有一个不明显的卵盖，卵黄细胞分布均匀。

6. 防制

（1）定期驱虫　对病兔及带虫兔要进行驱虫。常用的驱虫药有：蛭得净，有效成分为溴酚磷，对童虫、成虫均有效，按每千克体重 10～15 毫克，1 次口服；或碘醚柳胺，对成虫、童虫均有效，用法参照药品说明书；或丙硫咪唑，对成虫有效，对童虫作用较差，用法按每千克体重 10～15 毫克，1 次口服；或硫双二氯酚，对动物吸虫成虫有驱除作用，对吸虫童虫作用效果差，按每千克体重 60～80 毫克内服。用药后可能出现腹泻和食欲减退等副作用。驱虫后的粪便应集中处理，达到灭虫灭卵要求。

（2）合理处理水生植物饲料　注意饮水和饲草卫生。不要给兔饮用江河水等地面水，不要从低洼和沼泽地割草喂兔，最好饮用自来水或深井水。水生饲料可通过青贮发酵杀死囊蚴。据报道，水生饲料青贮发酵 1 个月以上，可杀死全部囊蚴。

（3）发病后措施

处方 1：硝氯酚，兔每千克体重 3～5 毫克，口服；或兔每千克体重 1～2 毫克，肌内注射。

处方 2：吡喹酮，兔每千克体重 80～100 毫克，口服。

处方 3：丙硫咪唑，兔每千克体重 20 毫克，每天 1 次，连用 3 天。

处方 4：硫双二氯酚，兔每千克体重 80～100 毫克，口服，隔 2 天再服 1 次。

处方 5：绵马贯众，兔每次 2.5 克，研末内服。早晨用药后，经过 1～3 小时再服液体石蜡 15～20 毫升，以驱除被杀死及麻痹的虫体。

五、线虫病

病兔的线虫病很多，加寄生于消化道的兔类圆线虫病、兔毛圆线

虫病、兔胃线虫病、兔皮尖线虫病、兔栓尾线虫病；寄生于肝脏的兔毛细线虫病；寄生于肺脏的兔原圆线虫病；寄生于眼的兔吸吮线虫病等多种线虫。这些线虫病严重危害兔的生长发育和健康，可给养兔业造成巨大的经济损失。但对于笼养兔来说，线虫的感染率和感染数量都会大大下降，其危害严重的线虫病品种也会有所变化。家养兔感染较为普遍、危害较大的主要有肝毛细线虫病、兔栓尾线虫病和兔吸吮线虫病。

1. 病原

肝毛细线虫呈细线状，雌虫大小为20毫米×0.1毫米，雄虫约为雌虫的一半大。该病不需中间宿主，成虫寄生于肝组织内，并就地产卵，卵一般无法离开肝组织。当动物尸体腐烂分解可释放出虫卵；或肝脏被狗、猫等吞食，肝组织被消化，虫卵可随其粪便排出体外，并发育为感染性虫卵，兔或其他动物吞食了此种感染性虫卵而感染。幼虫在小肠中孵出，钻入肠壁血管经门脉循环进入肝脏发育为成虫。

栓尾线虫有疑似栓尾线虫、无环栓尾线虫、不等刺栓尾线虫3种。虫体大约长3～5毫米，粗0.1～0.2毫米。雌虫长8～12毫米，体后部有极尖的尾部。该病不需中间宿主，成虫产卵在兔直肠内发育成感染性幼虫后排出体外，当兔吞食了含有感染性幼虫的卵后被感染，幼虫在兔胃内孵出，进入盲肠或结肠发育为成虫。

吸吮线虫虫体呈线状、圆柱状，乳白色或象牙色，雄虫长12～12.5毫米，雌虫长17～18.5毫米。果蝇为其中间宿主，成虫在眼结膜囊内产卵，含有幼虫的卵被果蝇吞食后，幼虫逸出，穿过果蝇肠壁进入体腔等部位，发育为侵袭性幼虫，并移行至头部，当果蝇在兔眼睛舐吸时，感染期幼虫自蝇口器逸出并侵入兔的眼部发育为成虫。

2. 临床症状及病理变化

（1）兔肝毛细线虫病　该病是家兔及许多其他动物常见的寄生虫病，猪以及人也可感染，狗和猫是暂时性宿主。病兔少量感染时常无明显症状；严重感染时，可见有消化紊乱、消瘦、黄疸等肝炎症状。病变主要是肝脏中出现黄豆大小白色或淡黄色结节、质硬，有时成堆，内含虫卵。有时可见成虫移行孔道，并可找到虫体。该病生前诊断较为困难，根据剖检病变，取结节压片找到虫卵可以确诊。

（2）兔栓尾线虫病　又称兔蛲虫病，是由栓尾线虫寄生于兔的盲肠和结肠引起的消化道线虫病。该病呈世界性分布，家兔感染率较高，严重者可引起死亡。该病少量感染时，一般不显临床症状。严重感染时，引起盲肠和结肠的溃疡和炎症，病兔慢性下痢、消瘦、发育受阻，甚至死亡。该病在兔场的感染率很高，粪便中检查到虫卵，并结合症状可以确诊。

（3）兔吸吮线虫病　该病是由眼结膜吸吮线虫寄生于兔的眼结膜或泪管中引起的眼寄生虫病。兔、犬、猫以及人均可感染，犬、猫是主要宿主，家兔感染也较为普遍。其可引起兔的结膜炎、角膜炎，可见兔眼分泌物异常增多，眼结膜充血、出血、瘙痒、流泪；严重时引起糜烂和溃疡，形成疤痕，角膜混浊，视力减退或失明，病兔采食困难、消瘦、虚弱。根据兔眼的症状与病变，仔细检查发现虫体比较容易确诊。

3. 防制

（1）预防措施　加强卫生管理，经常清扫与消毒，防止兔粪的污染；消灭鼠及野生啮齿动物，禁止狗、猫进入兔舍内，并且兔的肝脏不能生喂给狗、猫等暂时性宿主（预防肝毛细线虫病）；可定期驱虫，于春、秋季节全群各驱虫1次，严重感染的兔场，可每隔1～2个月驱虫1次（预防兔栓尾线虫病）；防蝇、灭蝇（预防兔吸吮线虫病）。

（2）发病后措施

处方1：丙硫咪唑，按20～25毫克/千克体重，口服（用于兔肝毛细线虫病）。

处方2：甲苯达唑，按30毫克/千克体重，口服（用于兔肝毛细线虫病）。

处方3：盐酸左旋咪唑，按36毫克/千克体重，口服（用于兔肝毛细线虫病）。

处方4：盐酸左旋咪唑，按5～6毫克/千克体重，口服（用于兔栓尾线虫病）。

处方5：丙硫咪唑，按10～20毫克/千克体重，口服（用于兔栓尾线虫病）。

处方6：2%～3%硼酸溶液，冲洗2次（用于兔吸吮线虫病）。

处方7：0.2%海群生溶液，冲洗2～3次（用于兔吸吮线虫病）。

处方8：2%可卡因滴眼，检出虫体；或10%敌百虫溶液滴眼（用于兔吸吮线虫病）。

处方9：1/1500碘溶液（碘片1片、碘化钾1.5克、水1500毫升），冲洗2次（用于兔吸吮线虫病）。

六、疥癣病

疥癣病（兔螨病）是由寄生于兔体表的痒螨或疥螨引起的一种外寄生虫性皮肤病。其中以寄生于耳壳内的痒螨最为常见，危害也较为严重，其次为寄生于足部的疥螨。该病的传染性很强，以接触感染为主，轻者使兔消瘦，影响生产性能，严重者常造成死亡。这是目前危害养兔业的一种严重疾病。

1. 病原

① 兔痒螨。寄生于兔外耳道，黄白色或灰白色，长0.5～0.8毫米，眼观如针尖大。虫体呈椭圆形，前端有一个长椭圆形刺吸式口器，腹面四对肢，两对前肢粗大，两对后肢细长，突出于体缘。雄虫体后端有一对尾突，其前方有两个交合吸盘（图10-70）。

图10-70 痒螨

② 兔疥螨。寄生于兔体表，黄白色或灰白色，0.2～0.5毫米，眼观不易认出。虫体呈圆形，其前端有一个圆形的咀嚼型口器，腹面四对肢呈圆锥形，后两对肢不突出体缘（图10-71）。

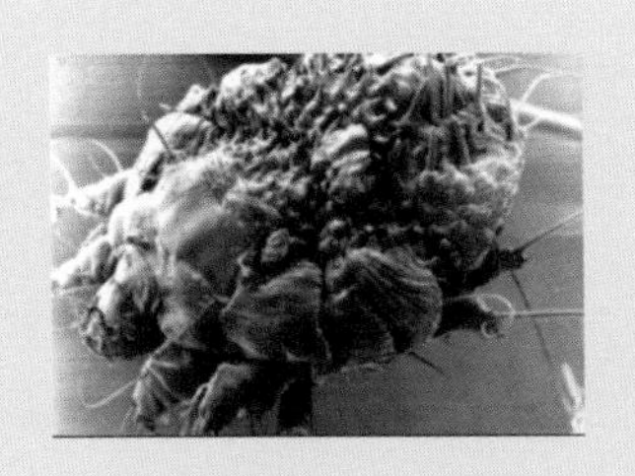

图 10-71 疥螨

痒螨和疥螨全部发育过程都在动物体上完成，包括卵、幼虫、若虫、成虫 4 个阶段。完成整个发育过程，痒螨需 10～12 天，疥螨需 8～22 天，平均为 15 天。疥螨在宿主表皮挖凿隧道，以皮肤组织、细胞和淋巴液为食，并在隧道内发育和繁殖。痒螨则寄生于皮肤表面，以吸吮皮肤渗出液为食。

螨虫在外界的生存能力很强，在温度 11～20℃ 的条件下，可存活 10～14 天；在湿润的空气中，疥螨可以存活 3 周，痒螨可以存活 2 个月。

2. 流行病学

病兔是主要传染源，病兔与健康兔直接接触可以传播该病。如密集饲养、配种均可传播。通过接触螨虫污染的笼舍、食具、产箱以及饲养人员的工作服、手套等也可间接传播。狗及其他动物也能成为传播媒介，瘦弱兔和幼龄兔易遭侵袭。该病多发于秋冬季节，具有高度传染性，日光不足、阴雨潮湿，最适合螨虫的生长繁殖并促进该病的蔓延。在饲养管理及卫生条件较差的兔场，可长年发生螨病。

3. 临床症状

① 疥螨病。常发生于兔的头部、嘴唇四周、鼻端、面部和四肢末端毛较短的部位，严重时可感染全身。患部皮肤充血、稍微肿胀，局部脱毛。病兔发痒不安，常用嘴咬腿爪或用脚爪搔抓嘴及鼻孔。皮肤被搔伤或咬伤后发生炎症，逐渐形成痂皮。随病情的发展，病兔脚爪出现灰白色的痂皮，患部逐渐扩大，蔓延到鼻梁、眼圈、脚爪底面，

同时伴有消瘦、结痂等症状。严重时病兔会衰竭死亡（图10-72）。

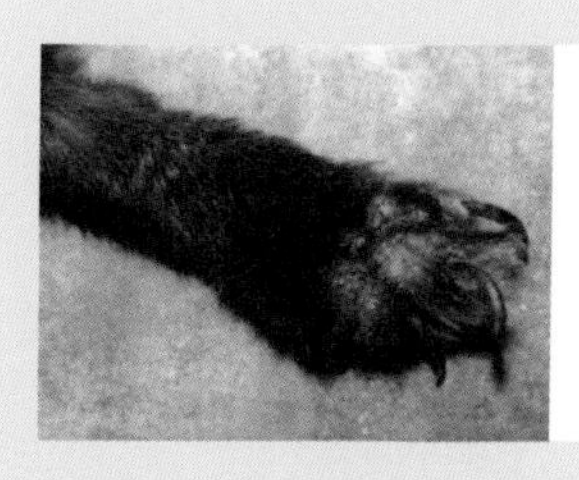

图10-72 疥螨病症状

病兔脚爪出现灰白色的痂皮（左图）；鼻、眼圈、耳根皮肤增厚，结痂与脱毛（中图）；脚爪出现糠麸样结痂（右图）

② 痒螨病。一般在兔耳壳基部开始发病。病初在耳内出现灰白色至黄褐色渗出物，渗出物干燥后形成黄色痂皮，严重时可堵塞耳孔。局部脱毛。病兔不安、消瘦、食欲减退，不断摇头，用脚爪抓挠耳朵，严重时可引起中耳炎、耳聋和癫痫等（图10-73）。

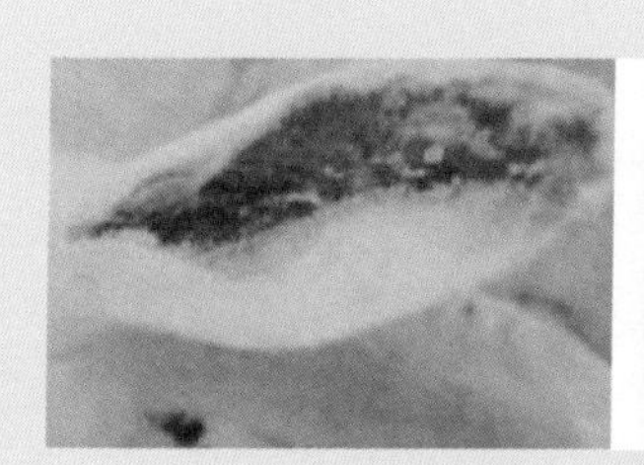
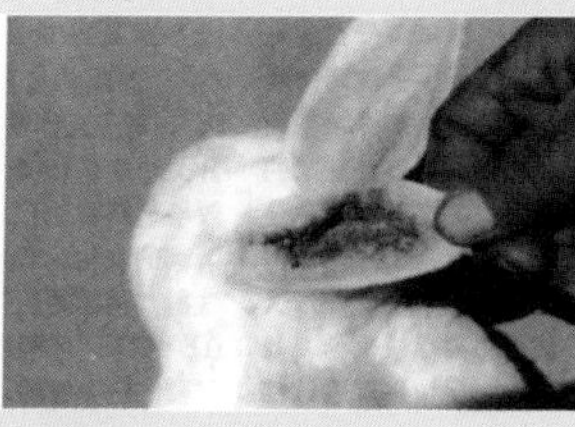

图10-73 痒螨病症状

外耳道炎（左图）；疥螨在外耳道寄生，耳内充满痂皮（中图、右图）

4. 病理变化

该病病变主要在皮肤。皮肤发生炎性浸润、发痒，发痒处形成结节及水疱。当结节、水疱被咬破或蹭破时，流出渗出液，渗出液与脱落的细胞、被毛、污垢等混杂在一起，干燥后结痂。痂皮被擦破后，又会重新结痂。随着病情的发展，毛囊和汗腺受到侵害，皮肤角质角化过度，患部脱毛，皮肤肥厚，失去弹性而形成皱褶。

5. 诊断

选择病兔患病皮肤交界处，剪毛消毒后，用蘸有少量50%甘油水溶液的外科手术刀刮取皮屑，直到皮肤微出血。将刮下的皮屑放于载玻片上，滴几滴煤油使皮屑透明，然后放上盖玻片，在低倍显微镜下观察查找虫体。也可将刮取的皮屑放在培养皿内或黑纸上，在阳光下暴晒，或用热水或火等对皿底或黑纸底面加温至40～50℃，30～40分钟后移去皮屑，在黑色背景下，肉眼见到白色虫体爬动，即可确诊。

6. 防制

① 加强饲养管理。营养状态好的兔，得螨病少或发病较轻，因此，一定要喂给全价饲料，特别是含维生素较多的青饲料，如胡萝卜等；兔舍应保持干燥卫生、通风透光、勤换垫草、勤清粪便。

② 兔舍、笼具要全面消毒。可用三氯杀螨醇、0.05%敌百虫等杀螨剂喷洒。

③ 新购进的兔要隔离饲养，确定无病后再混群。经常检查兔群，发现病兔及时隔离治疗。已治愈的兔应再治愈20～30天后再混群。

④ 发病后措施。螨病具有高度的传染性，遗漏一个小的患部，就会散布少许病料，就有继续蔓延的可能。因兔子不耐药浴，治疗兔螨病时不宜用药浴。因此，治疗螨病时一定要细致认真，遵循以下原则：一要全面检查。治疗前，应详细检查所有病兔，一只不漏，并找出所有患部，便于全面治疗。二要彻底治疗。为使药物和虫体充分接触，将患部及其周围3～4厘米处的被毛剪去，用温肥皂水彻底刷洗，除掉硬痂和污物，最好用5%来苏儿溶液刷洗1次，擦干后涂药。三要重复用药。治疗螨病的药物，大多数对螨卵没有杀灭作用，因此，即使患部不大，疗效显著，也必须治疗2次或3次（每次间隔5天），以便杀死新孵出的幼虫。四要环境消毒。处理病兔的同时，要注意把笼具、用具等彻底消毒（用杀螨剂）。

处方1：依维菌素，对兔的线虫、螨、蜱、蝇蛆等体内外寄生虫均有较强的驱杀作用。该药低毒，对人畜安全，皮下注射，方便快

捷，药物可达全身各部，不会造成患部溃疡，每千克体重 0.02～0.04 毫克，皮下注射，7 天再注射 1 次，一般病例 2 次可治愈，重症者隔 7 天再注射 1 次。

处方 2：双甲脒（成分为有机氮类，高效低毒。现市场上供应的多为 12.5%的双甲脒），按 1∶250 加水稀释成 0.05%的水溶液，涂擦患部。对耳螨可先用棉球蘸取 0.05%的水溶液涂擦患部，再将棉球放入外耳道，棉球的含药量不要太多，以挤压无药液流出为适度。

处方 3：三氯杀螨醇，与植物油按 5%～10%的比例混匀后，涂于患部，1 次即愈。用 500～1000 倍稀释的三氯杀螨醇水溶液喷洒兔舍、笼具，可以杀死虫卵、幼虫及成螨。对兔无不良反应。

处方 4：双氢除虫菌素，每千克体重 400 微克，皮下注射，7 天后再注射 1 次，疗效较好。

处方 5：1%敌百虫溶液，洗耳后撒布青霉素。

处方 6：70%酒精 90 份、水杨酸钠粉 6 份、醋酸 4 份，混匀冲洗患部。

处方 7：辣椒粉 8 克、植物油 100 毫升。油炸辣椒，凉后涂搽。适用于兔疥癣病（山东验方）。

处方 8：陈年石灰 1 份、水 1 份、大蒜 1 份。将陈年石灰与水按 1∶1 比例混合，取上清液再与大蒜（以鲜品为佳）汁按 1∶1 比例混匀，涂搽患部，早晚各 1 次，连用 3 日，适用于家兔螨病（四川验方）。

处方 9：花椒 25 克、白酒 250 毫升。浸泡 3 日，取汁涂搽，每日 2 次，连用 3 日。适用于兔疥癣（四川验方）。

七、兔虱病

该病是由兔虱寄生于兔体表所引起的一种慢性寄生虫病。

1. 病原

舍饲家兔虱病病原一般为兔嗜血虱，成虱长 1.2～1.5 毫米，靠吸兔血维持生命，1 只成虱每日可吸血 0.2～0.6 毫升。成熟的雌虫排出带有胶黏物质的、圆筒形的卵，能附着家兔毛根部，经过 8～10 天童虫从卵中钻出，成为幼虫。幼虫在 2～3 周内经 3 次蜕皮发育为性成熟的成虫。雌成虫交配后1～2天开始产卵，可持续约40天。

2. 流行病学

传染方式主要是接触传染。病兔和健康兔直接接触，或健康兔接触被污染的兔笼、用具均可染病。

3. 临床症状

兔虱在吸血时能分泌有毒素的唾液，刺激神经末梢发生痒感，引起兔子不安，影响采食和休息。有时在皮肤内出现小结节、小出血点甚至坏死灶。病兔啃咬或到处擦痒造成皮肤损伤，可继发细菌感染，引起化脓性皮炎。病兔消瘦，幼兔发育不良。因此，该病对幼兔危害严重，并且降低毛皮质量。

4. 诊断

用手拨开病兔被毛，肉眼看到黑色小兔虱在活动，在毛根部见淡黄色的虫卵，即可初步诊断。定性需做寄生虫鉴别诊断。

5. 防制

（1）预防措施　首先要防止将患虱病的兔引入健康兔场。对兔群定期检查，发现病兔立即隔离治疗。兔舍要经常保持清洁、干燥、阳光充足，并定期消毒和驱虫。

（2）发病后措施

处方1：依维菌素，每千克体重0.02毫克，1次皮下注射，效果很好。

处方2：0.0023％的蝇毒磷或0.5％～1％敌百虫溶液涂擦，或用20％氰戊菊酯5000～7500倍稀释液涂擦，疗效较好。

处方3：烟草粉或硫黄粉和烟草粉。将药粉撒布兔体驱虱，经过治疗的兔子应另放在清扫过的笼中。为了彻底消灭兔虱，在第1次治疗后10天左右，再治疗1次，可将虱卵孵出的幼虫杀死。

处方4：百部40克。百部加水250克，水煎沸后5分钟，捞出药渣，再将汤熬成浆。待凉后，涂于有虱处，每天1次，3天可将虱灭掉。10天后再治疗1次。

第四节　营养代谢病

一、佝偻病和软骨症

维生素D缺乏或钙、磷缺乏以及钙、磷比例失调都可以造成骨质疏松，引起幼兔的佝偻病或成年兔的软骨症。该病是一种营养性骨病，各种年龄的兔均可发生，但尤以妊娠母兔、哺乳母兔、生长较快的幼兔多发。

1. 病因

① 钙、磷是机体重要的常量元素，参与兔骨骼和牙齿的构成，并具有维持体液酸碱平衡及神经肌肉的兴奋性、构成生物膜结构等多种功能。一旦饲料中钙、磷总量不足或比例失调则必然引起代谢的紊乱。

② 维生素D是一种脂溶性维生素，具有促进机体对钙、磷的吸收的作用。在舍饲条件下，兔得不到阳光照射，必须从饲料中获得。饲料中维生素D含量不足或缺乏，都可引起兔体维生素D缺乏，从而影响钙、磷的吸收，导致该病的发生。

③ 日粮中矿物质比例不合理或有其他影响钙、磷吸收的成分存在。许多二价金属元素间存在抑制作用，例如饲料中锰、锌、铁等过高可抑制钙的吸收；含草酸盐过多的饲料也能抑制钙的吸收。

④ 此外，肝脏疾病以及各种传染病、寄生虫病引起的肠道炎症均可影响机体对钙、磷以及维生素D的吸收，从而促进该病的发生。

2. 临床症状和病理变化

幼兔、仔兔典型的佝偻病，主要表现骨质松软、腿骨弯曲、脊柱弯曲成弓状、骨端粗大。青年兔表现消化机能紊乱、异食、骨骼严重变形、易发生骨折等。妊娠母兔表现为分娩后瘫痪。典型病兔患病初期食欲下降或废绝、精神沉郁，有的表现轻度兴奋，随即后肢瘫痪。

根据典型的临床症状和饲料分析结果即可确诊。

3. 防制

（1）预防措施　平时注意合理配制日粮中钙、磷的含量及比例，饲喂含钙磷丰富的饲料，如骨粉、蛋壳粉、豆科干草、糠麸等；由于钙磷的吸收代谢依赖于维生素 D 的含量，故日粮中应有足够的维生素 D 供应，让兔多晒太阳、多运动，尤其是冬季，这样能促进体内维生素 D 的形成和钙、磷的吸收。

（2）发病后措施

处方 1：幼兔，饲料中添加优质骨粉，肌内注射维丁胶性钙，每次 1000～5000 国际单位，每日 1 次，连用 3～5 天。

处方 2：肌内注射维生素 AD，每次 0.5～1 毫升，每日 1 次，连用 3～5 天。

处方 3：成年兔的软骨病，可以内服鱼肝油 1～2 毫升，并配合内服磷酸钙 1 克、乳酸钙 0.5～2 克、骨粉 2～3 克。同时注射维丁胶性钙注射液，肌内注射，每次 1000～5000 国际单位，每天 2 次。

处方 4：鸡蛋皮 25 克（焙黄）、透骨草 15 克。共研为细面，每次温水灌服 1～1.5 克，每天 2 次或自由采食（用于佝偻病）。

处方 5：当归 3 克，川芎 2 克，赤芍 2 克，生地 2 克，乳香 2 克，没药 2.5 克，续断 2.5 克，骨碎补 1.5 克，牡蛎 2.3 克，煅龙骨 3 克，鹿角霜 2 克。将上述药共研成粉，开水冲服，隔日灌服 5～6 克（用于软骨症）。

二、维生素 A 缺乏症

维生素 A 对于兔的正常生长发育和保持黏膜的完整性以及良好的视觉都具有重要的作用。维生素 A 缺乏症主要表现为生长发育不良、器官黏膜损害，并以干眼病和夜盲症为特征。该病主要发生于冬季和早春季节。

1. 病因

① 日粮中维生素 A 或胡萝卜素含量不足或缺乏。兔可以从植物性饲料中获得胡萝卜素维生素 A 原，可在肝脏转化为维生素 A。长期使用谷物、糠麸、粕类等胡萝卜素含量少的饲料，极易引起维生素 A 的缺乏。

② 消化道及肝脏的疾病，影响维生素 A 的消化吸收。由于维生素 A 是脂溶性的物质，它的消化吸收必须在胆汁酸的参与下进行，

因此肝胆疾病、肠道炎症会影响脂肪的消化、阻碍维生素A的吸收。此外肝脏的疾病也会影响胡萝卜素的转化及维生素A的贮存。

③ 饲料贮存时间太长或加工不当，降低饲料中维生素A的含量。如黄玉米贮存期超过6个月，约损失60%的维生素A；颗粒饲料加工过程中可使胡萝卜素损失32%以上，夏季添加多维素拌料后，堆积时间过长，使饲料中的维生素A遇热氧化分解而遭破坏。

2. 临床症状

兔缺乏维生素A时，可表现出生长停滞、体质衰弱、被毛蓬松、步态不稳、不能站立，活动减少。有时可出现与寄生虫性耳炎相似的神经症状，即头偏向一侧转圈、左右摇摆、倒地或无力回顾，或腿麻痹或偶尔惊厥。幼兔出现下痢，严重者死亡。母兔发情率与受胎率低，并出现妊娠障碍，表现为早产、死胎或难产，分娩衰弱的仔兔或畸形兔；患隐性维生素A缺乏症的母兔虽然能正常产仔，但仔兔在产后几周内会出现脑水肿或其他临床症状。成年兔和幼兔都出现眼的损害，发生化脓性结膜炎、角膜炎，病情恶化则出现溃疡性坏死。机体的上皮细胞受损，可引起呼吸器官和消化器官炎症；泌尿器官系统黏膜损伤（炎症、感染），能引起尿液浓度、比例关系紊乱和形成尿结石。有的病例出现干眼病及夜盲症。

3. 病理变化

维生素A缺乏症可以发现明显眼和脑的病变，眼结膜角质化，患病母兔所产的仔兔发生脑内积水，呼吸道、消化道及泌尿生殖系统出现炎性变化。

4. 诊断

确诊须靠病理损伤特征、血浆和肝脏中维生素A（血浆中维生素A的含量低于0.2～0.3毫克/毫升）及胡萝卜素的水平来判断。

5. 防制

(1) 预防措施　饲料中添加含有多种维生素的添加剂或维生素A、维生素D_3粉等，日粮中常补给青绿饲料，如绿色蔬菜、胡萝卜等。不可饲喂存放过久或霉败变质的饲料。及时给妊娠母兔和哺乳期母兔添加鱼肝油或维生素 A 添加剂，每天每千克体重添加维生素 A 250 单位。

（2）发病后措施

处方 1：鱼肝油制剂注射液，按 0.2 毫升/千克体重给量。也可使用维生素 A、维生素 D_3 粉或鱼肝油混入饲料中喂给。也可使用水可弥散型维生素制剂如速补-14 等饮水（注意维生素 A 摄入过多会引起中毒）。

处方 2：生石膏 5 克，菖根、金银花、菊花、白芍各 3 克，黄芩、甘草各 2 克，黄连 1.5 克，全蝎、蜈蚣各 1 克。水煎灌服，每次 15 毫升，每天 2 次（用于初患麻痹症者）。

处方 3：黄芩、葛根、黄连各 1 克，石膏 2 克，金银花、白芍各 1.5 克，甘草 0.5 克，全蝎、蜈蚣各 1 条。水煎灌服，每次 15 毫升，每天 3 次（用于患麻痹症比较严重者）。

三、维生素 E 及硒缺乏症

维生素 E 又叫生育酚，属脂溶性维生素，具有抗不育的作用。维生素 E 是一种天然的抗氧化剂，其主要生理功能是维持正常生殖器官、肌肉和中枢神经系统机能。维生素 E 不仅对兔的繁殖产生影响，而且参加新陈代谢、调节腺体功能和影响包括心肌在内的肌肉活动。

1. 病因

维生素 E 不稳定，易被饲料中矿物质元素、不饱和脂肪酸及其他氧化物质氧化。饲料中维生素 E 含量不足，饲料或添加剂中矿物质元素或不饱和脂肪酸含量较高而又缺乏一定的保护剂，造成饲料中维生素 E 的部分或全部破坏；以及兔的球虫病等使肝脏、骨骼肌及血清中维生素 E 的浓度降低，均致使机体对维生素 E 的需要量增加而导致该病发生。维生素 E 和硒的营养作用密切相关，地方性缺硒也会引起相对性的维生素 E 缺乏，二者同时缺乏会加重缺乏症的严重程度。

2. 临床症状

病兔表现不同程度的肌营养不良、可视黏膜出血，触摸皮下有液

体渗出，出现肌酸尿、肢体发僵，而后进行性肌无力、食欲下降或不食、体重减轻、喜卧少动或不动、不同程度的运动障碍、步态不稳，甚至瘫软，有的可出现神经症状，最终衰竭死亡（图 10-74）。幼兔生长发育受阻。母兔受胎率下降，发生流产或死胎。公兔可导致睾丸损伤和精子生成受阻，精液品质下降。初生仔兔死亡率高。

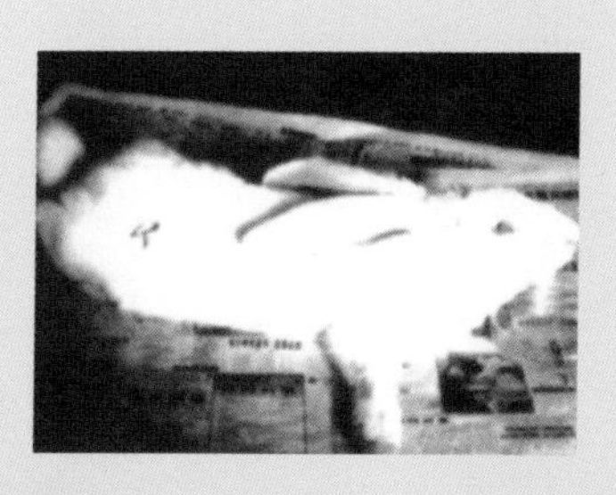

图 10-74 病兔肌肉无力，两前肢向外侧伸展

3. 病理变化

肉眼可见全身性渗出和出血，膈肌、骨骼肌萎缩、变性、坏死，外观苍白。心肌变性，有界限分明的病灶。肝脏肿大、坏死，急性病例肝脏呈紫黑色、质脆易碎、呈豆腐渣样，体积约为正常肝的 2 倍；慢性病例肝表面凹凸不平、体积变小、质地变硬。

4. 防制

（1）预防措施　进行饲料的合理调配和加工，最好使用全价配合饲料，适当添加多种维生素或含多种维生素的添加剂；加强对妊娠母兔、哺乳母兔及幼兔的饲养管理，补充青绿饲料，避免饲喂霉败变质饲料，及时治疗肝脏疾病；由于维生素 E 和硒有协同作用，适当补充硒可减少维生素 E 的添加量，使用含硒添加剂可有效防治维生素 E 缺乏。

（2）发病后措施　维生素 E，每千克体重 0.32～1.4 毫克，添加饲料中饲喂，也可使用市售的亚硒酸钠维生素 E。严重病例可肌内注射维生素 E 制剂，每次 1000 单位，每天 2 次，连用 2～3 天；

并肌注 0.2%的亚硒酸钠溶液 1 毫升，每隔 3～5 天注射 1 次，共 2～3 次。

四、B 族维生素缺乏症

B 族维生素缺乏症的诊治见表 10-6。

表 10-6　B 族维生素缺乏症的诊治

种类	原因	症状	诊断	防治
维生素 B_1 缺乏症	饲料中维生素 B_1 含量不足或饲料处理不当；慢性肠道疾病使维生素 B_1 合成与吸收减少；长期使用抗生素药物	兔食欲减退，腹泻或便秘，逐渐消瘦，精神不振，不爱活动，活动时易发生抽搐和痉挛，共济失调，软弱瘫痪。怀孕母兔易发生死胎、畸形胎或木乃伊化胚胎，甚至导致妊娠母兔死亡	根据饲料分析和临床症状可以确诊	预防措施：首先注意日粮调配，日粮中可适当添加酵母和谷物等。禁止饲喂变质饲料，不能长期服用抗生素类药物，在母兔妊娠期和哺乳期补充维生素 B_1 或使用复合维生素添加剂。不要大量长期使用氨丙啉类抗球虫药物，使用时应配合使用维生素 B_1。 发病后措施：早期可在饲料中添加维生素 B_1，按 10～20 毫克/千克，连用 1～2 周；也可以肌内注射 5%的维生素 A 注射液，0.2～0.5 毫克/次，每天 1 次，连用 3～5 天；也可使用速补-14 等饮水
维生素 B_2 缺乏症	日粮中缺少维生素 B_2，饲料变质或加工不当，或患有胃肠炎和吸收障碍	维生素 B_2 缺乏主要表现为消瘦，厌食，生长缓慢，被毛粗糙、易脱落脱色，黏膜黄染，流泪，流涎。长期缺乏，母兔不育或所产仔兔畸形、泌乳减少、繁殖率下降、新生仔兔灰黄色	据日粮组成、临床特征、加维生素 B_2 有疗效可确诊	预防措施：由于兔肠道细菌可以合成其机体所需的维生素 B_2，而高碳水化合物有助于肠道细菌合成维生素 B_2，因此合理调配日粮、适当添加动物性饲料和酵母或饲喂含维生素 B_2 添加剂，可有效地预防该病的发生。 发病后措施：最有效的方法是及时给予维生素 B_2，按每千克饲料 20 毫克添加，连用 1～2 周，之后减半。也可皮下或肌内注射维生素 B_2，一般连用 1 周，效果很好。也可使用如速补-14 等饮水

续表

种类	原因	症状	诊断	防治
维生素B_{12}缺乏症	饲料中不使用动物性饲料，并且未添加维生素B_{12}，而导致该病的发生；饲料中缺乏微量元素钴和铁时，维生素B_{12}合成不足；肠道疾病可阻止微生物合成，或使维生素B_{12}吸收利用障碍等，也可诱发该病的发生	病兔的主要症状是厌食、营养不良、贫血、消瘦、黏膜苍白，幼兔仔兔生长发育停滞，也出现胃肠炎、腹泻、便秘等。 血液稀薄、颜色发淡，肝脏黄色而脆，肝细胞坏死和脂肪变性。全身贫血	据临床症状、病理变化特点和日粮的配合进行综合分析确诊	预防措施：饲料中添加含维生素B_{12}及钴和铁的添加剂；饲料中适当添加动物性饲料和酵母等，能够起到补充维生素B_{12}的作用。由于兔肠道内微生物可以合成维生素B_{12}，因此可以让兔适当采食健康兔的软粪来获得维生素B_{12}。母兔在妊娠期要提高维生素B_{12}的添加量，每千克饲料含维生素B_{12} 0.04毫克。发病后措施：病兔可按每千克饲料添加维生素B_{12} 0.4毫克，同时添加含钴和铁的添加剂，病情好转后再恢复到预防量。有价值的种兔可肌内注射维生素B_{12}注射液治疗
维生素B_6缺乏症	日粮中维生素B_6不足；饲料加工调制不当，使饲料中维生素B_6被破坏；肠道疾病，使肠道不能合成足量的维生素B_6等。另外，由于喂高蛋白质饲料，对维生素B_6的需要增多，也能引起缺乏	一般轻微缺乏时对兔的影响不大，严重缺乏时，引起兔皮肤的损害、兔耳周边出现皮肤增厚和鳞片、鼻端或爪出现疮痂、眼睛发生结膜炎、神经功能紊乱、骚动不安、生长发育受阻、不孕率增高、死胎增加、妊娠后期出现尿石症；仔兔生长缓慢	据日粮分析和临床症状可初步诊断；根据尿检血液转氨酶活性降低和临床特征进行确诊	预防措施：使用全价配合饲料，适当添加鱼粉、肉骨粉、酵母等。或适当加入维生素B_6添加剂或复合维生素添加剂。每千克日粮0.6～1毫克维生素B_6可预防该病的发生。 发病后措施：可用维生素B_6制剂，发情期1.2毫克/千克体重，被毛生长前期每千克体重0.9毫克，被毛生长后期每千克体重0.6毫克，可得到良好的治疗效果。也可使用水可弥散型维生素制剂如速补-14等饮水

五、吞食仔兔癖

该病是一种新陈代谢紊乱和营养缺乏的综合征，表现为一种病态的食仔恶癖。

1. 病因

吞食仔兔癖的病因主要有：一是日粮营养不平衡。如母兔自身缺乏食盐，钙、磷不足，蛋白质和B族维生素缺乏，或其他营养物质供应不足。二是母兔产前、产后得不到充足的饮水，口渴难忍而食仔。三是母兔产仔时受到惊吓，巢窝、垫草或仔兔带有异味，或发生死胎时未及时取出死亡仔兔，母兔就会将死胎吃掉，以后养成吃食仔兔的习惯。四是过早配种繁殖，母兔无奶或缺奶等。五是产后不时有人用脏手或沾有其他气味的手摸仔兔。

2. 临床症状

临床症状可见母兔吞食刚生下或产后数天的仔兔。有些将胎儿全部吃掉，仅发现笼地或巢箱内有血迹；有些则在笼内或地板下发现仔兔部分肢体。

3. 防制

（1）预防措施　饲料要全价。供给孕兔和哺乳母兔含维生素多的饲料。另外，每日加喂青绿饲料0.1千克，并经常喂些胡萝卜等；产前产后不要断水，产前供给足够的温开水，产后立即喂1碗温开水，并保证清水供给不间断；仔兔身上不要沾染粪味，手不洁净不要摸仔兔，暂时移开仔兔时，要戴洁净手套；产箱内不能用旧棉絮等做窝；不做异味处理的仔兔不要让母兔代养，需要代养的仔兔应将代养的母兔粪尿抹在被代养的仔兔身上，再放入窝内；甲窝仔兔跑入乙窝，需要做异味处理后再放回甲窝去，即将乙窝粪尿洗去，再将甲窝母兔的粪尿抹在仔兔的阴部，就不会被吃掉；母兔产仔时不要惊吓、震响、围看、喧哗，要保持兔舍周围的安静，防止生人及其他动物进入兔舍内。

（2）发病后措施　患仔兔癖的母兔，要在产仔后立即将其移开，可喂其1块咸猪肉。并对仔兔进行定时哺乳。

第五节　中毒性疾病

一、霉变饲料中毒

1. 病因

饲料被烟曲霉、镰刀菌、黄曲霉、赭曲霉、白霉、黑霉等污染，

霉菌产生毒素，兔采食而发生中毒。烟曲霉的营养菌丝有隔膜；分生孢子梗直立，顶囊呈倒烧瓶状，直径为20～30微米，与分生孢子梗一样带绿色。分生孢子呈球形或近球形、淡绿色，表面有细刺，直径为2～3微米。在察氏培养基上28℃培养，最初为白色绒毛状菌落，形成孢子时呈蓝绿色，进而变成烟绿色。

2. 临床症状

由于毒源极多，所以症状复杂。病兔口唇、皮肤发紫，全身衰弱、麻痹，初期食欲减退甚至拒食、贫血、精神不振，先便秘，继而腹泻，粪便中带黏液或血液，消瘦、被毛干燥粗乱，常将两后肢膝关节凸出于臀部呈山字形爬卧在笼内。随病情加重，病兔出现神经症状，后肢软瘫，全身麻痹死亡。日龄小的仔兔、幼兔及日龄大而体弱的兔发病多，死亡率高。妊娠母兔可发生流产，发情母兔不受孕，公兔不配种。

3. 病理变化

剖检可见腹膜增厚、水肿，肠胃有出血性坏死性炎症，胃与小肠充血、出血；肝肿大、质脆易碎，表面有出血点；肺水肿，表面有小结节；肾脏瘀血（图10-75、图10-76）。

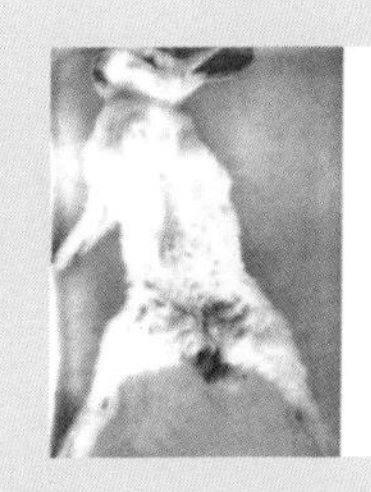

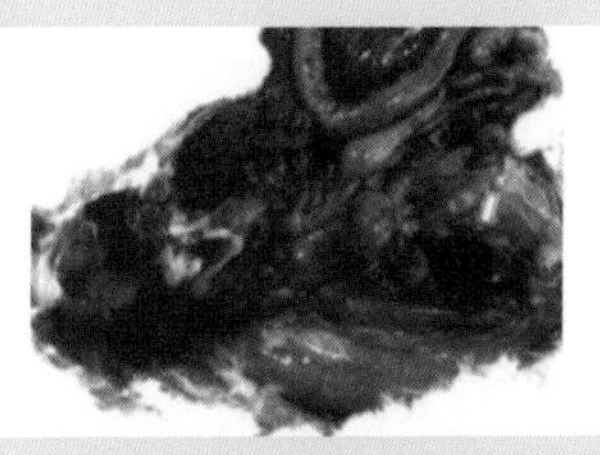

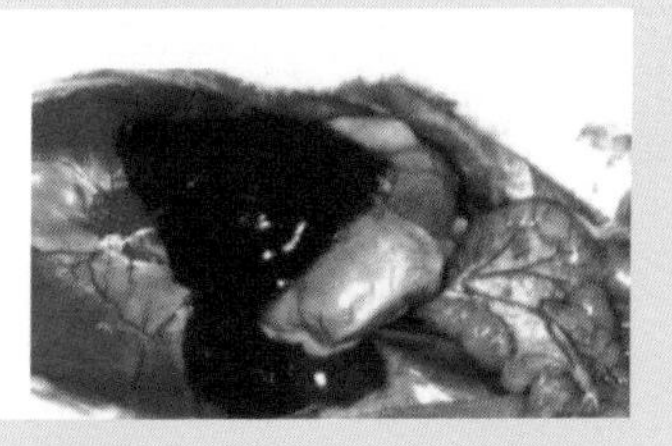

图10-75　霉变饲料中毒症状

尸体消瘦，被毛干燥、粗乱、腹泻（左图）；腹膜增厚、水肿，胃黏膜脱落，直肠内积有大量坚硬不成形的粪便（中图）；肝脏肿大，表面有针尖状白色坏死灶（右图）

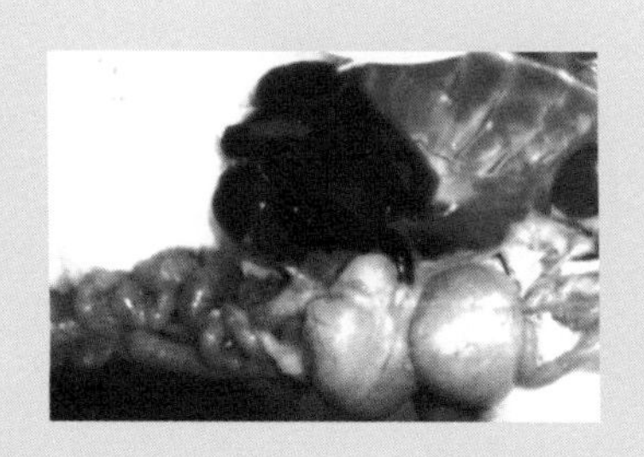

图 10-76 肝脏有浅红色坏死灶，胆囊肿大，胆汁呈黑色

4. 诊断

该病可根据有饲喂发霉饲料或垫草发霉的经过做出初步诊断，确诊需做实验室检查。取病变组织（以结节中心为好），置载玻片上，加生理盐水 1～2 滴或 2%氢氧化钾少许，用细针将结节弄碎，10～20 分钟后，盖上盖玻片，于弱光下镜检，见到特征性的菌丝体和孢子，即可确诊。也可将病料接种于马铃薯培养基及其他真菌培养基上，进行分离培养和鉴定，予以确诊。

霉变饲料中毒与其他病的鉴别见表 10-7。

表 10-7　霉变饲料中毒与其他病的鉴别

病名	兔结核病	兔肺炎
特征	结核病除进行性消瘦、呼吸困难外，还表现有明显的咳嗽喘气，有的出现腹泻、四肢关节变形等。结核结节可发生在除肺脏和肝脏以外的其他脏器如胸膜、腹膜、肾脏、心包以及全身淋巴结等部位。采取病料涂片，用抗酸染色法染色镜检，可见细长丝状、稍弯曲的红色结核分枝杆菌	肺炎除呼吸困难、精神不振、少食外，还表现出明显的咳嗽、呼吸浅表、听诊有湿啰音、体温升高等。多发于气候突变时期，见于个别幼兔，没有传染性。剖检肺部没有黄白色的结节

5. 防制

（1）预防措施　平时应加强饲料保管，防止霉变。霉变饲料不能喂兔。

（2）发病后措施　霉菌中毒尚无特效、特定的药物治疗，一般采取对症治疗措施。首先停喂有毒饲料，采取洗胃的办法清除毒物。如

出现肌肉痉挛或全身痉挛，可肌内注射盐酸氯丙嗪3毫升/千克体重，或静脉注射5%的水合氯醛1毫升/千克体重。也可试用制霉菌素、两性霉素B等抗真菌药物治疗。饮用稀糖水和维生素C水，或将大蒜捣烂，每只成年兔每日2～5克，分2次拌料饲喂，亦有一定疗效。病情严重者可静脉注射10%葡萄糖6毫升/千克体重，维生素C 2毫升/千克体重。

二、亚硝酸盐中毒

1. 病因

亚硝酸盐中毒是由于兔吃了含有亚硝酸盐的植物所致。如果给兔长期大量饲喂贮存过久的胡萝卜、青萝卜、白菜、甘蓝、牛皮菜、空心菜、菠菜等，易导致兔中毒。这是由于这些饲料在其存放时堆积发热、腐败，在贮藏运输过程中或兔体内硝酸盐还原成亚硝酸盐造成的。

2. 临床症状

最急性病例表现躁动不安、站立不稳，很快倒地死亡。急性病兔腹泻、呼吸困难、稀粪便带血、血尿、精神沉郁、流涎、卧笼不起、全身发绀、死亡前嘶叫。死亡症状与球虫病相近。

3. 病理变化

剖检可见血液呈黑褐色，肠道积水量大、呈黄色、伴有血液，肠黏膜脱剥，肝、肾肿大。

4. 防制

（1）预防措施　改善青绿饲料的堆放方式，防止青绿饲料中的硝酸盐转变成亚硝酸盐，一旦青绿饲料因贮存不当而变黄发霉，禁止喂动物（兔）。对可疑饲料、饮水，实行临用前用芳香胺试纸（芳香胺试纸的制备是预先配制成试剂Ⅰ液、Ⅱ液。Ⅰ液用对氨基苯磺酸1克、酒石酸40克、水100毫升配成；Ⅱ液用甲萘胺0.3克、酒石酸20克、水100毫升配成。将滤纸用Ⅱ液浸透后阴干，再用Ⅰ液浸透，然后在20℃中避光烘干，切成小试纸条，密封贮存在干燥有色瓶中备用）进行简易化验，确认无毒后再饲喂。

（2）发病后治疗　立即停喂含有亚硝酸盐的饲料草。用0.1%高锰酸钾洗胃，5%葡萄糖10～100毫升静脉注射，内服1%鞣酸或活性炭。

处方1：服用具有刺激造血机能、抗坏血、抵抗传染等作用的维生素C 100～300毫克。重度中毒兔可静脉注射1%美蓝（亚甲蓝），每次1毫克。

处方2：金粉蕨150克，茜草、鸡血藤、青木香、田七各15克，香附9克，冰片3克。水煎灌服，每次10毫升，每天2次（此方能解各种中毒）。

三、氢氰酸中毒

氢氰酸中毒是由于家畜采食富含氰苷配糖体（其在胃内由于酶和胃酸的作用，产生游离的氢氰酸）的青绿饲料而发生中毒的。大家畜发病较多，兔也发生。

氰苷配糖体本身是无毒的，但当含有氰苷配糖体的植物被动物采食，咀嚼时在有水分及适宜的温度条件下，在植物的脂解酶作用下会产生氢氰酸。氢氰酸进入机体，氰离子能抑制细胞内许多酶的活动，如细胞色素氧化酶、过氧化物酶、接触酶、琥珀酸脱氢酶等活动都受到抑制，其中最显著的是细胞色素氧化酶。氰离子能迅速与氧化型细胞色素氧化酶的三价铁结合，使其失去传递氧的能力，破坏组织内的氧化过程，阻止组织对氧的吸收作用，从而导致机体缺氧症（组织缺氧）。

1. 病因

高粱和玉米的新鲜幼苗，南方地区的木薯，蔷薇科植物如桃、李、梅、杏、枇杷、樱桃的叶和种子中都含有氰苷配糖体。当兔吃了含有上述物质的饲料时，只要达到一定的量就可引起中毒。

2. 临床症状

氢氰酸中毒的主要特征为呼吸困难，呼出的气体有苦杏仁味，震颤抽搐、腹泻、气胀等。重度中毒的病例表现惊厥、口腔黏膜鲜红、衰竭死亡、出现血红蛋白败血症。

3. 病理变化

剖检病兔，血液凝固不良、鲜红色。气管、支气管内有大量泡沫性液体，肺水肿，实质器官变性。胃肠黏膜和浆膜有出血，内容物有苦杏仁味。

4. 防制

该病发展迅速，往往来不及治疗。

处方 1：早期治疗可用亚硝酸钠 20～40 毫克配成 5％的溶液静脉注射。

处方 2：绿豆 30 克，甘草、金银花各 20 克，滑石 15 克。煎汤灌服，每次 10 毫升，每天 2 次。

四、食盐中毒

适量的食盐可增进食欲、帮助消化，但饲喂过多，可引起中毒，甚至死亡。临床上以神经症状和一定的消化机能紊乱为特征。

1. 病因

有些地区用咸水（含盐量可达 1.3％）做家兔的饮用水；或在饲料中添加盐过多，而且饮水不足，易发生食盐中毒。

2. 临床症状

病初食欲减退、精神沉郁、结膜潮红、下痢、口渴、口腔黏膜充血。继而出现兴奋不安、头部震颤、步样蹒跚。严重的呈癫痫样痉挛、角弓反张、呼吸困难，最后卧地不起而死。

3. 病理变化

病兔胃肠黏膜有出血性炎症，肝脏、脾脏、肾脏肿大。

4. 防制

（1）预防措施　饮水中含食盐量不能过高，日粮中的含盐量不应超过 0.5％。平时要供应充足的饮水。

（2）发病后治疗　发现食盐中毒的兔要勤饮水，可以内服油类泻剂 5～10 毫升。

处方 1：根据症状，可采用镇静、补液、强心治疗措施。

处方2：生黄豆、绿豆各50克，研末，加水适量，搅匀，澄清，去渣灌服，每次6～8毫升，每天2～3次。

五、棉籽饼中毒

棉籽饼是良好的精料之一，常作日粮的辅助成分饲喂家兔。但棉籽饼中含有一定的有毒物质，其中主要成分是棉酚及其衍生物，能降低血液对氧的携带能力、加重呼吸器官的负担。棉酚对胸膜、腹膜和胃肠有刺激作用，能引起这些组织发炎、增强血管壁的通透性、促进血浆和血细胞渗到外围组织，使受害组织发生浆液性浸润和出血性炎症。

1. 病因

长期过量喂给家兔棉籽饼，即可引起中毒。

2. 临床症状

病初精神沉郁、食欲减退、有轻度的震颤。继而出现明显的胃肠功能紊乱，病兔食欲废绝，先便秘后腹泻，粪便中常混有黏液或血液。体温正常或略升高。脉搏疾速，呼吸促迫，尿频，有时排尿带痛，尿液呈红色。

3. 病理变化

胃肠道呈出血性炎症。肾脏肿大、水肿，皮质有点状出血，肺淤血、水肿。

4. 诊断

有长期饲喂棉籽饼史，再结合临床症状和病变可初步诊断。实验室诊断尿蛋白阳性，尿沉渣中见肾上皮细胞及各种管型，即可确诊。

5. 防制

（1）预防措施　平时不能以棉籽饼作为主饲料喂给家兔。适当添加时，为安全起见可采取下述方法处理，使之减毒或无毒：向棉籽饼内加入其质量10％的大麦粉或面粉后，掺水煮沸1小时，可使游离棉酚变为结合状态而失去毒性。在含有棉籽饼的日粮中，加入适量的碳酸钙或硫酸亚铁，可在胃内减毒。

（2）发病后措施　发现中毒立即停喂棉籽饼。

处方1：全群饮用0.05%的高锰酸钾水和对病兔耳静脉注射维生素C 3毫升、25%葡萄糖15毫升，并补充维生素A或胡萝卜，补充钙和铁，配合青绿饲料等可以提高疗效。

处方2：藕粉或淀粉、鞣酸蛋白。用藕粉或淀粉糊灌服以保护胃黏膜。中毒严重者灌服鞣酸蛋白0.3～0.5克。

六、菜籽饼中毒

菜籽饼是油菜籽榨油后剩余的副产品，是富含蛋白质（32%～39%）的饲料，其蛋白质含量是玉米、高粱的4～5倍。我国西北部地区广泛用于饲喂各种动物。在菜籽饼中含有芥子苷、芥子酸等成分。芥子苷在芥子酶的作用下，可水解形成噁唑烷硫酮、异硫氰酸盐等毒性很强的物质，这些物质对胃肠黏膜具有较强的刺激和损害作用，可使甲状腺肿大、新陈代谢紊乱，出现血斑，并影响肝脏、肾脏等器官的功能。

1. 病因

若长期饲喂不经去毒处理的菜籽饼，即可引起中毒。

2. 临床症状

临床症状主要表现为呼吸增速、可视黏膜发绀、肚腹胀满，有轻微的腹痛表现，继而出现腹泻、粪便中带血。严重的口流白沫、瞳孔散大、四肢末梢部发凉、全身无力、站立不稳。孕兔可能发生流产。

3. 病理变化

病理变化主要见皮下、肝、脾、肺、心、肾、大小肠有散在性出血点，肝脾肿大，胃肠黏膜剥脱。病理组织学观察，可见肺泡壁充血，部分肺泡内充满红细胞，肺血管高度充血，有的出现玻璃样变。肝小叶中央静脉及汇管区血管高度充血，肝小叶窦状隙充满红细胞而占满整个囊腔；肾小管因血管丛充满红细胞而占满整个囊腔，肾小管上皮细胞弥漫性坏死，皮质部明显出血；脾静脉窦充满红细胞致脾小体呈岛屿状。心肌变性，毛细血管高度充血。神经细胞坏死，核浓染或消失，有的呈空泡样，小胶质细胞灶状浸润；脑实质毛细血管高度充血或呈玻璃样变，神经细胞与毛细血管周围间隙明显增宽；大小肠、胃黏膜上皮细胞弥漫性坏死，固有层炎症细胞弥漫性浸润、出血。

4. 防制

（1）预防措施　饲喂前，对菜籽饼要进行去毒处理，去毒方法如下。

① 坑埋法。即将菜籽饼用土埋入容积约 1 立方米的土坑中，放置两个月后，据测定约可去毒 99.8%。

② 发酵中和法。即将菜籽饼经过发酵处理，以中和其有毒成分。该法可去毒 90%以上，并且可用工厂化的方式处理。

③ 浸泡煮沸法。即将菜籽饼粉碎后，用热水浸泡 12～24 小时，弃掉浸泡液，再加水煮沸 1～2 小时，使毒素蒸发掉后再饲喂家兔，这是最简便的方法。

（2）发病后措施　该病无特效解毒药。发现中毒后，立即停喂菜籽饼，灌服 0.1%高锰酸钾溶液。根据病兔的表现，可实施对症治疗，应着重于保肝，维护心、肾机能；在用药过程中，可配伍维生素 C 制剂。

可采用如下处方：绿豆 100 克，甘草 250 克，山栀 50 克，蜂蜜 500 毫升。绿豆、甘草、山栀加水适量，煎 1 小时，取汁候温，加蜂蜜 500 毫升，让兔群自饮，每 3 小时 1 次，用药 5 次后痊愈（对症状轻微的 149 只治疗效果良好）。

七、马铃薯中毒

1. 病因

马铃薯含有马铃薯毒素，又称龙葵素，幼芽中含量最多（0.5%），其次是绿叶中（0.25%）。发芽的或腐烂的马铃薯，以及由开花到结有绿果的茎叶中含毒量最多，家兔大量采食后，极易引起中毒。

2. 临床症状

马铃薯毒素吸收后损伤胃肠黏膜，还能作用于中枢神经系统，导

致神经机能紊乱。病兔精神沉郁、结膜潮红或发绀。消化机能紊乱、拒食、流涎，有轻度腹痛、腹泻，粪便中常混有血液，有时出现腹胀。于四肢、阴囊、乳房、头颈部出现疹块。晚期可能出现进行性麻痹，呈现站立不稳、步态摇晃等神经症状。

3. 病理变化

胃肠黏膜充血、出血，上皮细胞脱落。肝、脾肿大、淤血。有时见有肾炎病变。

4. 防制

（1）预防措施　用马铃薯作饲料时，喂量不宜过多，应逐渐增加喂量；不宜饲喂发芽或腐烂的马铃薯，如果要利用，则应除去幼芽，煮熟后再喂。煮过马铃薯的水，内含多量的龙葵素，不应混入饲料内。马铃薯茎叶用开水烫过后，方可作饲料。

（2）发病后措施　停喂马铃薯类饲料。对中毒兔先服盐类或油类泻剂，之后根据病情，采取适当的对症治疗措施。

可采取如下处方：土豆秧 40 克。水煎，待凉后灌服，每次 7～8 毫升，每天 2 次（治疗马铃薯芽中毒）。

八、有机磷农药中毒

有机磷农药是我国目前应用最广泛的一类高效杀虫剂，但使用不当可引起中毒。引起兔中毒的主要农药有乙基对硫磷（1605）、内吸磷（1059）、甲拌磷（3911）、马拉硫磷、乐果等。

1. 病因

兔中毒多是由于采食了喷洒过这类农药的蔬菜、青草粮食等引起的，有些则是由于用敌百虫治疗体表寄生虫病时引起的。当有机磷农药经消化道或皮肤等途径进入机体而被吸收后，则使体内乙酰胆碱在胆碱能神经末梢和突触部蓄积而出现一系列临床症状。

2. 临床症状

兔常在采食含有有机磷农药的饲料不久后出现症状，初期表现流涎、腹痛、腹泻、兴奋不安，全身肌肉震颤、抽搐，心跳加快、呼吸困难等症状。严重者表现可视黏膜苍白、瞳孔缩小，最后昏迷死亡。轻度中毒病例只表现流涎和腹泻（图 10-77）。

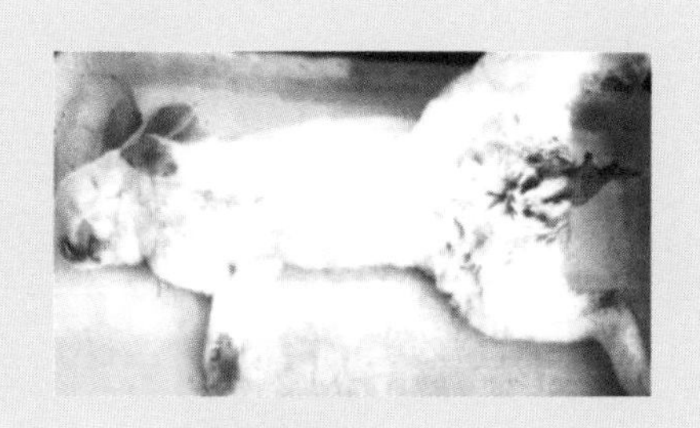

图 10-77 敌百虫中毒

病兔腹泻，粪便污染尾部和后肢

3. 病理变化

急性中毒病例，剖开肠胃，可闻到肠胃内容物散发出有机磷农药的特殊气味，胃肠黏膜充血、出血、肿胀，黏膜易剥脱，肺充血水肿（图 10-78）。

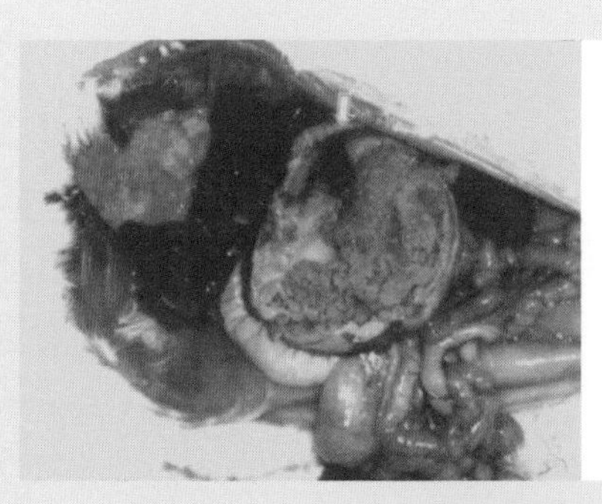

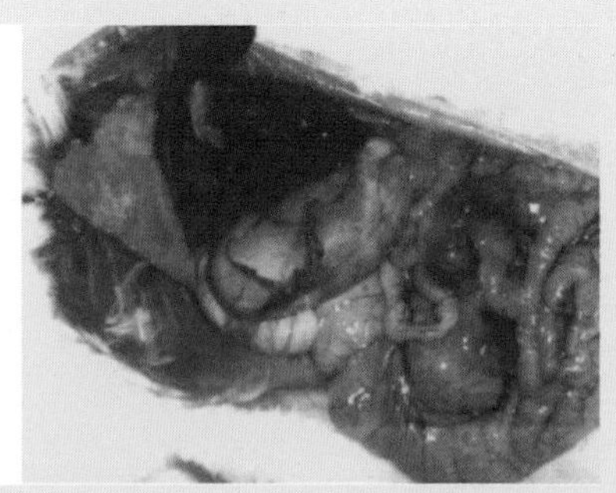

图 10-78 敌百虫中毒病变

胃黏膜肿胀、脱落，幽门附近有出血斑（左图）；肺充血、水肿，肝肿胀，小肠内有水样液体和泡沫状淡黄色黏液、气泡，皮下水肿（右图）

4. 诊断

中毒兔有与有机磷农药接触病史，并且症状与病变典型，一般可做出诊断。必要时采肠胃内容物做毒物鉴定。

5. 防制

（1）预防措施　喷洒过有机磷农药尚有残留的植物和各种菜类不能用来喂兔。用有机磷药物进行体表驱虫时，应掌握好剂量与浓度，并加强护理，严防舔食。

（2）发病后措施　经口中毒的可用清水洗胃或盐水洗胃，并灌服活性炭。此外还应迅速注射解磷定和阿托品，解磷定按 15 毫克/千克体重，静脉或皮下注射，每日 2～3 次，连用 2～3 天；阿托品每次皮下注射 1～2 毫升，每日 2～3 次，直至症状消失为止。

注意事项：①1059、1605 中毒时，禁用高锰酸钾溶液洗胃，否则会使农药氧化成对氧磷而使毒性更强。②敌百虫中毒时，用盐水和清水洗胃为宜，不能用苏打水洗胃。因为敌百虫遇碱可转化为敌敌畏，毒性更强。③有机磷中毒灌服解毒验方时，要注意药液不能是热的，也不能用热水调服。因为热水和热液会使皮肤血管扩张，反而促进毒物的吸收。④有机磷中毒后，禁用蓖麻油类泻剂，用了会使中毒加重。

九、有机氯中毒

有机氯农药是人工合成的杀虫剂，不溶或难溶于水，而溶于脂肪和有机溶剂中。该农药的种类比较多，主要有滴滴涕、六六六、氯丹、硫丹、七氯、毒杀芬、艾氏剂、狄氏剂等。国家对上述药品已限制使用或禁止使用，但国内各地因使用上述药品造成的家畜中毒事件，仍时有发生。

1. 病因

家兔误食被有机氯农药污染的饲料、饲草或饮水，可引发该病。使用含有机氯药物治疗外寄生虫病时，涂药面积过大等，也可引起中毒。

2. 临床症状

急性中毒的病例，多于接触毒物后24小时左右突然发病。表现为极度兴奋、惊恐不安、肌肉震颤或呈强直性收缩。四肢强拘、步态不稳、卧地不起，最后昏迷死亡。慢性中毒的病例，一般在毒物侵入机体并贮存数周或更长时间后，缓慢发病。主要表现是食欲不振，口腔黏膜出现糜烂、溃疡。神经症状不明显。病兔逐渐消瘦，时发呕吐、腹泻、周期性肌肉痉挛。一旦转为急性，病情会突然恶化，数日内死亡。

3. 病理变化

胃肠道黏膜充血、出血，黏膜易剥脱。肝、脾显著肿大，肾肿大，肾小管脂肪变性、出血、质脆。胆囊膨大、充满，胆汁浓稠。肺明显气肿。

4. 诊断

病兔具有与有机氯农药接触史，并根据临床表现和病理变化可以确诊。

5. 防制

（1）预防措施　遵守农药安全使用和管理制度，禁用被有机氯农药污染的饲料和饮水。有机氯农药喷洒过的蔬菜、青草、谷物，应在用药1个月后才能饲用。用有机氯农药治疗体外寄生虫病时，应按规定剂量、浓度使用，避免舔食，防止发生中毒。

（2）发病后措施　有机氯中毒尚无有效的治疗方法，一般采取对症治疗。如中断毒源，灌服2%的碳酸氢钠或石灰水，也可灌服盐类泻药；皮肤中毒可用肥皂水、石灰水冲洗后，再用清水冲洗。急性中毒兔应立即用生理盐水，或2%～3%碳酸氢钠溶液，或0.3%石灰水洗胃，然后服以盐类泻剂，禁用油类泻剂。静脉注射葡萄糖溶液和维生素C。对兴奋不安的病例，可应用镇静剂，如肌内注射安定注射液，或内服苯妥英钠片，每次10～20毫克，每日1或2次。维护肝脏，可用浓糖或葡萄糖酸钙注射液。

十、马杜霉素中毒

马杜霉素商品名叫抗球王或杜球等，是一种新的聚醚类抗生素，

属于离子载体型抗球虫剂，使用不当可以引起畜禽中毒。

1. 病因

预防兔球虫病时，由于预防剂量和中毒剂量十分接近，使用量稍大或搅拌不匀均可引起中毒。

2. 临床症状

病兔拒食、精神委顿、伏卧、嗜睡，驱赶时有的站不起来，能够站起来的表现不同程度的共济失调，呈酒醉状。测量病兔的体温正常或稍偏低。一般在采食后 24 小时即可出现图 10-79 的症状。

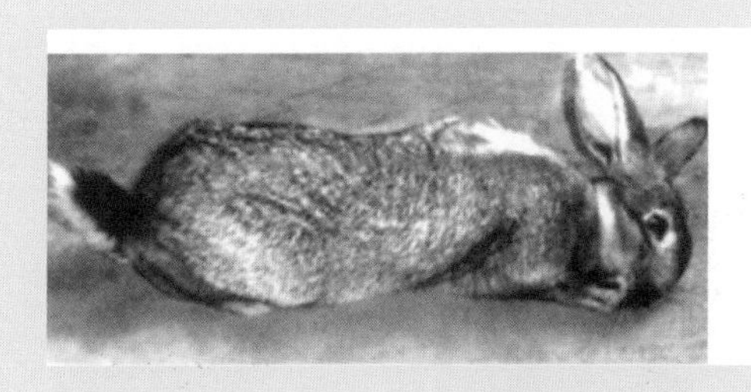

图 10-79　马杜霉素中毒症状

病兔食欲废绝，嘴着地（左图）；嘴着地，做翻跟斗动作（右图）

3. 剖检变化

剖检可见心包积液，心肌松软、失去弹性；肝脏肿大、质脆，有的黄染，有的表面有大小不等的坏死灶；胆囊内充满胆汁；肺脏水肿，有散在的斑点状出血；胃饱满，黏膜大量脱落、出血，尤以胃底部出血更为明显；肠道广泛性出血，黏膜不同程度地脱落；肾脏肿大，皮质有针尖大出血点，肾盂乳头部轻微出血（图 10-80、图 10-81）。

十一、灭鼠药中毒

灭鼠药的种类较多，目前我国使用的不下 20 余种。根据毒性作用速度分为两类：一类是速效药，主要包括磷化锌、毒鼠磷、甘氟等；另一类是缓效药，主要有敌鼠钠盐、杀鼠灵、氯鼠酮等。将上述药制成0.5%～2%的毒饵，是当前的主要灭鼠方法。

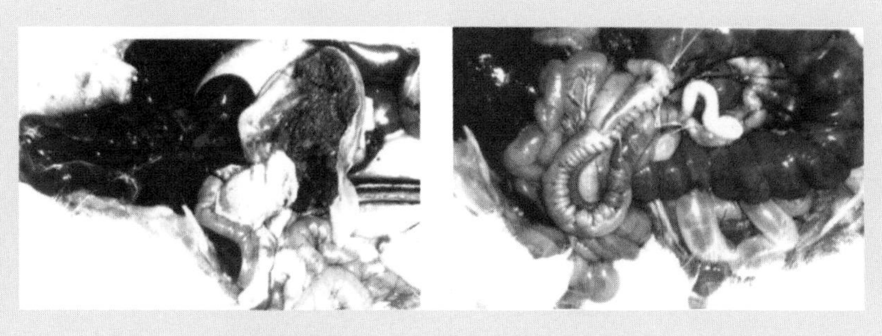

图 10-80 马杜霉素中毒剖检变化（一）
肝肿大，胃黏膜脱落（左图）；胸、腹腔积液，有纤维性渗出物（右图）

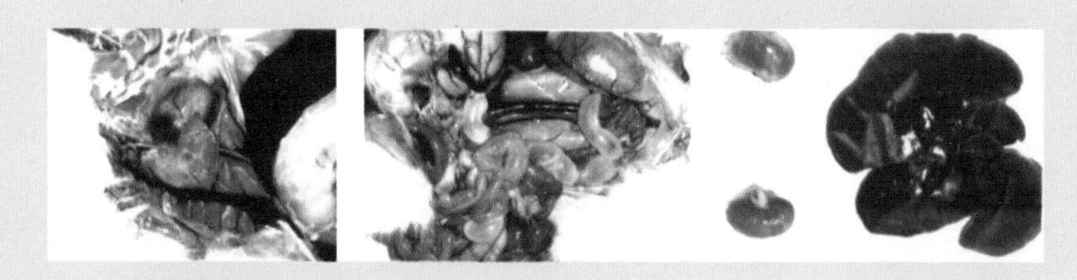

图 10-81 马杜霉素中毒剖检变化（二）
心包积液（左图）；膀胱积尿、肿大（中图）；
肝脏肿大，上有坏死灶；胆囊肿大；肾上有出血点（右图）

1. 病因

灭鼠药中毒皆因家兔误食灭鼠毒饵所致。主要有以下几种情况：一是对灭鼠药管理不严格，导致污染饲料或饲养环境。二是在兔舍或饲料间投放灭鼠毒饵时，当事人责任心不强，防止家兔接触和防止污染饲料的措施不力。三是饲喂用具被灭鼠药污染。

2. 临床症状与病理变化

（1）磷化锌中毒　潜伏期为0.5～1小时。病初表现拒食、作呕或呕吐，腹痛、腹泻，粪便带血，呼吸困难，继而发生意识障碍、抽搐，以致昏迷死亡。

（2）毒鼠磷中毒　潜伏期4～6小时。主要表现为全身出汗、心跳急促、呼吸困难、大量流涎、腹泻、肠音增强、瞳孔缩小。肌肉呈纤维性　颤动（肉跳），不久陷入麻痹状态，昏迷倒地。

（3）甘氟中毒　潜伏期0.5～2小时。病兔食欲不振、呕吐、口渴、心悸、大小便失禁、呼吸抑制、皮肤发绀、阵发性抽搐等。

（4）敌鼠钠盐和杀鼠灵中毒　中毒3天后开始出现症状，表现为不食、精神不振、呕吐，进而呈现出血性素质，如鼻、齿龈出血，血便、血尿，全身皮肤紫癜，并伴发关节肿大。严重的病例发生休克。

3. 诊断

了解近期内是否在兔舍或饲料间放置过灭鼠毒饵，并结合临床症状可初步诊断。不同种类的灭鼠药中毒，其临床表现各异。

4. 防制

（1）预防措施　凡买进灭鼠药，都必须弄清药物种类、药性，并由专人保管。不用禁止使用的氟乙酰胺、氟乙酸钠、毒鼠强、毒鼠药；在兔舍及饲料间投放毒饵时，一定将药物放在家兔活动不到的地方，距饲料堆一定的距离，同时要注意及时清理；严禁使用饲喂用具盛放毒品。

（2）发病后措施　洗胃与缓泻。中毒不久，毒物尚在胃内时，用温水、0.1%高锰酸钾溶液、5%小苏打水反复洗胃；毒物已进入肠道时，内服盐类泻剂，以促进毒物排出。根据病情可适当采取补液、强心、镇痉等疗法。

处方1：皮下或肌内注射硫酸阿托品注射液，每次0.5毫克；肌内或静脉注射碘解磷定，每千克体重30毫克；也可应用氯解磷定或双复磷注射液，用量及用法同碘解磷定（用于毒鼠磷中毒）。

处方2：肌内注射乙酰胺（解氟灵注射液），剂量为每千克体重0.1毫克，每日2次，连用5～7天（用于氟乙酰胺中毒）。

处方3：肌内注射乙二醇乙酸酯，剂量为每千克体重0.2～0.5毫克，每日2次，连用3～5天（用于氟乙酸钠中毒）。

处方4：绿豆、甘草各10克。水煎，待凉透，灌服，每次8～10毫升，每天2～3次。

第六节　普通病

一、便秘

兔的便秘主要是由于肠内容物停滞、变干、变硬，致使排便困难，严重时可造成肠阻塞的一种腹痛性疾病。它是兔消化道疾病的常见病症之一，其中幼兔、老龄兔多见。

1. 病因

引起家兔便秘的因素很多，如热性病、胃肠弛缓、饲养管理不良等，但最主要的是饲养管理不当。精、粗饲料搭配不当，精料过多，饮水不足；缺少新鲜青绿饲料，长期饲喂单一的干硬饲料，如甘薯秧、豆秸、稻草、稻糠等；采食含有大量泥沙、被毛等异物的饲料，使粪球变大，从而使胃肠蠕动减弱；环境的突然改变，运动不足，打乱正常排便习惯或继发其他疾病等多种因素均可导致便秘发生。

2. 临床症状

兔患病初期肠道不完全阻塞，精神稍差，食欲减退，喜欢饮水，排便困难，粪便量少，粪球干硬，粪粒两头尖；完全阻塞时，食欲废绝，数天不见排便，腹痛不安。有的频做排便姿势，但无粪便排出。当阻塞的前段肠管产气、积液时，可见腹部臌胀、不安；触疹腹部，在盲肠与结肠部可触到内容物坚硬似腊肠或念珠状坚硬的粪块。

3. 病理变化

剖检，盲肠和结肠内充满干硬颗粒状粪便，前部肠管积气。

4. 防制

（1）预防措施　夏季要有足够的青绿饲料。冬季喂干粗饲料时，应保证充足、清洁的饮水。精、粗、青绿饲料合理地搭配，定时定量饲喂，防止贪食过多；适当增加运动，保持料槽的清洁卫生，及时清除槽内泥沙被毛等异物。

（2）发病后措施　发病初期可适当喂青绿多汁饲料，待粪便变软后减少饲喂量。对病重的兔要立即停食，增加饮水量并且按摩兔的腹

部，慢慢地压碎粪球、粪块，同时使用药物促进肠蠕动，增加肠腺的分泌，以软化粪便。

处方1：成年兔，硫酸钠2～8克或人工盐10～15克，加温水适量1次灌服，幼兔可减半灌服。

处方2：液体石蜡、植物油，成年兔10～20毫升，加温水适量1次灌服。必要时可用温水灌肠，促进粪便排出。操作方法是：用粗细能插入肛门的橡皮管或软塑料管，事先涂上液体石蜡或植物油，缓缓插入肛门5～8厘米，灌入40～45℃的温肥皂水或2%碳酸氢钠水。为了防止肠内容物发酵、产气，可口服5%乳酸5毫升、食醋15毫升。

二、积食

积食又称胃扩张。一般2～6月龄的幼兔容易发生，常见于饲养管理不当、经验不多的初养兔的养兔场。

1. 病因

兔贪食过量适口性好的饲料。特别是含露水的豆科饲料，较难消化的玉米，小麦，食后易产生臌胀的饲料，腐败和冰冻饲料等易导致该病发生。积食也可继发于其他疾病，如肠便秘、肠臌气，或球虫病的过程中。

2. 临床症状与病理变化

有饥饿后过食史，特别是采食不易消化的、易膨胀的饲料。通常在采食几小时后开始发病。病兔卧伏不动或不安，胃部肿大，流涎，呼吸困难，表现痛苦，眼半闭或睁大，磨牙，四肢集于腹下，时常改变蹲伏的位置。触诊腹部，可以感到胃体积明显胀大，如果胃继续扩张，最后导致胃破裂死亡。慢性发作的常伴有肠臌气和胃肠炎，如果不及时治疗，可于1周内死亡。剖检：可见胃体积显著增大，内容物酸臭，胃黏膜脱落；胃破裂的病死兔，胃局部有裂口，胃内容物污染整个腹腔。

3. 防制

（1）预防措施　平时饲喂要定时定量，加强管理，切勿饥饱不匀。幼兔断奶不宜过早；更换干饲料、青绿饲料时要逐渐过渡。禁止喂给雨淋、带露水的饲料或晾干再喂；禁止饲喂腐败、冰冻饲料，少喂难消化的饲料。

（2）发病后措施　发生积食应立即停止饲喂。

处方1：灌服植物油或石蜡油10～20毫升、萝卜汁10～20毫升、食醋40～50毫升，口服小苏打片和大黄片1～2片。服药后，人工按摩病兔腹部，增加运动，使内容物软化后移。必要时皮下注射新斯的明注射液0.1～0.25毫克。多给饮水，以后可给易消化的、柔软的青绿饲料。

处方2：神曲3克，麦芽3克，山楂3克。加水煎汁灌服。小兔酌减。

处方3：蓖麻油或植物油。蓖麻油10～15毫升，内服。或花生油20毫升加水5毫升，再加适量的蜂蜜灌服，每天2次。

三、胃肠炎

胃肠炎是胃肠表层黏膜及其深层组织炎症过程。不同年龄的兔都可发生，幼兔发生后死亡率比较高。

1. 病因

兔采食品质不良的草料，如霉败、霜冻饲料以及有毒植物、化学药品处理过的种子等，或者是饲料饮水不清洁；兔舍潮湿、饲草被泥水污染均可导致该病的发生。断奶幼兔，体质较差，常因贪食过多饲料发生肠臌气，在此基础上继发胃肠炎。继发性胃肠炎见于胃扩张、胃臌气、出血性败血症、副伤寒及球虫病等。

2. 临床症状与病理变化

初期，只表现胃黏膜浅层轻度炎症，食欲下降，消化不良，排出的粪便带有黏液。随时间延长，炎症加重，胃肠内容物停滞，并且发生发酵、腐败，助长肠道有害菌的危害作用。当细菌产生的毒素被机体吸收后，导致严重的代谢紊乱、消化障碍，病兔食欲废绝、精神迟钝、舌苔重、口恶臭，四肢、鼻端等末梢发凉。腹泻是胃肠炎的主要特征之一，先便秘、后腹泻，肠管蠕动剧烈，肠音较响，粪便恶臭混

有黏液、组织碎片及未消化的饲料，有时混有血液；肛门沾有污粪，尿呈酸性、乳白色。后期肠音减弱或停止，肛门松弛，排便失禁，腹泻时间较长者呈现里急后重现象。全身症状严重，兔眼球下陷，脉搏弱而快，迅速消瘦，皮温不均，随病情恶化，体温常降至正常以下；当严重脱水时，血液黏稠、尿量减少、肾脏机能因循环障碍受阻。被毛逆立无光泽，腹痛、不安，出现全身肌肉抽搐、痉挛或昏迷等神经症状。若不及时治疗则很快死亡。肠黏膜剥脱、出血，肠壁变薄，内容物呈红褐色。各实质脏器均有不同程度的变性。

3. 诊断

实验室检查，血、大便、尿均有不同程度的变化。白细胞总数增多，中性粒细胞增多。血液浓稠，血沉减慢，红细胞压积容量和血红蛋白增多。尿蛋白质和粪便潜血阳性。

4. 防制

(1) 预防措施　加强日粮管理，给以营养平衡的饲料，不可突然改变饲料，防止贪食；定时定量给食。严禁饲喂腐败变质饲料，保持兔舍卫生。对于断奶的幼兔要给予优质全价饲料。

(2) 发病后措施

处方1：对肠炎引起的脱水，可通过口服补液来治疗，即让病兔自由饮用补液盐。制止炎症发展可采用抗菌类药物，内服链霉素粉0.01～0.02克/千克体重或新霉素0.025克/千克体重。清肠止泻，保护胃黏膜，可投服药用炭悬浮液，也可内服小苏打，每次0.25～0.1克/千克体重，每日3次。严重者应静脉注射或腹腔注射葡萄糖氯化钠注射液500～1000毫升，皮下注射维生素C，以增强病兔抵抗力、防止脱水。中药方剂对胃肠炎有较好的效果，可用郁金散和白头翁汤等治疗。

处方2：将大蒜400克捣碎，加白酒1升，浸7日，过滤去渣后即成大蒜酊。每只兔2.5毫升，加水稀释至5毫升，一次内服，每日2次，连服3日。

处方3：木香1份，黄连3份，共研末。成年兔每次0.5克，幼兔减半。每日3次，内服，连服2日。

四、毛球病

毛球病主要是由于兔食入被毛所引起的，临床上较多发生，长毛兔多发。

1. 病因

饲养管理不当（如兔笼太小，互相拥挤而吞食其他兔的绒毛或长毛兔身上久未梳理的毛，兔不适而咬毛吞食；未及时清理脱落在饲料内、垫草上的绒毛而被兔吞食；母兔分娩前拉毛营巢，吃产箱内垫料时，连毛吃入体内等）、饲料营养物质不全（尤其是缺乏矿物质元素镁时，导致兔掉毛、吃毛；长期饲喂低维生素的日粮或日粮中蛋白质不足，尤其是含硫氨基酸含量不足时，也会造成兔吃毛；缺乏维生素A和B族维生素，兔形成异食癖，舔食自己的被毛）以及当患有皮炎和疥癣时，因发痒，兔啃咬被毛而引起毛球病。

2. 临床症状

病兔表现为食欲不振、好卧、喜饮水、大便秘结，粪便中带毛、有时成串（图10-82）。由于饲料、绒毛混合成毛团，阻塞肠道，当形成肠阻塞和肠梗阻时，病兔停止采食，因为胃内饲料发酵产气，所以胃体积变大且臌胀。触诊能感觉到胃内有毛球。病兔贫血、消瘦、衰弱甚至死亡。

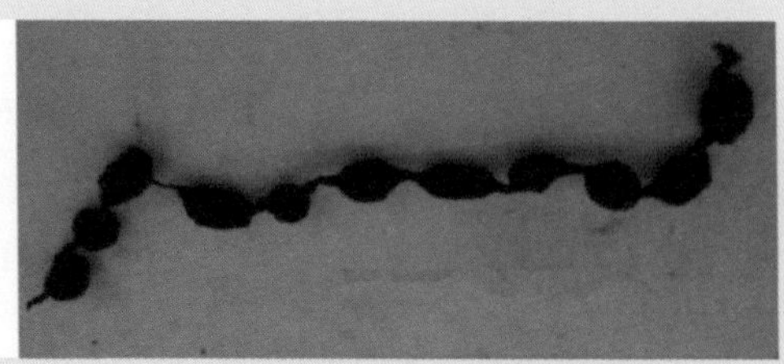

图10-82　粪便中夹带毛等杂物（左图）和毛球便（右图）

3. 病理变化

剖检可见胃内或小肠内有毛球。

4. 防制

（1）预防措施　加强饲养管理，保证供给全价日粮，增加矿物质和富含维生素的青绿饲料，补充含甲硫氨酸（禾本科牧草、玉米等）和胱氨酸（苜蓿、豌豆等）较多的饲料；患有食毛癖的兔要隔离饲养，并把它身上的毛剪去，多喂一些干草。在饲料里加些盐和骨粉，多给饮水，这样就能很快地矫正过来。喂兔时要注意不要让饲料渣沾于兔的身上。在交配时，如果发现公兔嘴里有叼下的毛，应立即用手撕下来。要注意经常梳毛。

（2）发病后措施

处方1：灌服植物油（菜籽油、豆油）使毛球软化、肛门松弛，进而使毛球润滑并向后部肠道移动。对于较小的毛球，可口服多酶片，每日1次，每次4片，使毛球逐渐酶解软化，然后灌服植物油使毛球下移；也可用温肥皂水灌肠，每日3次，每次50～100毫升，兴奋肠蠕动，利于毛球排出。毛球排出后，应给予易消化的饲料，口服健胃药如酵母等，促进胃肠功能恢复。

处方2：液体石蜡。先给兔灌液体石蜡，每次15～20毫升，接着再灌温开水，每次40～60毫升，然后将兔放在地上运动，使毛球在胃内游动排出。

处方3：食物油、芹菜、橘子皮等。用各种食物油10～15毫升，一次灌服，使兔毛下泄；通便后，多饮水，喂多汁饲料。毛球排出后，喂给提味的芹菜、橘子皮等；食欲基本恢复后，补给富含维生素的饲料，如胡萝卜、品质好的青草，饮足量1%的盐水。

五、肠臌气

肠臌气多为急性发生，如果不及时进行治疗，很快导致死亡。在肠内发酵是造成臌气的主要原因，尤其在盲肠内产生大量气体，臌气迅速形成。

1. 病因

兔采食容易发酵的饲料，如大豆秸、紫云英、三叶草，堆积发热的青草，腐败冰冻饲料，以及多汁、易发酵的青贮料；或突然更换饲料，造成贪食也可发病。一般 2～6 周龄的幼兔最易发病。该病也可继发结肠阻塞、便秘等肠阻塞病。

2. 临床症状与病理变化

临床上有采食大量易发酵饲料史。发病比较突然，通常以 2～6 月龄的兔最易发生。病兔食欲减退直至废绝，卧于一角，不愿走动，表现不安、呼吸困难、磨牙，并经常改换蹲伏部位，有悲鸣声。腹部增大、充满气体，用手触摸胃部像气球（图 10-83），肠内粪球干硬、变小，可视黏膜潮红甚至发绀。如果不及时治疗，可导致胃破裂或窒息死亡。死兔腹部增大，黏膜发绀；胃体积显著增大，胃内容物酸臭，胃黏膜脱落；大肠和小肠充满气体。

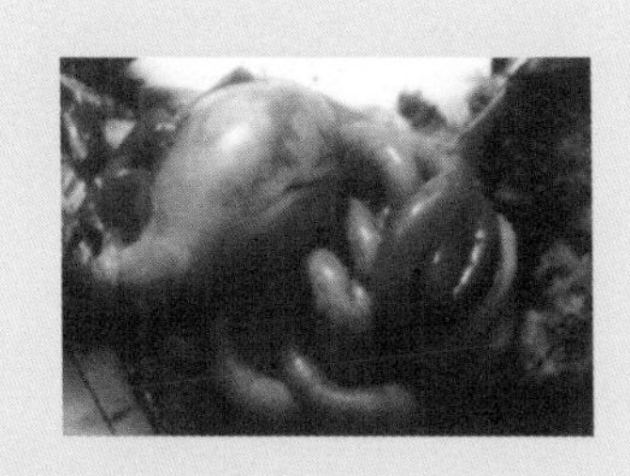

图 10-83 胃肠高度扩张，充满大量气体

3. 防制

（1）预防措施　严禁给兔饲喂大量易发酵、易臌胀饲料。注意加强饲料保管，防止饲料发霉、冰冻、腐烂，一旦变质，不能用来喂兔。更换饲料要逐渐进行，以免兔贪食。断奶幼兔少食多餐，同时要加强日常运动。对便秘、结肠阻塞的病兔要及时治疗，做好球虫病的防治工作。

（2）发病后措施　发病后立即停止饲喂，使用下列处方去除肠臌气，病兔还需隔一段时间喂料，以免复发。最好喂易消化的干草，再逐步过渡到正常饲料。

处方 1：对短时间内形成的急性肠臌气，需要立刻动手术。先用手按住腹部以固定肠道，在臌气最突出的地方剪毛、消毒后，用 12

号针头，穿刺放气，消退后，灌服大黄苏打片 2～4 片。为预防霉菌性肠炎，用制霉菌素 5 万单位，每天 3 次，连用 2～3 天。

处方 2：对于病情比较稳定的病兔。①内服适量植物油，不仅能疏通肠道，还对泡沫性臌气有效。②应用制酵药。大蒜（捣烂）6 克、醋 15～30 毫升，一次内服；或醋 30～60 毫升内服；或姜酊 2 毫升、大黄酊 1 毫升，加温水适量内服。对轻微病例可辅助性按摩腹壁，兴奋肠活动，排出气体。为缓解心肺功能障碍，可肌注 10%安钠咖注射液 0.5 毫升。

处方 3：对于便秘性臌气，用硫酸镁 10 克、液状石蜡 10 毫升，一次灌服。为缓解心肺功能障碍，可肌注 10%安钠咖注射液 0.5 毫升。

处方 4：石苍蒲、青木香、野山楂各 6 克，橘子皮 10 克，神曲 1 块。水煎灌服，每次 10 毫升，每天 3 次。

六、腹泻

腹泻不是独立性疾病，是泛指临床上具有腹泻症状的疾病，主要表现是粪便不成球、稀软、呈粥状或水样。

1. 病因

引起腹泻的原因很多，常见的有以下几种情况：一是见于以消化障碍为主的疾病，如消化不良、胃肠炎等；二是见于某些传染病，如副伤寒、大肠杆菌病、肠结核等；三是见于一些寄生虫病，如球虫病、线虫病等；四是见于中毒性疾病，如有机磷中毒等。后三种情况，除腹泻之外，还有各自疾病的固有症状，这里只介绍由胃肠道疾病引起的腹泻。

该病各种年龄的家兔均可发生，但以断乳前后的幼兔发病率最高，治疗不当常引起死亡。归纳起来原因有以下几个方面：一是饲料不清洁，混有泥沙、污物等，或饲料发霉、腐败变质；二是饲料含水量过多，或吃了大量的冰冻饲料；三是饮水不卫生，或夏季不经常清洗饲槽、不及时清除残存饲料，以致饲料酸败而致病；四是饲料更换突然，家兔不适应，特别是断乳的幼兔，由于消化机能尚未发育健全，适应能力和抗病能力比较低，更易发病；五是兔舍潮湿、温度低，家兔腹部着凉；六是口腔及牙齿疾病，也可引起消化障碍而发生腹泻。

2. 临床症状

根据不同的发病原因，临床表现一般可有三种类型。

（1）普通型腹泻　病兔粪便稀薄，肛门周围沾满了粪球。有的粪球像枣核，两头尖，或像串环连在一起。

（2）消化不良型腹泻　病兔排出的粪便湿烂量多、有臭味，尿液呈白色，腹部膨大，特别是对幼兔危害最大，死亡率很高。

（3）胃肠炎型腹泻　多数由于吃了腐败变质的饲料而引起。粪便中混有不消化的食物碎片及气泡和脓臭的黏液，病兔表现精神不振、食欲废绝、躬腰、伏卧不起，有肚子痛的症状。

3. 防制

（1）预防措施　加强饲养管理，注意饲料品质，饮水要清洁。兔舍要保温、通风、干燥和卫生。做到定期驱虫。及早治疗原发病。

（2）发病后措施　可参照消化不良和胃肠炎的治疗方法。一般应用磺胺类药物和抗生素类药物均有效果。对脱水严重的病兔，可静脉注射林格液、5%葡萄糖氯化钠注射液20～30毫升。心脏功能不好的，要配伍三磷酸腺苷和辅酶A制剂，也可灌服补液盐（其配方为：氯化钠3.5克、碳酸氢钠2.5克、氯化钾1.5克、葡萄糖20克，加凉开水至1000毫升），或让病兔自由饮用。

七、感冒

该病是由寒冷刺激引起的，是以发热和上呼吸道黏膜表层炎症为主的一种急性全身性疾病。感冒是家兔常见的呼吸道疾病之一，若治疗不及时，容易继发支气管炎和肺炎。

1. 病因

主要是由于寒冷的突然侵袭而致病。如冬季兔舍防寒不良，突然遭到寒流袭击；或早春、晚秋季节，天气骤变，日间温差过大，机体不易适应而抵抗力降低，都是引起感冒的最常见因素。

2. 临床症状

临床上有受寒史并突然发病。病兔精神沉郁、不爱活动、眼呈半闭状。食欲下降或废绝。体温升高，可达40℃以上。皮温不均，四肢末端及耳朵发凉，出现怕寒战栗。结膜潮红，伴发结膜炎时，怕光流泪。由呼吸道炎症而致的咳嗽、鼻部发痒、打喷嚏、流水样鼻液。

3. 防制

（1）预防措施　要保持兔舍干燥、卫生清洁、通风良好、冬暖夏凉。在气候寒冷和气温骤变的季节，要加强防寒保暖工作。另外还可以通过在饲料中添加一些抗寒饲料和饲料添加剂，向动物提供热能，消除外寒、内寒引起的寒冷应激，提高动物在寒冷环境中的抗逆能力，以适应寒冷季节气温变化。酒糟、稻谷籽实、黄豆籽实等属暖性饲料，有改善消化功能、加强血液循环、抗寒保暖的作用，适当添加可提高家兔的抗寒能力。生姜、松针和辣椒等性温味辛，属暖性饲料添加剂，有抗寒保暖、增强食欲、防止掉膘等作用。鱼肝油、维生素E、维生素C等，分别通过抗脂氧化、固定肠道有益菌、提高动物免疫力，来增强动物抗病力，科学添加可以减少兔感冒的发生。

（2）发病后措施　该病的治疗原则主要是解热镇痛和防止继发感染。对病兔要精心饲养，避风保暖，喂给易消化青绿饲料，充分供给清洁饮水。

① 解热镇痛。内服扑热息痛，每次0.5克，每日2次，连服2～3天；皮下注射或肌内注射复方氨基比林注射液，每次1毫升，每日2次，连服2～3天；皮下注射或肌内注射安痛定注射液，每次0.3～0.6毫升，每日2次，连服2～3天；内服羟基保泰松，每次每千克体重12毫克，每日1次，连服2～3天；症状严重的可行补液等全身疗法。

② 防止继发肺炎。可肌内注射青霉素20万～40万单位，或链霉素0.25～0.5克，或病毒灵注射液2～3毫升，每日2次。也可应用磺胺类药物，如肌内注射磺胺二甲嘧啶，每次每千克体重70毫克，每日2次；静脉注射或肌内注射10%增效磺胺邻二甲氧嘧啶钠注射液，每次每千克体重0.1～0.2毫克，每日1次，连续3天。

八、眼结膜炎

1. 病因

眼结膜炎为眼睑结膜、眼球结膜的炎症，是眼病中多发的疾病。其原因是多方面的，主要是机械性原因，如沙尘、草屑、草籽、被毛等异物落入眼内；眼睑内翻、外翻及倒睫，眼部外伤，寄生虫的寄生等。物理性、化学性原因，如烟、氨、石灰等的刺激，化学消毒剂及分解变质眼药的刺激，强日光直射，红外线的刺激，以及高温作用等。也可以是细菌感染引起，或并发于某些传染病和内科病（如传染性鼻炎、维生素A缺乏症等），继发于邻近器官或组织的炎症。

2. 临床症状

（1）黏液性结膜炎　一般症状较轻，为结膜表层的炎症。初期，结膜轻度潮红、肿胀，分泌物为浆液性且量少，随着病程的发展分泌物变为黏液性，流出的量也增多，眼睑闭合。下眼睑及两颊皮肤由于泪水及分泌物的长期刺激而发炎，绒毛脱落，有痒感。如果治疗不及时，会发展为化脓性结膜炎。

（2）化脓性结膜炎　一般为细菌感染所致。症状严重，肿胀明显，疼痛剧烈，睑裂变小，从眼内流出或在结膜囊内积聚多量黄白脓性分泌物，病程久者脓汁浓稠，上下眼睑充血、肿胀，常黏着在一起。炎症常侵害角膜，引起角膜混浊、溃疡，甚至穿孔而继发全眼球炎症，可造成家兔失明。

3. 防制

（1）预防措施　保持兔笼兔舍的清洁卫生，防止沙尘等异物落入眼内或防止发生眼部外伤；夏季避免强日光的直射；用化学消毒剂消毒时，要注意消毒剂的浓度及消毒时间；经常喂给富含维生素A的饲料，如胡萝卜、南瓜、黄玉米、青干草等。

（2）发病后措施

① 消除病因，清洗患眼。用刺激性小的微温药液，如2%～3%硼酸溶液、生理盐水、0.1%新洁尔灭等，清洗患眼。清洗时水流要缓慢，不可强力冲洗，可用棉球蘸药来回轻轻涂擦，以免损伤结膜及角膜。

② 消炎、镇痛。清除异物后，用1%甲砜霉素眼药水、眼膏，或0.6%黄连素眼药水，或0.5%金霉素眼膏，或四环素可的松眼膏，或0.5%醋酸氢化可的松眼药水等抗菌消炎药液滴眼或涂敷。疼痛剧烈的，可用1%～3%普鲁卡因青霉素溶液滴眼。分泌物多时，选用0.25%硫酸锌眼药水。对角膜混浊者，可涂敷1%黄氧化汞软膏；或将甘汞和葡萄糖粉等量混匀吹入眼内；或用新鲜鸡蛋清2毫升，皮下注射，每日1次。重症者可应用抗生素或磺胺疗法。

③ 蒲公英32克，水煎。第1次煎内服，第2次煎洗眼。或用紫花地丁、鸭跖草，水煎内服，以利于清热祛风、平肝明目。

九、无乳或缺乳症

母兔无乳和缺乳症是指母兔分娩后在哺乳期内出现无乳或少乳的一种综合征。无乳症是母兔围产期出现泌乳阻塞或停止的一种症状。母兔无乳和缺乳症会导致产后几天内许多仔兔的死亡，因此该病对养兔生产有极大的危害。

1. 病因

母兔在孕期或哺乳期，饲料营养低下或怀孕后期过量饲喂含蛋白质高的精料，使初期的乳汁过稠，堵塞乳腺泡导致缺乳；母兔患有某些传染病或其他慢性疾病也可引起无乳症。此外，母兔年龄过大，乳腺萎缩或过早交配，乳腺发育不全等均可引起无乳。

2. 临床症状

母兔无乳症时表现为仔兔呈饥饿状，挤压母兔乳头仅见少量稀乳或根本无乳，排稀便。母兔体温高于正常，精神委顿，食欲不振，乳腺组织紧密、充血，但乳头却松弛。

3. 防制

（1）预防措施　加强饲养管理，饲喂全价饲料，合理配制日粮中的精饲料、青绿饲料，防止早配，淘汰过老母兔，选育、饲养母性好、泌乳足的种母兔。

（2）发病后治疗

处方1：内服人用催乳灵1片，每日1次，连用3～5天。

处方 2：激素治疗，用垂体后叶素 10 单位，一次皮下或肌内注射。

处方 3：苯甲酸雌二醇 0.5～1 毫升，肌内注射。

处方 4：选用催乳和开胃健脾的中草药。王不留行 20 克，通草、白术各 7 克，白芍、山楂、陈皮、党参各 10 克，研磨，分数次拌料喂给病兔，这样有助于疾病的恢复。

十、乳腺炎

母兔的乳腺炎是母兔泌乳期中常发的疾病，多发生于产后 3 周内的母兔。

1. 病因

母兔分娩前后因增加饲料过量，使乳汁分泌量增多且变稠，子兔体弱，吸奶无力或母兔产仔少，吃奶不多，使乳汁长时间地停留在乳房内，通过细菌感染而变质，是引起母兔乳腺炎的内因。母兔乳头被子兔咬破，乳房因产箱或笼舍不光滑或有尖锐物被损伤，致使病原菌如葡萄球菌、链球菌等入侵而感染，是导致母兔乳腺炎的外因。

2. 临床症状

（1）急性型　母兔食欲减退，精神不振，拒绝哺乳，体温升高至 41℃以上，乳房红肿发热，触摸有痛感，时间稍长变为蓝紫色或青紫色，粪便干小如鼠粪状，有的排出胶冻样黏液。如果不及时治疗，多在 2～4 天内因败血症而死亡，即使存活也预后不良。

（2）慢性型　乳房局部红肿，触之有灼热感，皮肤紧张发亮，部分乳头焦干不见，可摸到栗子样的硬块，乳量减少，母兔拒绝哺乳，精神委顿，食欲降低，体温多在 40℃以上。

（3）化脓型　食欲减退，体温升高，乳房能触摸到面团样脓肿，有的甚至变为坏疽（图 10-84）。

3. 防制

（1）预防措施　母兔产前产后 3 天内控制精料及多汁饲料的喂给量，产仔 4 天后根据母兔的哺乳只数来增加或减少精料的喂量，保持

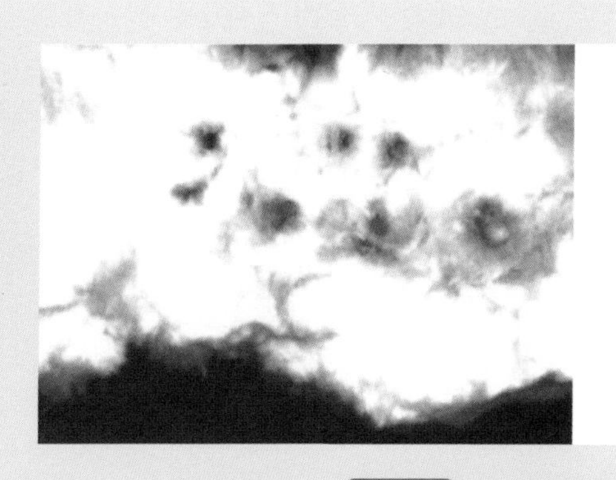
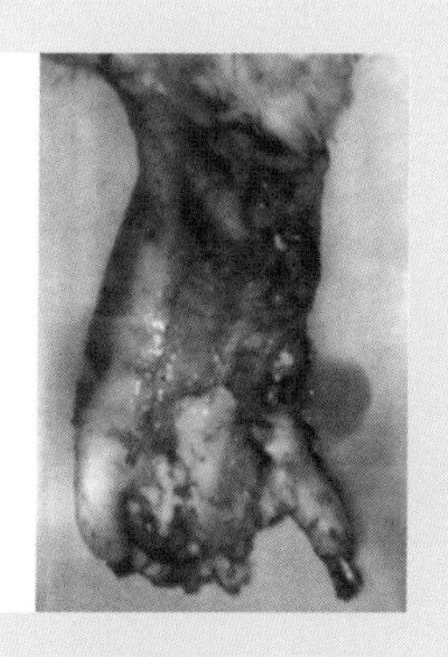

图 10-84 母兔乳腺炎临床症状
乳头周围形成脓肿，脓肿破溃后流出白色脓汁（左图）；宰后见腹部乳腺区有很多大小不等的脓肿，患病乳头丧失泌乳机能（右图）

兔舍产箱的清洁卫生，注意定期消毒。消除环境中能损伤母兔乳房或皮肤的尖锐物。经常发生乳腺炎的兔场，养殖户要在母兔产仔前后 2 天投服磺胺类药物，以预防该病的发生。

（2）发病后治疗　乳腺炎初期可采用以下疗法。

处方 1：用温热毛巾敷乳房，每次 15 分钟，每天 2～3 次，同时肌注庆大霉素（3～5 毫克/千克体重），每天 2～3 次。肌注青霉素 20 万单位，每日 2 次。控制病情后，口服复方新诺明，每次 1 片，每日 2 次，连用 3 天。

处方 2：封闭疗法，青霉素 20 万单位、0.25％的盐酸普鲁卡因 20 毫升混合，在乳房患部做周边封闭，每日 1 次，连用 3 天。适量仙人掌去皮，捣成糊状，涂抹患处，每日 1 次，同时肌注青霉素 20 万单位，每日 2 次，连用 3 天。对已经成熟的脓肿可切开排脓，乳腺体腐烂的要彻底切除，然后用高锰酸钾或 3％的双氧水冲洗创面再涂以紫药水或魏氏流浸膏等药物，并每天肌注青霉素（20 万单位）与庆大霉素（20 万单位）一次，连用 3 天。

十一、中暑

中暑又称日射病、热射病（重症表现）或热应激症轻症表现。其是因烈日暴晒、潮湿闷热、体热散发困难所引起的一种急性病。临床上以体温升高、循环衰竭和发生一定的神经症状为特征。各种年龄的家兔都能发病，但以成年兔、怀孕兔和毛用兔多发。

1. 病因

兔易发生中暑是由兔的生理特点所决定的。兔的体温调节不如其他动物健全，对高温的耐受能力较差。兔中暑的原因主要有：一是天气闷热，兔舍潮湿而通风不良，兔笼内又装兔过多；二是盛夏炎热天气进行长途车船运输，车厢过于拥挤，中途又缺乏饮水；三是在露天兔场，遮光设备不完善，长时间受烈日暴晒。

2. 临床症状

临床上有过热史或暴晒史。病初精神不振，全身无力，食欲废绝，体温显著升高，可达42℃以上。皮温升高，触摸体表有烫手感。可视黏膜潮红、发绀，心搏动增强、急速。呼吸困难、增数、浅表，呼出气灼热。病情进一步发展，出现神经症状，开始呈现出短时间的兴奋，随即转入沉郁，昏迷，倒地不起，四肢抽搐，意识丧失，口吐白沫或粉红色泡沫，最后多因窒息或心脏麻痹而死。

热应激则表现为多方面的机能下降。一般表现为食欲下降，据报道，家兔在32.2℃时的采食量比23℃时下降25.8%。生产性能降低，如肉兔增重缓慢、毛用兔产毛下降。家兔在32.2℃下的体增重比23℃时降低49.8%，这是由于采食量下降、兔的营养不足而造成的。繁殖性能下降，由于高温能抑制促性腺激素释放激素的合成与分泌，对睾丸机能产生不利影响，热应激致公兔睾丸萎缩、性欲低下、精子活力下降；热应激使母兔雌激素分泌减少，发情不规律，影响性功能，降低受胎率。

3. 防制

（1）预防措施　在炎热季节，兔舍通风要良好，保持空气新鲜、凉快。温度过高时可用喷、洒水的方法降温。兔笼要宽敞，防止家兔过于拥挤。露天兔场，要设凉棚，避免日光直射，并保证有充足的饮水。长途运输最好在凉爽天气进行，否则车船内要保持一定的温度和充足的饮水，装运家兔的密度不宜过大。

（2）发病后措施　立即将病兔置于阴凉通风处。为促进体热散发，可用毛巾或布浸冷水放在病兔头部或躯体部，每3～5分钟更换1次，或用冷水灌肠。为降低颅内压和缓解肺水肿，初期可实施静脉少量放血，或静脉注射20％甘露醇注射液10～30毫升，或静脉注射25％山梨醇注射液10～30毫升。体温正常、症状缓解时，可行补液和强心，以维护全身机能。中暑的中草药疗法：霍香水灌服，大兔5毫升，小兔2毫升，每日2次，1～2天可愈。

参考文献

[1] 范国英，魏刚才．养兔科学安全用药指南[M]. 北京：化学工业出版社，2012.

[2] 姜金庆，魏刚才．规模化兔场兽医手册[M]. 北京：化学工业出版社，2013.

[3] 任克良，陈怀涛．兔病诊疗原色图谱[M]. 北京：中国农业出版社，2008.

[4] 胡功政，李荣誉．新全实用兽药手册[M]. 郑州：河南科学技术出版社，2000.

[5] 魏刚才，安志兴．土法良方治兔病[M]. 北京：化学工业出版社，2011.

[6] 金笑敏．兽医药方手册（修订版）[M]. 上海：上海科学技术出版社，2008.

[7] 顾宪锐．兔常见病诊治彩色图谱[M]. 北京：化学工业出版社，2017.

[8] 王云峰，王翠兰，崔尚金，等．家兔常见病诊断图谱[M]. 2 版．北京：中国农业出版社，2007.

[9] 李新民，谷子林，葛剑．生态素对獭兔肠炎和腹泻的疗效研究[J]. 河北农业大学学报，2004（05）：93-95+99.

[10] 邢兰君．一例獭兔大肠杆菌病的诊治[J]. 北方牧业，2007（03）：23.

[11] 刘玉平．中西药结合治疗家兔伪结核病[J]. 中国养兔，2003（04）：33.

[12] 陈文钦．家兔菜籽饼中毒的诊治[J]. 福建畜牧兽医，2002（03）：21.